机场昆虫学基础

施泽荣　　白文娟　　赵文娟
张秀明　　余辉　　郎久多吉　　编著

合肥工业大学出版社

图书在版编目(CIP)数据

机场昆虫学基础/施泽荣,白文娟,赵文娟等编著. —合肥:合肥工业大学出版社,2015.8
ISBN 978 - 7 - 5650 - 2400 - 9

Ⅰ.①机…　Ⅱ.①施…②白…③赵…　Ⅲ.①昆虫学—普及读物　Ⅳ.①Q96 - 49

中国版本图书馆 CIP 数据核字(2015)第 204034 号

机场昆虫学基础

施泽荣　白文娟　赵文娟	编著	责任编辑　权　怡
张秀明　余辉　郎久多吉		责任校对　韩沁钊

出　版	合肥工业大学出版社	版　次	2015 年 8 月第 1 版
地　址	合肥市屯溪路 193 号	印　次	2015 年 8 月第 1 次印刷
邮　编	230009	开　本	787 毫米×1092 毫米　1/16
电　话	总　编　室:0551 - 62903038	印　张	18.5
	市场营销部:0551 - 62903198	字　数	450 千字
网　址	www. hfutpress. com. cn	印　刷	安徽昶颉包装印务有限责任公司
E-mail	hfutpress@163. com	发　行	全国新华书店

ISBN 978 - 7 - 5650 - 2400 - 9　　　　　　　　　　定价：50.00 元

序

　　自古以来，人类对鸟类的飞行都有着极大的兴趣。"列子御风"，"嫦娥奔月"，翱翔蓝天之梦，随着社会的发展，人们对"腰缠十万贯，骑鹤下扬州"的憧憬之心，日渐浓厚，充分反映出古代人们对快捷、安全、舒适、美观的飞行器的向往与追求。一百多年来，飞机的发明给人类插上了金翅膀，使飞行成为一种抵挡不住的诱惑。

　　人类的飞行，比鸟类晚了 1.5 亿多年。随着科学技术的不断发展，人类终于可以与鸟类共游一片蓝天。然而，蔚蓝的天空并不平静，当飞机与鸟类试图同时使用同一空域时，鸟击灾害就发生了……据不完全统计：全世界民航业，每年有大约 2 万起不同程度的鸟击灾害发生，造成直接和间接经济损失 150 亿美元。以美国为例，该国民航业每年因鸟击灾害导致直接经济损失 6.3 亿美元、间接经济损失 25.2 亿美元、飞机停场超过 50 万小时。鸟击灾害给人类造成了巨大的生命和财产损失，也带来了巨大的社会影响和心理压力。自 20 世纪 50 年代以来，全世界因鸟击造成的灾害是：民航业有 103 架飞机损毁，706 架飞机被击伤，3980 人伤亡；军方有 312 架军机损毁，981 架飞机损伤，396 名飞行员伤亡（其中，272 人死亡，124 人受伤）。更为严重的是，2005 年美国"发现"号航天飞机升空时，燃料箱前端遭遇鸟击……。因此，国际航空联合会（FAI）把鸟击灾害定为"A"级航空灾难。鸟击造成的灾害，也使人们在乘坐飞机时平添了几分心悸。

　　在人们的想象中，柔弱的小鸟与飞机相撞是以卵击石。而事实绝非如此。飞机真的害怕小鸟，鸟击飞机的威力非同一般。据测定，一只 800g 的鸟类，在飞机相对速度为 $300\sim500km/h$ 时撞击飞机，就相当于一枚小型炮弹击中飞机。一只小鸟如果被吸进发动机，会使进气道阻塞或打断涡轮叶片，导致空中停车、失火或操纵失控，造成灾难事故。

　　鸟击灾害并非是个新问题，早在 20 世纪初的 1912 年，美国人卡尔·罗杰斯（Kari·Rogers），驾机飞越美洲大陆时，就因鸟击导致坠机身亡。随后，为防止鸟击灾害的发生，飞机设计专家做了大量改进。但是，喷气发动机时代的到来，进一步加剧了鸟击灾害的发生。因为，早期飞机的活塞式发动机噪音大、速度慢，鸟类在空中还来得及避让飞机，即使发生鸟击问题其损失也比较小。然而，现代喷气式飞机的速度快、噪音小、体型大，发动机的涡轮叶片与螺旋桨极易受鸟击的破坏。因此，如何减控鸟击灾害的发生，确保飞行安全，已成为各国政府共同关心的一个大问题。

　　随着航空事业的快速发展，鸟击灾害问题被列入航空业的议事日程，因地制宜制定综合防治与控制措施，坚持"以防为主，防治并举，土洋结合，经济存效"的原则，治早、治小、治了，及时清除鸟击带来的飞行安全隐患，已成为全人类的基本共识。目前，摆在我们面前的现实是，机场上空和地面上的鸟类及其他有害生物，已成为飞行安全的大敌。

防止鸟击灾害，确保飞行安全，不能等到事故发生了才仓促应对，而要"以防为主"，打主动仗，在鸟类迁徙、集群、繁殖、扩散及活动峰值期，做好防控工作。也就是说，不但要认识防治对象，熟悉防控措施，还要掌握相应的鸟类及其他有害生物的活动规律，通过系统的调查研究和周密的计算分析，综合各种信息，预测（判断）鸟击灾害发生的高峰期、发生数量，以及可能受到危害的航线、机种、飞行高度等等，只有做到"知己知彼"，才能取得最佳的防治效果。鸟击灾害基础理论的研究工作，是我国鸟击灾害防治工作的基础，是减控鸟击灾害的重要环节，是保证飞机安全起降的重要工作。

在机场鸟击灾害防治工作中，我们要建立一支以机场专业人员为主的鸟击防灾专业队伍，广泛开展鸟击防范基础理论的研究工作，形成特有的鸟击防范理论体系和防灾综合治理模式，从而及时、有效地防治鸟击灾害的发生，为飞行安全作出贡献。

机场鸟击防范是一项崭新的、前所未有的工作，与气象、地质、害虫等自然灾害相比，鸟击防范没有完整的理论体系，缺乏先进的仪器设备，缺乏专业技术人才，更没有深厚的理论基础积淀。可以说，机场鸟击防范工作，在国内外起步都很晚，在理论体系的建设、应用技术的研究开发以及人才培养等方面都是白手起家。为开拓这一新的领域，广州民航职业技术学院的教师抓住机遇，率先协同相关专家学者进行深入探讨与研究。首先，从基础理论体系建设入手，针对机场鸟击灾害的特点，编写出一套综合性的"机场鸟击防范系列丛书"，初步形成了较为完整的理论体系；其次，以全国不同生态、不同区域的民用和军用机场为研究基地，为培养鸟击防范专业技术人才，建立了一套鸟击防范综合治理模式；此外，利用现代雷达扫描技术，研究航空鸟击灾害预测预报与控制技术。

读了"机场鸟击防范系列丛书"让我耳目一新，特别是《鸟击防灾预测与预报技术》。据我了解，目前，国内外尚无人开展这一领域的系统研究，这是一种创新和探索。该系列丛书的出版，为我国在鸟击防范工作理论体系建设方面抢占世界理论研究和实践的制高点创造了条件，并且首开先河，开拓思路，为后续研究夯实了基础。该系列丛书既有比较深厚的理论基础，又有丰富的实践案例，图文并茂，通俗易懂，集科学性、实用性、可读性于一体。由于时间等诸多原因，尽管该系列丛书还存在不够完善之处，甚至有不少疏漏，仍希望抛砖引玉，得到相关专家学者和同行的批评、指正；同时，也期盼更多的同仁及有兴趣的人士能够了解、支持并加入这一研究领域，为提升我国机场鸟击防范技术水平，实现有效治理作出贡献。勿庸置疑，该丛书必将对我国鸟击防范工作起到积极的指导和促进作用。可以说，它是一套具有科研参考价值和教学参考价值的好书，这是我在阅读该丛书后的观感，也是欣然为序的原因。相信广大读者也会有同感。

希望本书的出版能进一步推动我国民航、军用机场鸟击防范工作的进步，使鸟击防范理论研究、新技术应用及鸟击防范人才培养工作，走在世界的前列。

广州民航职业技术学院校长　吴万敏

二〇一五年五月十八日

目 录

第一章 昆虫形态及其生物学特性 ················· (1)

第一节 昆虫的形态构造 ················· (1)

第二节 昆虫的生物学特性 ················· (11)

第三节 昆虫的分类 ················· (19)

第二章 昆虫的发生与环境的关系 ················· (36)

第一节 环境因子对昆虫的影响 ················· (36)

第二节 昆虫的种群与群落生态 ················· (42)

第三节 农业生态系统与农业害虫 ················· (45)

第三章 机场害虫的调查与预测预报 ················· (47)

第一节 虫情的调查方法 ················· (47)

第二节 害虫的预测预报 ················· (50)

第四章 机场害虫防治 ················· (56)

第一节 害虫防治的基本原理 ················· (56)

第二节 植物检疫 ················· (57)

第三节 农业防治 ················· (62)

第四节 选用抗虫品种 ················· (64)

第五节 生物防治 ················· (66)

第六节 物理机械防治 ················· (69)

第七节 化学防治 ················· (71)

第八节 机场害虫综合治理 ················· (83)

第五章 机场吮吸式害虫 ················· (86)

第一节 蝉类害虫 ················· (86)

第二节 木虱类害虫 ················· (91)

第三节　粉虱类害虫 ···（95）

第四节　蚜虫类害虫 ···（99）

第五节　介壳虫类害虫 ··（108）

第六节　螨类害虫 ···（119）

第七节　蓟马类害虫 ···（122）

第六章　机场食叶性害虫 ···（128）

第一节　蓑蛾类害虫 ···（128）

第二节　刺蛾类害虫 ···（131）

第三节　毒蛾类害虫 ···（134）

第四节　卷叶类害虫 ···（136）

第五节　夜蛾类害虫 ···（142）

第六节　天蛾类害虫 ···（147）

第七节　枯叶蛾类害虫 ··（151）

第八节　尺蠖类害虫 ···（153）

第九节　蝶类害虫 ···（157）

第十节　叶蜂类害虫 ···（162）

第十一节　甲虫类害虫 ··（164）

第十二节　蝗　虫 ···（171）

第十三节　其他食叶性害虫 ···（172）

第七章　机场潜叶性害虫 ···（177）

第一节　潜叶蛾类害虫 ··（177）

第二节　潜叶蝇类害虫 ··（180）

第八章　机场绿化区花果类害虫 ···（186）

第一节　蛾类花果害虫 ··（186）

第二节　象甲类花果害虫 ··（196）

第三节　蚊蝇类花果害虫 ··（201）

第九章　机场蛀杆类害虫 ···（206）

第一节　天　牛 ···（206）

第二节　吉丁虫 ···（211）

第三节　透翅蛾类 ···（216）

第四节　其他蛀杆类害虫 ··（219）

第十章 机场地下害虫 ……………………………………………………… (223)

　第一节 蛴螬 …………………………………………………………………… (223)

　第二节 蝼蛄 …………………………………………………………………… (228)

　第三节 地老虎 ………………………………………………………………… (232)

　第四节 金针虫 ………………………………………………………………… (238)

　第五节 地蛆 …………………………………………………………………… (241)

　第六节 白蚁 …………………………………………………………………… (246)

　第七节 蟋蟀类害虫 …………………………………………………………… (250)

第十一章 机场螨类害虫 …………………………………………………… (253)

　第一节 螨类的基本知识 ……………………………………………………… (253)

　第二节 叶螨 …………………………………………………………………… (255)

　第三节 瘿螨 …………………………………………………………………… (263)

　第四节 其他螨类 ……………………………………………………………… (266)

第十二章 机场植物害虫综合治理 ………………………………………… (270)

　第一节 机场周边蔬菜害虫综合治理 ………………………………………… (270)

　第二节 机场绿化树林害虫综合治理 ………………………………………… (273)

　第三节 机场林木及花卉害虫综合治理 ……………………………………… (276)

第十三章 机场及周边地区有益昆虫的利用 ……………………………… (281)

　第一节 天敌昆虫 ……………………………………………………………… (281)

　第二节 有益昆虫的其他应用 ………………………………………………… (286)

第一章 昆虫形态及其生物学特性

第一节 昆虫的形态构造

世界上昆虫的种类繁多，形态各异，它们是世界上最大的物种类群之一。同种昆虫，由于虫期、性别以及地域分布、季节不同，外形也有显著差异。昆虫的外形虽然千差万别，但是，它们的基本结构是一致的。据统计，对农业有害的昆虫有一万多种，因此了解昆虫的外部形态特征，掌握其基本结构，对于识别昆虫，了解其习性，进而对机场害虫进行有效控制都是十分有益的。

一、昆虫纲的主要特征

昆虫属于节肢动物门，昆虫纲。节肢动物门（Arthropoda）包括甲壳纲（Crustacea）、多足纲（Myriapoda）、重足纲（Diplopoda）、蛛形纲（Arachnida）和昆虫纲（Insecta），均为身体左右对称，体躯由若干环节组成，某些体节上着生有成对而分节的附肢，皮肤硬化成外骨骼，附着肌肉，并包藏着全部内脏器官，没有脊椎动物所具有的内骨骼系统。

昆虫纲不同于其他节肢动物，昆虫成虫体躯明显地分为头、胸、腹3个不同的体段。头部具有口器、1对触角、1对复眼和2～3个单眼；胸部具有3对足、2对翅（多数种类）；腹部多由9个以上体节组成，末端生有外生殖器，有时还有1对尾须（图1-1）。简而言之，昆虫体分头、胸、腹3个体段，具有6足4翅。而蛛形纲（蜘蛛、蝎子），体躯只分为头胸部和腹部2个体段，一般有4对足，无触角。甲壳纲（虾、蟹）体躯也只分为头胸部和腹部2个体段，有5对足。多足纲（蜈蚣）体躯则分为头部和胸腹部（合称）2个体段，胴部多节，每节有1对足。而重足纲（马陆）则每节有2对足。

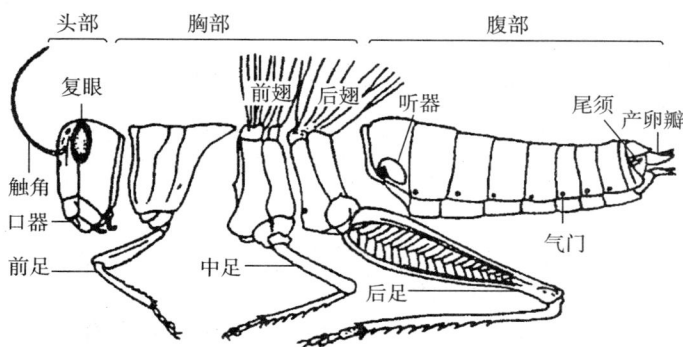

图1-1 蝗虫体躯侧面观

二、昆虫的头部

头部（head）是昆虫体躯最前面的一个体段，由几个体节愈合而成，形成一个坚硬的头壳，并由可以收缩的颈与胸部相连。

（一）头部的构造

头部一般呈圆形或椭圆形。在头壳的形成过程中，由于体壁的内陷，表面形成许多沟缝，因此将头壳分成许多小区，这些小区都有一定的位置和名称，是昆虫分类的重要依据。触角、复眼、单眼等感觉器官和取食的口器都着生在头壳上。因此，昆虫的头部是昆虫感受和取食的中心（图1-2）。

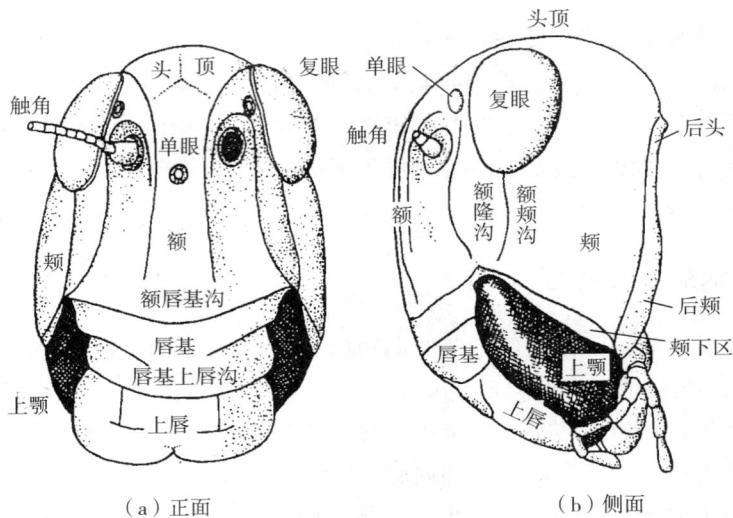

（a）正面　　　　（b）侧面

图1-2　蝗虫的头部结构

（二）头部的附器

1. 触角（antenna）

昆虫除少数种类外，头部都生有一对触角，着生于额的两侧，其上生有多种感觉器官，具有触觉和嗅觉的功能，其触角主要用于寻找食物和配偶，它是昆虫接收信息的主要器官。蜜蜂雄蜂的每根触角上有30 000个感觉器；一些昆虫如舞毒蛾，可以凭借触角上的感觉器，在方圆1~4km准确找到待交配的雌蛾。

触角由许多环节组成，基部一节称柄节；第2节称梗节，这两节内部都有肌肉着生。以后的许多节内部均无肌肉着生，总称为鞭节。触角的形状因昆虫的种类和性别不同而异，因此常作为识别昆虫种类的重要依据。常见的昆虫触角结构与类型如图1-3所示。

2. 眼（eyes）

眼是昆虫的视觉器官，在栖息、取食、繁殖、避敌、决定行为方向等各种活动中起着重要的作用。昆虫的眼有复眼和单眼两种。

复眼（compound eyes）位于头的两侧上方，由许多小眼集合而成，是昆虫的主要视觉器官。复眼中的小眼面一般呈六角形，其形状、大小、数目在各种昆虫中差异很大。一

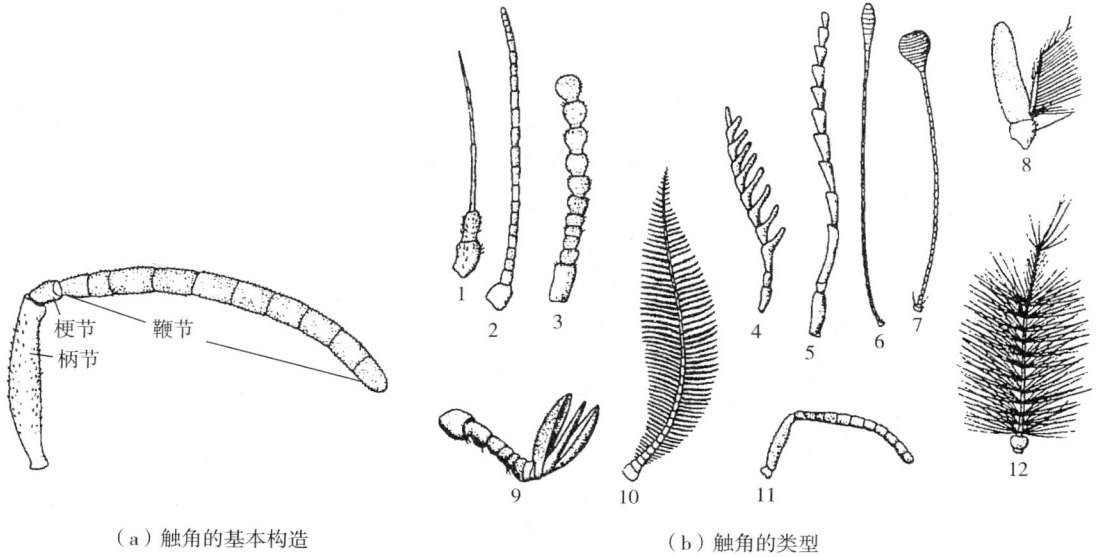

（a）触角的基本构造　　　　　　（b）触角的类型

图1-3　触角的结构与类型

1. 刚毛状　2. 丝状　3. 念珠状　4. 栉齿状　5. 锯齿状　6. 球杆装　7. 锤状
8. 具芒状　9. 鳃片状　10. 羽毛状　11. 膝状　12. 环毛状

般复眼越大，小眼数目越多，视觉也越清晰。如蜻蜓的复眼由10 000～28 000个小眼组成。在蝇类和蜂类昆虫中，雌性的复眼常较雄性大，这种差别常可以用来区分两性。

昆虫的单眼（ocellus）分背单眼和侧单眼两类。背单眼为一般成虫和不完全变态的幼虫所具有，与复眼同时存在，着生于额区上方两复眼之间，一般为3个，排列成倒三角，有时也为1个或2个。侧单眼为完全变态昆虫的幼虫所具有，位于头部两侧的下缘，一般为1～7对。背单眼、侧单眼的数目、位置或排列可作为分类特征。例如，叶蜂幼虫侧单眼仅1对；鞘翅目幼虫一般为2～6对，有6对时则排成两行；鳞翅目幼虫多数具6对，常排列成弧形。单眼只能分辨光线的强弱和方向，不能看清物体本身的形状。

昆虫对物体形象的分辨能力较低，一般只能分辨近距离的物体，如蝶类只能辨识1～1.5m距离范围内的物体。昆虫选择的产卵地点和取食的植物与其对颜色的分辨能力有密切关系。很多昆虫都表现出一定的趋绿性或趋黄性，如蚜虫在飞翔活动中，往往选择在黄色的物体上降落。人们利用黄盘或黄色黏虫板诱蚜，就是缘于这个情况。

昆虫对于紫外线光波具有较强的感应力，这种光波在人眼看来是暗的，但是，对许多昆虫而言却是一种最明亮的光线，所以，黑光灯具有强大的诱虫作用。

3. 口器（mouthparts）

口器是昆虫的取食器官。由于昆虫的种类、食性和取食方式不同，它们的口器在外形和构造上有各种不同的特化，形成各种不同的口器类型，主要有咀嚼式、刺吸式、锉吸式、虹吸式、嚼吸式和舐吸式这6种。

（1）咀嚼式口器（chewing mouthparts）　是昆虫中最基本且原始的口器类型，其他口器类型均是由此演化而成。咀嚼式口器适于取食固体食物，如蝗虫、甲虫、蝶蛾类幼虫等的口

器。它包括上唇、上颚、下颚、下唇和舌五个部分。其中，上唇为片状，位于口器上方，着生在唇基的前缘，具有味觉功能；上颚是位于上唇下方两侧的一对坚硬的齿状物，用以切断和磨碎食物，并有御敌功能；1 对下颚位于上颚的后方，生有 1 对具有味觉作用的分节的下颚须，是辅助上颚取食的机构；下唇为片状，位于口器的底部，其上生有 1 对下唇须，具有味觉和托持食物的功能；舌是头部颚节区腹面体壁扩展出来的袋状构造，位于下唇的前方，具有味觉和搅拌食物的功能，其基部有唾腺开口，唾液由此流出和食物混合（图 1-4）。

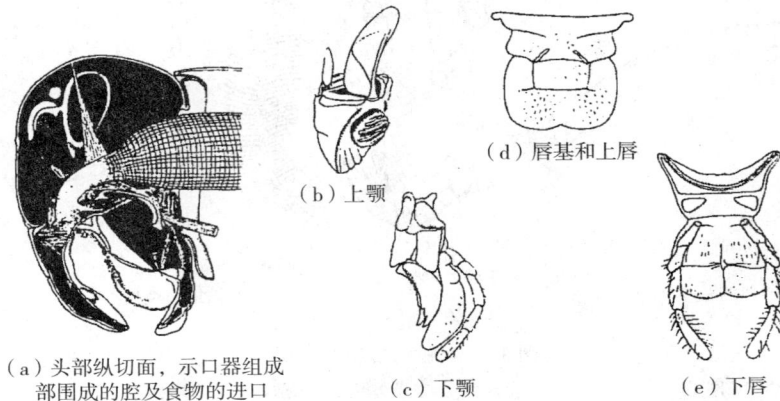

(b) 上颚

(d) 唇基和上唇

(a) 头部纵切面，示口器组成
部围成的腔及食物的进口

(c) 下颚

(e) 下唇

图 1-4　蝗虫的咀嚼式口器

　　具有咀嚼式口器的害虫，一般食量较大，对植物所造成的机械损伤明显，有的能把植物的叶片咬成缺刻或穿孔，有的啃食叶肉仅留下叶脉，有的甚至把叶全部吃光，如金龟子和一些鳞翅目的幼虫。有的在果实或枝干内部钻蛀隧道取食为害，如机场周边地区人工林及果树林果实的食心虫和危害枝干的天牛、吉丁虫等。有的是潜入叶片上下表皮之间或果树表皮下潜食叶肉或皮层，如苹果旋纹潜叶蛾或梨潜皮蛾等。有的是吐丝并把叶片卷起来在其中取食为害，如各种卷叶虫等。

　　(2) 刺吸式口器（piercing-sucking mouthparts）　这种口器能刺入动物或植物的组织内吸取血液或汁液，如蝽象、蚜虫、介壳虫等。刺吸式口器的上唇很短，呈三角形的小片；下唇长而粗，延长成喙，有保护口器的作用；上颚与下颚变成细长的口针，包在喙内，两对口针相互嵌接组成食物道和唾液道，取食时由唾液道将唾液注入植物组织内，经初步消化，再由食物道将植物营养物质吸入体内（图 1-5）。

　　刺吸式口器的昆虫取食时，以喙接触植物表面，其上、下颚口针交替刺入植物组织内，吸取植物的汁液，对植物造成病理或生理的伤害，使被害植物呈现褪色的斑点、卷曲、皱缩、枯萎或畸形，或因部分组织受唾液的刺激，使细胞增生，形成膨大的虫瘿；多数刺吸式口器的昆虫还可以传播病害，如蚜虫、叶蝉、飞虱等。

　　(3) 锉吸式口器（rasping-sucking mouthparts）　为蓟马类昆虫所特有。其特点是上颚不对称，即右上颚高度退化或消失，口针是由左上颚和下颚的内颚叶特化而成，其中左上颚基部膨大，具有缩肌，是刺锉寄主组织的主要器官；取食时先以左上颚锉破植物表皮，然后以头部向下的短喙吸吮汁液。

　　(4) 虹吸式口器（siphoning mouthparts）　为蝶蛾类成虫的口器，适于取食植物的

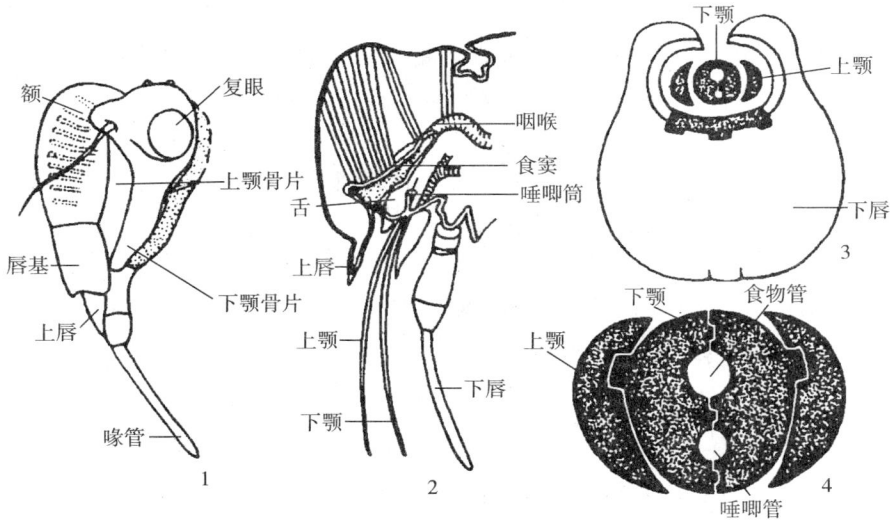

图1-5　蝉的刺吸式口器
1. 蝉的头部侧面　2. 从头部正中纵切面　3. 喙的横断面　4. 口针横断面

花蜜。特点是：上颚完全缺失，而下颚则十分发达，延长并互相嵌合成管状的喙，内部形成1个细长的食物道。不取食时，喙卷曲在头部的下面，如钟表的发条状，取食时可伸到花中吸食花蜜和外露的果汁及其他液体。具有这类口器的昆虫，除部分吸果夜蛾能危害果实外，其他的一般不对果实造成伤害。

（5）嚼吸式口器（Chewing-lapping mouthparts）　兼有咀嚼固体食物和吸食液体食物两种功能，一般为高等蜂类所特有。该口器的特点为：上颚发达，可以咀嚼固体食物，下颚和下唇特化为可临时组成吮吸液体食物的喙。

（6）舐吸式口器（Sponging mouthparts）　为双翅目蝇类所具有，如家蝇、花蝇、食蚜蝇等。口器的上颚消失，下颚除保留1对下颚须外，其余部分也消失，仅在其头下可见一粗短的喙。喙由基喙、中喙或喙和端喙3个部分组成。

了解昆虫口器的构造类型，不仅可以知道害虫的危害方式，而且对于正确选用农药和合理施药有极为重要的意义。例如咀嚼式口器的昆虫，是将植物咬碎、吞入肠内进行消化吸收，因此，主要选用胃毒剂来防治，也可使用触杀剂。刺吸式口器的昆虫只能吸食植物组织内的汁液，因此喷洒在植物表面无内吸性的胃毒剂则不能进入其消化道，也就无法发挥药剂的毒力作用。因此，常选用内吸剂进行防治。对于虹吸式口器的昆虫，因其主要吸食花蜜或暴露在表面的液体食物，所以，可将胃毒剂做成毒液或半流体的毒饵来诱杀。

（三）头部的形式（Mouthpart Orientation）

昆虫的头部由于口器着生的位置不同，可分为3种形式（图1-6）。

（a）前口式　　　　（b）后口式　　　　（c）下口式

图1-6　头部的3种形式

1. 下口式 (hypognathous)

口器着生于头部的下方，与身体的纵轴垂直，这种头式适于取食植物茎叶，是比较原始的形式。如蝗虫、蟋蟀、鳞翅目的幼虫等。

2. 前口式 (prognathous)

口器着生于头部的前方，与身体的纵轴呈一钝角或几乎平行，这种头式适于捕食动物或其他的昆虫。如虎甲、步甲、草蛉等。

3. 后口式 (opisthognathous)

口器向后倾斜，与身体纵轴成一锐角，不用时贴在身体的腹面，这种口器适于刺吸植物或动物的汁液。如蝽象、蚜虫、叶蝉等。

三、昆虫的胸部

胸部（thorax）是昆虫的第2体段，是运动的中心，由3个体节组成，依次称为前胸、中胸和后胸。每个胸节各有一对胸足，多数昆虫中胸和后胸还各有一对翅，分别称为前翅和后翅。具有翅的中后胸又称为具翅胸节或翅胸（pterothorax）。昆虫胸部的每一个胸节都是由4块骨板构成的。背面的称为背板，左右两侧的称为侧板，下面的称为腹板。骨板又被若干沟划分成一些骨片，这些骨片也有自己的名称，常作为辨识种类的依据。

（一）足（Legs）

昆虫的足是胸部的附肢，着生在胸部每节两侧下方，依次为前足、中足和后足，由基节、转节、腿节、胫节、跗节、前跗节组成（图1-7）。昆虫的胸足大多用于行走，但由于不同昆虫的生活环境和生活方式不同，足的构造和功能也有很大区别，可以分成许多类型（图1-7）。

（a）足的构造　　　　（b）足的类型

图1-7　昆虫足的基本构造及类型

1. 步行足（步行虫）　2. 跳跃足（蝗虫的后足）　3. 捕捉足（螳螂的前足）　4. 开掘足
5. 游泳足（龙虱的后足）　6. 抱握足（雄龙虱的前足）　7. 携粉足（蜜蜂的后足）

（二）昆虫的翅（Wings）

昆虫的成虫期一般有两对翅，着生在中胸的称为前翅，着生在后胸的称为后翅。少数种类只有一对翅，或完全无翅。

1. 翅的基本结构（图1-8）

昆虫的翅多为三角形。在展开时，朝向前面的边缘叫前缘，朝向后面的边缘叫后缘或内缘，朝向外面的边缘叫外缘；与身体相连的一个角叫肩角，前缘与外缘所成的角叫顶角，外缘与后缘所成的角叫作臀角。多数昆虫的翅为膜质的薄片，由于翅的折叠可将翅面划分为臀前区和臀区；有的昆虫在臀区的后面还有一个轭区，翅的基部则成为腋区。

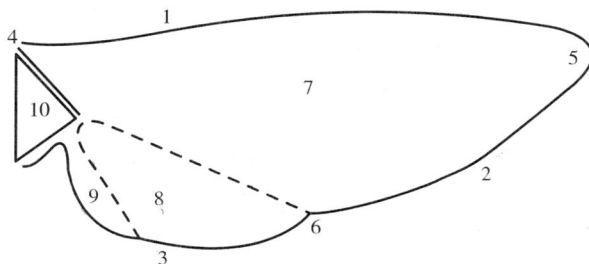

图1-8 翅的基本构造

1. 前缘 2. 外缘 3. 后缘 4. 肩角 5. 顶角 6. 臀角

7. 臀前区 8. 臀区 9. 轭区 10. 腋区

2. 假想脉序（Hypothetical venation）

昆虫翅的两层薄膜之间还常有纵横走向的翅脉（veins），有加固翅的机械作用。翅脉在翅面上的分布形式称为脉序或脉相（venation）。脉序在不同种类间变化很大，但也有一定的规律性，在同科、同属内有比较固定的形式，常作为分类的依据。昆虫学家根据对多种昆虫（包括化石昆虫）的比较，以及对翅发生学的研究等，假想出一种原始的脉序，这种脉序虽然不是实际存在的，但是，它却是从实际中抽象出来的，现已普遍被昆虫学者所采用。假想脉序的翅脉分为纵脉和横脉两类，它们各有一定的名称和缩写方法（图1-9）。

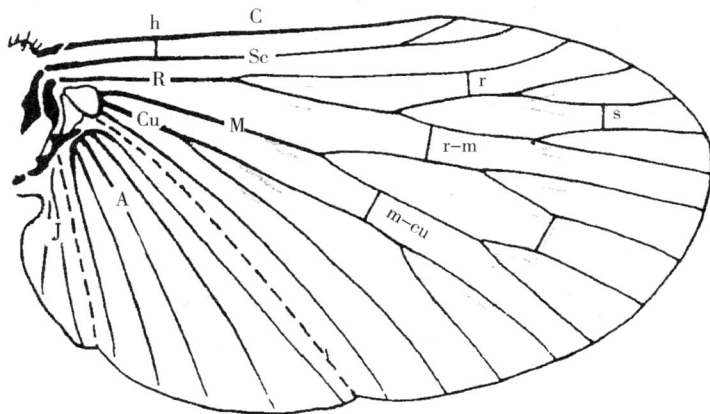

图1-9 假想脉序

C. 前缘脉 Sc. 亚前缘脉 R. 径脉 M. 中脉 Cu. 肘脉 A. 臀脉 J. 轭脉

h. 肩横脉 r. 径横脉 s. 分横脉 r-m. 径中横脉 m-cu. 中肘横脉

3. 翅的连锁

同翅目、鳞翅目和膜翅目的昆虫以前翅为主要的飞行器，它们的后翅一般不太发达，飞行时必须将后翅挂在前翅上，才能保持前后翅行动一致，此类昆虫前后翅之间的这种连锁结构叫作连锁器（wing-coupling apparatus）。连锁器的类型主要有以下几种（图1-10）：

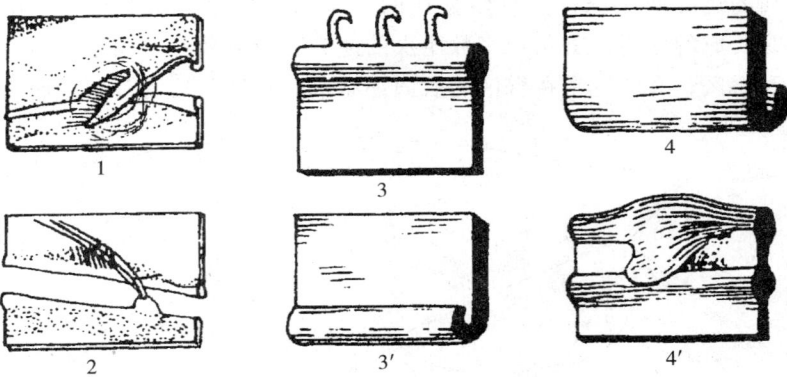

图1-10　翅的连锁器
1. 翅轭（反面观）　2. 翅缰和翅缰钩（反面观）
3、3′. 后翅的翅钩和前翅的卷褶　4、4′. 前翅的卷褶和后翅的短褶

四、昆虫的腹部

腹部（abdomen）是昆虫的第3个体段，前面与胸部紧密相连，内脏器官大部分都在腹腔内，因此腹部是新陈代谢和生殖中心。

昆虫的腹部通常由9～11节组成，除末端几节具有尾须和外生殖器外，一般没有跗趾。第1～8节两侧常各具气门一对。腹节具背板和腹板，两侧只有膜质的侧膜，不像胸部有发达的侧板，相邻两腹节的前后缘常互相套叠，使得腹部有较大的伸缩能力，并有助于昆虫的呼吸、交配、产卵和释放性外激素。

（一）腹部的附肢

在有翅昆虫中，腹部一般无分节的附肢，仅在腹末具有由附肢演变而成的外生殖器和尾须。

1. 外生殖器（genitalia）

雌性外生殖器产卵器（ovipositor），位于腹部第8、9节的腹面，由3对产卵瓣组成，第1对称腹产卵瓣，第2对称内产卵瓣，第3对称背产卵瓣。生殖孔开口于第8、9腹节之间（图1-11）。

昆虫的种类不同，其产卵环境和产卵位置也不同，产卵器有很多变化。蝗虫的产卵器短小，呈瓣状；蟋蟀的产卵器呈剑状；姬蜂的产卵器细长，有的可为体长的数倍；蜜蜂的产卵器则特化为螫针；在植物组织内产卵的昆虫，其产卵器往往呈锯齿状（如叶蜂和蓟马）或为刀状（如蝉、叶蝉），以使其在产卵时能将植物组织或树枝皮层刺伤；有些昆虫

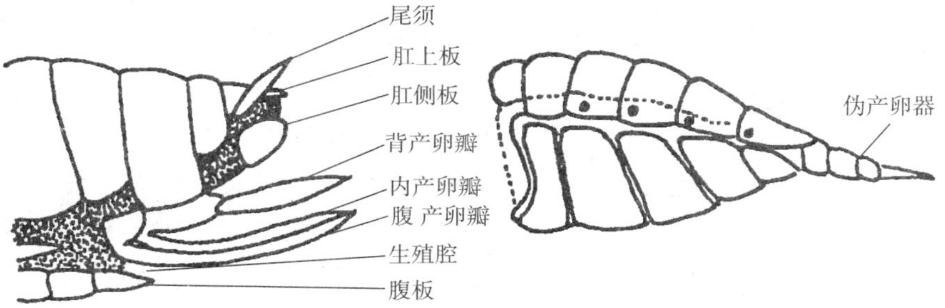

（a）雌虫产卵器　　　　　　　　（b）雌天牛的伪产卵器

图 1-11　昆虫雌性外生殖器构造

如蝶、蛾类、蝇类和甲虫，它们的腹末几节逐渐变细，互相套叠，可以伸缩，形成能够伸缩的伪产卵器，它们只能把卵产在物体的表面、裂缝和凹陷的地方，但实蝇类的腹部末端尖细而骨化，可以刺入果实内产卵。

雄性外生殖器称交配器或交尾器（copulatory organ），位于第 9 腹节的腹面，构造比较复杂。主要包括一个将精子输入雌体的阴茎和一对抱握器（图 1-12）。阴茎（phallus）是由第 9 腹节腹板后的节间膜特化而成。一般呈锥状或管状，多可以自由伸缩，顶端具有射精管的开口或雄性生殖孔。抱握器（harpagones）多由第 9 腹节的 1 对附肢特化而成，形状变化很大，有叶状、钩状、钳状等，交配时用于抱握雌体。也有一些昆虫没有抱握器。由于昆虫种类的不同，且外形变化很大，但每一种昆虫的雌性外生殖器在结构上都具有相对稳定性，因此在分类上雌性外生殖器常作为最后鉴别种类的重要依据。

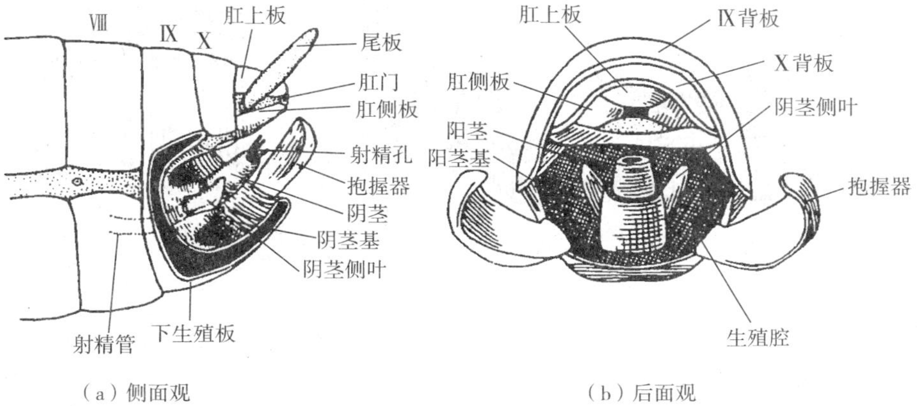

（a）侧面观　　　　　　　　　　（b）后面观

图 1-12　雄性外生殖器的基本构造

2. 尾须（cerci）

为着生于腹部第 11 节两侧的一对须状物，分节或不分节，长短不一，具有感觉作用。

（二）幼虫的腹足

鳞翅目和膜翅目叶蜂等的幼虫，腹部具有行动用的腹足（prolegs）。鳞翅目幼虫通常有 5 对腹足，着生于第 3~6 和第 10 腹节上，第 10 腹节上的又称为臀足（anal legs）。腹

足构造简单，呈筒状，末端具趾钩。膜翅目叶蜂的幼虫从第 2 节开始有腹足，一般为 6～8 对，有的多达 10 对，腹足末端无趾钩，可与鳞翅目幼虫相区别。

五、昆虫的体壁

体壁（inegument）是昆虫身体最外层的组织，大部分硬化，它像脊椎动物的骨骼一样，着生肌肉，并且构成了昆虫的体壳。昆虫的体壁除具有供肌肉着生骨骼的功能外，还具有脊椎动物皮肤的功能，如防止水分蒸发、保护内脏免于机械损伤和防治微生物及其他有害物质的侵入等；同时，体壁上还有很多感觉器官，可与外界环境取得广泛的联系。

（一）体壁的结构与特性

体壁由底膜、皮细胞层和表皮层 3 部分组成（图 1-13）。底膜（basement membrane）位于体壁的最里层，是紧贴在皮细胞下的一层薄膜，一般认为它是皮细胞所分泌的非细胞物质。皮细胞层（epithelium）是体壁中唯一的活组织，位于底膜之上，由单层细胞组成，并常有一些细胞特化成刚毛、鳞片和各种形状的感觉器及特殊的腺体。表皮层（cuticula, cuticule）是由皮细胞向外分泌而成，结构复杂，由内向外大致分为 3 层：内表皮层、外表皮层和上表皮层。其中内表皮最厚，质地柔软而有延展性；外表皮质地坚硬，致密；上表皮最薄，结构最复杂，一般由内向外分为：角质精层和护蜡层，都是脂类和蛋白质的复合物。蜡层主要是蜡质，可以保护体内水分免于过量蒸发和防止水溶性物质侵入。体壁的不透性能阻止病原微生物、杀虫药剂和其他外源物的侵入。因此，在化学防治中，必须考虑杀虫剂的穿透问题。

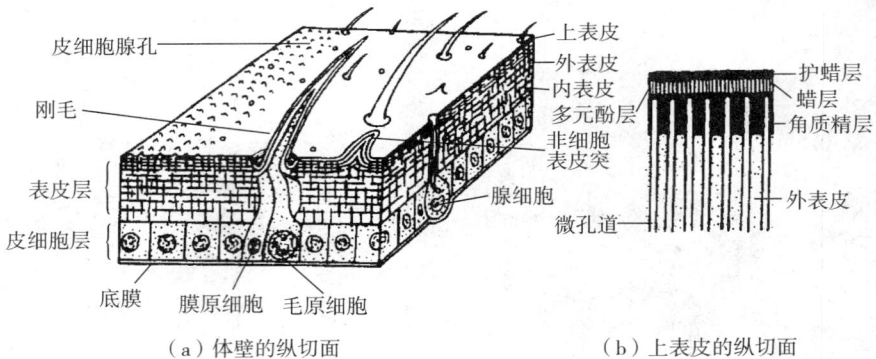

（a）体壁的纵切面　　（b）上表皮的纵切面

图 1-13　昆虫体壁的构造

（二）体壁的衍生物

由于昆虫适应各种特殊需要，体壁常向外突出或向内凹陷，形成各种衍生物。体壁表面的一些微细突起，常是由表皮外长或内陷形成的，如刻点、脊纹、小疣、小棘、微毛等。有些大型结构则是皮细胞向外突出形成的，如刚毛、毒毛、感觉毛、刺、距、鳞片等（图 1-14）。

体壁的内陷物一方面表现为表皮内陷形成的各种内脊、内突和内骨，以增加体壁的强度和肌肉着生的面积；另一方面表现为皮细胞层在一些地方由一个或几个细胞特化成各种腺体，如唾腺、丝腺、蜡腺、毒腺和臭腺等。

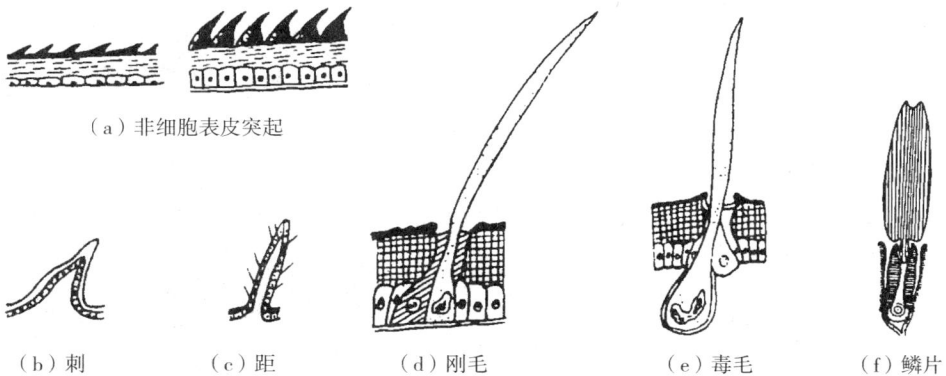

（a）非细胞表皮突起

（b）刺　　　　（c）距　　　　（d）刚毛　　　　（e）毒毛　　　　（f）鳞片

图 1-14　体壁的外长物

（三）体壁的颜色

昆虫的体壁常具有各种颜色和花纹，这些都是外界光波与昆虫体壁相互作用的结果。根据体色的性质可分为色素色、结构色和混合色 3 种。

色素色（pigmentary color）又称化学色，是由于存在于体壁中或皮下组织内的某种色素所产生的颜色，它们大部分是新陈代谢的副产物，易受外界环境因素的影响而变化。

结构色（structural color）也称物理色，是由体表的特殊结构对光的反射或干涉而产生的色彩，一般具有金属闪光，由于这类色彩是物理作用的结果，所以不会因煮沸或化学药品处理而消失。

混合色（combination color）是由上述两种因素综合而成，昆虫的体色大都属于此类。

第二节　昆虫的生物学特性

昆虫生物学主要研究昆虫的个体发育史，即包括从生殖、胚胎发育、胚后发育直至成虫的各个时期的生命特征；昆虫的年生活史，即昆虫在一年中的发生经过或特点。只有掌握了昆虫的个体发育规律，才能在机场内场区科学地消灭害虫，切断鸟类食物链。

一、昆虫的生殖方式

在自然界中，昆虫是分布最广、种类最多、数量最大的动物类群之一，这与它的繁殖特点是分不开的，主要表现在繁殖方式多样化、繁殖力强、生活史短和所需的营养少等方面。昆虫的常见繁殖方式有两性生殖、孤雌生殖、多胚生殖和卵胎生等。

（一）两性生殖（Sexual Reproduction）

绝大多数昆虫进行两性卵生。两性生殖需要经过雌雄交配，雄性个体产生的精子与雌性个体产生的卵结合受精后，由雌虫将受精卵产出体外，卵经过孵化成为新个体。

（二）孤雌生殖（Parthenogensis）

即昆虫的卵不经过受精而发育成新个体的生殖方式。通过这种生殖，可以以少量个体、利用少量的生活物质、在短时间内繁殖大量后代，是昆虫对环境的一种适应，对种群

的扩散和繁盛起着重要作用。有些昆虫如家蚕，在正常情况下，它们为两性生殖，只是偶尔出现未受精的卵发育成新个体；有些昆虫，如蚜虫，随季节以孤雌生殖与两性生殖交替进行（从春到秋连续以孤雌生殖方式繁殖后代，只有在冬季来临之前才出现雄蚜，进行两性交配）；还有些昆虫如蜜蜂、蚂蚁等，未受精的卵发育成雄性个体，而受精卵则发育成雌性个体；同翅目昆虫中的某些粉虱、介壳虫，所产的卵大都发育成雌性个体，有的种类至今未发现过雄虫。

（三）多胚生殖（Polyembryony）

即由一个卵发育成两个或更多胚胎的生殖方式，是很多内寄生昆虫（如膜翅目茧蜂、跳小蜂等）为适应寻找寄主的困难而进行的生殖方式。在营多胚生殖的昆虫中，一个卵所产生的胚胎数一般为 2～100 个，最多可达 2 000 个以上，主要取决于寄主的营养和寄生物的种类。

（四）卵胎生（Ovoviviparity）

即卵在母体内孵化后，直接产下幼虫的生殖方式。但昆虫的胎生和高等动物的胎生意义不同，后者胚胎在发育时由胎盘从母体血液中吸取营养，而昆虫胚胎发育的营养为卵黄所供给，所以叫卵胎生。营卵胎生的昆虫有蚜虫和一些蝇类。胎生其实是对卵保护的一种适应，但由于缺乏独立的卵期，使得此类昆虫完成一个世代所需的时间也比较短，因此，从这个角度说，卵胎生有利于种群的广泛分布，并且在不利条件下也可以保持种群的延续。

二、昆虫的个体发育与变态

昆虫的个体发育分为两个阶段，第一阶段称为胚胎发育（embryonic development），即在卵内完成，从卵受精开始，至幼虫孵化为止；第二阶段称胚后发育（postembryonic development），即从幼虫孵化开始到成虫羽化为止。

（一）变态及其类型

在昆虫从幼虫孵化一直到羽化为成虫的发育过程中，一般须经过一系列形态和内部器官的变化，致使成虫和幼虫显著不同，这种现象称为变态（metamorphosis）。变态是昆虫个体发育的重要特征。昆虫在长期的演化过程中，随着成虫期和幼虫期的分化以及幼虫期对生活环境的特殊适应，形成了不同的变态类型。

1. 无变态（ametabola）

属较原始的变态类型，它的特点是幼虫与成虫外形相似、习性相同。昆虫纲中的无翅亚纲都属于此类变态。

2. 不完全变态（hemimetabolism）

为有翅亚纲外翅部昆虫所具有的变态类型。它只经过卵、幼虫、成虫 3 个发育阶段（图 1－15），成虫特征随幼虫生长发育而逐渐显现，因此成虫和幼虫的形态差异不大，只是翅和性器官发育程度有差别，而翅以翅芽的形式在体外发育。典型的不完全变态见于直翅目、同翅目、半翅目昆虫，如蝗虫、蝉、蜻象等昆虫中，它们的幼虫不同于成虫的地方主要在于翅未长成和性器官没有成熟，这一变态类型也称渐变态（paurometabola）。其幼虫不仅在形态上类似成虫，而且生活习性也和成虫相近，它们栖息在相同的环境中，取食相同的食物，这类幼虫也被称之为若虫（nymph）。

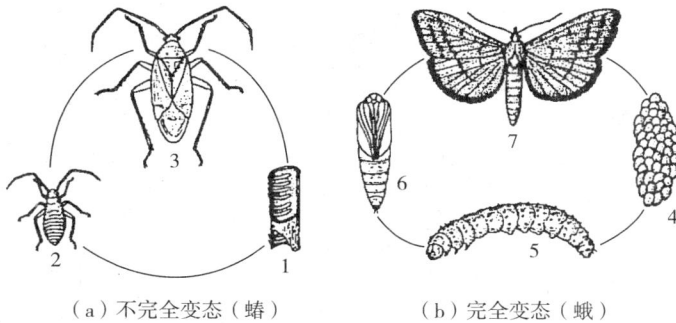

（a）不完全变态（蝽） （b）完全变态（蛾）

图 1-15 主要变态类型

1. 产在植物组织内部的卵 2. 若虫 3. 成虫 4. 卵 5. 幼虫 6. 蛹 7. 成虫

缨翅目蓟马、同翅目的粉虱和雄性介壳虫的变态方式是不完全变态中最高级的类型，它们的幼虫在转变为成虫前有一个不食不动的类似蛹期的时期，真正的幼虫期仅为 2～3 龄。这种变态称之为过渐变态，可能是不完全变态向完全变态演化的过渡类型。

3. 全变态（complete metamorphosis）

为有翅亚纲内翅部昆虫的变态类型。其特点是具有卵（egg）、幼虫（larvae）、蛹（pupae）、成虫（adult，imago）4 个不同虫期（图 1-15）；全变态类的幼虫在外部形态、内部器官上与成虫显著不同，翅在体内发育。当幼虫转变为成虫时，很多构造如触角、口器、翅、足等，都要换以成虫的构造，因此必须经历蛹期来完成这些变化。

全变态类昆虫的幼虫与成虫不仅形态差异大，生活习性也有显著不同。如鳞翅目幼虫多以植物的某部分为食，而成虫以花蜜为食，因此口器构造完全不同。鞘翅目幼虫和成虫的口器虽然都是咀嚼式，但它们的食物或栖息场所多有不同，如危害农作物的金龟子，幼虫为地下害虫，而成虫取食植物的地上部分。寄生性的膜翅目和双翅目昆虫，以幼虫营寄生生活，而成虫营自由生活。由此可见，全变态昆虫的幼虫与成虫因其生活习性不同，对农作物的危害情况也是不同的，有的仅成虫危害，有的仅幼虫危害，有的成虫与幼虫均危害，但危害程度常有差别。

全变态类昆虫有部分的幼虫期有截然不同的形态，如鞘翅目芫菁科幼虫第 1 龄为衣鱼型（或称三爪幼虫），第 2～6 龄为蛴螬型，其中第 5 龄为不活动的"拟蛹"，因此称之为复变态（hypermetamotphosis）。

（二）各虫期的特征

1. 卵期（egg stage）

卵从产下到孵化所经历的时期叫卵期。昆虫的卵期长短因虫种、世代和环境条件而有所不同。如有的卵寄生蜂卵期只有几个小时，而一化性家蚕则长达 300 多天。昆虫的卵通常很小，最小的只有 0.02mm 左右（如卵寄生蜂），最大的长达 9～10mm（如一种螽斯），一般为 0.5～2.0mm。卵的形态变化很大，通常是长卵形或肾形，此外，还有圆球形、半球形、扁圆形、纺锤形、瓶形、桶形等（图 1-16）。在卵壳的表面常饰有花纹和突起，有的具有长柄。

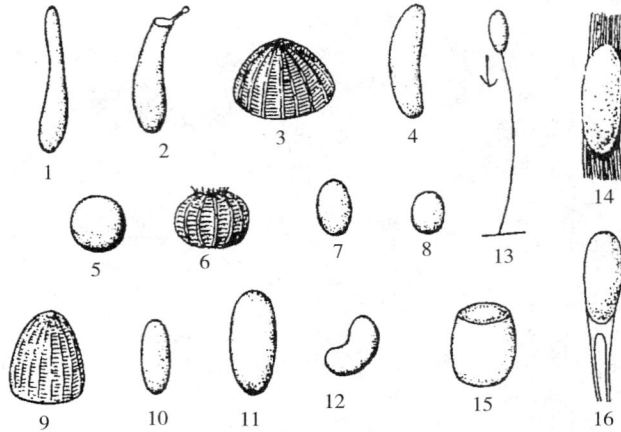

图 1－16　昆虫卵的形状

1. 长茄形（飞虱）　2. 袋形（三点盲蝽）　3. 半球形（小地老虎）　4. 长卵形（蝗虫）

5. 球形（甘薯天蛾）　6. 篓形（棉金刚钻）　7. 椭圆形（大黑腮金龟）　8. 椭圆形（大黑腮金龟）

9. 馒头形（棉铃虫）　10. 长椭圆形（棉蚜）　11. 长椭圆形（豆芫菁）　12. 肾形（棉蓟马）

13. 有柄形（草蛉）　14. 被有绒毛的椭圆形卵块（三化螟）　15. 蛹形（蜉蝣）　16. 双瓣形（豌豆象）

　　昆虫的产卵方式和场所也常不相同，有的单粒散产（如菜粉蝶）；有的集聚成块（如斜纹夜蛾）；有的产在暴露的地方（如棉铃虫）；有的产在植物组织内（如盲蝽、叶蝉）；有的产在其他昆虫的卵、幼虫或蛹体内（各种寄生蜂）；有的卵以卵鞘或雌成虫腹末的绒毛覆盖（如螳螂、多种毒蛾和夜蛾）。

　　了解昆虫卵的大小、形状、产卵方式和场所，对于识别害虫的种类，调查与防治害虫均有重要意义。

　　2. 幼虫期（larval stage）

　　当胚胎发育完成以后，昆虫的幼虫或若虫破卵壳而出的现象叫孵化（hatching）。昆虫从卵孵化出来后到出现成虫特征（不完全变态类变成成虫，或完全变态类化蛹）之前的整个发育阶段，都可称为幼虫期。

　　在昆虫的发育史中，幼虫期的明显特点是大量取食和以惊人的速度增大体积，其生物学意义在于大量获取并积累营养，以完成胚胎发育所未能完成的发育过程。即为发育成性成熟、能繁殖的成虫创造条件。从实践意义来说，由于幼虫期是大量取食阶段，所以很多农林害虫的危害期都是幼虫期，因而常常也是防治的重点虫期；而多数天敌则以捕食幼虫期害虫或寄生农林害虫为主，故植保工作者必须熟悉昆虫的幼虫期，研究其幼虫期的特性。

　　初孵化的幼虫虫体很小，取食后虫体不断增大，当增大到一定程度时，由于坚韧的外骨骼限制了它的生长，必须脱去旧表皮重新形成新表皮才能继续生长，这一过程被称为脱皮（moulting）。脱下的旧表皮称为蜕（exuvia）。每脱一次皮，虫体就显著增大，形态也发生相应的变化。两次脱皮之间的时间称为龄期（instar）。从卵孵化到第一次脱皮的时期为第一龄期，这时的幼虫称为第一龄幼虫（或1龄虫、初孵幼虫）；第一次与第二次脱皮之间的时期为第二龄期，这时的幼虫称为第二龄幼虫（或2龄虫）。以此类推，最后一龄幼虫又称末龄幼虫或老熟幼虫。

昆虫种类不同，幼虫的虫龄和龄期长短也会不同。掌握幼虫的虫龄和龄期对害虫预测预报和提高药剂防效有重要的意义。如对于许多鳞翅目幼虫，3龄前喷药，防治效果最好。

如何确定幼虫或若虫的虫龄？除了饲养观察外，测量头壳宽度是主要依据。人们发现鳞翅目昆虫相邻各幼虫的头壳宽度之比为一常数，如果我们测量前后两龄幼虫的头壳宽度，计算出它们增长的比例，就可以从已知的1龄或末龄幼虫的头壳宽度推算出其余各龄的大小；反过来，从幼虫头壳宽度也可以推算出幼虫龄数。此外，由于头壳在同一龄期中几乎是不生长的，因此，在实践中，根据头壳大小进行虫龄识别比较准确。而体长因在同一龄期内生长变化较大，而很难作为依据。

全变态类昆虫，种类不同，其幼虫形态也各不相同，常见的昆虫幼虫有3种类型（图1-17）：多足型、寡足型和无足型。多足型（polypod），除发达的胸足外，还有腹足或其他腹部附肢，如鳞翅目幼虫；寡足型（oligopod），具发达的胸足，但腹部附肢都已消失，如一般鞘翅目幼虫；无足型（apodous），幼虫没有行动器官，有的甚至头部完全缩入胸部内，如双翅目幼虫。

3. 蛹期（pupa stage）

蛹期是全变态类昆虫所特有的发育阶段，也是幼虫转变为成虫的过渡时期。幼虫老熟后，就停止取食，寻找适当场所，缩短身体，变得不活动，乃进入前蛹期（预蛹期）。前蛹期（prepupa stage）就是末龄幼虫化蛹前的静止时期。前蛹脱皮后变成蛹，这一过程称为化蛹（pupation）。从化蛹到变成成虫所经过的时期，称为蛹期。蛹期昆虫不食不动，表面静止，但内部进行着激烈的生理变化，一方面降解幼虫原来的内部器官；另一方面则形成成虫所具有的内部器官。

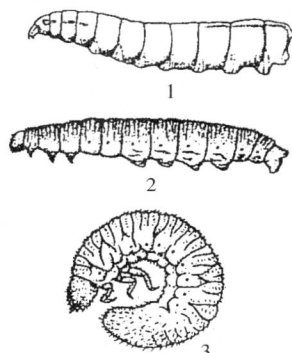

图1-17　全变态类幼虫类型
1. 无足型（蝇类）　2. 多足型（蝶类）
3. 寡足型（蛴螬）

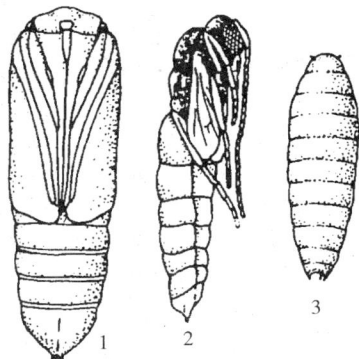

图1-18　蛹的类型
1. 被蛹　2. 离蛹　3. 围蛹

昆虫种类不同，蛹的形态也不同。常见的有被蛹（obtect pupa）、离蛹（exarate pupa）和围蛹（coarctate pupa）3种类型（图1-18）。被蛹的触角、足和翅紧贴于蛹体，不能自由活动，如蛾蝶类的蛹。离蛹（又称裸蛹）的触角、翅和足等不紧贴虫体，能够活动，腹部也能自由活动，如甲虫类的蛹。围蛹实际上是一种离蛹，只是由于幼虫最后脱下的皮包围于离蛹之外，形成了圆筒形的硬壳，为蝇类所特有。

昆虫的蛹由于不能活动，易遭受敌害，同时对外界不良环境条件的抵抗力也较差，因此蛹期

是昆虫生命活动中的一个薄弱环节，所以昆虫在化蛹前常选择适于化蛹的隐蔽场所，如在树皮裂缝中、在土内、在卷叶内或植物组织内，甚至吐丝作茧，以免遭受敌害的侵袭和气候变化的不良影响。了解蛹期的生物学特性，破坏其生态条件，是消灭害虫的一个途径。如施行翻耕晒土，可将害虫在土中的土室破坏或深埋，或暴晒致死，或增加天敌捕食机会。

4. 成虫期（adult stage）

全变态类蛹或不完全变态类若虫最后一次脱皮后，变成成虫的过程叫羽化（emergence）。成虫是昆虫生命的最后阶段，其主要任务是交配、产卵以繁衍其种族，所以成虫期是昆虫的繁殖时期。

很多蛾类等昆虫羽化时生殖腺已发育成熟，不再需要取食便可交配产卵，它们产卵后不久即死去，所以寿命往往很短。而大多数昆虫的成虫，羽化后需继续取食一个时期方能进行繁殖，一般雌性比雄性需要更长的时间才能达到性成熟。这种对性腺发育不可缺少的成虫期的营养称为补充营养。这类昆虫不仅在幼虫期为害虫，而且成虫期往往也为害虫。因此，了解成虫补充营养的特性，对于害虫进行预测预报、设置诱集器诱杀等，都是一项重要的依据。

成虫在性成熟后，即开始两性活动——交配和产卵。成虫由羽化到第一次交配的间隔期称为交配前期（precopulation stage）。由羽化到第一次产卵的间隔期称为产卵前期（preoviposition stage）。多数昆虫的交配和产卵的次数因昆虫种类而异，即使在同一种昆虫中也有变化。通常成虫寿命短的昆虫，如很多蛾类、蚜虫、蚧类，一生只交配1或2次。成虫寿命长的，如蝗虫、蝽象、甲虫等，一生往往交配很多次，产卵期可达十余天至几个月。昆虫的产卵量随种类和环境条件而变化，如苹果棉蚜、葡萄根瘤蚜等一头雌虫只能产1粒卵；黏虫可产几百粒至1 800余粒卵；甘蓝夜蛾可产2 500余粒卵。

昆虫的雌雄两性除生殖器官的构造截然不同外，雌雄的区别还常常表现在个体的大小、体型的差异、颜色的变化等方面，这种现象称为雌雄二型（sexual dimorphism）。如介壳虫雄性有翅，雌虫无翅；鞘翅目犀金龟雄虫的前胸背板上有巨大的角状突起，身体也比雌虫大得多。

除了雌雄二型现象外，同种昆虫的同一性别的个体中也会出现具有两种或更多不同类型的现象，称为多型现象（polymorphism）。它不仅出现在成虫期，也会出现在幼虫期；不仅在构造、颜色上表现不同，而且在白蚁、蚂蚁、蜜蜂等社会性昆虫中，还有明显的行为差异，甚至有明确的分工。

三、昆虫的季节发育

昆虫在自然界中的生活史都具有周期性的节律，即一种昆虫一年中总是在具备其发育繁殖所要求的外界条件（如温度、食物等）时，才能生长、发育和繁殖，在不具备这些条件的时候如寒冷的冬季，就停止发育，并以一定的虫态度过不利的季节。在第二年，当适合其发育的条件出现时，昆虫才又开始这一年的生长、发育和繁殖。这种生活周期的节律性是昆虫在长期演化过程中，适应环境条件和季节变化的结果。

（一）昆虫的世代与年生活史

昆虫从卵或若虫离开母体开始到成虫性成熟并能产生后代为止的个体发育史称为一个世代（generation）。生活史（life cycle）是指昆虫完成一个世代的个体发育史。年生活史（annual life history）是指一种昆虫在一年内的发育史，即由当年越冬开始活动到第二年越冬结束活动为止的发育过程。

昆虫的种类不同，环境条件不同，每个世代的长短和一年内可发生的世代数也会不同。有些昆虫 1 年只发生 1 代，有些昆虫一年发生多代，也有的昆虫要几年才完成一代。在大多数昆虫中，世代的长短和一年内发生的代数除与种的遗传性有关外，还与不同纬度地区的温度条件有关。如梨大食心虫在延边地区 1 年只发生 1 代，在辽宁及河北省 1 年 2 代，在河南省 1 年发生 3 代。

一年数代的昆虫，前后世代间常有上下世代间重叠的现象。一般地说，成虫发生期和产卵期短的种类，世代间可以划分得很清楚。相反，成虫期和产卵期长的种类，前后世代间界有明显的重叠现象，世代的划分就变得很难，这种前后世代同时存在的现象称为世代重叠（generation overlapping）。有的昆虫在一年中的若干世代间，存在着生殖方式甚至生活习性的明显差异，通常是两性世代和若干代孤雌生殖世代相交替（如蚜虫），这种现象，称为世代交替（alternation of generations）。

（二）昆虫的休眠与滞留

昆虫等节肢动物在它们的生活史中，大多有或长或短的生长发育或生殖中止的现象，这种现象叫作停育，常表现为大家熟悉的越冬或越夏。这实际上是昆虫对外界不良环境条件的一种高度适应，但就产生或消除这种现象的条件及昆虫对这些条件的反应来说，我们可以把停育现象分为休眠和滞育两类。

休眠（dormance）常常是不良环境条件直接引起的，而且当不良环境条件消除时，可以恢复生长发育。例如温带或寒温带地区秋冬季节的气温下降、食物枯萎或热带地区的高温干旱季节，都可以引发一些昆虫的休眠，如东亚飞蝗，都是以卵期进行休眠的；有的则任何虫态（虫龄）都可休眠，如在江淮流域以南，小地老虎的成虫、幼虫、蛹均可以休眠越冬。

滞育（diapause）也是由环境因子引起的，但常常不是不利的环境条件直接引起的。在自然情况下，当不利的环境条件还远未来临之前，昆虫就进入了滞育状态。而且一旦进入滞育，即使给以最适宜的条件，也不会马上恢复生长发育，所以它已经具有一定的遗传稳定性。凡有滞育特性的昆虫，都各有固定的滞育虫态。在幼虫期表现为生长发育的停止，在成虫期则表现为生殖的中止。滞育还可以分为兼性滞育和专性滞育两种。兼性滞育（facultative diapause）的昆虫为多化性昆虫，滞育的虫态一般固定。不良环境对滞育有诱导作用，但其遗传性有一定的可塑性。专性滞育（obligatory diapause）又叫绝对滞育，为一年一代的昆虫，滞育虫态固定。不管环境条件如何，均按期进入滞育，具有稳定的遗传性，如天幕毛虫。

引起滞育的因子有光照、温度和食物等，其中以光照的作用最大，温度次之。光照与昆虫滞育的关系实际是由光周期决定的。所谓光周期（photoperiod），就是一昼夜中光照时数与黑暗时数的节律，常用光照时数表示。在自然界中，光周期的变化规律比任何别的

因素都稳定，所以从光照刺激的信号意义来说，它比其他环境因素具有更大的优越性。正因为如此，昆虫才有可能在不利的季节（如冬季）来临之前，依照对光周期的反应而进入滞育。关于滞育的生理机制，近年来已逐步证明是昆虫内分泌系统活动的结果。

最后，应当指出，掌握昆虫的个体发育和季节发育的规律，即掌握昆虫的繁殖、发育、变态、年生活史及休眠和滞育的特性，可以帮助我们从各种害虫的生物学特性和发生规律中找出它们的薄弱环节，采用适当的防治措施，达到有效控制其发生危害的目的。

四、昆虫的主要习性

（一）活动的昼夜节律性

昼夜节律（circadian rhythm）是指昆虫的活动与自然界中昼夜变化规律相吻合的节律。绝大多数昆虫的活动，如飞翔、取食、交配等等，均有它的昼夜规律，这是种的特性，是有利于物种生存和繁育的生活习性。根据昆虫昼夜活动的节律，我们把在白昼活动的昆虫，称为日出性或昼出性昆虫（diurnal insects），如蝴蝶、蜻蜓等；而把夜间活动的昆虫，称为夜出性昆虫（nocturnal insects），如多数的蛾类；还有一些只在弱光下如黎明、黄昏时活动的昆虫，称为弱光性昆虫（crepusular insects），像蚊子等。昆虫的昼夜节律性是受体内具有时钟性能的生理机制控制的，这种控制机制也被称为生物钟（biological clock）。

（二）假死性

假死性（thanatosis）即有些昆虫具有的一遇惊扰随即坠地假死的习性，它是昆虫的一种自卫适应性。如金龟子等甲虫的成虫和小地老虎、斜纹夜蛾、菜粉蝶等的幼虫，受到突然震动时，可立即做出麻痹状昏迷的反应，这是在自然选择的过程中被保留下来的防御性反射。在害虫防治中，人们利用它们的假死习性，设计出各种方法或器械，把它们从植物上震落下来，集中消灭。

（三）趋性

昆虫的趋性（taxis）是指昆虫对某种外部刺激如光、温、化学物质、水等所产生的反应运动。这些运动带有强迫性，有的为趋向刺激来源，有的为回避刺激来源，所以趋性有正、负之分。依照刺激的性质，趋性可分为：对于光源的趋光性（phototaxis）或避光性；对于热源的趋温性（thermotaxis）或负趋温性；对于化学物质的趋化性（chemotaxis）或负趋化性；对于湿度的趋湿性（hygrotaxis）或趋旱性；对于土壤的趋地性或负趋地性等。

在害虫防治中常利用害虫的趋光性和趋化性。如灯光诱杀（light trap）是以趋光性为依据的，潜所诱杀（hidden trap）是以避光性为依据的；食饵诱杀（bait）是以趋化性为依据的，驱避剂（repellents）是以负趋化性为依据的。

（四）群集和迁移

群集性（aggregation）是指同种昆虫的大量个体高密度地聚集在一起的习性。许多昆虫都具有群集习性，但聚集的方式则不同，有临时和永久之分。临时性的群集，指只是在某一虫态或一段时间内群集在一起，过后就分散，个体之间不存在必须的依赖关系。如蚜虫、介壳虫、粉虱等，它们常固定在一定部位取食，繁殖力较强，活动力较小，因此在单位面积内出现了虫口密度很大的群体，但这种群集现象是暂时的，遇到生态条件不适，如食物缺乏时，就会分散。还有的昆虫是季节性群集，如很多瓢虫、叶甲和蝽象，它们在落叶或杂草下群集越冬，第二年春天又分散到田野中去。永久性群集（又称群栖），是指某些昆虫固有的生物学特性之一，常发生于整个生活史，而且很难用人工的方法把它分散。必要时（如生态条件不适时）全部个体以密集的群体共同地向一个方向迁飞。例如飞蝗的卵块在单位面积内超过一定数量后，从卵孵出的蝗蝻一开始便互相聚集成群，个体之间经常碰触，已成为其感觉器官的一种条件反射，即使到成虫期也不分开。

大多数昆虫在环境条件不适或食物不足时，会发生近距离的扩散或远距离的迁移。有些重要农业害虫具有季节性地从一个发生地长距离转迁到另一个发生地的习性，这种习性叫作迁飞（migration）。这是昆虫在进化过程中长期适应环境而产生的遗传特性，有助于种的生存延续，也是导致害虫突然爆发、在短期内造成严重危害的重要原因。所以研究昆虫的群集、扩散、迁移和迁飞的习性，对农业害虫的预测和防治有着重要的实际意义。

第三节　昆虫的分类

昆虫种类繁多，如果我们要利用益虫防治害虫，就必须识别它们。因此以研究昆虫种类的鉴别和亲缘关系为主要任务的昆虫分类学，就成为我们进行其他昆虫学研究的基础。

一、昆虫分类的基本方法及系统

昆虫的鉴定与识别主要以形态学为依据，这主要是因为形态的差异比较明显，观察也比较方便，但必要时也要结合比较解剖学、生理学、生态学、遗传学、地质学以及地理学等相关学科的研究，才能正确地鉴别相似种和揭示昆虫的系统（亲缘）关系。昆虫的分类阶元与其他动、植物分类相同，即：门、纲、目、科、属、种。有时为了更精细确切的区分，常添加各种中间阶元如亚级、总级或类、群、部、组、族等。

（一）种的概念

分类的基本单位是种，很多相近的种集合为属，很多相近的属集合为科，依次向上归纳为更高的类群。种（species）是以种群的形式存在的一类昆虫，它们具有相同的形态特征，能自由交配，从而产生具有繁殖力的后代，并与其他种之间存在生殖隔离现象。在种的分布区域内，不同地区或不同生态条件下的种群，可以形成不同的类型，称为地理亚种或生态亚种，各亚种间的形态差别往往并不显著，但常具有不同的生物学特性。

（二）学名

每一个种都有一个科学名称，即学名（scientific name），这是国际上通用的。学名用拉丁文表示。每一个学名一般由两个拉丁词组成，第一个词为属名（斜体），第二个词为种名（斜体），最后附上定名人（正体）。属名和定名人的第一个字母必须大写，种名全部小写。生物的这一双命名法，是由林奈 Linnaeus（1958）创造的。有时在种名后边还有一个名，这就是亚种名（斜体），也要全部小写。

学名举例：菜粉蝶　　*Pieris*　　　*rapae*　　　Linnaeus
　　　　　　　　　属名　　　　种名　　　　定名人

东亚飞蝗　　*Locusta*　　*migratoria*　　*manilensis*　　Meyen
　　　　　　属名　　　　种名　　　　亚种名　　　　定名人

（三）昆虫纲的分类系统

昆虫纲的分目是根据翅的有无及类型、变态的类型、口器的构造、触角的形状、跗节的节数等进行的，但具体目的数目及分类系统，各分类学家的意见并不一致，有的分为 20 多个目，也有的分为 30 多个目，本书采用 33 个目的分类系统。这些目分属于两个亚纲，即无翅亚纲和有翅亚纲。无翅亚纲的种类较少，分为 4 个目。有翅亚纲根据胚后发育过程中翅的发育情况，又分为外生翅部和内生翅部两类，前者有 18 个目，翅在体外发育，构成不完全变态类；后者有 11 个目，翅在体内发育，构成全变态类。

二、主要目科的概述

（一）直翅目（Orthoptera）

中型至大型昆虫。口器咀嚼式。触角丝状或剑状，单眼 2 或 3 个。前翅狭长，覆翅、革质，常覆盖在后翅上，后翅膜质，能够作扇状折叠，翅脉多是直的。有些种类短或无翅。后足多发达，适于跳跃，或前足为开掘足。雌虫多具发达的产卵器。腹部第十节有尾须一对，雌虫大多能发音，凡发音的种类都具有听器。不完全变态。

本目昆虫多数生活在地上，也有生活在土中的（如蝼蛄）。成虫多产卵于土中（如蝗虫、蝼蛄、蟋蟀）或植物组织内（如螽斯）。多为植食性，其中很多是农作物的重要害虫，常见的有蝗虫、蝼蛄、蟋蟀等。

1. 蝗科（Locustidae）

俗称蝗虫、蚱蜢。体粗壮。触角短，除少数种类外，均不超过体长，多呈丝状、剑状。前胸背板马鞍形，跗节 3 节。多具 2 对发达的翅，亦有短翅及无翅的，后翅常有鲜艳的颜色。雄虫能以后足腿节摩擦发音，听器位于腹部第一节的两侧。产卵器粗短，顶端弯曲呈锥状。本科昆虫均产卵于土中，多为重要的农业害虫。飞蝗（如东亚飞蝗 *Locusta migratoria manilensis* Meyen）是我国主要的害虫之一，常造成严重的危害。

2. 蝼蛄科（Gryllotalpidae）

俗称拉拉蛄。触角显著比身体短。前足为开掘足。前翅甚小。后翅由前翅下方突出于体外，呈尾状。听器不发达。体表无产卵器。此类昆虫以土栖为主，具较强的趋光性，夜间活动，咬食植物的根茎，为重要的农业害虫。常见的种类有华北蝼蛄 *Gryllotalpa unispina*（Saussure）和东方蝼蛄 *Gryllotalpa orientalis*（Burmeister）。

3. 螽斯科（Tettigoniidae）

一般为翠绿色，也有浅褐色种类。触角丝状，比体长。跗节 4 节，听器在前足胫节。尾须短小。产卵器刀状或剑状。螽斯有肉食性的也有植食性的。雌虫多产卵于植物枝条组织内，造成枝梢枯萎或落叶。如绿螽斯 *Holoclora nawae*（Mats. et Shir.），危害柑橘及桑等。

4. 蟋蟀科（Gryllidae）

俗称蟋蟀或蛐蛐。粗壮，色暗。触角比身体长。跗节 3 节。尾须长，不分节。产卵器细长，呈针状或矛状。雄虫前翅上有发音器，听器在前足胫节上。

夜出性昆虫。食性杂，多取食植物近地面柔嫩部分，危害幼苗。少数种类为肉食性。不少种类雄虫性凶残，常搏斗，有互相残杀现象。本科常见的种类有油葫芦 *Gryllus testaceus*（Walker）等。

（二）缨翅目（Thysanoptera）

通称蓟马，是一类微小型的昆虫。成虫体细长略扁，长仅 1～2mm。多数为黑色、褐色或黄色。触角短，6～9 节，丝状，略成念珠状。锉吸式口器，左上颚发达，右上颚退化。前后翅狭长，翅脉稀少甚至消失，翅的周缘具长缨毛，故称缨翅目。有的种类无翅（无翅者无单眼）。跗节 1 或 2 节，具 1 或 2 爪，中垫泡囊状。腹部一般 10 节。无尾须。雌虫腹末圆锥形或管状，产卵器锯状、柱状或无。过渐变态。若虫似成虫，但触角节数少，不如成虫活泼，通常为白色、黄色或红色。

本目昆虫，多数植食性，危害农作物的花、叶、枝、芽等，而以花上最多。如烟蓟马 *Thrips tabaci*（Lindeman）；少数为捕食性，可捕食蚜虫、粉虱、螨类或其他种类的蓟马（如塔六点蓟马）。

1. 蓟马科（Thripidae）

体扁，触角 6～8 节，末端两节形成端刺，3 或 4 节上有感觉器。翅狭长，翅端尖，前翅常有 2 条纵脉。雌虫腹端有锯状产卵器，向下弯曲。如葱蓟马 *Thrips tabaci*（Lind.）危害葱、蒜、马铃薯、烟草等多种作物。

2. 纹蓟马科（Aeolothripidae）

体不扁，触角 9 节，前翅较宽，末端圆形，围有缘脉，翅上常有暗色斑纹，产卵器锯状，向上弯曲。如纹蓟马 *Aeolothrips fasciatus*（Lind.）危害禾本科和豆科作物，也捕食其他蓟马、蚜虫和螨类。

（三）半翅目（Hemiptera）

通称蝽象。体小至中型，略扁。后口式，刺吸式口器，喙从头的前下方生出。触角 4～5 节。复眼显著，单眼有或无。前胸背板甚大，中胸小盾片发达。跗节一般 3 节。多数具 2 对翅，前翅为半鞘翅，基半部硬化的部分可分成革片、爪片、缘片和楔片，而端部的膜质部分，称为膜片。常具翅脉（图 1-19），翅静止时平放于身体背面，末端部分交叉重叠。胸部腹面常有臭腺，可散发出恶臭，渐变态。

本目昆虫大多为植食性，危害农作物、果树、森林，刺吸茎叶或果实的汁液，是重要的园艺害虫；部分种类可以捕食害虫，是天敌昆虫，如猎蝽、长蝽的一些种类。

1. 蝽科（Pentatomidae）

触角 5 节（极少数 4 节），单眼 2 个，喙 4 节，前翅分为革片、爪片、膜片三部分，膜片上具多数纵行翅脉，发自于基部的一根横脉。中胸小盾片大，三角形，超过爪片。本科种类很多，一般为植食性，如菜蝽 *Eurydema pulchra*（Westwood）危害十字花科蔬菜、荔枝蝽 *Tessaratoma papillosa*（Drury）为荔枝上的大害虫。

2. 缘蝽科（Coreidae）

体一般较狭，两侧缘略平行。触角 4 节，喙 4 节。中胸小盾片小，短于爪片。前翅分革片、爪片及膜片三部分，从一基横脉上分出多条分叉的翅脉。本科均为植食性，常见种

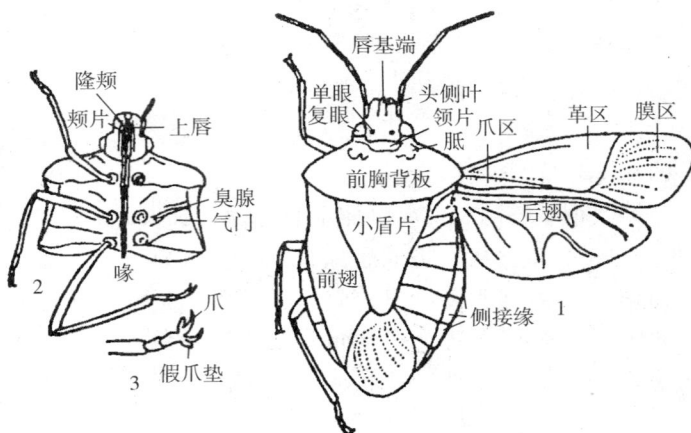

图 1-19　半翅目昆虫身体构造模式及前翅示例
1. 蝽的背面观　2. 头、胸部腹面观　3. 后足端部

类可危害瓜、豆及果树。

3. 猎蝽科（Reduviidae）

又称食虫蝽，体中型或大型。触角 4 节或 5 节。喙坚硬，仅 3 节，基部不紧贴于头下，而弯曲成弧形。前翅分为爪片、革片和膜片 3 部分，膜片基部有 2 个翅室，从其上发出 2 条纵脉。

4. 盲蝽科（Miridae）

小型或中型昆虫，触角 4 节，无单眼，喙 4 节。前翅分为革片、爪片、楔片及膜片，在膜片基部有 1 或 2 个小翅室，其余翅脉均消失。同一种类常有长翅型、短翅型和无翅型。

本科有植食性的，如危害果树和大田作物的三点盲蝽 *Adelphocoris taeniophorus* (Reuter)，也有捕食性的，以捕食小型昆虫和螨类为食，为益虫，如食蚜盲蝽 *Deraeocores punctulatus* (Fall)。

5. 花蝽科（Anthocoridae）

小型种类，体扁长卵形。与盲蝽相似，前翅除有革片、爪片、膜片外，还有楔片，但有单眼，膜片上的翅脉少。触角 4 节，喙 3 或 4 节。一般为捕食性，以蚜虫、蓟马、木虱、介壳虫、粉虱及螨类等为食，属有益昆虫。

6. 网蝽科（Tingidiae）

小型种类，体扁。无单眼。触角 4 节，第 3 节最长，第 4 节膨大。喙 4 节。前胸背板向后延伸盖住小盾片，有网状花纹。前翅不分革片与膜片，也有网状花纹。成虫和若虫生活在叶的背面，常在主脉的两侧为害，被害处常积聚斑点状的黑褐色分泌物及蜕皮壳。如危害梨树的梨冠网蝽 *Stephanitis nashi* (Esaki et Takaya)。

（四）同翅目（Homoptera）

为小型或大型昆虫，头后口式，刺吸式口器，喙 3 节，其基部着生于头部的腹面后方，似出自前足基节之间，具翅种类前后翅膜质或前翅革质，静止时呈屋脊状覆于体背。

也有无翅种类，以雌介壳虫和蚜虫最为常见。除粉虱及雄介壳虫属于过渐变态外，均为渐变态。

本目昆虫体形变化很大，一般以刺吸植物汁液为生。繁殖方式各样，有两性生殖、孤雌生殖，也有两性生殖与孤雌生殖交替进行。有卵生，也有卵胎生。本目不少种类为农作物的重要害虫，并能传播植物的很多病害，如蚜虫、叶蝉、木虱等能传播病毒。亦有不少种类如蚜虫、介壳虫、粉虱等，分泌蜜露，诱致煤污病。

1. 蝉科（Cicadidae）

多为大型昆虫，复眼发达，单眼3个。触角短，刚毛状。前足腿节膨大，下方有齿。雄虫具发音器，位于腹部两侧。若虫土中生活，其前足腿节及胫节特别粗大，成虫以刺吸汁液和产卵危害果树和林木枝条，若虫吸取根部汁液。我国常见种类有蚱蝉 *Cryptotympana atrata*（Fabricius）、蟪蛄 *Platypleura kaempferi*（F.）。

2. 叶蝉科（浮尘子科）[Cicadellidae（Jassidae）]

体小型。单眼多为2个，触角鞭节分节甚多，后足胫节下方有2列短刺，这一特征可以区别于近缘科昆虫。本科为同翅目的一个大科，危害大田作物、蔬菜、茶、果树及林木。雌虫具齿状产卵管，产卵于植物组织内，如大青叶蝉 *Cicadella viridis*（Linnaeus）。

3. 蜡蝉科（Fulgoridae）

中型至大型昆虫，善跳跃。触角短，末端具1刚毛，位于复眼的下方。前后翅端区翅脉呈网状，多分叉和横脉。一般体色美丽如蝶蛾。有些种类额延长如象鼻，还有的种类可分泌绵状的白蜡，我国常见种类有危害果树及园林树木的斑衣蜡蝉 *Lycorma delicatula*（White）和龙眼鸡 *Fulgora candelaria*（L.）。

4. 木虱科（Psyllidae）

体细小，能飞善跳，触角10节，末端有2条长短不一的刚毛，单眼3个。前翅常比后翅坚实，前翅无横脉，基部有一条基脉，是由R、M、Cu三脉合成的，为本科的显著特征之一。成虫、若虫常分泌蜡质，盖在身体上。本科昆虫多危害木本植物。我国常见的有危害果树的柑橘木虱 *Diaphorina citri*（Kuwayama）和梨木虱 *Psylla chinensis*（Yang et Li）。

5. 粉虱科（Aleyrodidae）

成虫体纤弱而小。体及翅上常有白色蜡粉，触角7节。翅脉简单，仅具1或2条纵脉。成虫与幼虫腹面有皿状孔，为本科昆虫的最大特征。卵有短柄，附在植物上。第一龄幼虫有触角和足，可自由活动；第二龄起足迹触角退化，固定不动。体壁变硬，分类上称为"蛹壳"。粉虱幼虫寄生于植物上吸取汁液，危害蔬菜、花卉、果树和林木，我国重要种类有柑橘粉虱 *Dialeurodes citri*（Ashm）和温室白粉虱 *Ttrialeurodes vaporariorum*（West-wood）等。

6. 蚜科（Aphididae）

体细小，柔软。触角长，通常6节，很少5节，末节中部突然变细，故又分为基部和鞭部两部分；第3～6节基部常有圆形或椭圆形的感觉圈，它的数目和分布可作为分种的依据。多数蚜虫的腹部第六节背面生有一对"腹管"，腹部末端的突起称为尾片，腹管及尾片的形状为分类上的重要特征。

蚜虫具有有翅型或无翅型的个体，繁殖方式有孤雌生殖及两性生殖，卵胎生和卵生，因多发生在植物的芽、嫩茎或幼叶而得名，又因常分泌大量蜜露，而被称为"腻虫"。它不仅直接刺吸取食危害植物，而且还是许多病毒病的传播者。重要种类有桃蚜 *Myzus persicae* (Sulzer) 和甘蓝蚜 *Brevicoryne brassicae* (L.) 等。

7. 介壳虫总科（Coccoidea）

一般为小型昆虫，体长 0.5～7mm。大多数介壳虫以固定不动地吸食植物汁液的方式进行危害，同时体表常被有介壳或各种粉状、绵状等蜡质分泌物。雌成虫与雄成虫的外形彼此差别很大。雌虫身体没有明显头、胸、腹 3 部分的区分，无翅，大多数被各种蜡质分泌物所遮盖，属渐变态；雄虫体长形，只有一对薄的前翅，具分叉的翅脉，后翅特化成平衡棒。雄虫寿命短，交配后即死去，为过渐变态，真正的幼虫期一般仅 2 龄，然后是前蛹、蛹，继而羽化为成虫。

本科多数为害虫，以危害木本植物为主，许多种类是果树及林木的重要害虫，如危害柑橘的吹绵蚧 *Icerya purchasi* (Maskell) 等。但也有种类是益虫，如紫胶虫、白蜡虫。

（五）鞘翅目（Coleoptera）

通称甲虫，微小至大型种类。前胸发达，前胸背板完整且高度骨化。咀嚼式口器，触角形状不一，多为 10 或 11 节，无单眼。前翅鞘翅，盖住中后胸和大部分或全部的腹部，但中胸小盾片多露出，后翅膜质，静止时折叠于前翅之下，少数种类无后翅。跗节多为 5 节或 4 节，很少 3 节。无尾须。完全变态。

幼虫多属寡足型，头部发达，咀嚼式口器，一些钻蛀性种类完全无足。蛹多为裸蛹，如天牛、叶甲、金龟子等，另有一些种类为被蛹，如隐翅虫。此外，瓢虫科和几种叶甲，以其尾端附着于蛹化物上，并有一硬化的外壳（末龄幼虫的蜕皮）包围。

本目为昆虫纲中最大的一个目，除龙虱、水龟虫等少数几个科是水生的外，大多数种类是陆生的。陆生种类多生活在各种植物上，故植食性的种类占大多数，可取食植物的地上部分或根部，或潜叶、钻蛀入植物组织内，或取食植物的种子及花果部分，也有的种类在仓库内危害贮藏农产品；此外，还有肉食性（如步甲科、虎甲科等）、腐食性、粪食性、尸食性及少数寄生的种类，所以本目昆虫与人类关系密切。

本目分为肉食和多食 2 个亚目。前者腹部第一腹板被后足基节窝分割成 3 部分，中间不相连，前胸背板与侧板之间有明显的分界线，如捕食性或肉食性种类中的步甲和虎甲等。后者腹部第一腹板完整，中间不被后足基节窝所分割。前胸背板与侧板多愈合在一起，之间无明显的分界线，食性不一，包括了鞘翅目大部分的科，如叶甲科、象甲科、天牛科、拟步甲科、叩头甲科、吉丁虫科等（图 1-20）。

1. 步甲科（Carabidae）

小型或大型昆虫，通称步行虫。一般为黑色或褐色，多数种类有金属色泽。头常较前胸狭，前口式。触角细长，丝状，着生于上唇基部与复眼之间，跗节 5-5-5 式。步甲成虫和幼虫多为捕食性，是重要的天敌类群之一，但也有少数种类取食植物的幼芽，危害农作物。

2. 虎甲科（Cicindelidae）

中等大小，体型与步甲相似。一般有鲜艳的光泽，常有金绿、赤铜、纯黑等色斑。头

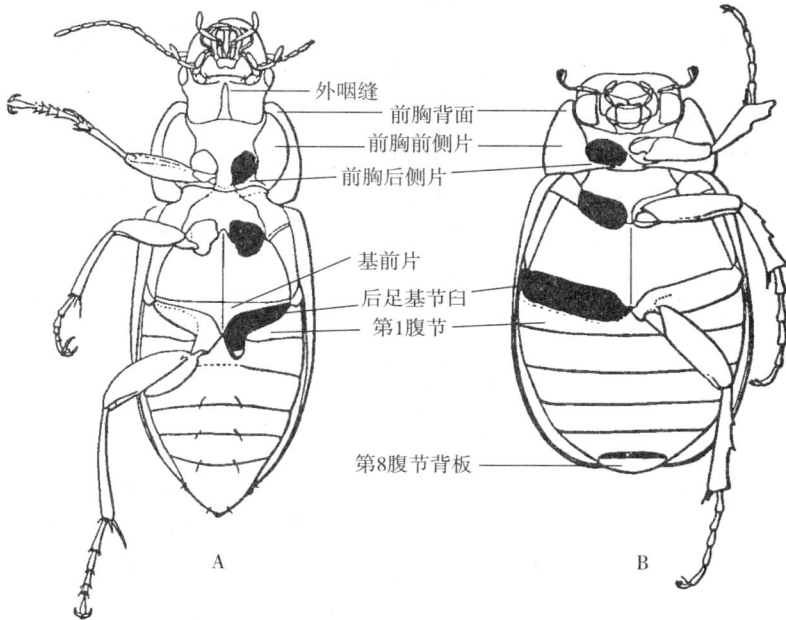

外咽缝
前胸背面
前胸前侧片
前胸后侧片

基前片
后足基节白
第1腹节

第8腹节背板

A   B

图 1-20　步甲（A）和金龟子（B）腹面

较大，前口式。复眼大而突出。触角丝状，11 节。上颚大，锐齿状。跗节全为 5 节。成虫白天活动，步行迅速，并可作短距离的飞翔。常在道路或沙滩上飞行，捕食各种昆虫。幼虫在地下穴居，捕食蚂蚁及小虫，为农业生产上的益虫。

3. 叩头虫科（Elateridae）

小型至大型甲虫。触角锯齿状。前胸很发达，前胸与后胸衔接不紧密，能上下活动，前胸背板后角明显后突，前胸腹板后缘中央有一强大的突起向后延伸到中胸腹板的深凹窝中，可弹跳。跗节 5-5-5 式。幼虫大多数生活于土中，通称金针虫。体细，长筒形，具 3 对相仿的胸足，体壁坚硬而光滑，大多数为黄色或黄褐色。以植物的地下部分为食，对种子、幼苗及根危害大，是重要的地下害虫。如沟金针虫 *Pleonomus canaliculatus*（Fald）。

4. 吉丁虫科（Buprestidae）

成虫与叩头虫体形相似，大多数有美丽的金属光泽。身体长形，末端尖削。头较小，嵌在前胸上，触角锯齿状，11 节。前胸腹板的后角不向后突出。幼虫又称爆皮虫和串皮虫，体细长扁平。乳白色，无足，前胸扁阔如大头，胴部其他部分狭长。钻蛀危害枝干，故为果树、园林的一类重要的蛀杆害虫。如危害柑橘的柑橘小吉丁虫 *Agrilus auriventris*（Saunder）。

5. 瓢虫科（Coccinellidae）

小型或中型昆虫，体背隆起成半球形或半卵形，鞘翅上常有红、黄、黑等斑纹。头小，一部分隐藏在前胸背板下。第一腹板腹面有后基线。跗节隐 4 节（即第 3 节特别小，看起来好像 3 节，又称拟 3 节）。幼虫活泼，体上常有枝刺、毛瘤、毛突等被物，或覆盖

有绵状蜡质分泌物。此科大多数种类是有益的，成虫和幼虫都是捕食蚜虫、介壳虫、粉虱等，如七星瓢虫 *Coccinella septempunctata*（L.）。小部分种类食害植物，如马铃薯瓢虫 *Henosepilachna vigintioctomaculata*（Motsch.）。

6. 拟步甲科（Tenebrionidae）

小型至大型昆虫，黑色或赤黑色，一般没有其他色泽的斑点。头较小，部分嵌入前胸背板前缘内。触角 11 节，丝状或锤状。此科与步甲科很相似，但跗节是 5－5－4，而步甲则是 5－5－5 式；同时两科属于不同亚目，拟步甲第 1 腹板后缘完整，不被后足基节窝所分割。幼虫体长形，具 3 对胸足，外形似金针虫，固有拟金针虫之称。它与金针虫的区别在于上唇明显，前足一般比中后足粗，而金针虫则上唇退缩，3 对足相似。

拟步甲一般为植食性，幼虫土栖，以植物的地下部分为食，危害玉米、高粱、大豆等大田作物，也有危害果树幼苗的，如网目拟地甲 *Opatrum subaratum*（Fald.）。本科还有些种类是重要的仓库害虫，如赤拟谷盗、黄粉虫。

7. 芫菁科（Meloidae）

中等体形，鞘翅较柔软，有微毛。头下口式，头的后部急剧收缩如颈状。触角 11 节，丝状或锯齿状。前胸无明显的侧缘，较鞘翅狭窄。跗节 5－5－4 式。本科昆虫为复变态，即从幼虫到化蛹，形态上有数次变化。幼虫取食蝗卵。成虫植食性。如白条芫菁 *Epicauta gorhami*（Mars.），除危害大豆和其他豆科植物外，还危害番茄、辣椒等蔬菜。芫菁虫含有斑蝥素，是一种强烈的发泡剂，并有利尿等作用，中药中的斑蝥即为本科昆虫。

8. 金龟子科（Scarabaeidae）

中型至大型。触角鳃叶状，鳃叶部分的各节可以活动，能将鳃叶张开或闭合。前足有开掘作用，其胫节常变扁，外缘具数个距及锐齿；跗节 5－5－5 式。鞘翅不完全覆盖腹部，末节背板常外露。幼虫为蛴螬，体白色，头部橙黄或褐色。体呈圆筒形，腹部末节向腹面弯曲成"C"形。具发达的胸足，腹部后端肥大。在土室中化蛹，离蛹。

根据食性可分为粪食性和植食性两大类群，前者俗称"屎壳郎"，后者包括许多园林和果树害虫及危害农作物的地下害虫，如铜绿金龟子 *Anomala corpulenta*（Motsch.）。

9. 天牛科（Cerambycidae）

中型至大型种类，体狭长。触角 11 或 12 节，鞭状，通常与体长等长或超过体长。复眼肾形，围绕于触角基部。跗节隐 5 节（或称拟 4 节，即第 4 节很小，所以看起来好像 4 节）。

此科主要是木本植物的害虫，以幼虫蛀食树干、枝条和根部。幼虫乳白色或黄色，体柔软，胸足大都消失或退化。胸腹节的背腹面都有骨化区或突起，常见种类是星天牛 *Anoplophora chinensis*（Forster）。

10. 叶甲科（Chrysomelidae）

又称金花虫，成虫的外形呈卵形或长形。触角丝状或末端稍膨大，11 节。长不及体长之半。跗节隐 5 节。幼虫具 3 对胸足，身体中部或近后端处较肥大且稍隆起，也有细长的。成虫和幼虫均为植食性，为农业生产上的重要害虫，如危害葡萄的葡萄十星叶甲 *Oides decempunctata*（Bill.）。

11. 象甲科（Curculionidae）

微小型至大型甲虫，头部延伸成喙。喙长大于宽，口器位于喙的前端，触角大多呈膝状弯曲。末端 3 节呈锤状。跗节为隐 5 节。幼虫身体柔软，肥胖而弯曲。无足。成虫和幼虫均取食植物，有食叶的，有钻茎的，有钻根的，有蛀果食或种子的，也有卷叶或潜入叶的组织中的，常见的有危害果树的梨虎 Rhychites foveipennis（Frm.）。

12. 豆象科（Bruchidae）

成虫体小，卵圆形，坚硬，被有鳞片。触角锯齿状、梳状或棒状。眼圆形，有一"U"字形的缺刻。鞘翅末端截形，露出腹部末端。跗节隐 5 节。老熟幼虫白色或黄色，柔软肥胖，向腹面弯曲。足退化，呈疣状突起。豆象主要在豆类的嫩荚上产卵，幼虫孵化钻入豆粒，在豆粒内为害，但由于幼虫进去的孔道很快会愈合，所以从外面看不出来。成虫羽化后才从豆粒里出来。常见的种类有绿豆象 Callosobruchus chinensis（L.）、豌豆象 Bruchus pisorum（L.）等。

（六）鳞翅目（Lepidoptera）

本目包括了所有的蝶类和蛾类，主要特点是，体、翅及附器均被有鳞片，这些小鳞片组成不同颜色的斑纹。触角有丝状、羽毛状、棒状等。口器虹吸式。完全变态。幼虫为多足型，或称"蠋"形，蛹是被蛹。

此目成虫除少数种类（如吸果夜蛾口器端部具锐齿，可刺入果内吸取汁液，引起落果）外，一般不危害农作物。但幼虫口器咀嚼式，绝大多数为植食性，或食害植物的叶、芽，或钻蛀在茎、根、果实内，或在叶的上下表皮间潜食叶肉，或危害储藏的粮食。少数种类的幼虫是捕食性或寄生性的。

成虫的分类，主要根据翅的脉序（参见图 1-9）、斑纹（图 1-21）等特征。

幼虫的分类特征主要体现在体表的外被物、刚毛和腹足上的趾钩。鳞翅目幼虫身体各部具有各种外长物（参见图 1-14），最普通的是刚毛、毛瘤、毛撮、毛突和枝刺等。幼虫体上的刚毛是分类的重要依据，可分为原生刚毛、亚

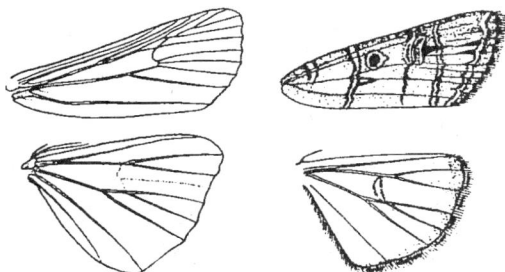

图 1-21　鳞翅目成虫翅的斑纹

原生刚毛和次生刚毛。原生刚毛和亚原生刚毛是幼虫分别在第一龄与第二龄时出现的，其数目和位置固定，具有一定的排列。成为毛序（chaetotaxy），而次生刚毛的数目和位置都不固定，故没有命名。

鳞翅目幼虫一般有 5 对腹足，位于第 3~6 节及第 10 腹节上，腹足的数目有时较少，如尺蛾科一般仅在第 6 节及第 10 腹节上各有 1 对。腹足的端部具有鳞翅目幼虫所特有的趾钩（crochet），以帮助行动。趾钩的排列有各种形式（图 1-22），通常趾钩为 1 排，少数为 2 排，也有 3 排或更多的。一排的称单行，2 排的称为双行，3 或更多排的称为多行。一排中的趾钩若长度相等，称单序；若趾钩的长短交替，称双序；若有 3 种不同长度更替排列，称三序。趾钩排列的形状有各种形式，如环形、缺环、中带（趾钩排成一与身体纵轴平行的弧形）、二横带（趾钩排成与身体纵轴垂直的两列）等。趾钩的排列方式是幼虫分科的重要特征。

鳞翅目包括蝶类和蛾类，二者成虫的主要区别在于：蝶类触角棍棒状，静止时翅直立于体上，全无翅缰，白天活动；蛾类触角非棍棒状，形状不一，少数种类触角的末端仅略膨大。静止时翅呈屋脊状，多数具翅缰，夜间活动。

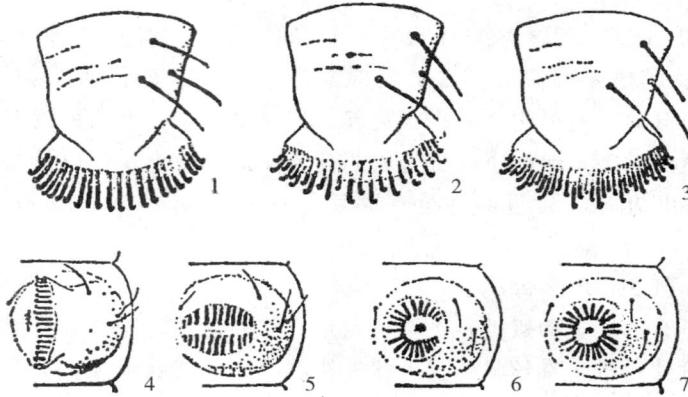

图 1-22　鳞翅目幼虫腹足趾钩的排列方式
1. 单序　2. 双序　3. 三序　4. 中带　5. 二横带　6. 缺环　7. 环形

1. 粉蝶科（Pieridae）

成虫多为中型蝴蝶，常为白色、黄色或橙色，有黑色斑纹。前足正常，并不比中后足小，爪具齿。前翅 R 脉 3 或 4 条，甚至 5 条，A 脉 1 条，后翅 A 脉 2 条。幼虫圆筒形，长而细，头比前胸小。体表有很多小突起及次生刚毛，每一体节常分为几个小环。趾钩为双序或三序中带。幼虫食叶，常见的有危害十字花科蔬菜的菜粉蝶 *Pieris rapae*（Linne）和危害果树的山楂粉蝶 *Aporia crataegi*（L.）。

2. 凤蝶科（Papilionidae）

中型或大型的美丽蝴蝶。翅三角形，后翅外缘波状，并常有一尾状突。翅黑色有蓝、绿、红色斑，或黄色、绿色而有黑色斑纹。前翅 Cu 脉似分为 4 支，A 脉 2 条，并在翅基部与中室后缘有一小横脉相连。后翅基部有一钩状肩脉位于小室（亚前缘室）上。A 脉 1 条。幼虫光滑无毛，前胸前缘有臭丫腺，受惊动即伸出，极易识别。幼虫食叶。常见的种类有危害柑橘的玉带凤蝶 *Papilio polytes*（L.）等。

3. 蛱蝶科（Nymphalidae）

中型至大型蝴蝶，翅的颜色常极鲜明，前足退化，短小。雌蝶跗节 4 或 5 节，雄蝶跗节 1 节。触角锤状部分特别膨大。R 脉 5 支，中室闭式。后翅中室多开式或为一条不明显的脉所封闭。幼虫体圆筒形，上有成列的枝刺。腹足趾钩多为 3 序中带，很少双序。幼虫食叶，危害果树的有网丝蛱蝶 *Cyrestis thyodamas*（Boisd.）等。

4. 弄蝶科（Hesperiidae）

小型至中型的蝶类。身体较粗大，头大，触角基部远离，末端呈钩状，是本科的显著特征。R 脉 5 支，均分离，直接由中室伸出，缺翅缰，翅常为黑褐色或茶褐色，具有透明斑。幼虫纺锤形。趾钩为 3 序环形。幼虫生活在卷叶中为害。成虫飞行迅速。本科有危害果树的香蕉弄蝶 *Erionota torus*（Evans）等。

5. 灰蝶科（Lycaenidae）

一般为小到中型的蝶类。眼缘及触角各小节有白色环纹。翅表面为蓝色、古铜色、黑褐或橙色，有金属闪光，翅表面常为灰色，有圆形眼点微细条纹，为分类上常用的特征；后翅常有纤细的尾突。雌蝶前足正常，雄蝶前足跗节长退化，末端具 1 爪。后翅翅基无肩脉，M_1 从中室顶角或附近伸出。幼虫体扁而短，蛞蝓型。趾钩为中端的中带，近中端处有一些形肉质叶。一般为植食性，多嗜好豆科植物，也有危害果树的，如荔枝小蝴蝶 *Deudorix epijarbas*（Moore）。少数捕食性，以蚧、蚜虫为食。

6. 天蛾科（Sphingidae）

一般为大型蝶，身体粗壮，前后两端较小，似梭形。触角中部加粗，末端形成一细钩。前翅狭长，外缘倾斜，后翅较小，一般鳞片厚而密。后翅的 $Sc+R_1$ 和 Rs 在靠近中室中部有一横脉相连。在第八腹节背面常有一个尾角，最易识别。成虫日间、傍晚或夜间飞行，飞翔能力强。幼虫食叶。危害果树的有桃天蛾 *Marumba gaschkewitschii*（Bremer et Grey）等。

7. 天蚕蛾科（Saturniidae）

身体特别大，成虫颜色常鲜艳。触角双栉状，翅中央常有透明的窗斑，中室较大，无翅缰，前翅 R 仅有 3 或 4 支，一般 R_2 与 R_3 共柄；后翅仅有一臂脉，有的种类有尾突。幼虫体被很多枝刺或延长的突起，腹足趾钩双序中带。老熟幼虫结茧化蛹。

本科有些种类是树木和果树的害虫，如樗蚕蛾 *Philosamia cynthia*（Walker et Felder）是最常见的种类，危害柑橘。但本科也有的种类是经济益虫，如柞蚕 *Antherea pernyi*（Guerin-Meneville）等。

8. 舟蛾科（天社蛾科）（Notodontidae）

体中型至大型，口器不发达。雄蛾触角多为双栉状，少数为锯齿状，雌蛾多为丝状。有些种类前翅后缘中央有 1 或 2 个齿形毛簇，静止时两翅后折呈屋顶状，毛簇竖起如角。前翅 $R_2 \sim R_5$ 共柄，后翅 M_2 基部在 M_1 与 M_3 之间，Cu 脉似分 3 支，A 脉 2 条，$Sc+R_1$ 与中室前缘平行，与中室前缘合并至中室中部或超过中室。幼虫臀足不发达或仅留痕迹，或成枝状。休息时头尾常举起，似舟，故称舟蛾。胸背具峰突，体型奇特，较易识别。

成虫夜出活动，有趋光性。幼虫食叶，多危害果树及林木，如苹果舟蛾 *Phalera flavescens*（Bremer et Grey）等。

9. 灯蛾科（Aretiidae）

中型蛾子，色泽较鲜明，常为白色、黄色、灰色、橙色，有黑点斑，腹部各节背中央常有一个黑点。常有单眼。触角丝状或栉齿状，后翅 $Sc+R_1$ 与 Rs 在基部愈合，或延达中室之半，但不超过中室末端。幼虫体上有突起，生有浓密的、长短一致的长毛。幼虫食叶，危害柑橘的有红缘灯蛾 *Amsacta lactinea*（Cramer.），危害苹果的右隐纹灯蛾 *Spilosoma seriatopuncta*（Motsch.）。

10. 夜蛾科（Noctuidae）

中型至大型蛾类。体粗壮，一般暗灰色，翅的斑纹丰富。常有单眼，喙发达。触角丝状，雄蛾有时栉齿状。前翅三角形，有副室，肘脉似分 4 支。后翅肘脉似分 4 支或 3 支类型，$Sc+R_1$ 与 Rs 在中室基部仅有一点接触，又复分开。幼虫通常粗壮，仅具原生刚毛，

常具 5 对腹足，但有些种类第 1、2 对腹足退化，趾钩单序中带。

成虫均在夜间活动，通常趋光性强，对糖、蜜、酒、醋有特别嗜好。成虫除吸果夜蛾外，一般不危害农作物。幼虫多为植食性，有少数捕食性。一般夜间取食活动，白天蜷曲潜伏土中，有少数种类则全日暴露在植物上，日夜活动。本科有许多危害农作物的地下害虫和食叶害虫，少数钻蛀为害。

11. 毒蛾科（Lymantriidae）

中等至大型蛾类，体粗壮多毛。喙退化。无单眼。雄虫触角双栉状。雄虫有时翅退化或无翅。雌虫腹部末端有成簇的毛，产卵时用以遮盖卵块。前翅 $R_2 \sim R_5$ 共柄，常有 1 副室，M_2 接近 M_3；后翅 $Sc + R_1$ 与 Rs 在中室基部约 1/3 处相连或有 1 横脉相接。本科与夜蛾科极相似，但缺单眼，而且雄虫触角双栉状。幼虫多体毛，在某些体节常有成束的、紧密的毛簇，毛有毒，刺人剧痛。幼虫腹部第 6、7 节腹节背面有翻缩腺。本科著名的种类舞毒蛾 *Lymantria dispar* （L.），危害苹果、梨、桃等果树，是世界性害虫。

12. 枯叶蛾科（Lasiocampidae）

中型至大型的蛾类，身体很粗壮，被粗密的毛。喙完全退化。雄虫触角为双栉状。无单眼。前翅 R_2 与 R_3 具长柄，R_5 与 M_1 连有短柄，R_4 常从柄的基部伸出，M_2 从中室下角伸出。后翅无翅缰，肩角宽大，有肩脉。幼虫粗壮，多长毛，次生刚毛长度不等，长的可为短的 10 倍，趾钩双序中带。幼虫食叶为害，常见的有危害松树的松毛虫 *Dendrolimus* （sp.）、危害果树的天幕毛虫 *Malacosoma neustria testacea* （Motsch）等。

13. 尺蛾科（Geometridae）

小至大型的蛾子，体细弱，二翅较宽大，质薄，静止时四翅平展。有的雌虫无翅或翅退化。前翅 R_5、R_4 与 R_3、R_2 共柄，M_2 位于 M_1 与 M_3 之间（与夜蛾不同，夜蛾的前翅 M_2 与 M_3 接近）。后翅 Sc 基部急剧弯曲，臀脉 1 条。幼虫体细长，通常除 3 对胸足外，只在第 6 节、第 10 腹节各有腹足 1 对，行动时，身体弯成一环，一曲一伸，似以尺量物，所以称"尺蠖"或"步曲"。本科多危害果树及树林，如柿星尺蠖 *Percnia giraffata* (Guenee)。

14. 刺蛾科（Eucleidae）

中型蛾子，密生厚鳞毛，一般黄褐或绿色，有红色或暗色的简单斑纹，雌蛾触角丝状，雄蛾双栉状，口喙退化，翅较宽。

幼虫短肥，椭圆形或蛞蝓形，其上生有枝刺或毒毛，或光滑无毛，或具瘤。一般颜色鲜明。头小，能缩入前胸内。胸足小或退化，腹足小。多危害果树及林木，如黄刺蛾 *Cnidocampa flavescens* （Walker），是苹果、梨、桃、柑橘等的害虫。

15. 斑蛾科（Zygaenidae）

中型或大型蛾子，身体狭长，颜色鲜艳，有些种类有金属光泽。口器发达。有单眼。触角丝状或棍棒状，或雄蛾为栉齿状。翅宽大，有些在后翅上有尾突，形如蝴蝶，前后翅均有 M 主干，后翅 Sc 与 Rs 于中室前缘中部联结。成虫白天飞翔。幼虫蛞蝓型，头部能收缩于前胸内。胸足小或退化，腹足小。多危害果树及林木，如梨星毛虫 *Illiberis pruni* (Dyar) 是我国常见的一种果树害虫。

16. 蓑蛾科（Psychidae）

中型或大型蛾子，又称袋蛾和避债蛾，雌雄有显著的二型现象。雄蛾具发达的翅，善飞翔，翅面鳞片稀少，无斑纹。口器退化，下唇须甚短。触角双栉状，M脉在中室可见，并常有分枝。雌成虫一般无翅，很像一条幼虫。有些种类触角、口器及足缺刻，终生栖息在袋内，并在袋内交尾产卵。

幼虫前胸气门为横椭圆形，趾钩为单序缺环。幼虫能吐丝做袋，上面粘着各种断枝残叶，造成各种形式的囊袋。幼虫在囊袋内，行动时将头胸伸出，负囊前进，老熟幼虫在袋内化蛹。幼虫食叶，危害多种植物，常见的有大蓑蛾 *Clania variegata*（Snellen）、小蓑蛾 *Clania minuscula*（Butler）等，危害柑橘、苹果、梨和其他多种果树、林木。

17. 卷蛾科（Tortricidae）

小型蛾子，前翅近方形，前缘弯曲，外缘较直，与后缘形成明显角度，静止时两翅合拢呈钟罩状。有单眼，触角丝状。下唇须第2节被鳞毛，略呈三角形。第3节较短而钝，下颚须退化。身体多为褐色或棕色。前翅花纹分为基斑、中带和顶角的端斑，在臀角上有圆形且带金属光泽的肛上纹。后翅无斑纹。有些种类前翅有前缘褶。前翅翅脉都从基部或中室直接伸出，不合并成叉状。Cu$_2$从中室下缘近中部处分出。

本科分为卷蛾亚科和小卷蛾亚科两个亚科。小卷蛾亚科前翅前缘具有一列白色的钩状纹，后翅中室下缘肘脉基部有栉状毛，而卷蛾亚科没有。

幼虫圆柱形，体长10～25mm，多为绿色，亦有粉红色、紫色的。趾钩环状，通常为双序或3序，很少单序。肛门上常有臀棘，可以以此区别于螟蛾科幼虫。幼虫卷叶、缀叶及钻蛀果实为害，常见种类有梨小食心虫 *Grapholitha molesta*（Busck）等。

18. 螟蛾科（Pyralidae）

小型或中型的蛾子，具细长的足。触角丝状，有单眼，下颚须及下唇须发达，下唇须常突出。前翅近三角形。具腹部鼓膜器。本科最显著的特征是Sc与Rs接近，平行或越过中室后有一小段合并。幼虫体长10～35mm，仅具原生刚毛，腹足较短，具环行单行双序或3序的趾钩，或具1对横带趾钩。幼虫常生活在隐蔽场所，钻蛀茎秆或果实、种子或卷叶为害。成虫有强的趋光性。多危害禾本科植物，亦有一些危害果树，如桃蛀螟 *Dichocrocis punctiferalis*（Guenee）危害桃、苹果、梨等果树。

19. 蛀果蛾科（Carposinidae）

小型蛾子，与卷蛾科十分相似，区别是本科前翅Cu从中室下角或接近下角伸出。后翅无M$_1$，有时M$_2$也缺如。幼虫趾钩环行单序。幼虫蛀果为害，重要的种类有桃小食心虫 *Carposina nipponensis*（Wals.），是苹果、桃、梨、杏、李、枣等的重要害虫。

20. 透翅蛾科（Aegeriidae）

小型至中型蛾子，一般为黑色、暗青色，有红、黄等斑纹，常有金属光泽。触角棍棒状，顶端生一毛丛，很少成栉齿状。具单眼。本科最显著特征是翅面透明缺少鳞片，前翅狭长无臀脉。腹部末端鳞片排成扁形，外形似胡蜂。成虫白天活动，飞翔迅速，常到花丛间取食花蜜。幼虫圆柱形，白色或淡青色。腹足趾钩为横带单序，臀足仅具趾钩一列。多危害果树及林木，蛀食枝干或树根。常见的有苹果透翅蛾 *Conopia hector*（Butl.）和葡萄透翅蛾 *Paranthrene regalis*（Bult.）。

21. 举肢蛾科（Heliodinidae）

小型的蛾子，翅狭长而尖，多为褐色，前翅外缘常有浅色纹。后足的胫节和跗节有刺

毛，静止时后足常竖立在身体的两侧，高出翅背。M_1 与 R_5 共柄。幼虫趾钩环形、单序或双序，蛀果或潜叶，多为果树、林木害虫。如核桃举肢蛾 *Atrijuglans hetaohei*（Yang.）。

22. 细蛾科（Gracilariidae）

成虫为微小的蛾子，有灰褐、金黄、银白、铜色等光泽。触角与前翅等长或长于前翅。下颚须、下唇须向上弯曲。前翅中室直长，占翅长度的 $2/3\sim3/4$；Sc 短，R_1 近翅基，M_2 和 M_3 常合成一脉。后翅狭长，无中室，前缘近基角膨大。成虫在傍晚飞行，休息时以前足和中足将身体的前部撑起，使身体和所站物面成一角度。触角伸向前方，极易识别。

幼虫头扁平，体长不超过 5mm。胸足、腹足一般退化，如有腹足，只存在于第 3～10 节上，第 6 节上无腹足。趾钩 2 横带或缺环。幼虫常潜入叶、树皮或果实类为害。苹果金纹细蛾 *Lithocolletis ringoniella*（Mats.）在我国北方危害苹果、樱桃、梨、桃等多种果树。

23. 潜蛾科（Lyonetiidae）

微小蛾子，外形似细蛾科。头有粗鳞毛。触角第一节阔大，形成眼盖，静止时覆盖于复眼上半部。后足胫节背面有长刚毛。前翅披针形，尖端常延长，向上或下弯曲。后翅线形，有长缘毛，无中室。幼虫体扁，胸足 3 对，腹足完整（与细蛾科幼虫腹部第 6 节无腹足不同）或退化，有腹足，趾钩单序。幼虫多潜入叶组织内为害，如桃潜蛾 *Lyonetia clerkella*（L.）。

24. 菜蛾科（Plutellidae）

小型蛾子，成虫在休息时触角伸向前方，极易区分。下唇须向上弯曲，末端甚尖。翅狭，前翅披针形，后翅菜刀形，后翅 M_1 与 M_2 共柄。幼虫细长，通常绿色，腹足细长。趾钩单序或双序，排成一简单的环或 2～3 列。行动敏捷，常取食植物叶肉。主要害虫如危害十字花科蔬菜的小菜蛾 *Plutella xylostella*（L.）。

（七）膜翅目（Hymenoptera）

本目包括各种蜂和蚂蚁，体极微小至中等大小，少数为大型种类。主要特征为：口器咀嚼式或嚼吸式；具 2 对膜质的翅，后翅小于前翅，其翅缘具翅钩一列以钩住前翅，前翅相当特化，纵脉很弯曲，有的翅脉非常简单甚至无翅脉；腹部第 1 节多向前并入胸部，称为并胸腹节。第 2 节常缩小成细腰，称为腹柄。也有一些种类腹部与并胸腹节相连处甚宽，在分类上把它们分为细腰亚目和广腰亚目两个类群。雌虫具发达的产卵管，常呈锯状或针状，有时变为螯刺；全变态或复变态。幼虫具发达的头，通常无足，体软而色淡，但叶蜂类幼虫则具 3 对胸足及 6 对以上的腹足，腹足自第 2 节开始有，端部无趾钩，可以与鳞翅目幼虫相区别。蛹为裸蛹，许多种类化蛹与茧中。

本目昆虫食性复杂，很多种类是寄生性的，也有捕食性及植食性种类。从整个目来看，益虫比害虫多，有害种类不多，只有一些食叶的叶蜂和钻蛀树干的茎蜂、树蜂等。有益种类大多是寄生蜂，在自然界中对抑制害虫的大量发生有重大意义。蜜蜂采集花粉及花蜜，既能对农作物起到传粉增产的作用，又能为人们生产蜂蜜等产品。本目有些种类如蚂蚁、蜜蜂等有复杂的"社会组织"，在行为方面是特别进化的一类。

1. 叶蜂科（Tenthredinidae）

成虫身体较粗短，腹部没有细腰。触角丝状。前胸背板后缘深深凹入，前翅有粗短的翅痣，前足胫节有 2 端距，可区别于树蜂、茎蜂。雌虫有锯状产卵器。孤雌生殖在本科很普遍。成虫以锯状产卵管锯破植物组织，产卵于小枝条或叶内。幼虫形如鳞翅目幼虫，但头部每侧只有 1 个单眼，除 3 对胸足外，还有腹足 6～8 对，腹足无趾钩。幼虫食叶、卷叶、潜叶、蛀果及作虫瘿危害多种作物、果树和林木，常见种类有危害梨树的梨实蜂 *Hoplocampa pyricola*（Rohw.）。

2. 茎蜂科（Cephidae）

小型种类，体细长，腹部没有细腰。触角丝状。前胸略呈方形，前翅翅痣狭长，前足胫节具 1 端距。腹部侧扁，产卵管短，能收缩。体多为黑色，有些种类间有黄色。幼虫无胸足，腹足退化成瘤状。头每侧 1 个单眼。腹部末端有尾状突起。幼虫钻蛀茎干为害。我国常见种类有梨茎蜂 *Janus piri*（Okam. et Muram.）。

3. 姬蜂科（Ichneumonidae）

小型至大型，体细长。触角丝状，常为 16 节或更多。前胸背板伸达翅基片。转节 2节，前翅有明显的翅痣，翅近端部有一个特别小的四角形或五角形的小翅室，它的下面所连的一条横脉称第二回脉。前翅有小翅室或第二回脉是姬蜂科与茧蜂科的主要区别。腹部细长，常为头胸长的 2～3 倍；腹部末端纵裂，产卵器从末端之前伸出。大部分姬蜂的幼虫为内寄生，少数为外寄生。卵产在鳞翅目、鞘翅目、膜翅目的幼虫和蛹的体内或体外，如寄生于梨小食心虫和梨大食心虫的褐腹瘦姬蜂 *Trathala flavo-orbitalis*（Cam.）。

4. 茧蜂科（Braconidae）

小型或微小的寄生蜂，体长 2～12mm，有些种类的产卵器与身体等长。特征与姬蜂相似，最显著的区别是没有第二回脉，小翅室多数无或不明显。幼虫为内寄生或外寄生，寄主主要是鳞翅目及鞘翅目幼虫，也有寄生于膜翅目、同翅目和双翅目的种类。常见的有寄生蚜虫的麦蚜茧蜂 *Ephedrus plagiator*（Nees）等。

5. 小蜂总科（Chalcidoidae）

体微小至小型，一般体长为 0.2～5.0mm。触角多呈膝状。前胸背板不达翅基片。转节 2 节。翅脉极少，外观上仅 1 或 2 条。产卵器均发自腹端之前。

本总科包括许多科，如金小蜂科、赤眼蜂科、跳小蜂科、蚜小蜂科、小蜂科等，多数寄生在其他昆虫的各种虫态中，少数为植食性，在植物上形成虫瘿或食害种子。其中在害虫生物防治中最著名的，也是应用最为广泛的是赤眼蜂科（Trichogrammatidae）。它体微小，仅长 0.3～1mm，体色有黑、黄、棕等色，触角膝状翅宽，具长的缘毛，以后翅后缘的最长，翅面上的微毛呈带刺状排列。全部为卵寄生蜂。

6. 胡蜂科（Vespidae）

中型至大型，多黄色，有黑色或深黑色斑纹。触角长，前胸背板达翅基片，前翅第一节中室通常很长，翅在休息时纵折，中足胫节有 2 端距，爪简单。

本科有一些具简单的"社会组织"的种类及独栖种类。有些种类的成虫危害果实，如金环胡蜂 *Vespa mandarinia*（Sm.）；有些为蜜蜂的重要敌害；另有一些种类可捕食多种鳞翅目幼虫。

7. 蚁科（Formicidae）

蚂蚁体长 2～20mm，触角膝状，9 或 10 节。腹部基部有 1 或 2 个结节，最易识别。

营"社会生活"，有明显的多型现象，每一巢中有常具翅的雄蚁和雌蚁以及生殖系统发育不全、常无翅的雌性工蚁，有些种类中还有上颚发达的兵蚁。

8. 蜜蜂科（Apidae）

体黑色或褐色，生有密毛。后足具有花粉篮和花粉刷，腹末具螫针。蜜蜂喜在树洞或岩洞内作巢，巢是由腹板上腺分泌的蜡质造成。具有很高的社会性与勤劳习性。一个巢群内，有蜂后（女王）、雄蜂和工蜂三型，蜂后只负责产卵。中华蜜蜂 *Apiscerana*（Fabr.）和意大利蜜蜂 *A. mellifera*（L.）都是普通饲养的益虫。

（八）双翅目（Diptera）

成虫具膜质翅 1 对，翅脉简单，后翅退化成平衡棒。口器刺吸式或舐吸式。前、后胸小，中胸大。跗节 5 节。全变态。

本目包括蚊、虻、蝇三类，幼虫均为无足的蛆式，但头部骨化程度不同，蚊类多有骨化的头骨，为全头型；虻类多头壳背面略骨化，能缩入前胸，称为半头型；蝇类幼虫头部完全不骨化，头不明显或完全无头，只有 1 或 2 个口钩，故称无头型。幼虫食性复杂，大致可分为四类：植食性的，幼虫蛀果、潜叶或造成虫瘿等，如实蝇、花蝇、潜叶蝇等；腐食性或粪食性的，取食腐败动植物体和粪便，如毛蚊科等；捕食性的，专食蚜虫和小虫，如食虫虻科、食蚜蝇科；寄生性的，可寄生于昆虫或家畜体内。

成虫有吸取动物血液或植物汁液（主要是花蜜），也有取食腐败物质的。所以本目昆虫与人类关系甚为密切。

1. 瘿蚊科（Cecidomyiidae）

外形似蚊，体小柔弱，触角念珠状，10～36 节，每节具环状毛。足细长。翅宽，翅脉退化，前翅仅有 3～5 条纵脉，横脉很少或无。成虫一般不取食。幼虫有各种食性，捕食性的可捕食同翅目的蚜虫、介壳虫等；植食性的，可取食花、果、茎或其他部分，能造成虫瘿，如柑橘花蕾蛆 *Contarinia citri*（Barnes）；极少数为腐食性的，取食腐败的物质。

2. 食虫虻科（Asilidae）

中型至大型，体细长多毛。头顶在两复眼间向下凹陷，是本科的重要特征。触角 3 节，爪间突刺状，腹部细渐尖。翅脉 R 分为 4 支，R_1 与 R_{2+3} 于近翅缘处合并，R_4 与 R_5 分别伸至翅缘。成虫捕食各种昆虫，如胡蜂、蝗虫、蝇类等。

3. 食蚜蝇科（Syrphidae）

体中型，有的外形似蜂。具黄、黑两色相间的斑纹。触角 3 节，扁形，具触角芒；主要特征是在翅上有一条"伪脉"位于 R 与 M 之间。成虫飞行迅速，常在花上或空中悬飞。幼虫蛆式，很多种类可捕食蚜虫，也有生活于社会昆虫巢中的或腐食性种类。

4. 实蝇科（Trypetidae）

小型至中型，体常杂有黄、棕、橙、黑等。头比胸略宽，或几乎等宽；复眼大，单眼有或无；翅上常有褐色斑纹；亚前缘脉的末端几乎呈直角弯向前，随后消失，径脉 3 支直达翅缘，中脉 2 支，其后面有一个带尖角的臀室（A）。

幼虫植食性，生活于果实、种子、叶、芽、枝条及茎内和菊科植物的花序内，有些形成虫瘿。本科有不少重要的果实害虫，如世界著名的地中海实蝇 *Ceratitis capitata*（Wiedemann），危害柑橘及其他果树，是重要的检疫对象。

5. 果蝇科 (Drosophilidae)

小型蝇类，体长 3～4mm，通常淡黄色。头部有许多刚毛；触角 3 节呈椭圆形，触角芒羽状，有时呈梳齿状；复眼鲜红色，翅 Sc 和 R_1 很短，前缘脉的边缘常有缺刻。成虫常见于腐败的植物及果子周围，产卵于其中。幼虫孳生于腐败植物质（如水果）中。危害果实的种类有斑翅果蝇 *Drosophila suzukii* (Mats.)，在东北危害苹果。

6. 潜蝇科 (Agromyzidae)

体小或微小，长 1.5～4mm。翅前缘有一个缺刻，Sc 退化或与 R_1 愈合，有臀室。全部为植食性，幼虫潜叶，取食叶肉而残留上下表皮，造成各种形状的隧道。不少种类危害农作物，如豌豆潜叶蝇 *Phytomyza horticola* (Goureau)。

7. 花蝇科 (Anthomyiidae)

小型至中型，与家蝇和寄蝇相似，体通常黑色、灰色或黄色。翅 M_{1+2} 不向上弯曲。成虫常在花草间活动。幼虫蛆式，大多数属于腐食性，也有一些种类植食性，如种蝇 Dalia platura (＝*Hylemyia platura* Meig.)，除危害棉、麻、蔬菜外，还危害苹果、梨等果树。

8. 寄蝇科 (Tachinidae)

小型至中型，外形似家蝇，多体毛，暗灰色，有褐色斑纹。触角芒光滑。胸部在小盾片的下方有呈垫状隆起的后小盾片，为本科的主要特征。腹末端多刚毛。中脉第一支极度向前弯曲。本科幼虫多寄生于鳞翅目幼虫及蛹体内，也可寄生鞘翅目、直翅目、半翅目等其他昆虫的体内，除少数寄生于家蚕的，多数为益虫。

思考题

1. 昆虫的形态结构与其他动物有什么不同？

2. 昆虫是如何感知外界信息的？

3. 昆虫的口器和足的类型能反映哪些生物学习性？

4. 研究昆虫外生殖器的形态结构有何意义？

5. 昆虫不同的生殖方式对其种群繁衍有何意义？

6. 不同变态类昆虫各虫态的生物学意义如何？

7. 休眠与滞育有何异同？

8. 昆虫的哪些生物学习性可被用来设计害虫防治方法？

第二章 昆虫的发生与环境的关系

第一节 环境因子对昆虫的影响

在自然界中，昆虫与其周围环境有着紧密的关系。有关环境的概念有很多不同提法，环境是指在一定时间内对有机体生活、生长发育、繁殖以及数量具有影响的空间条件，包括有机和无机环境。研究昆虫与周围环境相互关系的科学称为昆虫生态学。它是农业害虫预测预报和防治的理论基础。环境因子（environment factors）分为：气候因子、生物因子和土壤因子。

一、气候因子对昆虫的影响

气候对昆虫具有极为重要的生态学意义。气候不仅直接影响昆虫本身，而且对其他环境因素也有很大影响。气候因子包括温度、湿度、降水、光、气流、气压等，其中以温度和湿度的影响最大。

（一）温度

1. 温度对昆虫的生态学意义

昆虫为变温动物，体温随周围环境的变化而变动。昆虫的新陈代谢等生命活动在一定温度条件下才能实现，而维持昆虫体温的热源有两方面，即太阳辐射热和新陈代谢所产生的化学热。但是，主要为太阳辐射热。温度不仅是昆虫进行积极生命活动所必须的一个条件，也是对昆虫影响最为显著的一个因子。

昆虫对温度的一般反应如图 2-1 所示。昆虫的生长发育、繁殖等生命活动在一定的温度范围内进行，这个范围称为昆虫的适宜温区（suitable temperature range）或有效温区（effective temperature range）。不同昆虫的有效温区不同，一般为 8℃～40℃。在有效积温区内，最适于昆虫生长发育和繁殖的温度范围，称为最适温区（optimal temperature range），一般为 22℃～30℃；此外，还有最低有效温区或发育起点温度（development zero），一般为 8℃～15℃；最高有效温区或高温临界区（critical high temperature），一般为 35℃～40℃或更高些。

昆虫在发育起点温度以下的一定范围内并不死亡，会因温度低而呈昏迷状态或体液开始结冰。如温度在短时间内上升到适宜温区，昆虫仍可恢复生长发育；如低温持续时间过长，则有致死的作用，该温区称为停育低温区（development stopping low temperature range）。如温度再续下降，昆虫因过冷而死亡，该温度范围称为致死低温区（zone of low lethal temperature）。同样，在高温临界以上有一个停育高温区（development stopping

T	温　　区	温度对昆虫的作用
60 50 致死高温区		短时间内造成死亡
40 停育高温区 高温临界		死亡决定于高温强度和持续时间
高适温区		发育速度随温度升高而减慢
30 最适温区	适宜温区 （有效温区）	死亡率最小，生殖力最大，发育速度接近于最快
20 10 低适温区 发育起点		发育速度随温度升高而减慢
0 -10 停育低温区		代谢过程变慢，引起生理功能失调，死亡决定于低温强度和持续时间
-20 -30 致死低温区 -40		因组织结冰而死亡

（纵轴标注：温度/℃）

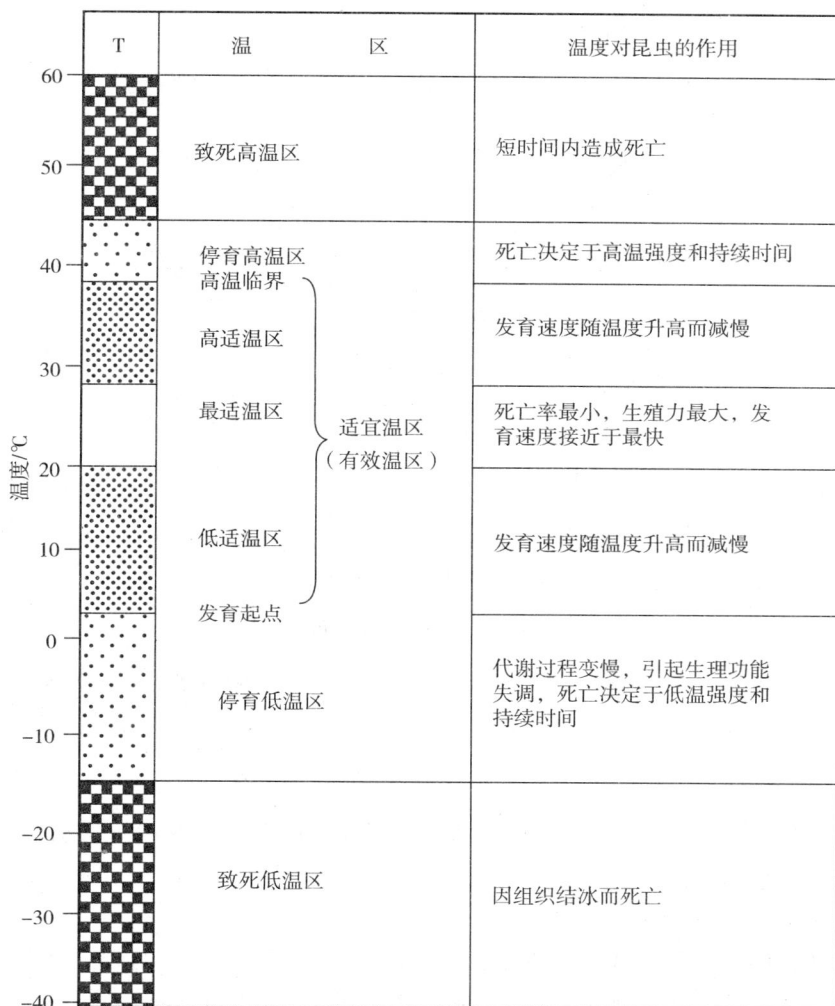

图 2-1　温区的划分和温带地区昆虫对温度的反应

high temperature range），在此温度范围内昆虫的生长发育因温度过高而停滞。温度再高，昆虫因过热而死亡，即进入致死高温区（zone of high lethal temperature），一般在 45℃以上。

　　温度对昆虫繁殖的影响也是多方面的，首先会影响昆虫的交尾和产卵，此外，还会影响昆虫繁殖的数量。

　　2. 温度对昆虫发育的影响

　　在一定温度范围内，昆虫的发育速率和温度成正比，温度增高则发育速率加快，而发育所需时间缩短，即发育时间和温度成反比。如图 2-2 所示，温度与发育时间呈负相关的双曲线函数关系。

　　有效积温法则（law of effective temperature accumulation）是指，昆虫为了完成一定的发育阶段（一个虫期或一个世代）需要一定的热量累积，并且完成这个阶段所需的温度累积值是一个常数。许多生物开始发育的温度不是 0℃，而是在 0℃ 以上。此生物开始发

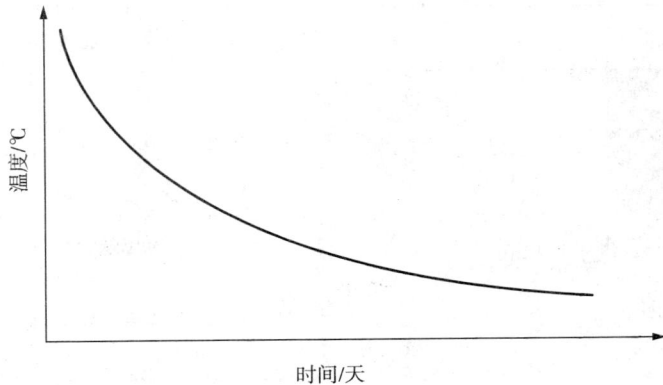

图 2-2 变温动物发育历期与温度的关系

育的温度称为发育起点（developmental threshold temperature）。对昆虫发育起作用的温度是发育起点以上的温度，称为有效温度（effective temperature）；有效温度的累积值称为有效积温（effective accumulation of temperature），以日度为单位。用下面的公式表示：

$$K=N（T-C）\quad 或 \quad N=K/（T-C）$$

式中：K 为有效积温，是一个常数；N 为发育历期；T 为观测温度；C 为发育起点温度；（$T-C$）就是逐日的有效温度。发育速度 V 是 N 的倒数，如果将 N 改为 V，则得到：

$$V=（T-C）/K \quad 或 \quad T=C+KV$$

一般统计学上常用"最小二乘法"，根据不同温度下发育速度的观测值，求发育起点温度 C 和有效积温 K 值。

3. 温度对昆虫其他方面的影响

温度对昆虫的生殖、寿命、活动等方面也有影响，在可能生殖的温度范围内，生殖力随温度升高而增强。过低温度致使成虫性腺不能成熟或不能进行性活动而很少产卵；过高温度常引起不孕，特别是雄性不孕。一般情况下，昆虫的寿命随温度的升高而缩短。在适温范围内，昆虫的活动速度随温度升高而增强，昆虫的飞行对温度的反应更为敏感。此外，温度也是影响昆虫分布和区系构成的重要因素之一。

（二）湿度

1. 湿度对昆虫的生态学意义

广义地说，湿度问题就是水的问题。大气中的湿度高低主要取决于降水，而小气候的湿度还与河流、灌溉、地下水及植被状况等有着密切关系。降水和湿度随地理区域不同而有很大差异，即使在同一地理环境中，每年、每月的变化也很大。因而，降水和湿度是很不稳定的因素。

水是生物体进行生命活动的基础，昆虫的一切新陈代谢都是以水为介质，体内的整个联系、营养物质的运输、代谢产物的输送、废物的排除、激素的传递等都只有在液体状态下才能实现。昆虫和其他陆生动物一样，必须从环境中获得水分。昆虫获取水分的最主要途径是从食物中得到；在消化食物过程中，昆虫还可利用有机物质分解时所产生的水分；

此外昆虫的体壁或卵壳可以直接吸收水分。

昆虫主要通过排泄失去水分，还可通过体壁和气门蒸腾失去。由于昆虫体形小，与外界的接触面相对较大（也即蒸腾面较大），陆生昆虫，尤其是干旱地带的昆虫，为了保持体内生存必须的水分，在形态、生理和习性上产生了种种适应，包括：加厚体壁和增加蜡质，增强体壁的不透水性；增强直肠垫回收水分的作用，避免在排泄粪便时大量失水；关闭部分气门，减少呼吸失水通道；寻找湿度适宜的栖境等。

2. 降雨对昆虫影响的实质

湿度主要通过影响虫体水分的蒸发和虫体的含水量，其次影响虫体的体温和代谢速度，从而影响昆虫的成活率、生殖力和发育速度。昆虫在孵化、蜕皮、化蛹和羽化时，如果湿度过低，往往会大量死亡；干旱会影响昆虫的性腺发育，也影响交尾和雌虫的产卵量。

（三）温湿度的综合作用

1. 温湿度系数及其应用

在自然界中，温度和湿度总是同时存在、相互影响、综合作用的，温度和湿度的联合作用比较复杂，不同的温湿度组合对昆虫的孵化率、幼虫死亡率、蛹的羽化率和成虫产卵量等都有不同程度的影响。对一种昆虫来说，适宜的温度范围，可因湿度条件而转移；反之，适宜的湿度范围也因温度而转移。在说明温湿度组合对昆虫的影响时，常采用温湿度比值来表示，即温湿度系数（temperature-humidity index）。公式为：

$$Q = R.H./T$$

式中：$R.H.$ 为平均相对湿度；T 为平均温度。

温湿度系数的应用必须限制在一定的温度和湿度范围内，因为不同的温湿度组合可得到相同的温湿度系数，但是，对昆虫的作用却有很大差异。

2. 气候图及其应用

为了研究温湿度组合对昆虫地理分布和发生量的影响，可以根据一年或数年中各月温湿度组合来绘制气候图（climatic graph），借以研究温湿度对昆虫数量和地理分布的影响。绘制气候图时，以纵轴代表月平均温度，横轴代表月总降雨量或平均相对湿度，将12个月的温湿度组合用线连接起来，注明月份，制成气候图。这种图仅仅根据温度和湿度两个因素，所以在应用上有一定局限性。

（四）光对昆虫的作用

光对昆虫的作用主要决定于光的性质、强度和光周期。光可以直接影响昆虫的生长、发育、生殖、存活、活动、取食和迁飞等，其中最主要的是影响昆虫的活动和行为，协调昆虫的生活周期。

光是一种电磁波，因为波长不同，显示出不同的性质。昆虫能见的光在 $250\sim700$nm，不能看到红光，但可以看到紫外光。许多昆虫都有趋光性。趋光性与光的波长具有密切关系，人们可以利用昆虫对光波的选择性，设计和改进诱虫灯诱杀害虫。光对昆虫滞育的影响主要是指光周期的变化，目前已证明100多种昆虫的滞育与光周期的变化有关。

（五）风对昆虫的作用

风对昆虫的生长发育没有影响，但是，对昆虫的迁飞扩散具有很大影响，尤其是对昆

虫的迁飞。观察表明，昆虫在微风时，常逆风飞行，超过一定风速时则顺风飞行。远距离迁飞的昆虫常集中选择在风速最大的低空急流层中飞行。风对昆虫地理分布的影响主要表现在飞行的类群上，经常刮大风的地方，无翅型昆虫比例高。

二、生物因子对昆虫的影响

生物因素是指环境中除昆虫以外的其他有生命活动的生物。包括作为昆虫的寄主植物、捕食性天敌和病原微生物等。

（一）昆虫与寄主植物的关系

植物是昆虫的主要寄主植物和食物之一，食物是影响昆虫最为重要的生物因素，没有食物，昆虫就不能生存。食物不仅直接影响昆虫的生长发育、繁殖和寿命等，还明显影响到昆虫的种群数量，也影响到昆虫种群和群落的特点。在长期演化过程中，昆虫形成了对食物的不同适应性，即食性的分化。昆虫食性分化有两种基本类型：狭食性和广食性。

在长期的自然选择过程中，昆虫与植物之间出现了相互选择和适应，如芥子油（mustard oil）是一种刺激剂，对动物组织能引起严重伤害，也能抑制菌类生长，但小菜蛾（*Plutella xylostella*）和黄曲条跳甲（*Phyllotreta vittata*）等却能取食富含这种物质的十字花科蔬菜，或趋向于在这类植物上产卵。植食性昆虫都有其适宜的食物，尽管寡食性或多食性昆虫能够取食多种植物，但是，每种昆虫都有其最喜好的取食植物，并且在取食嗜食植物时，这种昆虫的发育快、死亡率低、生殖率高。

有些植物品种，由于生物化学特性、形态特征、组织解剖特性、生长发育特征或物候特征等，使某些害虫不去产卵或取食为害，不能在上面正常发育，或能正常发育但不危害主要部分造成作物的损失，这些植物对昆虫具有良好的适应性，这种使其免受害虫危害的特性，称之为抗虫性（pest resistance）。抗虫性是植物与害虫在外界环境条件下长期斗争的结果，表现为：不选择性、抗生性和耐害性。

（二）昆虫与其他动物的关系

在自然界中，昆虫和其他动物的关系错综复杂，有些动物是以昆虫作为食料而抑制昆虫的数量增长，这些食虫动物就是昆虫的天敌（natural enemy）。可分为捕食性和寄生性两类。

捕食性天敌包括食虫鸟类、两栖类、捕食性昆虫和蜘蛛等，其中，种类最多、数量最大的还是捕食性昆虫。许多捕食性昆虫已经被大面积用于生产上防治害虫，如澳洲瓢虫防治柑橘吹绵蚧。在捕食作用的长期影响下，被食者也相应地产生了一系列的适应，主要表现为保护色、拟态、多态现象、防御、机械和化学保护作用。

寄生性天敌主要是寄生性的膜翅目和双翅目昆虫，种类很多，其中生产上大面积用来防治害虫的有赤眼蜂等。

（三）昆虫与微生物的关系

在自然界中，存在着大量使昆虫致病的病原微生物，其中，主要的有三大类群，即病原真菌、病原细菌和病毒。此外，还包括原生动物、病原线虫和立克次氏体。

1. 昆虫病原真菌

昆虫病原真菌靠大量产生孢子扩散流行。全世界已经发现500多种昆虫病原真菌，它们通常从昆虫体壁入侵，菌丝在体内增殖，然后入侵其他的主要器官，有些能分泌毒素使寄主死亡。当昆虫感染真菌病后，常出现行动迟缓、食欲锐减、身体萎靡、皮肤失常等。死于真菌病的昆虫，尸体都有硬化现象，因而其尸体也被称为"僵尸"。在自然条件下，真菌病的流行蔓延需要合适的环境条件，主要决定于温度和湿度。在适温和高湿条件下，最易流行。应用最为成功的真菌为球孢白僵菌（*Beauveria bassiana*），该菌属于半知菌纲、链孢霉目、链孢霉科。由于其分布广、寄主多，且易于工厂化生产，国内外已用于防治松毛虫、玉米螟、大豆食心虫等 20 多种害虫。

2. 昆虫病原细菌

细菌种类和品系非常众多，繁殖极快。不同细菌导致的病理症状也不完全相同，但细菌病具有共同特征，即当昆虫感病后，行动迟缓、食欲减退、烦躁不安，口腔和肛门常有排泄物等。病原菌侵入体腔后导致败血症，死后虫体一般变为褐色或黑色，并且大多软化腐烂，内部组织溃烂且带有难闻气味。已经发现和描述的昆虫病原细菌约有 100 个种和亚种。其中苏云金杆菌（*Bacillus thuringiensis*，Bt）已在国内外广泛进行工业化生产，制成 Bt 制剂，用于防治多种农林和卫生害虫。

苏云金杆菌为一种革兰氏阳性、能生产半胞晶体蛋白的芽孢杆菌。目前世界上已经分离到的 Bt 菌株超过 4 万株，共有 50 多个血清型，分为 50 多个亚种，分离和鉴定了 100 多个半胞晶体蛋白基因。此外大量转基因工程菌被构建，使 Bt 菌株及其半胞晶体蛋白基因的数量不断增多。目前已成功地将 Bt 菌毒素转移到棉花、玉米等作物中，显著提高了作物的抗虫性。

3. 昆虫病毒病

由病毒引起的疾病，称为病毒病。昆虫病毒为一类形态最小、结构最简单的微生物，一种病毒只含有一种类型的核酸，或者是 DNA，或者是 RNA，没有细胞器和细胞结构，也不能独立生活，只有在活的寄生细胞内才能复制增殖。

在应用上，一方面是大力开发利用昆虫病毒资源来防治农林害虫，病毒制剂已成为一种新的生物杀虫剂，在害虫综合防治中发挥越来越大的作用，如中山大学开发研制的斜纹夜蛾（*Spodoptera litura*）核多角体病毒（NPV）制剂；另一方面，也在加强研究家蚕、蜜蜂等有益生物病毒病的防治。此外，随着分子生物学的发展，以杆状病毒为表达载体，昆虫或昆虫细胞为受体的基因工程病毒杀虫剂的研究也进展迅速，前景广阔。

三、土壤因子对昆虫的影响

土壤是昆虫的一个特殊的生态环境，大约有 98% 以上的昆虫种类在生活史中都与土壤发生或多或少的联系，有些昆虫终生生活在土壤中，有些昆虫以一个虫期或几个虫期生活在土壤中。土壤是由固体相（岩粒、土粒等）、液体相（水）和气体相（空气）组成，这三种状态的不同组合构成了土壤不同的温度、湿度、通气状况、化学特性和机械组成，这些都与生活在土壤中的昆虫有着密切联系。

（一）土壤温度

如前所述，温度是影响昆虫最为重要的环境因子，土壤温度主要来自太阳的辐射热，白天太阳照射土表，热由土表向土下传导，晚上土表辐射散热。土壤表层温度变化很大，

越往土壤深层变化越小，1m 深处，昼夜几乎没有温差。土栖昆虫在土中随着适温层的变化而垂直迁移。秋季温度下降，昆虫向下迁移，气温越低潜伏越深；春季天气渐暖，昆虫向上移动。

（二）土壤湿度

土壤湿度包括土壤水分和土壤缝隙内的空气湿度，主要来源为降雨和灌溉。土壤空气中的湿度，除表层外总是处于饱和状态，因此土壤昆虫不会因湿度过低而死亡。许多昆虫的不活动期（如卵、蛹）常常以土壤作为栖息地，避免了大气干燥对它们的不利影响。

土壤的干湿程度影响着土壤昆虫的分布和危害。如细胸金针虫主要分布在含水量较多的低洼地，沟金针虫则主要分布在旱地草原。在春季干旱年份，如果土壤表层缺水，会影响沟金针虫幼虫的上升活动。另一方面，土壤水分过高，又不利于土居昆虫或部分虫态土居昆虫的生活。

（三）土壤化学特性和结构

土壤因氢离子和氢氧根离子的含量不同，表现出不同的酸碱度，土壤可分为酸性土、中性土和碱性土；土壤中还有许多有机酸，土壤的酸碱度影响昆虫的分布。土壤的其他化学特性，如含盐量等对昆虫的分布也有影响。此外，土壤的有机质含量和土壤肥料，对土壤昆虫的分布、种群数量和种类组成也有很大影响。

根据组成颗粒大小，土壤分为沙土、壤土、黏土等类型，土壤的机械组成主要影响昆虫分布的种类和活动。如葡萄根瘤蚜能在结构疏松的团粒土壤和石砾土壤中严重危害葡萄根部，因为这样的土壤具有 1 龄若虫活动蔓延的空隙。蝼蛄喜欢在含沙质多且湿润的土壤中，尤其是经过耕犁而施有厩肥的松软土壤里，在黏性大而板结的土壤中发生很少。

第二节　昆虫的种群与群落生态

一、昆虫种群生态

（一）种群的定义和主要特征

种群（population）是指在特定时间里占据一定空间的同种个体的集合，是物种存在的基本单位。同一种群内的个体之间较不同种群的另一些个体更为密切。种群既反映了构成该种群个体的生物学特征，包括出生（或死亡）、寿命、性别、年龄（虫态或虫期）、基因型、繁殖和滞育等性状；又具有群体的生物学属性，包括出生率（或死亡率）、平均寿命、性比、年龄组配、基因频率、繁殖率、迁移率和滞育率等，这些属性反映了群体的概念，是个体相应特征的一个统计量。此外，种群作为更高一级的结构单位，还有个体所不具备的特征，包括种群密度（数量）和数量动态、种群的集聚和扩散、空间分布型等。

（二）种群结构（Population Structure）

种群是由许多个体组成，因此个体状况不同，种群的组成也就不同。昆虫种群的组成特征有性比和年龄组配。

1. 性比（Sex Ratio）

性比就是一个种群内雌雄个体的比率。就大多数昆虫的自然种群而言，雌雄个体的比率常为 1 : 1。有些昆虫一生能多次交配，即一头雄虫常可与多头雌虫进行有效的交配，此时，种群中雌性个体数量可能显著大于雄性个体数量。有些昆虫（如蚜虫、介壳虫、螨类等）可营孤雌生殖，在全年的大部分时间只有雌性个体存在，而雄性只在短暂的有性生殖阶段出现。对于这类昆虫，在进行种群组成分析时，可以不考虑其性比。

2. 年龄组配（Age Composition）

即表示种群内各年龄组（成虫期、蛹、各龄幼虫、卵等）的相对百分比。种群的年龄组配随着种群的发展而变化。对于连续增长并世代重叠的种群而言，年龄组配是反映种群发育阶段并预示种群发展趋势的一个重要指标。

同样，种群中成虫的性比、滞育个体比率和处于生殖期的个体数量等，对于昆虫的数量动态也有重要影响。此外，对某些具有形态多型现象的昆虫，其各型个体的比例也是种群结构的一个重要指标。

（三）种群的生态对策

在自然条件下，有机体的环境条件很不相同。就稳定程度而言，有的极为短暂，有的相对持久（如热带雨林等）。在这些环境中的昆虫也向着两个不同方向演化。一个极端是有机体体型形较大，寿命和世代较长，繁殖能力较小，具有完善保护后代机制，种群有可能达到近似于环境载力 K 的水平，这类有机体适应于较为稳定的栖境，称为 k 类有机体或 k -对策者（k-strategic）。另一个极端是有机体体型往往较小，寿命和世代较短，繁殖能力强，但没有完善的保护后代的机制。因此，其子代死亡率高，具有较强扩散和迁移能力，这类机体适应于多变、短暂的栖境，被称为 r -对策者（r-strategic）（表 2 - 1）。

表 2 - 1 k -对策者个 r -对策者的特征

	k -对策者	r -对策者
所在气候条件	稳定的或可预测的	多变的或不可预测的
死亡率	较为直接的，密度制约的	常常是灾变的，非密度制约的
存活曲线	为 Deevey 氏 I 或 II 型	为 Deevey 氏 III 型
种群大小	不随时间变化，平衡态 达到或接近环境容纳量 饱和状态 不必重新形成	时间上可变，非平衡态 远远低于环境容纳量 种群的不饱和部分 生态真空，每年需重新形成
种内和种间竞争	通常是激烈的	通常为松弛的
选择有利性	① 发育较慢，竞争力强 ② 资源阈值低 ③ 繁殖延迟 ④ 体形较大 ⑤ 繁殖多次	① 发育能力快，竞争较弱 ② 高繁殖力 ③ 繁殖早 ④ 体形较小 ⑤ 繁殖 1 次
寿命	较长，通常长于 1 年	短，通常短于 1 年
导致	繁殖效率低	高度繁殖

二、昆虫与生物群落

(一) 群落的基本概念和特征

群落 (community) 是在一定空间或一定的生态环境里几个或所有种群相互松散结合的一种单元。群落是生态系统中有生命部分的组合，包括植物、动物和微生物等各个物种的种群。每一个群落都有自己的分布区，结构具有一定的完整性，可相对对立区别于近邻的群落。

在一个群落中，各个种群不是偶然散布在一定空间的孤立生物，而是通过食物和能量转换的联系，形成复杂而有序的关系。因此，群落的特征绝不是其组成物种或种群特征的简单总和，而是具有群落水平上特有的一些特征，包括物种的多样性和相对丰富度、群落的优势种、群落的生长形式及其结构、营养结构和群落的演替等。

(二) 群落的多样性

群落的多样性是衡量群落的一个重要特征，它包含两层含义，一是群落内物种数的多少，二是各物种个体数的多少及它们之间的比例关系。群落的多样性可以反映出群落内的种间或种内的竞争关系和发展趋势。在群落内，少数物种往往表现为个体数量多、生产量或生产力大，能充分体现群落的能流或生产力，被称为优势种 (dominant species)。而绝大多数物种的个体数量少，生产量或生产力小，被称为稀有种 (rare species)。稀有种占群落物种数的比例大，可以决定群落种的多样性。

一个群落如果有许多物种，而且各种间个体分布较均匀，则该群落具有较高的多样性，群落较稳定。相反，如果群落内物种数较少，各种间个体分布不均匀，即优势度明显，则该群落的多样性低，群落不稳定。群落多样性易受环境的影响而发生变化。如过多地使用农药可使农田内生物群落的多样性明显降低。生物群落的多样性可以反映环境的污染程度，故也被用作环境监测的一种生物学指标。

(三) 群落的组成和结构

1. 群落的结构和分化

群落中物种的结构和丰富度不但是群落分类的依据，而且可借助结构的分析去认识群落与环境的关系。大多数群落都有垂直分化或分层现象，即在不同的水平高度分布着不同的物种。物种的垂直分布主要决定于生物小气候与食物的选择。如在森林中，就昆虫种群分布来讲，危害树冠部分的大多是食叶性鳞翅目和同翅目昆虫，危害树干的为蛀茎的鞘翅目、膜翅目昆虫，而蚂蚁、跳甲、步行虫等种类主要栖息在地表的枯枝落叶层。在自然群落中，由于亲代的散布、环境的差异、种间相互关系等原因，使得物种形成明显的水平分化。此外，群落中的物种，在时间上也会有一定的分化。如在一块菜地里，白天的昆虫群落结构与晚上的不同，不同季节物种的分布也不同。

2. 生境梯度和种群的分布

生境梯度 (habitat gradient) 是指由于生物影响因素的连续变化，造成生物生活场所的连续变化。不同植物的分布经常影响动物的分布，昆虫的分布则更易受其栖息地和食物分布的影响。一般生境生态梯度包括海拔、温度、湿度、土壤、风和光等因素。在群落中，由于生境梯度与物种的生物学特征不同，主要有三种类型的物种种群空间分布格局：

第一类是物种交错重叠、相互制约；第二类是物种间产生明显的分界线，互不干扰；第三类型就是有些物种相互交错，有些物种则具有明显的分界线。通过群落内物种结构的比较，研究生境的相似程度，作为划分自然环境的指标。

（四）群落的发展和演替

1. 群落的演替类型

群落的生态演替又称群落演替（community succession），是指群落经过一定的发展历史时期及物理过程和环境条件的改变，而从一种群落类型转变成另一种群落类型的顺序过程。群落的演替在时间、空间上是不可逆的；具有定向性。在生态学中，研究群落演替具有十分重要的理论和实际意义，根据演替的机理和规律，人们通过适当干预，可以使之朝着有利于人类的方向发展。

根据区域原来是否被占据过，可以将演替分为两种类型，一种是演替发生在从未被占据过的区域，这种演替通常发展较慢，成为初级演替（原生演替）；另一种是发生在曾被占据过但已经被移走的区域，这种演替发展较快，称为次级演替（次生演替）。农业上常说的一般都是次级演替，如一个果园的建立。

2. 群落的演替过程

群落的演替过程可以分为三个阶段：侵入定居阶段，首先是一些先锋物种的进入并获得成功，能改善小气候、改变土壤结构和营养状况等，对以后相继进入的物种有着极为重要的作用；竞争平衡阶段，当有一定数量物种进入后，资源的利用由不完善发展到尽可能地利用，种内、种间的竞争由激烈渐渐趋向平衡；顶级平衡阶段，即群落演替的最后阶段，优势种的特征已相对地稳定下来，群落与环境之间保持动态平衡。

3. 群落演替的顶级

生态系统中群落演替到了最后阶段则趋于稳定，表示到达了顶级群落。顶级群落（climax community）具有物种种类最多、结构最为完善、总生物量最高、信息最为丰富、稳定性最强等特征。

第三节　农业生态系统与农业害虫

在一定的自然区域内，所有生物（包括动物、植物和微生物）和非生物环境构成相互作用的物质和能量的体系称为生态系统（ecosystem）。农业生态系统（agricultural ecosystem）是在人为控制条件下形成的生态系统，其结构是以农作物群体为中心，形成作物—害虫—天敌—微生物系统，如菜地生态系统、果园生态系统、农田生态系统等。在农业生态系统内，植物群落组成单一，加上采取耕作、灌溉、施肥、施药等措施，大大改变了原来的化学和物理环境，使得生物种类和食物链比自然系统单纯，生物多样性低，而且不稳定。

因此，从某种意义上说，农业害虫的爆发危害，是人类自己造成的。人类为了获得大量的食物，将相对稳定的自然生态改造成极不稳定的农田生态，在农田生态系中，大面积单一作物为害虫提供了良好的营养和繁殖条件，简化生物群落组成，使害虫失去了自然控制，进而促使害虫数量积累、暴发、流行。

　　然而，要满足人类不断增长的农产品需求，就必须创造有利于作物生长的农田生态，并利用一切可能的投入维持这种生态系统。农业害虫治理随着农业的发展不断加大，成为维持这种生态系统的一个重要投入途径。有机农药出现以后，人类似乎找到了控制害虫的有力武器。但由于农药的毒性，尤其是不合理的使用广谱性农药，对多种生物产生了杀伤作用，大量使用后，进一步简化了农田生态系统的生物组成，使农田生态系统更趋不稳，杀伤自然天敌，引发害虫再猖獗（resurgence），使害虫暴发的频率升高。而进一步的大量用药，还会导致害虫抗药性（pesticide resistance）和农药的残留污染（residue）。化学农药，尤其是不合理用药导致的这种"3R"现象，已经引起世界的普遍关注。学习昆虫学，研究农业害虫，一个重要任务就是要寻找更合理的方法，控制农业害虫，维护农业生态系统，保证农产品的供应。

思考题

1. 以菜蛾为例，试分析有多少种环境因子对其生长发育产生影响。
2. 选择 2 或 3 种植物害虫，判断其是属于 k-对策还是 r-对策。

第三章 机场害虫的调查与预测预报

要做好鸟击灾害的防治工作，减轻鸟击灾害的发生，首先必须了解机场虫情。机场虫情调查就是要采用适当的方法，弄清机场虫情，进而对鸟类种群的发展趋势做出准确的预测预报，以便合理决策，提高鸟击灾害防治效率。本文主要介绍机场虫情调查和预测预报的基本原理和方法。

第一节　虫情的调查方法

一、机场及周边地区虫情调查的原则

机场及周边地区虫情调查的内容可以是多种多样的，可以是调查某一地区或某生态条件下的昆虫，也可以是调查某种昆虫的集群地理分布、活动范围、栖息场所、数量、驱赶效果、雏鸟发育情况等。但必须遵循以下原则，即明确调查的目的和内容，采取正确的取样和统计方法，依靠群众走访了解基本情况。

二、总体、样本及样本单位

由于田间昆虫面广大，田间调查是不能一一清查的，而必须采用抽样调查的方法，对总体进行统计估算。在统计学上将一群性质相同的事物的总和称为总体（population）。从总体中可以抽取若干有代表性的个体，用以估算总体。这些抽取出用以估算总体的个体，被称为样本（sample）。在害虫的调查中，特定空间内某种昆虫（如一个机场发生的蝗虫），机场周边地区发生的昆虫，都可作为一个总体。要调查一个机场或一个区域上某种昆虫的数量，只要从中抽取有代表性的一定数量的样点，对所取样点内的这种昆虫进行观察统计，就能推断出这个机场或这块区域上此种昆虫的数量。

样本单位，即取样单位，它是人为规定的，可因昆虫种类、虫态、生活方式、作物种类及种植方式、抽样方式等而有所不同。常用的单位有：

（1）面积　对于土栖昆虫、密植作物的害虫，可用面积作为取样单位，如 $1m^2$ 的昆虫数。当然对于土栖昆虫的调查，还必须注意调查的土层深度。

（2）长度　适用于条插的密植作物，如 1m 行长内的昆虫或作物受害株数。

（3）植株或植株的某一部分　对于虫体小、不活泼、数量多或有群集性的害虫，如蚜虫、介壳虫、红蜘蛛、锈壁虱、花蕾蛆等，可取植株的某一部分（叶片、枝条、花蕾、果

实）或枝条的一定长度作为取样单位，对于稀植作物，则常以植株作为取样单位，如每株甘蓝上的小菜蛾、菜青虫、斜纹夜蛾、甜菜夜蛾的数量等。

（4）容积或重量　适用于仓库害虫的调查，如每升或每千克豌豆种子中的害虫数。

（5）时间　常用于调查比较活泼的昆虫，以单位时间内采到的或目测到的虫数来表示。

（6）器械　对于飞虱、叶蝉、跳甲成虫、盲蝽等活动性较强的昆虫调查，可用捕虫网等器械扫捕，统计每百网虫数；对于金龟子等有假死性习性的害虫，也可用拍打一定次数所获得的虫数作单位或在驱赶后从单位面积、单位株数中起飞的虫数来统计。

样本数量，即从总体中抽取的样本的多少，如在调查某块田里某种害虫的数量时，在各样点所取的样本总和，即为样本数量。害虫调查一般取 5、10、15 或 20 样点，每个样点可取多个样本。以植株为单位时，一般取 50～100 株，即样本数为 50～100。样点和样本数的多少主要根据调查田块的大小、地形、作物生长整齐度、田间周围环境以及昆虫的田间分布型来确定。面积小、地形一致、作物生长整齐、四周无特殊影响、随机分布型昆虫，取样时可以少取一些样点；反之，样点和样本数应多一些。

三、昆虫的分布型

每种昆虫和同种昆虫的不同虫态在田间的分布都有一定的空间分布形式——分布型（spatial distribution pattern）。分布型是种的生物学特性对环境条件长期适应的结果。昆虫的分布型也可随地形、土壤、寄主植物种类和栽培方式而变化。研究昆虫种群的空间分布型有助于制定正确的抽样方案与种群的数量估计。常见的昆虫分布型有随机分布型（random distribution）、核心分布型（clumped distribution）和嵌纹分布型（mosaic distribution）（图 3-1）。虽然昆虫中也有呈均匀分布型的，但极少见。

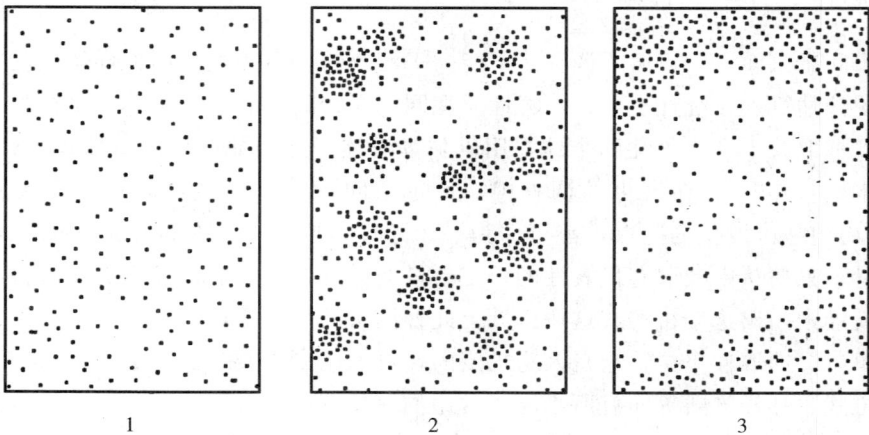

图 3-1　昆虫种群田间分布型示意图
1. 随机分布　2. 集群分布　3. 扩散分布

活动力强的昆虫在田间的分布型往往呈随机分布，如菜螟卵在萝卜地的分布、黄条跳甲在白菜地的分布，都属于随机分布。

活动力弱的昆虫或虫态在田间往往呈分布不均匀的多数小集团，形成一个个的核心，并从核心作放射性蔓延，称为核心分布。如菜蚜在十字花科蔬菜地常呈核心分布。很多卵为块产的昆虫，其初孵的幼虫或若虫常聚集在卵块的周围，从而形成核心分布，如斜纹夜蛾、甜菜夜蛾初孵幼虫的分布就呈核心分布，但这些核心分布又可以是呈随机分布的或呈其他分布的。

有的昆虫是从田间杂草过渡来的，在田间呈不均匀的疏密互间分布，称为嵌纹分布型。温室白粉虱成虫、从邻田迁来的红蜘蛛，都属于这一类型。

四、抽样方式

抽样的方式很多，采用何种抽样方式，取决于调查的目的和调查对象的特性。不同种类的昆虫，其分布型不同，采取的抽样方式也不应千篇一律。果园和菜地的调查所采取的抽样方式也有所不同。在菜地条播的密植植物与单株种植的作物，其抽样方式也应有差异。抽样时还要考虑调查的方便，田块的形状。确定抽样方式的原则是要使抽样调查的结果最大限度地逼近调查估计的总体。在昆虫的田间调查中常有的抽样方式有（图3－2）：

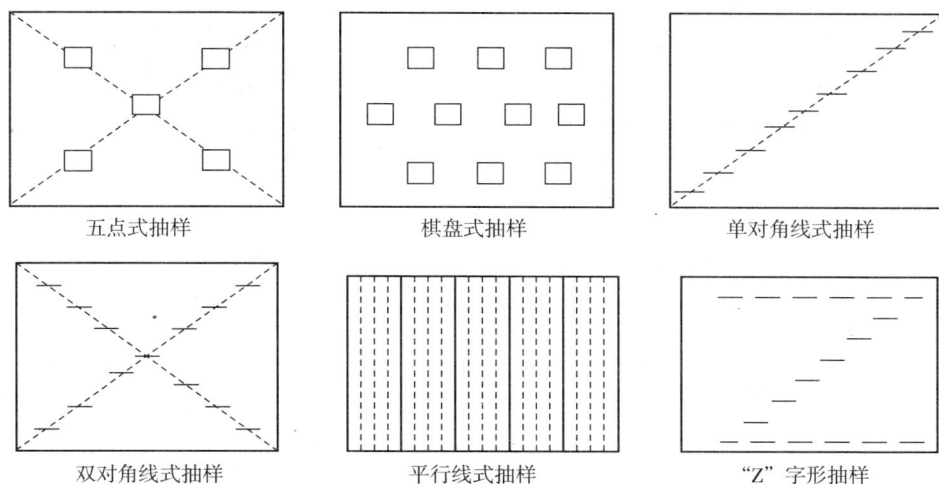

五点式抽样　　　　　棋盘式抽样　　　　　单对角线式抽样

双对角线式抽样　　　平行线式抽样　　　　"Z"字形抽样

图3－2　抽样方法

（1）五点式抽样　适于密植的或成行的植物及随机分布型的昆虫调查，可以面积、长度或植株作为抽样单位。

（2）对角线式抽样　适于密植的或成行的植物及随机分布型的昆虫。它又可以分为单对角线式和双对角线式两种。

（3）棋盘式抽样　适于密植的或成行的植物及随机分布型或核心分布型的昆虫。

（4）平行线式抽样　也称分行式抽样，适于成行的植物及核心分布型的昆虫。

（5）"Z"字形抽样　适用于嵌纹分布型的昆虫。

此外，还有等距抽样、分层抽样、多级抽样、序贯抽样、双重抽样和成团抽样等。请参考《中国农业百科全书：昆虫卷》及有关抽样技术方面的书。

五、调查资料的统计分析和数据表示方法

调查和实验数据的表示法，通常有列表法、图解法和方程法，各种方法各有优缺点，但无论用哪一种方法，都需要将调查所获得的原始数据加以整理分析。常用的一些统计数有平均数、众数、中位数等（计算方法见张孝羲主编《昆虫生态及预测预报》1985 年第 248～261 页）。它们表示观察值的平均位置（出现频次最多的位置和中间位置），不能表示一群数据的分散程度和变动范围。有时两群数据可能有相同的平均数，但变动情况却差异很大。如有甲乙两群数据如下：

甲：　　4.0　　4.7　　5.0　　5.7　　5.6

乙：　　0.5　　2.2　　3.0　　10.0　　9.3

两群数的平均数都是 5.0，但实际上甲群数比较集中，变动范围较小，而乙群数比较分散，变动范围较大。仅用平均数来表示，不能完善地反映调查的实际情况。因此，为了更全面的描述样本，还必须度量其变异度。表示变异度的统计数有极差、方差、标准差和变异系数。最常用的是标准差和变异系数（计算方法见张孝羲主编《昆虫生态及预测预报》1985 年第 248～261 页）。

田间药效试验的结果调查和统计是植保工作者经常面对的问题。就杀虫剂的药效而言，常常可用害虫的死亡率、虫口减退率来表示杀虫剂对害虫的防治效果。当调查结束时能准确地查到样点内所有死虫和活虫时，可用死亡率表示。计算公式如下：

$$死亡率 = \frac{死亡个体总数}{供试总虫数} \times 100\% \qquad (3-1)$$

当调查结束时只能准确地查到样点内活虫而不能找到全部死虫时，一般用虫口减退表示。计算公式如下：

$$虫口减退率 = \frac{防治前的活虫数 - 防治后的活虫数}{防治前的活虫数} \times 100\% \qquad (3-2)$$

死亡率和虫口减退率包含了杀虫剂所造成的死亡和自然因素所造成的死亡。如自然死亡率（这里指不施药的对照区的死亡率）很低，则虫口减退率基本上可反映杀虫剂的真实效果。但当自然死亡率较高，大于 5% 时，则上述死亡率和虫口减退率就不能客观地反映杀虫剂的真实效果。有时，害虫田间种群还在不断上升。因此，应予以校正。常用校正防效来表示。计算公式如下：

$$校正防效 = \left(1 - \frac{处理区处理后虫量 \times 对照区处理前虫量}{处理区处理前虫量 \times 对照区处理后虫量}\right) \times 100\% \qquad (3-3)$$

第二节　害虫的预测预报

根据害虫的发生发展规律，田间调查资料，结合当时、当地的作物生长发育情况及气象预报资料，联系起来加以分析，对害虫未来的发生动态作出判断，并向有关部门和人员提供有关害虫未来发生动态的信息报告，以便做好害虫防治的准备工作和指导工作，这项工作就叫作害虫预测预报（pest prediction）。

害虫预测预报的理论基础是昆虫生态学，它是一门应用科学。它在充分了解某种害虫内因与外因矛盾统一规律的基础上，揭示了害虫发生发展的趋势和动态。根据预测时间的长短，害虫预测预报可分为短期预测和中、长期预测。短期预测（short-term prediction）主要预测近期虫情动态，一般为一个虫态的预测或 20 天以内的虫情预测；中期预测（medium-term prediction）主要预测一个世代以上的虫情或期限为 20 天到一个季度的预测；长期预测（long-term prediction）主要预测某种害虫当年的发生情况。

害虫预测预报的内容包括：①预测害虫发生危害的时期，以便确定采用某项防治措施的有利时机；②预报害虫发生数量的多少和危害性的大小（包括天敌参数），以便确定是否进行防治和采取多大力量进行防治；③预报害虫的发生范围，以便确定重点防治地段和田块，确定防治规模，做到经济、安全、有效地防治害虫。此外还包括迁飞害虫预测和危害程度预测等。

一、害虫预测预报的方法

关于预测的方法有很多，按其基本做法可大致分为三类。

（一）统计法

根据多年观察积累的资料，探讨某种因素如气候因素、物候现象等与害虫某一种虫态的发生期、发生量的关系，或害虫种群本省前、后不同时代（年份）或虫态的发生期、发生量之间的相关关系，进行相关回归分析，或数理统计计算，组建各种预测式。

（二）实验法

一方面，应用实验生物学方法，主要求出害虫各虫态的发育速率和有效积温，然后应用当地气象资料预测其发生期。另一方面，用实验方法探讨营养、气候、天敌等因素对害虫生存、繁殖能力的影响，提供发生量预测的依据。

（三）观察法

是指直接观察害虫的发生和作物物候变化，明确其虫口密度、生活史与作物生育期的关系。应用物候现象、发育进度、虫口密度和不同虫态的历期等观察资料进行预测，为目前我国最通行的预测方法，主要预测发生期、发生量和灾害程度。此外，根据昆虫生殖系统的发育观察结果，亦可作出预报。

二、发生期预测

发生期预测是关于害虫某一虫态出现时期的预测，例如何时羽化、何时孵化、何时化蛹、何时迁飞等。发生期预测的准确与否，对于抓住关键时期防治害虫甚为重要。如番茄上的棉铃虫以在卵期释放草蛉或在初孵幼虫期施农药防治效果最好；甘蓝上的菜粉蝶以在幼虫盛发期用青虫菌的效果最好，因此要及时准确地发布发生期预报。

发生期预报是以害虫虫态历期在一定条件下需经历一定时间的资料为依据，在掌握虫态历期资料的基础上，只要知道先一虫期的出现期，考虑近期环境条件（如温度），便可

推断出后一虫期的出现期。

在害虫发生期预测中，常将某种害虫某一虫态的特定时期的发生期，按其种群数量在时间上的分布进度划分为始见期、始盛期、高峰期、盛末期及终见期。关于始盛期、高峰期和盛末期划分的数量标准各学者有不同见解，有将发育进度百分率达16%、50%、84%左右当作划分始盛期、高峰期和盛末期的数量标准的，也有将发育进度百分率达20%、50%、80%时作为划分始盛期、高峰期和盛末期的数量标准的。害虫的始盛期至盛末期有时统称为盛发期。有时害虫盛发期的数量指标还应随害虫种群密度大小而做一些具体调整，如范围扩大到5%～95%，特别是某些发生数量很大，防治的虫态或虫龄历期较短而为害虫态或虫龄的发生时间较长的害虫。此外，害虫的食性、寄主和虫源的多少、危害性大小及防治要求的高低等也可以作为调整盛发期长短（数量指标）的依据。

发生期预测的方法很多，包括发育进度预测法、有效积温预测法、物候预测法、经验性温度指标法、害虫趋性诱测法、回归统计预测法等。发育进度预测法又可分为历期预测法、分龄分组推算法和期距预测法。常见的有期距、历期预测法、物候预测法和有效积温预测法三种方法。

（一）期距、历期预测法

期距预测法和历期预测法的本质区别在于二者含义上的差异。期距是指某种害虫（群体）两个世代之间或同一世代各虫态出现期之间的间隔期的经验值。而历期是指各虫态出现期之间的时间距离的平均值，通常通过饲养观察单个个体来求得。但有时期距与历期又是混合应用的。两种预测方法都是根据实查的田间害虫发育进度（基准线）和气温条件，参考历史资料，将实查的害虫发生日期加上出现相应虫态的历期或期距，来推算以后虫期的发生日期。

预测的结果是否可靠，首先取决于是否测准了"基准线"，其次取决于是否运用了符合当地、当时环境条件下的历期或期距。某种昆虫的各虫态历期、世代或虫态间的期距可能因地区、季节、世代、寄主食料等的不同而不同。在应用历史资料时应对此加以注意。如各地饲养棉铃虫的历期资料，见表3-1。

表3-1　各地棉铃虫各虫态历期资料

世代	卵期/天			幼虫期/天			蛹期/天		
	郑州	荆州	长沙	郑州	荆州	长沙	郑州	荆州	长沙
1	3.5	3		20		14.1	10～17	14	14.2
2	2.5	2	2.5	16～18	14	13.3	9～11	10.5	9.4
3	2.5	2	2.5	16～18	12	14.9	5.6～8	11	10.4
4		2	2.0	21～26	13	14.8		14.5	12.3
5		5	3.0		22	20.1		22.9	

了解虫态历期或期距的方法有：

1. 搜集资料

从文献上搜集有关主要害虫的一些历期与温度有关的资料，做出发育历期与温度关系曲线，或分析计算出直线回归或曲线回归式备用。在预测时结合当地、当时气温预告值，求出所需的适合的历期资料。

2. 饲养法

在人工控制的不同温度下，或在自然变温条件下饲养一定数量的害虫，观察、记录其各世代、各虫态、各龄期和各发育阶段在其生长发育过程中的特征，从而总结出它们的历期与温度间关系的资料。

3. 田间调查法

从某一虫态出现并开始田间调查，每隔1～3天进行一次（虫期短的间隔期短），统计各虫态所占百分比，将系统调查统计的百分比排队，便可看出发育进度的变化规律。根据前一虫态与后一虫态盛发高峰期相间的时间，即可定出"高峰期距"，其他类推。例如鳞翅目害虫化蛹百分率、羽化百分率可按式（3-4）、式（3-5）统计：

$$化蛹百分率 = \frac{活蛹数 + 蛹壳数}{活幼虫数 + 活蛹数 + 蛹壳数} \times 100\% \qquad (3-4)$$

$$羽化百分率 = \frac{蛹壳数}{活幼虫数 + 活蛹数 + 蛹壳数} \times 100\% \qquad (3-5)$$

田间害虫发育进度调查还可按虫态分级标准进行发生期预测。或根据田间总卵量，将卵按其发育进度不同而色泽变化不一来分级，统计各级卵的百分率。或根据田间幼虫总量及各龄幼虫所占百分率，或根据田间蛹总量及各级蛹百分率（将蛹按其发育进度不同表现色泽变化不一而分级）然后分别按各虫态或各级（龄）历期，预测发生期，其准确度比较高。累积几年上述田间调查资料，就可求得平均值，用于测报。

4. 诱集法

不少害虫对某些物质有趋集习性。利用它们的生物学特性，如趋光性、趋化性、觅食和潜伏等习性来获得历期或期距资料。如用黑光灯诱测各种夜蛾、螟蛾、天敌、金龟子；用杨树枝诱测棉铃虫、烟青虫成虫；用糖酒醋诱测地老虎成虫，用性诱剂诱虫，用黄皿诱测蚜虫等。在害虫发生期前开始经常性诱测，逐日统计所获雌、雄虫量或总虫量，据此可看出当地当年各代成虫始见期、始盛期、高峰期、盛末期和终见期。据上下两代的始见期、盛发期、终见期分别求出期距。当获得多年的数据资料后，便可以分析总结出具有规律性的资料用于期距预测。同时，这些诱测器诱集的虫数也可作为验证预测值是否准确的依据，还可有目的地搜集活蛾，解剖观察卵巢发育级别及交配次数，按自然积温与虫量发生关系求得积温预测式等资料。

（二）物候预测法

应用物候学知识预测害虫发生期，这种方法叫作"物候预测法"。物候学是研究自然界生物与气候等环境条件的周期性变化之间的相互关系的科学。生物有机体的生育周期和季节现象是生物长期适应其生活环境的结果，各现象之间有着相对稳定性。物候法预测害虫的发生就是利用这个特点。许多害虫生长发育的阶段性经常与寄主植物或其他非寄主植物的发育期吻合。如东北地区，大豆食心虫成虫发生期总是与大豆结荚期相联系；陕西武功地区，小地老虎越冬代成虫盛发期总是与连翘盛花期相联系；河南地区对小地老虎的观察，则有"桃花一片红，发蛾到高峰；榆钱落，幼虫多"的说法。因此我们可以根据这些

物候现象来预报某些害虫的发生期。

物候关系是多年观察的结果，相关性越好，预测结果就越可靠。物候预测具有严格的地域性，不可机械地搬用外地资料。甚至在同一个地区，所选用的指示动、植物也会受地势、土质、地形、树龄、品种及营养状况等差异的影响。因此，物候预测法虽然简便易行且已被群众掌握，但也只能预测一个趋势，或作为确定田间调查期的一个依据。

（三）有效积温预测法

根据有效积温法则预测害虫发生期，在国内各地早已研究应用。在适宜害虫发生的季节里，害虫出现的早迟、发育速度的快慢以及虫口数量的消长等均受到气温、营养等环境因素的综合影响。其中以温度影响害虫的发生期、发生量更为明显。当获知害虫某一虫态、龄期或世代的发育起点温度（C）和有效积温（K）后，就可根据田间虫情、当地常年的平均气温（T）或近期气象预报，利用积温公式来计算到下一虫态、龄期或世代出现所需的天数（N）。计算公式如式（3-6）：

$$N = \frac{K}{T-C} \qquad\qquad (3-6)$$

然后将田间调查日期加上所预测的虫态、龄期或世代出现所需的天数，即为它们的发生期。

如果未来的气温变化幅度较大，也可根据发育速率公式逐日计算发育速率 V_1，V_2，…，直至 $V_1 + V_2 + \cdots + V_n = 1$ 的那一天，即某虫态完成发育的时间。

$$V_i = \frac{T_i - c}{K} \qquad\qquad (3-7)$$

发育起点的温度和有效积温的资料，可通过文献资料搜集获得；也可在不同的恒定温度下饲养害虫，以获得各温度下的发育历期，然后应用统计学方法求得；还可在多级人工变温下分期、分批或在自然变温下饲养害虫，从而获得多组不同平均气温下的发育历期资料，最后求得发育期点和有效积温。计算发育起点温度和有效积温的具体方法请参考有关昆虫生态学书籍。

三、发生量的预测

害虫发生数量的预测是决定防治地区、防治田块、面积和防治次数的依据。目前，虽然有不少的关于发生量预测的资料，但其总的研究进展仍远远落后于发生期预测。害虫数量增减是比较复杂的问题，一方面取决于害虫的虫口基数、繁殖力、存活率和迁入迁出率、生态可塑性等内在因素，另一方面受气候条件、天敌和食料条件等环境因素的影响。

数量预测有多种方法，归纳起来有以下几种：有效基数预测法、气候图预测法、经验指数预测法、形成指标预测法等。最常用的是有效基数预测法。

有效基数预测法是根据田间当代虫口密度调查或诱虫器捕获虫量的资料，与历史资料进行对比分析，判断下一代害虫发生数量的趋势，以及危害程度的"轻""中""重"等。此法对一化性（一年发生一代）害虫或一年发生世代数少的害虫的预测效果较好，特别是在耕作制度、气候、天敌寄生率等较稳定的情况下应用效果较好，可对许多害虫可在越冬后、早春时进行有效虫口基数调查，作为预测第一代发生量的依据之一。根据害虫当代的有效虫口基数推算后一代的发生量，常用式（3-8）计算：

$$P = P_o R \left(\frac{f}{m+f} \right) S \qquad (3-8)$$

式中：P 为下一代的发生量；P_o 为当代的虫口基数；R 为每头雌虫的平均产卵数；f 为当代雌虫数，m 为当代雄虫数；S 为当代虫态至下一代预测虫态的生存率。

四、分布蔓延预测

分布蔓延预测具有两方面的意义，其一是知道了某种害虫各虫态所要求的生存条件后，即可根据不同地域是否具备这些条件来预测害虫的分布区域。如利用有效积温预测分布时，当地如果具有完成一个世代以上的有效积温，从气温条件来说，这些害虫可能在该地分布。对于某些具有扩散迁移习性的害虫，根据害虫的种群数量、种型变化、气候资料和地形限制等因素，分析该虫在某一时期内可能扩散蔓延的范围，例如黏虫，可根据前一世代在迁出地的发生情况，预报下一世代在迁入地发生的范围和时期。对于这类迁飞性害虫的分布蔓延预测，需要省际间的协作，因为迁出地的发生期和发生量经常影响迁入地的发生期和发生量，单靠在本地调查不可能准确地进行预测。

思考题

1. 调查一块菜地或一个果园某种害虫的发生情况，应考虑哪些因素？
2. 发生期预测有哪些方法，如何进行？
3. 在害虫的预测预报中应如何应用有效积温法则？

57896543210.

第四章 机场害虫防治

第一节 害虫防治的基本原理

在机场园艺生态系统中，许多生物都会影响园艺植物的生长。一些生物是有益的，而另一些则会对园艺植物造成伤害。这种伤害有时只是生物学上植物完整性的破坏，并不影响人类的利益。许多果树的叶片，被害虫少量取食后，并不影响水果的产量和品质。只有影响园艺作物产量和品质的伤害，才会造成经济意义上的危害。这显然与害虫的取食部位、伤害程度以及植物的种类和自身补偿能力有关。园艺害虫（horticultural pests）就是指那些危害园艺作物，并能给人类造成显著经济损失的昆虫、螨类以及其他节肢动物和软体动物。一般来说，在同一地区的相同作物上，有些害虫虽然危害园艺作物，但一般不造成明显的经济损失，这些害虫被称之为次要害虫（secondary or minor pests）；有些仅是偶尔造成经济危害，被称为偶发性害虫（accidental pests）；而另一些则是经常造成经济危害，被称为常发性害虫（common or normal pests）；还有一些虽然是偶发性的，但一旦发生，就暴发成灾，这一类又被称之为间歇暴发性害虫（intermittent pests）。

园艺害虫防治并非要消灭所有的害虫，而主要是通过各种有效措施，控制害虫危害造成的经济损失，使园艺生产获得最大的经济效益、生态效益和社会效益。害虫危害是否造成显著地经济损失，与多种因素有关。首先是园艺生态系统中是否有害虫存在，其次是害虫种群数量多少，最后是害虫取食活动给植物造成伤害的性质，即是否影响园艺植物的产量和品质。因此，害虫防治可通过三条基本途径达到防治的目的，即控制园艺生态系统中生物群落的物种组成、控制害虫种群数量、控制害虫的危害。

一、控制机场园艺生态系统中生物群落的物种组成

尽可能减少机场园艺生态系统中害虫的种类，增加有益生物的种类。在自然界，由于害虫分布和栖息场所的局限性，通过阻止其传播侵入，可以有效地保护园艺作物不受危害。如在大范围内，由于地理阻隔和害虫的扩张能力的限制，不少危险性害虫不能自然侵入新的分布区，只要制止人为的传播，便可以保护作物不受危害。为此，人类已发展了一项有效的植物保护法——植物检疫。在小范围内，人类利用设施园艺，通过大棚防虫网等物理防治方法，或利用驱避剂等化学防治方法，均可以有效地阻止害虫的侵入，减少田间害虫。同时利用引进和释放天敌的方法，也可以增加田间有益生物的种类和数量。

二、控制害虫种群数量

只有足够数量的害虫，才能造成显著地经济损失。因此，控制害虫种群数量是害虫防治的一条基本的途径。害虫种群数量的增长，首先要有一定的种群基数，并在适宜的环境条件下自然繁殖才能实现。因此，除控制入侵外，对已有的害虫采用一定的方法，压低害虫的种群基数、恶化其生存繁殖环境、直接消灭害虫，都能有效地控制害虫的种群数量，如农业防治、生物防治、化学防治和部分物理机械防治。

三、控制害虫危害

由于同种害虫对不同作物或作物品种造成的危害是不同的，即使是同一作物品种；或由于生育期不同，害虫的取食危害方式不同，同样数量的害虫造成的经济损失也不相同。因此，可以在适于某种害虫大发生的地域种植不适于其取食危害的作物或作物品种，调整作物的播种期，使作物易受害造成经济损失的敏感期错开害虫的发生期，这些都可以减少害虫危害造成的损失。农业上调整作物布局和耕作制度、利用抗虫品种均属于这一途径。

基于这三条基本途径，人类已开发了一系列的害虫防治措施，按性质大致可以归纳为植物检疫、农业防治、抗虫品种的利用、生物防治、物理机械防治和化学防治等六大类。

第二节　植物检疫

植物检疫（plant quarantine）又叫法规防治。它是国家或地区政府，为防止危险性有害生物随植物及其产品的人为引入和传播，以法律手段和行政措施强制实施的保护性植物保护措施。与其他有害生物防治技术措施具有明显不同：首先，植物检疫具有法律的强制性，植物的检疫法不可侵犯，任何集体和个人不得违反，否则应依法论处。其次，植物检疫具有宏观战略性，不计局部地区当时的利益损失，而主要考虑全局的长远利益。第三，植物检疫的防治策略是对有害生物进行全种群控制，即采取一切必要手段，将危险性有害生物堵在国门之外或控制在局部地区，并力争彻底消灭，植物检疫是一项根本性的预防措施，是植物保护的主要手段之一。但由于植物检疫仅针对人为传播的危险性有害生物，因此，在农业有害生物防治中，也有一定的局限性。

一、植物检疫的重要性

植物检疫在防止农作物危害性有害生物的传播蔓延，保护农林作物安全生产和保障外贸顺利发展，维护国际信誉有重要意义。

害虫的分布有明显的区域性，但也存在着扩大分布的可能性。害虫在原产地由于协同进化的关系常常受到多种天敌的制约，加上植物的抗虫性和长期形成的农业生态体系的抑制，其发生和危害性较轻。但如果传到新地区，当地的气候、食料及其他环境条件适宜它们的生活，又缺少适当天敌的控制，经过一段时间的发展，传入的这种害虫就会在新环境条件下爆发，给人类造成巨大的经济损失，甚至酿成灾难。如原产于美国的葡萄根瘤蚜，

1860 年随苗木引入法国，1880～1885 年在法国病害爆发，导致葡萄园大面积毁灭，酒厂倒闭。事实上，近代各国因引种和贸易带入害虫造成爆发病害的事例不胜枚举，造成的经济损失也相当惊人。因此，植物检疫首先可以阻止人为传播有害生物造成的农业灾害。

其次，植物检疫还可以通过指导农产品安全生产，以及与国际植物检疫组织的合作与谈判，为本国农产品出口铺平道路，维护国家在农产品贸易中的利益。如 1989 年中国与日本植物检疫部门合作，解决了中国出口哈密瓜和鲜荔枝的检疫问题。20 世纪 90 年代中期通过合作与谈判，使新西兰、加拿大和美国相继取消了从中国进口鸭梨的禁令。目前全球经济一体化趋势使各国间农产品贸易大大加强，一些国家为了保护本国的农产品市场，常使用关税壁垒和基数壁垒措施阻止农产品进口，而携带危险性有害生物及农药残留超标往往成为农产品贸易最大的技术壁垒。因此，加强植物检疫可以促进农产品贸易公平健康地发展，维护国家的利益和民族的尊严。

二、植物检疫的内容

植物检疫有时依据进出境的性质，又分为对国家间货物流动实施的外检（口岸检疫）和对国内地区间实施的内检。虽然两者的偏重有所不同，但实施内容基本一致，主要包括危害性有害生物的风险评估与检疫对象的确定、疫区和非疫区的划分、转运植物及植物产品的检验与检测、疫情的处理以及相关法规的制定与实施。

（一）有害生物的风险评估与检疫对象的确定

自然界由于地理因素、气候因素和寄主分布不同所造成的隔离，使地区间有害生物的分布存在明显差异。而这种隔离差异很容易被人为破坏，使有害生物扩散蔓延。这是植物检疫的基本依据。一般来说，有害生物经人为传播至新地区后，会出现三种结果。其一，传入的有害生物不能适应当地的气候和生物环境，无法生存定居，故不能造成危害。如小麦黑穗病在气候较冷的地区发生严重，而在中国年平均气温 20℃ 以上的地区病菌不能生存。其二，当地生态环境与原分布区相近，或因有害生物适应能力较强，在传入区可以生存定居，并造成危害。其三，传入地区的生态环境更适宜有害生物，一旦传入，就会迅速蔓延并危害成灾，如果当地缺乏有效的控制措施，则往往会造成毁灭性的破坏和灾难。因此，了解有害生物的分布、生物学习性和适生环境，弄清在传入区的危害性，以确定危险性检疫有害生物，是植物检疫的首要任务。

根据国际植物保护公约（1979）的定义，检疫性有害生物（quarantine pests）是一个受威胁国家目前尚未公布，或虽有分布但分布未广，且正在进行积极防治的、对该国具有潜在经济重要性的有害生物。由于自然界有害生物种类很多，且不少国家又有利用植物检疫设置基数壁垒的趋向，为了保证植物检疫的有效实施和公平贸易，各国在确定检疫对象时，必须对有害生物进行风险评估，并提供足够的科学依据，以增加透明度。关贸总协定最后协议中就明确指出，检疫方面的限制必须有充分的科学依据，某一生物的危险性应通过风险分析来决定，而这一分析还应是透明的，应该阐明国家的差异。

有害生物风险评估通过信息资料的搜集整理、实地调查和模拟环境的实验研究等方法获取有关资料，对可能传入的有害生物进行风险评估，以确定危险性检疫有害生物。有害生物风险评估主要包括传入可能性、定殖及扩散可能性和危险程度的评估。它涉及的因素很多，主要包括生物学因素、生态学因素和贸易及管理因素。一般来说，传入可能性的评估主要考虑有害生物感染流动商品及运输工具的机会、运输环境条件下的存货情况、入境时被检测到的难易程度以及可能被感染的物品入境的量和频率。定殖及扩散可能性评估主要考虑气候和寄主等生态环境的适宜性、有害生物的适应性、自然扩散能力及感染商品的流动性和用途。危险程度的评估主要考虑有害生物的危害程度、寄主植物的重要性、防治或根除的难易程度、防治费用及可能对经济、社会和环境造成的恶劣影响。

经风险评估后，凡符合局部地区发生，能随植物或植物产品人为传播，且传入后危险性大的有害生物均可以被列为危险性检疫有害生物，并列入植物检疫对象名单，成为检疫对象（quarantine subjects）。

中国 1995 年修订的全国植物检疫对象名单内含有 17 种昆虫，它们是：

1. 稻水象甲　　　　　*Lissorhoptrus oryzophilus*（Kuschel）
2. 小麦黑森瘿蚊　　　*Mayetiola destructor*（Say）
3. 马铃薯甲虫　　　　*Leptinotarsa decemlineata*（Say）
4. 美洲斑潜蝇　　　　*Liriomyza sativae*（Blan）
5. 柑橘大实蝇　　　　*Tetradacus citri*（Chen）
6. 蜜柑大实蝇　　　　*Bactrocera（Tetradacus）tsuneonis*（Miyake）
7. 柑橘小实蝇　　　　*Dacus dorsalis*（Hend）
8. 苹果蠹蛾　　　　　*Laspeyresia pomonella*（Linne）
9. 苹果棉蚜　　　　　*Eriosoma lanigerum*（Hausmann）
10. 美国白蛾　　　　　*Hyphantria cunea*（Drury）
11. 葡萄根瘤蚜　　　　*Viteus vitifolii*（Fitch）
12. 谷斑皮蠹　　　　　*Trogoderma granarium*（Everts）
13. 菜豆象　　　　　　*Acanthoscelides obtectus*（Say）
14. 四纹豆象　　　　　*Callosobruchus maculates*（Fabricius）
15. 芒果果肉象甲　　　*Sternochetus frigidus*（Fabricius）
16. 芒果果实象甲　　　*Acryptorrhynchus olivieri*（Faust）
17. 咖啡旋皮天牛　　　*Dihammus ceruinus*（Hope）

（二）疫区和非疫区的划分

疫区划分是植物检疫的重要内容之一，也是实施检疫性有害生物风险管理的重要依据。疫区（area of infestation）是指由官方划定的、发现有检疫性有害生物危害的、并由官方控制的地区。而非疫区（pest free area）则是指有科学证据证明未发现某种有害生物，并由官方维持的地区。主要根据调查和信息资料，依据有害生物的分布和适生区进行划分，并经官方认定，由政府宣布。政府一旦宣布，就必须采取相应的植物检疫措施加以控制，阻止检疫性有害生物从疫区向非疫区的可能传播。所以，疫区划分也是控制检疫性有害生物的一种手段。

随着现代贸易的发展和风险管理水平的提高，商品携带检疫性有害生物的零允许量已经突破，疫区和非疫区也被进一步细化，进而出现了有害生物低度流行区和受威胁地区的概念。低度流行区是指经主管当局认定的，某种检疫性有害生物发生水平低，并已采取了

有效的监督控制或根除措施的地区。此类地区的出口农产品经过有效的风险管理措施处理后，比较容易达到可以接受的标准。受威胁地区是指适合某种检疫性有害生物定殖，且定殖后可能造成重大危害的地区。这也是植物检疫严加保护的地区。

（三）植物及植物产品的检验与检测

植物检疫通过对植物及植物产品的检验来检测、鉴定有害生物，确定其中是否携带检疫性有害生物及其种类和数量，以便出证放行或采取相应的检疫措施。植物检疫检验一般包括产地检验、关卡检验和隔离场圃检验三类，要求使用的方法必须是准确可靠、灵敏度高；快速、简便、易行；有标准化操作规程、重复性好；安全且使有害生物不会扩散。由于有害生物及被检的植物、植物产品和包装运输器具种类繁多，适用于不同种类的检测方法不同，在不少情况下，需要几种方法配合使用。

产地检验是指在调运农产品的生产基地实施的检验。对于关卡检验较难检测或检测灵敏不高的检疫对象常采用此法。产地检验一般是在有害生物高发流行期，前往生产基地实地调查检验有害生物及其危害情况，考察其发生历史和防治状况，通过综合分析作出决定。实地调查一般需在有害生物高发流行期进行 2 或 3 次，以保证调查资料的可靠性。对于田间现场检测未发现检疫对象的，即可签发产地检疫证书；对于发现检疫对象的则必须经过有效的消毒处理后，方可签发产地检验证书；而对于难以消毒处理的，则应停止调用并控制使用。

关卡检验是指货物进出境或过境时对调用或携带物品实施的检验，包括货物进出国境（口岸检疫）和国内地区间货物进出境时的检验。这是植物检疫的重要一环。关卡检疫的实施通常包括现场直接检验和适当方法取样后的实验室检测。针对不同对象所使用的方法主要有：通过目测或手持放大镜对植物及其产品、包装材料、运输工具、放置场所和铺垫材料进行检测；诱器检测；过筛检测、比重检测；染色检测；X 光透视检测；保湿萌芽检测；分离培养及接种检测；噬菌体检测；电镜检测；血清学检测；DNA 探针检测；指示植物接种检测等。检测合格的即可出证放行，而不合格的则需采取相应的植物检疫处理措施进行处理。

隔离场圃检验是一个需要较长时间的系统隔离检验措施，主要是通过设置严格控制的隔离的场所、温室或苗圃，提供有害生物最适发的流行环境，隔离种植被检验植物，定期观察记录，检测植物是否携带检疫性有害生物，经一个生长季或一个周期的观察检测后，作出结论。该法适用于在实验室常规检测不易肯定，或由于时间或条件限制而不能立即作出结论的检验。尤其是对植物引种的繁殖材料，是在引种后大面积释放前，为安全起见，继产地和关卡检验后，设置的阻止有害生物传播的又一道防线。一旦发现检疫性有害生物，必须及时采取根除扑灭措施。因此，有时又将隔离场圃检疫称为后检。

（四）疫情处理

疫情（epidemic situation）泛指某一单位范围内，植物和植物产品被有害生物感染或污染的情况。植物检疫检验发现有检疫性有害生物感染或污染的植物和植物产品时，必须采取适当的措施进行处理，以阻止有害生物的传播蔓延。

疫情处理所采取的措施依情况而定。一般在产地或隔离场圃发现有检疫性有害生物，常由官方划定疫区，实施隔离和根除扑灭等控制措施。关卡检验发现检疫性有害生物时，则通常采用退回或销毁货物、除害处理和异地转运等检疫措施。一般关卡检验发现货物事先未办理审批手续，现场又被查出带有禁止或限制入境的有害生物，或虽已办理入境审批手续，但现场查出有禁止入境的有害生物，且没有有效、彻底的杀灭方法，或农产品已被危害而失去使用价值的，均应退回或销毁。正常调运货物被查出有禁止或限制入境的有害生物，经隔离除害处理后，达到入境标准的也可出证放行，或运往非受威胁地区，另作加工用。除害处理是植物检疫处理常用的方法，主要有机械处理、温热处理、微波或射线处理。

植物检疫处理的基本原则是，首先，检疫处理必须符合检疫法规的有关规定，有充分的法律依据，同时征得有关部门的认可，且符合各项管理办法、规定和标准。其次，所采取的处理措施应当是必须采取的，而且应该将处理所造成的损失减少到最低程度。消灭有害生物的处理方法必须具备以下条件：即完全有效，能彻底消灭有害生物，完全阻止有害生物的传播和扩散；安全可靠，不造成中毒事故，无残留，不污染环境；不影响植物的生存和繁殖能力，不影响植物产品的品质、风味、营养价值；不污染产品外观。

（五）植物检疫法的制定与实施

植物检疫法是有关植物检疫的法律、法令、条例、规则、章程等所有法律规范的总称，是实施植物检疫的法律依据。如中国的《中华人民共和国进出境动植物检疫法》和《植物检疫条例》等。根据法律涉及的范围，也可将植物检疫法规视为国际性法规、区域性法规、国家级法规等。国际性植物检疫法规是国际组织制定的，需要各国共同遵守的行为准则，包括有关的公约、协定和协议等。如联合国粮农组织制定的《国际植物保护公约》和世界贸易组织制定的《动植物检疫与卫生措施协议》等。区域性法规是由相近生物地理区域内的不同国家，根据其相互经济往来情况，自愿组成的区域性植物保护专业组织所制定的有关章程和规定，如《亚洲和太平洋区域植物保护协定》等，是各成员国需要遵守的行为准则。国家级法规是由国家制定或认可的有关法规，是受国家强制实施的行为准则。此外，还应指出的是，在双边贸易协定、协议及合同中规定的植物检疫条款，也是贸易双方应遵守的行为准则，具备法规效力。法规的基本内容主要包括立法宗旨、检疫范围与检疫程序、禁止或限制进境的物品、检疫主管部门及执法机构、法律责任等。

建立国际植物检疫法规主要是为了加强国际间协作，以便更有效地防治有害生物和防止危险性有害生物的传播，保护各成员国的动植物健康，减少检疫对贸易的消极影响，促进国际贸易的发展。它通常经国际组织制定后由各签约国实施。随着全球经济一体化的发展，现代贸易需要有统一的国际植物检疫行为准则。但目前国际植物检疫法规尚不完善，因此，为了加强有害生物风险管理，将危险性有害生物传播的可能性降至最低，建立健全国家级检疫法规更为重要。

建立国家级植物检疫法规必须符合国际植物检疫法规的要求，并依据植物检疫的国际标准制定，同时还应提供充分的科学依据，尤其是规定检疫范围与检疫程序、开列禁止或限制进境物名单，必须经过充分的调查研究，提供必要的科学依据。否则，制定的法规就可能被认为是"非关税的技术贸易壁垒"或带有"歧视"性，实施时就可能会受到"起诉"、"报复"，甚至"制裁"。

植物检疫法规的实施通常有法律授权的特定部门负责。目前，一般不同国家均设有专

门的植物检疫机构，具体负责有关法规的制定和实施。中国有关植物检疫法规的立法和管理由农业部负责，口岸植物检疫（外检）由海关总署领导下的国家出入境检验检疫局及下属的口岸检疫机构负责，国内检疫工作（内检）由农业部植物检疫处和地方检疫部门负责。

口岸植物检疫主要负责与动植物检疫有关的国际交往活动，制定国际贸易双边协定中有关植物检疫的条款，处理贸易中出现的检疫问题；收集世界各国疫情并进行分析，提出应对措施；制定有关植物检疫法规，审定检疫对象及应检物名单，办理检疫特许审批，负责实施进出境及过境检验及检疫处理；负责制定及实施口岸检疫科研计划等。

内检方面，农业部植物检疫处负责起草植物检疫法规，提出植物检疫工作的长远规划和建议；贯彻执行《植物检疫条例》，协同解决执行中出现的问题；制定植物检疫对象和应检物名单；负责国内外植物引种的审批；汇编有关植物检疫资料，推广植物检疫工作经验，培训检疫人员；组织植物检疫科研攻关等。地方检疫部门主要负责贯彻执行植物检疫的有关法规，制定本地区的实施计划和措施；起草地方性植物检疫法规，确定本地植物检疫对象和应检物名单，提出划分疫区和非疫区的方案；执行产地、调运、邮件及旅行物品检验，签发植物检疫有关证书；承办植物引种的检疫审批；监督检查种苗隔离试种（后检）；协助建立无害种苗繁殖基地等。

第三节　农业防治

农业防治（agricultural control）是利用一系列栽培管理技术，降低害虫种群数量或减少其侵染可能性，培育健壮植物，增强植物抗害、耐害和自身补偿能力，或避免有害生物的一种植物保护措施。其最大优点是不需要过多的额外投入，且易与其他措施相配套。此外，推广有效的农业防治措施，常可在大范围内减轻有害生物的发生程度，甚至可以持续控制某些有害生物的大发生。农业防治也具有很大的局限性。首先，农业防治必须服从丰产要求，不能单独从有害生物防治的角度去考虑问题。第二，农业防治措施往往在控制一些害虫的同时，引发另外一些病虫害，因此，实施时必须针对当地主要病虫害综合考虑，权衡利弊，因地制宜。第三，农业防治具有较强的地域性和季节性，且多为预防性措施，在病虫害已经大发生时，防治效果不大。

农业防治的主要技术措施包括合理安排作物布局，实行轮作与间作，设置诱虫植物，水肥管理，合理安排种收日期，清洁田园和翻根灭虫等。

一、合理安排作物布局

合理安排作物布局，避免在适宜某些害虫发生的田块种植其嗜食作物，避免相邻田块种植同种害虫的嗜食作物，阻止害虫的扩散蔓延、交叉侵染；充分利用天敌资源，达到控制害虫的效果。如在大棚附近种植害虫非嗜食的芹菜、白菜、萝卜、韭菜、蒜黄等，在棚内避免害虫嗜食作物，黄瓜、番茄、青椒、茄子、豆角的混栽，这样可大幅度地减轻温室白粉虱的发生。我国关中地区在适宜根蛆大发生的低湿地带，种小麦或辣椒，在蒜地周围不种葱、韭、洋葱等其他寄主植物，能有效减少葱蝇和种蝇的发生。云南大理州通过调整作物布局，适当压缩蚕豆种植面积，特别是压缩斑潜蝇虫源地；将靠近虫源地的蚕豆改种小麦、大麦、油菜等作物，形成不利于害虫发生的隔离地带，直接减少了斑潜蝇的危害。在栗园附近减少栗属或栎类植物，或改种其他树种，消灭栗大蚜的过渡寄主，能减轻来年蚜害。烟草田远离桃、李、杏、梅等果树种植区，能减轻烟蚜、烟青虫、小地老虎的发生。

二、轮作与间作

轮作是农业防治中历史最长也是最成功的方法。合理轮作可以破坏害虫的寄主桥梁，使某些害虫失去寄主食物，恶化其生存环境，使其种群数量大幅度下降。合理的间作和套作不仅能改变田间小气候，增强植株的抗病虫能力，同时还能较好地发挥天敌的控制作用和某些作物的抗生或保护作用。北京地区在蔬菜病虫害防治时，采用白菜、甜椒、番茄与玉米间作，不仅减少了有翅蚜迁飞传毒，减轻了病毒病的发生，也使棉铃虫蛀果率下降了30％。辣椒地里套种苋菜或空心菜，可避免地老虎的危害。甘蓝类套种白菜，白菜蚜虫可减少20％～30％。莴苣或芹菜同瓜类间作，可减少黄守瓜的危害。在温室中每隔一定的距离点种蒜苗，对白粉虱、蚜虫有趋避作用。蔬菜轮作时，前后尽量选用亲缘关系比较远的菜种，对于单食性和寡食性虫而言，可起到恶化营养条件的作用。

此外，合理的轮作还可使土壤中有机质得到补偿，蓄肥能力增强；也可使土壤中害虫的病原微生物得到繁殖。

三、设置诱虫植物

利用害虫对寄主植物的嗜好性和对不同生育期及长势的选择性，在作物行之间种植诱虫作物或设置诱虫田，吸引目标害虫，利用杀虫剂集中消灭诱虫作物上的害虫，可减轻对其他作物的危害。如在华北、华中地区，常用杨树枝诱集防治棉铃虫。在河北沧州市，用胡萝卜花诱杀棉铃虫成虫也收到了很好的效果。利用芥菜作引诱植物诱集小菜蛾，在辅以农药集中杀灭芥菜上的幼虫，是一种防治甘蓝类蔬菜上小菜蛾简单而有效方法。印度在椰菜田里种植少量芥菜，能防止小菜蛾的危害，大大提高椰菜的上市率。

四、清洁机场草坪区

清除农作物的残留物，破坏害虫繁殖和越冬的场所，是控制害虫危害的重要措施。实施这种方法需要熟悉害虫的生物学、生态学特性，才能制定出有效的防治措施。蔬菜采收后，遗留于田间的残株败叶、苗地用剩的余苗，是多种蔬菜害虫如白粉虱、茶黄螨、蚜虫、棉铃虫、韭蛆、斑潜蝇、甜菜夜蛾、斜纹夜蛾繁衍的主要场所，应及时清除以减少田间虫口数量。对一些乔木和灌木植物，如能及时地修剪荫枝、枯枝、弱枝和病虫危害枝，不仅可以改善树木的通风透光条件，增强树势，还可集中处理废枝，减轻螨类和蛀杆类害虫的危害。广东省防治荔枝主要害虫荔枝蝽、荔枝蒂蛀虫、荔枝龟背天牛、荔枝叶瘿蚊和荔枝瘿螨时，采用秋、冬修剪带有果蛀虫、瘿螨或瘿蚊等的害枝和害梢，并清除地上的残枝落叶，减少虫源；荔枝放梢时，减除弱枝和虫枝，并捡拾落果以清除藏匿其中的幼虫；

在新叶、花穗抽发期和幼果期，结合疏花疏果剔除虫苞、卷叶、卵块和被害的幼果等，防效十分显著。

五、翻耕幼虫

翻耕可以毁灭机场部分草坪区腐败的杂草残留物、自生苗和杂草，破坏害虫的隐藏场所；深耕可以把害虫埋到很深的土中，使其窒息而亡。如大豆食心虫喜在表土 0～3cm 处化蛹，及时翻耕，可降低该虫的羽化率。在机场草坪区植物栽培前，深翻土地，精心整地，可减轻蚜虫、白粉虱、茶黄螨、美洲斑潜蝇的危害。此外，深耕土地还可将有机质迅速埋到土里并改良土壤的物理性状，获得草坪的良好生长，减少杂草的多样性。

第四节　选用抗虫品种

一、草坪植物抗虫的基本原理

作物的抗虫性是指作物以各种机制防卫昆虫侵害的能力。这种能力与植物的基因型、昆虫的基因型以及植物与害虫在不同环境条件下的相互作用有关。植物的抗虫性可表现为抗选择性、抗生性和耐害性三个方面。作物的抗选择性（non-preference）是指作物不具备引诱产卵或刺激取食的特殊化学或物理性状，昆虫不趋于产卵、少取食或不取食，或者植物具有拒避产卵或抗拒取食的特殊化学或物理性状，或者昆虫的发育期与植物发育期不适应而不被危害的属性。作物的抗生性（antibiosis）通常指，植物不能全面满足昆虫营养上的需要，或含有对昆虫有毒的物质，或缺少一些对昆虫发育特殊需要的物质，昆虫取食后发育不良，生殖力减弱，甚至死亡，或者由于昆虫的取食刺激而在伤口部位产生化学或组织上的变化，而抗拒昆虫继续取食的属性。作物抗生性是作物主要的抗虫性机制。一些植物体内含有高分子量混合物如丹宁、树脂、蛋白质水解酶抑制剂和硅等物质，干扰植食性害虫的消化过程，削弱其消化能力。一些番茄叶片上的腺毛能分泌一种化学物质，直接杀死二斑叶螨。而作物的耐害性（tolerance）是指，作物被昆虫取食后，具有很强的增长能力以补偿危害带来的损失。这主要是由于受害后植物长势旺盛或受害组织再生，或诱发产生新的枝条或分蘖，或临近植株的补偿作用所引起的。

二、抗虫品种的选育与应用

20 世纪 70 年代初期，人们开始寻找杀虫剂的替代防虫方法，加强了对寄主植物抗虫性的研究，在传统抗虫育种的基础上，不断引进新技术，以提高育种效率。目前，抗虫育种的方法主要包括传统方法、诱变技术、组织培养技术和分子生物学技术。一般需要根据抗源材料资源和育种条件进行选用。此外，还应指出，所有抗虫育种技术都包括抗性的筛选和鉴定，在了解害虫生物学的基础上，选用适当的方法，进行筛选鉴定，可以有效地提高抗性育种的效率。

（一）传统抗虫育种

主要是选种、系统选育、杂交和回交选育。这种选育又称混合选种，是从害虫大发生田选取高抗植株采种。这种方法操作简便，但作物抗虫性状提高缓慢。系统选种是将田间选择的高抗作物种子隔离繁殖，并人工接种害虫，对其后代进行进一步筛选。该方法对自花授粉作物效果较好。杂交通常是用具有优良农艺性状的作物品种为母本，与抗虫性品种、野生植株或近源种进行杂交育种。有时将表现较好的杂交后代进一步与母本回交，从而将抗虫性状转入具有优良农艺性状的品种体内，形成优良的抗虫品种。我国目前北方地区栽培的抗虫早熟禾品种，就是利用传统抗虫育种技术选育出来的。

（二）诱变技术

通常是指在诱变源的作用下，诱导植物产生遗传变异，再从变异个体中筛选抗虫个体。这种方法比较随机，但是，可以通过这种方法获得新的抗源。诱变源包括化学诱变剂和物理诱变因素，生产上使用较多的是辐射诱变，即辐射育种，如利用同位素（钴60）辐射和紫外线辐射进行诱变育种。此外，目前还有通过航天诱变育种成功的事例。

（三）组织培养

是在无菌条件下培养植物的离体器官、组织、细胞或原生质体，使其在人工条件下继续生长发育的一种技术。首先，组织培养可以快速克隆繁殖不易经种子繁殖的抗虫植物；其次，组织培养可以与诱变技术相结合，分离抗虫突变体；第三，组织培养可以利用花粉、花药选育单倍体抗虫植株，再经染色体加倍形成抗虫同源植物；第四，组织培养通过原生质融合技术，可以将不同抗虫品种或种的遗传性状相结合，克服杂交困难，培育高抗和多抗品种。

（四）分子生物技术

分子生物技术使抗虫育种产生了革命性的发展。分子生物学通过克隆抗虫基因，利用载体导入或基因枪注射，可以将各种生物体内的抗虫基因转入目标作物品种内，解决了传统育种技术无法克服的远源杂交问题。如将豆科植物体内的胰蛋白酶抑制蛋白基因转入禾本科植物体内，将苏云金杆菌的毒素蛋白基因转入植物体内，形成作物抗虫品种。此外，分子生物学育种技术，大大提高了抗性育种的效率，随着技术的进一步发展，这一领域将为植物保护做出巨大贡献。近年来，已将 Bt 基因和毒杀一些鳞翅目昆虫的蛋白抑制剂基因转入甘蓝，培育出抗菜青虫、小菜蛾的甘蓝新品种。美国使用一种基于土壤农杆菌（*Agrobacterium tumefaciens*）的转化系统，将 Bt 杀虫基因转化至番茄中，得到转基因植到转基因植物的植株中。我国也利用农杆菌介导法将豇豆胰蛋白酶抑制剂基因导入青菜（*Brassica chinensis L.*）得到抗青菜虫、小菜蛾的品种。20 世纪初，新西兰育成了抗虫的多年生黑麦草品种，从而大幅度地降低了草坪主要害虫如黏虫、蛴螬、小地老虎、淡剑袭夜蛾等的发生。

（五）抗虫品种的应用

利用植物抗虫品种（crop resistant variety）防治植物害虫，是一种经济有效的措施。首先，这一措施使用方法简便，潜在效益大。抗虫品种一旦育成，只要推广应用，无需或很少需要额外投入其他费用，便能产生巨大的经济效益。据报道，美国为开发小麦瘿蚊、麦茎蜂、玉米螟、和苜蓿彩斑蚜的抗性品种，总投资近 930 万美元，但是，推广应用后，估计农民每年因此减少损失 30800 万美元。其次，该措施对环境影响小，也不影响其他植物保护措施的实施，在害虫综合治理中有很好的相容性。第三，利用植物抗虫品种防治害

虫具有较强的后效应，有的植物抗虫品种可以长期维持对害虫的防治作用，即便是中低水品的抗性，有时也能通过累积效应导致害虫种群持续下降，甚至达到根治的水平。

但是，利用作物抗虫品种并不是"一劳永逸"的，害虫经过一定时期的适应后，可以产生生物型变异，使植物抗虫品种很快丧失抗性。因此，要不断研究作物与害虫的这种协同进化关系，改进植物的抗虫性。由于害虫种类繁多，植物抗虫品种控制了目标害虫后，常使次要害虫种群上升。如推广抗棉铃虫的转 Bt 基因棉，使叶螨的危害加重。此外，培育植物抗虫品种通常需要较长的时间。

合理利用植物抗虫品种在实施过程中非常重要，它可以最大限度地发挥抗性品种的作用，避免抗性过早地丧失。这主要包括将抗虫品种纳入综合防治体系，与其他综防措施相配套，以便更好地控制目标害虫，以及其他害虫和次要害虫，减缓抗虫品种对有害生物的选择压力，减缓害虫对抗虫品种的适应速度；利用群体遗传学的方法原理，采用适宜的治理措施，如不同抗性机制的品种轮作、镶嵌式种植，利用庇护地等措施，可有效地减轻抗虫品种对害虫的适应选择。

第五节　生物防治

生物防治（biological control）就是利用生物及其产物控制害虫。从保护生态环境和可持续发展的角度讲，生物防治是最好的防治方法之一。首先，生物防治对人、畜、环境影响极小。尤其是利用活体生物防治害虫，由于天敌的寄主转化性，使其不仅能保障人、畜安全，而且也不存在严重的环境污染问题。第二，活体生物防治对有害生物可以达到长期控制的目的，而且不易产生抗性问题。如美国利用澳洲瓢虫防治柑橘吹绵蚧，加拿大利用核型多角体病毒防治云杉叶锋，法国利用人工接种弱致病菌株控制栗疫病等都收到了"一劳永逸"的控制效果。第三，生物防治的自然资源丰富，易于开发。此外，生物防治成本相对较低。

害虫生物防治主要是保护利用本地天敌、引进外地天敌、天敌人工繁殖与释放等三方面。20 世纪 70 年代以来随着微生物农药、生化农药、农用抗生素等新型生物农药的研制与应用，人们把生物产品的开发与利用也纳入到害虫生物防治工作中来。

一、合理利用天敌昆虫

园艺生态系统中存在着多种天敌和害虫，它们之间通过取食和被取食的关系，构成了复杂的食物链和食物网。许多害虫受到多种天敌的控制，种群数量一直处于较低的水平，不引起作物的产量损失。天敌昆虫按其取食特点可分为捕食性天敌和寄主性天敌两大类。寄主性天敌昆虫总是在生长发育的某一个时期或终身附着在作物害虫的体内或体外，并摄取害虫的营养物质来维持生长，从而杀死或致残某些害虫，使害虫种群数量下降。而捕食性天敌则通过取食直接杀死害虫。

（一）保护利用本地天敌

充分利用本地天敌抑制有害生物是害虫防治的基本措施。自然界天敌资源丰富，在各类作物种植区均存在大量的自然天敌。保护害虫天敌一般采用提供适宜的替代食物寄主、栖息和越冬场所，结合农业措施创造有利于天敌的环境，避免农药的大量杀伤等，一般不需要增加费用和花费很多人工，方法简单且易于被种植者接受，在生产上已大规模地推广和应用。广东省在橘园种植藿香蓟、紫苏、大豆、丝瓜等作物能为钮氏钝绥螨提供中间食料和栖息场所，加速天敌的生长繁殖，使柑橘全爪螨始终被控制在一个较低的水平上。武汉市在寒冷的冬季，采用地窖保护大红瓢虫越冬，使翌年瓢虫种群数量增长迅速。美国加利福尼亚州，在葡萄栽培地中保留部分黑莓，使葡萄叶蝉的天敌缨小蜂能顺利越冬，有利于提高缨小蜂对葡萄叶蝉的自然控制作用。黄建等（1999）发现橘园黑刺粉虱的寄生天敌有刺粉虱黑蜂、黄盾恩蚜小蜂等8种，捕食性天敌有刀角瓢虫、红点唇瓢虫、黑缘红瓢虫、大草蛉、八斑绢草蛉等11种，通过种植女贞树苗，提供刀角瓢虫的中间寄主，或采集寄生蛹较多的柑橘叶，并将其放在通气纸袋或纸盒中，在害虫盛发期释放到橘园中，可控制黑刺粉虱的危害。

（二）引进外地天敌

引进天敌昆虫防治害虫已经成为生物防治一项十分重要的工作，在国际上有很多成功的先例。最著名的是1888年美国由大洋洲引进了澳洲瓢虫防治柑橘吹绵蚧，到1889年完全控制了吹绵蚧，该瓢虫在美国建立了永久性的群落，直到现在，澳洲瓢虫对吹绵蚧仍起着有效的控制作用。1989年美国还召开了"引进澳洲瓢虫一百周年纪念"的国际性生物防治会议。100多年来，天敌引进工作取得了显著成绩。美国和加拿大共记录引进瓢虫17926种，它们定居北美，起到了重要的防虫作用。世界范围统计，引进天敌防虫取得一定成果的害虫对象达157种，其中引进天敌后消除危害的31种，基本消除危害的73种，减轻危害或部分减轻危害的53种。新中国成立后也开展了天敌的引进工作。如引进澳洲瓢虫防治柑橘；引进丽蚜小蜂防治温室蔬菜、花卉上的温室白粉虱；引进智利小植绥螨、西方盲走螨和虚伪钝绥螨防治蔬菜、果树、花卉作物上的二斑叶螨、朱砂叶螨和李氏叶螨。近几年来，又从日本引进花角蚜小蜂防治松树上危害性害虫松突圆蚧，使广东省松突圆蚧的虫口数下降80%～90%。此外，我国引进的HD-1苏云金杆菌、大菜粉蝶颗粒体病毒、斯氏线虫和微孢子虫等，在园艺作物害虫防治中发挥着重要作用。

引进天敌要考虑天敌对害虫的控制能力、引入后在新环境下的生态适应和定殖能力以及生态安全性。生态安全主要是防治天敌引进带入其他有害生物，或防治引进的天敌在新环境下演变成有害生物。因此，天敌引进必须经过认真地调查研究，制定引进方案，进行隔离饲养繁殖，以及制定必要的生态评估。

（三）天敌的大量人工繁殖与释放

从国外或国内其他地区引进天敌时，都需要人工繁殖，以扩大天敌种群数量，增加其定殖的可能性。对于本地天敌，在自然环境中种类虽多，但有时数量较小，特别是在害虫数量迅速上升时，天敌总是尾随其后，很难控制危害。采用人工大量繁殖，在害虫大发生前释放，就可以解决这种尾随效应，达到利用天敌、有效控制害虫的目的。在国外，设施农业和花卉生产中广泛使用生物防治，已通过人工或机械大量繁殖技术实现了多种天敌商品化生产，并涌现出一大批天敌公司。利用制卵机制成的蜡状人工卵，为草蛉（如中华草蛉、大草蛉、亚非草蛉、丽草蛉、晋草蛉、牯岭草蛉、多斑草蛉）的大量繁殖和商品化创造了条件。目前草蛉已广泛地应用于防治苹果树上的山楂叶螨、橘全爪螨、蔬菜上的白粉

虱、桃蚜、萝卜蚜。此外，利用蓖麻、丝瓜、皇后葵、广玉兰、茶花、山花、青冈栎、玉米、油菜花、黄瓜、棕榈、栎树等植物的花粉在室内繁殖钮氏钝绥螨、尼氏钝绥螨、东方钝绥螨、江原钝绥螨、真桑钝绥螨也取得了很好的效果，这些益螨在蔬菜害螨防治中发挥着积极的作用。在荔枝园释放人工卵繁殖的平腹小蜂，可以控制荔枝椿象的危害；释放松毛虫赤眼蜂能防治荔枝卷叶蛾；大量繁殖和释放丽蚜小蜂能防治温室白粉虱的危害；苹果树上释放西方盲走螨，可全年控制麦氏叶螨的危害；释放胡瓜盲走螨和小网盲走螨，能永久性地控制草莓上的缨草蚜线螨。美国加州释放智利小植绥螨，控制早春草莓上的二斑叶螨，使草莓增产 7.4％。

二、应用生物农药防治害虫

生物农药作用方式特殊，防治对象专一，且对人类和环境的潜在危害比化学农药要小，因此它被广泛地应用于害虫生物防治中。目前所应用的生物农药有三类，即微生物农药、农用杀虫素、生化农药。

（一）微生物农药

包括真菌、细菌、病毒和原生动物制剂。如用于防治棉铃虫、玉米螟、菜青虫、小菜蛾、茶毛虫、茶尺蠖、烟青虫、刺蛾等害虫的 Bt 乳剂；防治大豆食心虫、甜菜象甲、苹果食心虫的白僵菌菌剂；防治多种金龟子的绿僵菌菌剂；在热带、亚热带、温带地区防治蚧虫和蚜虫类的蜡蚧轮枝菌、虫霉菌；毒杀黏虫、菜青虫等鳞翅目害虫的病毒制剂等。

（二）农用杀虫素

它是微生物新陈代谢过程中产生的活性物质，具有治病杀虫的功效。如来自于浅灰链霉菌杭州变种（*Streptomyces griseolus* var. *hangzhouensis*）的杀蚜素，对高粱蚜、豆蚜、棉蚜、红蜘蛛有较好的毒杀作用，且对天敌昆虫无害；来自于灰色链霉菌浏阳变种（*S. griseius* var. *liuyangensis*）的浏阳霉素，对柑橘上的害螨防效达到 90％以上；来自于南昌链霉菌（*S. nanchangensis*）的南昌霉素，对菜青虫、松毛虫的防效也达到 90％以上。上海农药研究所研制的 7501 杀虫素已投入商品化生产，在果树、蔬菜、棉花、豆类、瓜类等作物上已推广应用。

（三）生化农药

人工模拟合成或从自然界的生物源中分离或派生出来的化合物，有如昆虫信息素、昆虫生长调节剂等。在国外已有 100 多种昆虫性信息素商品用于害虫预测预报，我国已有近 30 种信息素用于棉红铃虫、梨小食心虫、桃蛀螟、甘蔗螟虫、杨树透翅蛾的诱捕、交配干扰或迷向防治。灭幼脲Ⅰ、Ⅱ、Ⅲ号等昆虫生长调节剂对多种农作物害虫如松毛虫、榆绿叶甲、杨天社蛾、黏虫、玉米螟、棉铃虫、菜青虫等具有很好的防效，可以导致幼虫不能正常蜕皮，造成畸形或死亡。

三、线虫和昆虫原生动物的利用

有些线虫能从昆虫自然孔口或表皮钻入寄主体内，释放所携带的共生细菌，线虫和细菌同时以寄主组织为养料增殖，产生毒素杀死寄主昆虫。比较重要的类群有索科线虫

(Mermithidae)、斯氏线虫科（Steinernematidae）、垫刃总科（Tylenchoidae）和异小杆线虫科（Heterorhabditidae）线虫等。索科线虫的寄主广泛，传染性强。我国已知其寄主昆虫有 38 种，应用较多的是两索线虫（*Amphimermis* sp.）和六索线虫（*Hexamermis* sp.）。在江苏、河南、安徽等省，六索线虫发生广泛，对一些害虫的自然寄生率达 27％～70％。蔬菜上小地老虎被感染后，食量大减，发育停止。用斯氏线虫科的小卷叶蛾斯氏线虫（*Steinernema carpocapsae*）防治鳞翅目、双翅目、鞘翅目、膜翅目、等翅目、同翅目和半翅目的害虫，防效率为 14％～85％；其中防治苹果蠹虫的效果达 60％以上，桃小食心虫幼虫的感染率达 90％以上，在蔬菜田按 100 万条/m² 施用，5 天后黄曲条跳甲的有效虫口下降 97％，菜青虫被侵染 24h 后明显停食，36h 开始大量死亡。

使昆虫致病的原生动物是由原生质组成的单核或多核的单细胞生物。它们通过自身的繁殖，缓慢地将昆虫的器官破坏，使受感染的昆虫致死。这些生物包括鞭毛虫、变形虫、簇虫、球虫、微孢子虫、纤毛虫等。在自然界感染园林害虫的原生动物是微孢子虫，其主要寄主是鳞翅目害虫。将枞色卷蛾微孢子虫（*Nosema fumiferanae*）引入枞色卷蛾种群，导致的流行病可持续 2～3 年。这是因为被感染的雌成虫可将微孢子虫传给其后代，种群发病的持续时间较长。但是，大多数原生动物毒力较低，因此，原生动物可与其他防治措施结合作为长期防治的手段。此外，保护利用鱼类、两栖类、鸟类及哺乳类脊椎动物，均能降低害虫的危害。

但从害虫治理和农业生产的角度看，生物防治仍具有很大的局限性，尚无法满足农业生产和害虫治理的需要。第一，生物防治的作用效果慢，在害虫大发生后常无法控制。第二，生物防治受气候和地域生态环境的限制，防治效果不稳定。第三，目前可用于大批量生产使用的有益生物种类还太少，通过生物防治达到有效控制的害虫数量仍有限。第四，生物防治通常只能将害虫控制在一定的危害水平，对于一些防治要求高的害虫，较难实施种群整体治理。

第六节　物理机械防治

物理机械防治（physical control）是采用物理和人工的方法消灭害虫或改变其物理环境、创造对害虫有害或阻隔其侵入的一种防治方法。物理机械防治见效快，常可把害虫消灭在盛发期前，也可作为害虫大量发生时的一种应急措施。这种技术对于一些难以用化学农药解决的害虫往往十分有效。

一、升温或降温杀虫

利用致死高温或低温杀虫是一种被广泛应用的物理防治手段。如有的地方通过覆盖塑料薄膜来提高土壤温度，杀灭害虫。选择晴天闷棚升温，对温室进行温蒸，能防治蚜虫、白粉虱；根据棕黄蓟马对温差反应敏感的特性，冬季在蔬菜定植前半月左右，将大棚覆膜密封 10 天左右，当土壤中蓟马基本羽化出土时，夜间将棚膜上方掀开进行通风降温，经过几次温差处理，可将土壤中 90％以上的蓟马消灭。

二、设置障碍隔虫

采用掘沟、挂袋或人工隔离等方法防治作物害虫，也是一种经济、有效的物理防治方法。如我国南方温室或大棚蔬菜生产过程中采用防虫网阻隔一些害虫侵入。防虫网是以聚乙烯为原料，添加防老化、抗紫外线等化学制剂，类似纱网，目前有 20～30 目的白色防虫网，一般寿命 5 年左右。利用防虫网可形成一个人工隔离屏障，在夏季能防止蔬菜上菜青虫、小菜蛾、斜纹夜蛾、甘蓝夜蛾、甜菜夜蛾、蚜蛾等多种害虫的侵入和传播。在桃、苹果等果实发育期套果实防护袋，不仅可以提高果实外观品质，还能有效防止病虫侵袭和农药污染。在果园早春追肥整地后，覆盖地膜，可使果园中越冬的梨小食心虫、金龟子等大量羽化的成虫无法上树危害，被闷死在膜下。

三、诱杀害虫

诱杀法主要是利用害虫的趋性，配合一定的物理装置、化学毒剂或人工处理来防治害虫的一类方法，通常包括灯光诱杀、食饵诱杀和潜所诱杀。

(一) 灯光诱杀 (Light Trap)

许多昆虫都具有不同程度的趋光性，对光波（颜色）有选择性。如梨小食心虫对蓝色和紫色、大菜粉蝶对黄色和蓝色有强烈的趋性。蚜虫、粉虱、飞虱等对黄色有明显的正趋向性，蚜虫还对白色、灰色、银灰色，尤其是银灰色反光有强烈的负趋向性。利用害虫对光的趋向性，利用黑光灯、双色灯或高压汞灯结合诱集箱、水坑或高压网诱杀害虫。利用蚜虫对黄色的趋性，采用黄色粘胶板或黄色水皿诱杀有翅蚜。采用覆盖银灰色膜和在田间及温室通风口处挂银色膜条的办法趋避蚜虫。利用黑光灯能引诱许多鳞翅目和鞘翅目害虫。

(二) 食饵诱杀 (Baits)

有些害虫对食物气味有明显趋性，通过配置适当的食饵，利用这种趋化性诱杀害虫。如配置糖醋液可以诱杀取食补充营养的小地老虎和黏虫成虫；利用新鲜马粪可以诱杀蝼蛄；播撒毒谷可以毒杀金龟子等。

(三) 潜所诱杀 (Hidden Trap)

利用不少害虫具有选择特殊环境潜伏的习性，也可诱杀害虫。如田间置放杨柳枝把，可以诱集棉铃虫成虫潜伏其中，次晨用塑料袋套捕可以减少田间蛾量。

四、利用辐射杀虫

辐射法是利用电波、γ射线、X射线、红外线、紫外线、激光、超声波等电磁辐射进行有害生物防治的物理防治技术，包括直接杀灭和辐射不育。如用 ^{60}Co 作为 γ 射线源，在 25.76 万 R（$1R=2.58\times10^{-4}$ C/kg）的剂量下，处理贮粮害虫黑皮蠹、玉米象、谷蠹、杂拟谷盗等，经 24h 辐射，绝大多数即行死亡，少数存活害虫也常表现为不育。利用适当剂量放射性同位素衰变产生的 α 粒子、β 粒子、γ 射线、X 射线处理昆虫。也可以造成昆虫雌性或雄性不育，进而利用不育性昆虫进行害虫种群治理。美国和墨西哥利用这一技术消灭了羊皮旋蝇，英国、日本等国在一些岛屿上消灭了地中海实蝇和柑橘小实蝇。

五、人工防治

人工防治是指根据害虫发生特点和规律所采用的直接杀死害虫或破坏害虫栖息场所的人为措施。在害虫发生初期，采用人工摘除卵块、虫苞或冬季刮除老皮、翘皮，也是防治害虫的有效途径。如对危害各种蔬菜的美洲斑潜蝇而言，采用人工手段清除土壤表面的虫蛹和清除被害叶，可直接减少下一代的发生率。人工摘除卵块和捕杀幼虫，能减轻芦笋上禾叶蛾、斜纹夜蛾、小地老虎的发生。摘除下部老叶，带出棚外销毁，能抑制冬春大棚蔬菜红蜘蛛的发生。捕杀成虫和除卵块，能防治蔬菜上的马铃薯瓢虫。在天牛、吉丁虫发生的梨园，于成虫期捕捉成虫，或根据幼虫蛀秆所产生的碎屑，用铁丝从蛀道口刺死幼虫或用毒签堵住蛀孔将其熏杀。剪去虫枝或虫梢，刮除枝、干上的老皮和翘皮，能防治果树和园林植物上的蚧类、蛀秆类等多种害虫。秋后采用石硫合剂、石粉等配成涂白剂进行枝干刷白，可消灭枝干内的越冬害虫。

第七节 化学防治

化学防治（chemical control）是指用化学农药防治农林作物害虫、病菌、线虫、螨类、杂草及其他有害生物的一种方法。它在害虫防治方法中占有重要的地位。化学防治方法的特点：第一，高效。大多数杀虫剂仅用少量药剂就能有效地防治许多重要害虫，具有高效的特点。第二，速效。有些害虫一旦大发生，往往来势很猛，发生量大，使用杀虫剂就可以在短期内消灭之。例如，暴食性斜纹夜蛾、甜菜夜蛾大发生时，可及时采取化学防治作为应急措施。第三，特效。有些害虫，目前尚无其他方法可以防治，只有化学方法防治才能有效地控制危害。例如，采用毒饵法防治蝼蛄、蟋蟀等地下害虫。但是，化学防治存在一些缺点：第一，易产生抗药性。长期广泛使用化学农药，会造成某些害虫产生不同程度的抗药性。第二，杀死害虫天敌。一些选择性不强的杀虫剂，在消灭害虫的同时，也常常杀害了天敌，打乱了自然平衡及生态系统，造成一些害虫的再度猖獗。第三，污染环境。有些农药由于它的性质稳定，不易分解，微量残留就能污染环境（土壤、水和大气等），通过食物链和生物浓缩，导致食物残留毒性，对人、畜安全造成威胁。因此，使用农药只有注意发挥它的优点，克服它的缺点，注意和其他防治方法互相配合，才能获得良好的效果，达到保护园艺植物的目的。

一、杀虫剂的分类

杀虫剂（insecticides）是指用来防治农、林、粮食及畜牧等方面害虫的药剂。这类药剂使用广泛，品种较多。

（一）按杀虫剂来源和化学成分分类

1. 无机杀虫剂（inorganic insecticide）

如砷酸钙、砷酸铝、亚砷酸和氯化钠等。

2. 有机杀虫剂（organic insecticide）

有机杀虫剂又分为天然有机杀虫剂和人工合成有机杀虫剂：

（1）天然有机杀虫剂　分为植物性（鱼藤、除虫菊、烟草等）和矿物性（如石油等）两类。

（2）人工合成有机杀虫剂　可分为：①有机氯类杀虫剂（Organochlorine Insecticides），如林丹和毒杀芬等；②有机磷类杀虫剂（organophosphorus insecticides），如敌百虫、辛硫磷和乙酰甲胺磷等；③氨基甲酸酯类杀虫剂（carbamates），如西维因、呋喃丹等；④拟除虫菊酯类杀虫剂（Pyrethroid insecticides），如氯菊酯和溴氰菊酯等；⑤沙蚕毒素类杀虫剂（nereistoxin insecticides），如杀螟丹和杀虫双等。

（二）按作用方式分

1. 胃毒剂（stomach poison）

害虫取食喷过药剂的植物或混有药剂的毒饵以后，药剂随同食物进入害虫消化器官，从口腔进入前肠，继而进入中肠，被中肠肠壁细胞吸收后中毒而亡。如敌百虫等。

2. 触杀剂（contact insecticides）

药剂与虫体直接或间接接触后，透过昆虫的体壁进入体内或封闭昆虫的气门，使昆虫中毒或窒息死亡。如氰戊菊酯等。

3. 熏蒸剂（fumigation agents）

药剂由液体、固体气化成气体，以气体状态通过害虫呼吸系统进入虫体，使之中毒死亡。如磷化铝片剂和硫酰氟等。

4. 内吸剂（systemic insecticides）

具有内吸性的农药施到植物上或施于土壤中，可以被植物枝叶或根部所吸收，传导至植株的各部分，害虫（主要是刺吸式口器害虫）吸收有毒的植物汁液后中毒死亡。如久效磷和吡虫啉等。

5. 忌避剂（repellents）

药剂分布于植物后，害虫嗅到某种气味即避开，这种作用称为忌避作用。如雷公藤根皮粉和香茅油等。

6. 不育剂（sterilants）

化学不育剂作用于昆虫的生殖系统，使雄性或雌性（雌性不育或雄性不育）或雌雄两性不育，进而使所产的卵不育。如替派（tepa）、噻替派和喜树碱等。

7. 拒食剂（antifeedants）

当害虫取食含毒植物后，正常生理机能遭到破坏，食欲减退，很快停止进食，这种引起害虫饥饿死亡的药剂称为拒食剂，其杀虫作用称为拒食作用。如拒食胺等。

8. 昆虫生长调节剂（insect growth regulator，IGR）

又称特异性杀虫剂。这类药剂并不直接、快速杀死害虫，它的特点是使昆虫的发育、行动、习性、繁殖受到阻碍或抑制，从而达到控制害虫危害以至逐步消灭害虫的目的。如灭幼脲、抑太保等。

9. 性引诱剂（sex pheromone）

引起同种昆虫异性个体间产生行为反应的物质，可用来诱集成虫。如葡萄透翅蛾性诱剂、甜菜夜蛾性诱剂、梨小食心虫性诱剂等。

二、农药的加工剂型及其应用方法

工厂生产的原药，呈固体状态者叫原粉，液体状态者叫原液。农药除少数品种如敌百虫、杀虫双等可溶于水，可以直接加水施用外，通常必须加工成一定剂型的制剂，才能在生产上使用。在加工过程中加入改进药剂性能和性状的物质，根据其主要作用，常被称为填充剂、辅助剂（溶液、湿展剂、乳化剂等）。农药原药与辅助剂混合调配，加工制成具有一定形态、组分和规格，适合各种用途的商品农药型式，称为农药剂型（pesticide formulations）。而农药不同剂型、含量和用途的加工品则称为制剂（pesticide preparations）。农药加工可以使之达到一定的分散度，便于储运和使用，有利于发挥毒剂的效力。因此，农药加工对提高药效是十分重要的。

农药制剂的主要剂型有：

1. 粉剂（dusts）

是农药原药和填料经过机械粉碎而制成的粉状机械混合物。粉剂不易被水湿润，不能分散和悬浮在水中，故不能加水喷雾使用。粉剂中有效成分含量低于10%为低浓度粉剂，主要供大田喷粉使用，含量高于10%的为高浓度粉剂，供拌种、制毒饵、毒谷和土壤处理使用。粉粒细度通常以能否通过某号筛目来表示，我国粉剂的粉粒细度指标为95%通过200号筛目（筛孔内径74μm），粉粒平均直径为30μm，水分含量小于1.5%，pH值为5～9。

2. 可湿性粉剂（wettable powders）

是原药、填料、辅助剂经机械粉碎而制成的粉状机械混合物。我国可湿性粉剂细度指标为99.5%通过200目筛，药粒平均直径为25μm，悬浮率为28%～40%，水分在2.5%以下，pH值5～9，湿润时间15min以内，可湿性粉剂通常含有效成分20%～50%。可湿性粉剂可被水湿润而悬浮在水中，成为悬浮液，可供喷雾使用。但可湿性粉剂一般不宜用于喷雾，因为喷雾分散性差、浓度高、分散不均匀、容易产生药害，价格也比粉剂高。

3. 乳油（emulsifiable concentrates）

是农药原药、溶剂和乳化剂经过溶化、混合，制成的透明单相油状液体混合物。乳油加水稀释，可自行乳化，分散成为不透明的乳液（乳剂）。溶剂是用来溶解原药的。常用的溶剂有苯、二甲苯等。助溶剂的主要作用是提高溶剂对原药的溶解度，以达到配制高浓度乳油的目的。常用的有甲醇、苯酚、混合甲酚、乙酸乙酯等。乳化剂的作用是使油和水能均匀地混合，对农药的乳油来讲，应当使溶解原药的溶剂均匀地分散在水中而成乳状液。乳油的防治效果一般比其他剂型好。

4. 粒剂（granules）

是用农药原药、辅助剂和载体制成的粒状物。粒剂可分为遇水解体及遇水不解体两种。制造方法：包衣法、吸附法、挤压法。载体有矿物性（如细沙、煤矸石、土粒等）和植物性两类（木屑等）。粒剂制剂通常含有效成分3%～10%。根据制成固体颗粒的大小，粒剂可分为块粒剂、大粒剂或称丸剂、颗粒剂、微粒剂与细微粒剂等。

5. 可溶性粉剂（soluble powders）

是水溶性农药原药、水溶性填料及少量吸收剂制成的水溶性粉状物，加水稀释后使用。这种剂型的制剂是高浓度可溶性粉剂或水溶性制剂，具有使用方便、分解损失小、包装和贮藏经济、安全，又无有机溶剂对环境污染的优点。如把水溶剂的敌百虫、乙酰甲胺磷加工成可溶性粉剂，这些制剂特别适宜于在水果、蔬菜、茶叶以及卫生防疫上使用。

6. 悬浮剂（suspensions）

悬浮剂俗称胶悬剂，是用不溶于水或难溶于水的固体农药原药、分散剂、湿展剂、载体（硅胶）、消泡剂和水，用砂磨机进行超微粉碎后，制成的黏稠性悬浮液，是一种具有流动性的糊状物。使用前用水稀释时也易与水混合形成稳定的悬浮液。细度99%通过300筛目、平均粒径2～4μm，悬浮率90%。通常有效成分含量为400～600g/L。悬浮剂兼有可湿性粉剂和乳油两种型剂的优点。悬浮剂在加工过程中有大量微小气泡附着在药粒的表面（只有在显微镜下才看到），固有较好的悬浮性。可以加水进行地面或飞机常量、低量、超低量喷雾。

7. 缓释剂（controlled release formulations）

是利用控制释放技术，将农药原药通过物理的、化学的加工方法，使农药原药贮存于农药的加工品中，制成可使有效成分缓慢释放的制剂。缓释剂可使剧毒农药低毒化，短效农药变为长效农药，以便发挥老品种农药的作用，符合国际上在农药发展中重视老品种改造的新趋向。缓释剂一般制造简单，使用方便，效果较好。这项技术及加工品的出现，为更有效地使用农药、延长残效、减少流失和污染、降低使用成本等，提供了新的途径。

8. 超低量喷雾剂（ultra low volume agents）

一般是含农药有效成分20%～50%的油剂，不需要稀释而直接喷洒。配置超低量油剂的关键是选择好溶剂。有的制剂中需要加入少量的助溶剂，以提高对原药的溶解度；有的还需加入一些化学稳定剂或降低对植物药害的物质等。目前国内使用的超低量农药有：敌百虫、敌敌畏、马拉硫磷、辛硫磷、杀螟松、乐果、乙酰甲胺磷等。

9. 烟剂（smokes）

又称烟雾剂，是用农药原药、燃料、氧化剂等配制成的粉状制剂。点燃时药剂受热气化在空气中凝结成固体颗粒，起杀虫作用。如敌敌畏烟剂。

10. 热雾剂（heat atomization agents）

有油溶性药剂（溶剂多为柴油、太阳油、变压油或煤焦油的蒽油），应用机械法或机械热力联合法，将油剂分散成烟雾状的细小点滴。适合应用于果园害虫防治。

11. 胶体剂（colloids）

胶体剂是用农药原药和分散剂（如氯化钙、糖蜜、纸浆废液、茶枯浸出液等）经过融化、分散、干燥等过程制成的粉状制剂。药粒直径在1～2μm以下，加水稀释可成为胶体溶液或悬浮液。胶体硫就属于这一类。

12. 液剂（solution agents）

即水剂，是农药原药的水溶液制剂，如25%杀虫双水剂，使用时再加水稀释。因制剂含大量水，长期贮存易分解失效。

13. 锭剂（pastilles）

又称片剂，是将农药原药、填料和辅助剂混合制成的片状制剂，如磷化铝片剂。

三、机场常用杀虫剂

（一）有机磷杀虫剂

有机磷杀虫剂是二次世界大战以后发展起来的一类含磷有机杀虫剂。由于品种多，杀虫广谱，分解快，在自然界和生物体内残留少，因此，被广泛用于防治各类害虫。但是，不少种类属于剧毒农药，使用不当易引起人、畜中毒。

1. 敌百虫（trichlorfon）

纯品为白色晶体。易溶于水，但溶解速度慢，也能溶于多种有机溶剂，但难溶于汽油。在室温下存放相当稳定，但易吸湿受潮，配成水溶液后会逐渐分解失效。敌百虫在弱碱条件下，可脱去一个分子的氯化氢而转变为毒性更大的敌敌畏，然后再分解为无毒的化合物。商品剂型为90％晶体敌百虫、80％敌百虫可溶性粉剂和2.5％粉剂等。敌百虫为高效、低毒、低残留、广谱性杀虫剂，胃毒作用强，间具有触杀作用，对鳞翅目幼虫如梨小食心虫、桃小食心虫、松毛虫、刺蛾、袋蛾、菜青虫、瓜螟等有很好的防治作用，也用于防治蔬菜上的其他昆虫。

2. 敌敌畏（dichlorovos）

纯品为略带芳香气味的无色油状体，工业品淡黄色，纯度可达95％～98％，微溶于水，能溶于大多数有机溶剂。挥发性较强，在高温下挥发更快；在水中会缓慢地进行分解，特别是在碱性和高温条件下分解更快，并变为无毒物质。商品剂型为80％和50％敌敌畏乳油。敌敌畏对高等动物的毒性比敌百虫大6～7倍。对昆虫具有触杀、胃毒和强烈的熏蒸作用，为广谱性杀虫剂。由于其击倒力强、持效期短，适宜防治果实、蔬菜、桑、茶及多种花木等的害虫，对玉米、豆类、瓜类的幼苗也易引起药害。不能与碱性农药和肥料混用。

3. 乐果（dimethoate）

纯品为白色晶体，略具樟脑臭味。较易溶于水，在20℃溶解3％。在酸性溶液中较稳定，在碱性溶液中迅速水解。能溶于多种有机溶液。性能不稳定，贮藏时可缓慢分解。商品制剂为40％乳油。本品为高效、低毒、低残留、广谱性杀虫剂。具有强烈的触杀和内吸作用，并有一定的胃毒作用。已广泛应用于防治粮、棉、蔬菜、果树及林木花卉等多种作物害虫，如瓜蚜、潜叶蝇、蓟马、螟虫等。

4. 氧化乐果（omethoate）

氧化乐果是乐果的氧化类似物。原油为无色至淡黄色，无臭味，易溶于水和一般有机溶液，遇碱易分解，对热不稳定。剂型为40％乳油。本品对害虫有触杀内吸和胃毒作用，防治对象同乐果。对人、畜毒性较高，禁止在蔬菜、茶树等作物上使用。

5. 马拉硫磷（malathion）

又名马拉松。纯品为无色油状液体，略带酯味。工业品为棕色液体，具有强烈大蒜臭味。微溶于水，能溶于多种有机溶剂。在中性介质中稳定，遇酸碱均易分解。在水中或长期暴露于潮湿空气中也能缓慢分解。常用剂型为45％和25％乳油，3％粉剂。马拉硫磷对人、畜毒性较低，对害虫具有触杀、胃毒和微弱的熏蒸作用。可防治蚜虫、刺蛾、吹绵蚧、红蜡蚧等蚧虫，但持效期短，在低温情况下施药效果差，宜适当提高药液浓度。

6. 甲基异柳磷（isofenphos-methyl）

本品为浅黄色油状液体，能溶于多种有机溶液，不溶于水。剂型有40％和20％乳油，20％粉剂。具有触杀和胃毒作用，能有效地防治地下害虫。注意不能与碱性农药混用。

7. 辛硫磷（phoxim）

纯品为浅黄色油状液体，工业原油为棕黄色液体，易溶于有机溶剂，难溶于水，在酸性水中比较稳定，遇碱、遇光易分解。常用剂型为50％辛硫磷乳油。本品为高效、低毒、无残毒危险的有机磷杀虫剂。有毒杀和胃毒作用，适于防治地下害虫，对鳞翅目幼虫有高效性，也适用于喷雾防治果、蔬、茶、桑、烟草等害虫，如卷叶蛾、尺蛾、粉虱类等。不能与碱性农药混用，配好的药剂不能在阳光下久置，贮藏要放在阴凉蔽光处。

8. 乙酰甲胺磷（acephate）

乙酰甲胺磷是改变甲胺磷分子结构发展起来的高效、低毒、低残留有机磷杀虫剂。纯品为固体，易溶于水、甲醇、丙醇等有机溶剂，遇碱易分解。常用剂型为40％乳油等。具有触杀和内吸杀虫作用。持效期短，仅3～6天。防治对象为果树食心虫、蚜虫等。

9. 蔬果磷（dioxabenzophos）

纯品为无色晶体，不溶于水，溶于一般有机溶剂中，强碱下分解，是高效、中毒农药。具触杀作用，速效性和持久性好，型剂为40％乳油，适用于防治鳞翅目害虫、蚜虫、介壳虫、梨网蝽、天牛等，梨树对此药敏感，应谨慎施用。

10. 毒死碑（chlorpyrifos）

又名乐斯本，纯品为白色颗粒状结晶，室温下稳定，不溶于水，溶于有机溶剂，具触杀、胃杀和熏蒸作用，系高效、中毒农药，剂型为40％乳油，适于防治各类鳞翅目害虫。对蚜虫、害螨、潜叶蝇也有较好的防治效果，在土壤中残留期长，也可防治地下害虫。毒死碑属中等毒性杀虫剂，在蔬菜上慎用。

（二）氨基甲酸酯类杀虫剂

氨基甲酸酯是在甲酸酯类化合物中，碳原子所连接的氢原子被氨取代后的化合物。这类化合物的特点是：大多数品种对温血动物和鱼类低毒，在自然界易分解，不易污染环境，有选择性，杀虫作用迅速，可以用来防治对有机磷药剂产生抗药性的一些害虫，但一般不能用以防治螨类和介壳虫，对蜜蜂有较高的毒性。

1. 西维因（carbaryl）

通名甲萘威，纯品为白色结晶，工业品为灰色或粉红色粉末。微溶于水，可溶于有机溶剂。对光、热和酸性介质稳定，遇碱水分解失效。对人、畜低毒。一般使用浓度下对作物无药害。剂型有25％西维因可湿性粉剂。西维因具有触杀兼胃毒作用，杀虫谱广，能防治粮、棉、果、蔬菜等作物的咀嚼式和刺吸式口器害虫。还可以用来防治对有机磷农药产生抗性的一些害虫。可用于防治园林刺蛾、食心虫、潜叶蛾、蚜虫等。

2. 抗蚜威（pirimicarb）

又称辟蚜雾，纯品为白色无臭结晶体，易溶于水及醇、酮、酯、芳烃等有机溶剂，性状较稳定，但在强酸和强碱中煮沸能分解，水溶液遇紫外光亦能分解。制剂为50％可湿性粉剂。本品为高效、中等毒性、低残留的选择性杀蚜剂，具有触杀、熏蒸和内吸作用，植物根部吸收后，可向上疏导。有速效性，持效期不长。可用于防治果树、豆类、油菜、花卉及一些观赏植物上的蚜虫。

3. 丁硫克百威（carbosulfan）

是克百威（呋喃丹）低毒化衍生物，原药为褐色黏稠液体，难溶于水，易溶于多种有机溶剂。对热不稳定，有水时能水解。经口毒性中等，经皮毒性极低。剂型为5％颗粒剂、125g/L乳油以及1.5％和2％的粉剂。是广谱性杀虫剂，兼具内吸性，能防治蚜虫、叶蝉、食心虫、跳甲、卷叶蛾、介壳虫和害螨等多种害虫。

4. 灭多威（methomyl）

又名灭多虫，万灵（Lannate），纯品为白色结晶，溶于水，也溶于有机溶剂，稍带硫黄气味，遇碱易分解，经口毒性高，接触毒性极低。杀虫谱广，具内吸、触杀、胃毒作用，分解快，残毒低。剂型为24％水剂、20％乳油，对果、蔬、花卉上多种鳞翅目害虫卵和幼虫、蚜虫、叶甲等有良好的防治效果。能防治对有机磷、拟菊酯类农药产生抗药性的害虫。

5. 硫双威（thiodicarb）

又名拉维因，是新一代的双氨基甲酸酯杀虫剂，纯品为白色结晶，不溶于水，溶于有机溶剂，强碱性下易分解，有轻度硫黄味，具有内吸、触杀、胃毒作用。商品剂型为75％可湿性粉剂、37.5％胶悬剂，经口毒性高，但经皮毒性低，具有高效、广谱、持久、安全等特性，对棉铃虫、烟青虫、甜菜夜蛾、斜纹夜蛾等鳞翅目害虫有较好的防治效果。

（三）沙蚕毒素类杀虫剂

这类杀虫剂是根据"沙蚕毒素（Nereistoxin）"的化学结构人工合成的类似物，其特点是：可以作为防治对有机磷有抗性的害虫；一般具有胃毒、触杀作用，不少品种还有很强的内吸性，对害虫选择性强。

1. 杀虫双（disultap）

纯品为白色颗粒体。易溶于水，不溶于多种有机溶剂。工业产品为棕色水溶液，酸性或中性，性质稳定，降解速度慢。剂型为25％水剂和3％颗粒剂。杀虫双在土壤中的吸附力小。对高等动物毒性较低。具有胃毒、触杀、熏蒸和内吸作用，特别是根部吸收力强。是一种较为安全的杀虫剂。持效期一般只有7天左右。杀虫双对家蚕毒性大，在蚕桑区使用要谨慎，以免污染桑叶。

2. 巴丹（cartap）

又叫杀螟丹，纯品为无色柱状晶体，工业品为白色结晶，溶于水、甲醇，难溶于乙醇，不溶于丙酮、乙醚、氯仿等。在酸性液中较稳定，在碱性液中易分解，对人、畜毒性中等。制剂为50％可溶性粉剂。对害虫具有触杀和杀卵作用，对鳞翅目幼虫、半翅目害虫特别有效，可用于防治桃小食心虫、苹果卷叶蛾、梨星毛虫、蓟马、蚜虫等。巴丹对家蚕毒性大，使用时要采取措施，以免污染桑叶。

（四）拟除虫菊酯类杀虫剂

这是仿照天然除虫菊素的化学结构，由人工合成的一类杀虫剂，具有光稳定性好、高效、低毒和强烈的触杀作用，无内吸作用，田间持效期5～7天，用于防治多种农业害虫和卫生害虫，一般对叶螨的防治效果很差，连续使用也易导致害虫产生抗性，故要与其他农药轮换使用。

1. 氯菊酯（permethrin）

又名二氯苯醚菊酯、除虫精。原药为暗黄至棕色的黏稠液体，易溶于有机溶剂，在酸性和中性条件下稳定，在碱性介质中水解较快。属低毒杀虫剂。剂型为10％氯菊酯乳油。具有触杀和胃毒作用，杀虫谱广，可用于防治蔬菜、茶叶、果树及花卉上多种害虫，尤其适用于卫生害虫的防治，也可用于贮粮害虫的防治。

2. 溴氰菊酯（deltamethrin）

又名敌杀死、凯素灵。纯品为白色斜方形针状晶体，不溶于水，溶于丙酮、二甲苯芳香族溶剂，在酸性介质中较稳定，在碱性介质中不稳定，毒性中等。剂型为2.5％乳油。用于防治棉铃虫、桃小食心虫、菜青虫、小菜蛾、黄守瓜、茶尺蠖、茶小绿叶蝉、大豆食心虫等。

3. 氯戊菊酯（fenvalerate）

又名速灭杀丁，速灭菊酯。纯品为微黄色透明油状液体，原药为黄色或棕色稠状液体，溶于多种有机溶剂如二甲苯、丙酮、氯仿等，耐光性较强，在酸性中稳定，碱性中不稳定，属于中等毒性杀虫剂。剂型为20％乳油。杀虫谱广，对天敌无选择性，以触杀、胃毒作用为主，适用于防治果树、蔬菜、多种花木上的害虫。

4. 戊菊酯（S-5439）

又名多虫畏、中西除虫菊酯。本品为黄色或棕色油状液体，易溶于一般有机溶剂，难溶于水。对光、热、酸性条件稳定，在碱性介质中不稳定，为低毒杀虫剂。剂型为20％戊菊酯乳油。杀虫作用及防治对象同其他菊酯类农药，但杀虫活性较低，单位面积使用量要高。

5. 氯氰菊酯（cypermethrin）

又称兴棉宝、安绿宝等。工业品为黄色或棕色黏稠液体或固体。溶于水，能溶于多数有机溶剂。对光、热稳定，在酸性液中稳定，在碱性液体中易分解。对人、畜安全，对害虫有触杀和胃毒的作用，并有拒食作用，但无内吸作用，杀虫谱广，药效迅猛。是一种高效、中毒、低碳残留农药。剂型为10％氯氰菊酯乳油，可用于防治园林、果树、蔬菜上的多种鳞翅目害虫、蚜虫及蚧虫等。

6. 顺式氯氰菊酯（alpha-cypermethrin）

又名高效氯氰菊酯。纯品白色至奶油色结晶，不溶于有机溶剂，在强碱性下易水解，热稳定性好，属于中毒农药。对昆虫有很高的胃毒和毒杀作用，击倒性强，且具有杀卵作用，在植物上稳定性好，能抗雨水冲刷，剂型为5％、10％乳油，防治对象同氯氰菊酯。

7. 甲氰菊酯（fenpropathrin）

又名灭扫利。纯品为白色结晶，原药为棕黄色液体或固体，不溶于水，溶于有机溶剂，在光、热、湿条件下易分解，中等毒性，是具有选择作用的杀虫杀螨剂。具有较强的拒避和触杀作用，触杀幼虫、成虫与卵。剂型为20％乳油，对鳞翅目害虫、叶螨粉虱叶甲等均有较高防治效果。

8. 三氟氯氰菊酯（cyhalothrin）

又名功夫菊酯。纯品为白色固体，难溶于水，溶于有机溶剂，酸性稳定，碱性易分解，活性高，杀虫谱广，具有极强的胃毒和触杀作用，杀虫作用快，持效期长。剂型为

2.5％和5％乳油，对鳞翅目害虫、蚜虫、叶螨等均具有较高的防治效果。

（五）特异性昆虫生长调节剂

这类药剂不直接杀死害虫，而是引起昆虫生理上的某种特异性反应，使昆虫的发育、繁殖行动受到阻碍和抑制，从而达到控制害虫的目的。

1. 灭幼脲（chlorbenzuron）

又叫灭幼脲1号、3号，苏脲1号。原粉为白色结晶，不溶于水，易溶于吡啶等有机溶剂，遇碱和较强的酸易分解，常温下贮存较稳定。属于低毒杀虫剂。本品主要是胃毒作用，触杀作用次之，能抑制和破坏昆虫新表皮中几丁质的合成，从而使昆虫不能正常蜕皮而死。田间残留有效期为10～20天，对人、畜和天敌昆虫安全。制剂为25％灭幼脲，3号悬浮剂。用于防治黏虫、松毛虫、美国白蛾、柑橘全爪螨、菜青虫、小菜蛾等。灭幼脲施药3～4天后见效，需适当提早使用，不宜与碱性物质混合。

2. 除虫脲（diflubenzuron）

又叫敌灭灵。是最早开发的苯甲酰脲类几丁质合成抑制剂，纯品为白色结晶，原药为白色至浅黄色结晶粉末，微溶于水，溶于丙酮，易溶于乙腈等极性溶剂，在非极性溶剂中如乙醚、笨、石油醚等很少溶解。对光、热较稳定，遇碱易分解，属低毒药剂。对昆虫主要是胃毒和触杀作用，抑制几丁质的合成，使幼虫蜕皮时不能形成新的表皮，虫体畸形而死。剂型为20％除虫脲悬浮剂。用于防止黏虫、玉米螟及蔬菜、园林上的鳞翅目幼虫，也可以防治柑橘木虱。

3. 定虫隆（chlorfluazuron）

又名抑太保。纯品为白色结晶，不溶于水，溶于有机溶剂，是高效、低毒的昆虫几丁质合成抑制剂，胃毒作用为主，兼有触杀性。对鳞翅目幼虫有特效，但一般用药3～5天后才能见效，与其他杀虫剂无交互抗药性，对家蚕高毒。剂型为5％乳油。对小菜蛾、菜青虫、甜菜夜蛾、斜纹夜蛾等多种对有机磷、拟除虫菊酯农药产生抗性的鳞翅目害虫有较高的防治效果。

4. 氟虫脲（flufenoxuron）

商品名又称卡死克（flufenoxuron）。原药为无臭白色结晶，溶解性较差，对光、热和水解的稳定性较好，是一种低毒的高效杀虫杀螨剂。具有触杀和胃毒作用，通过抑制昆虫几丁质合成发挥作用。剂型为5％乳油，对未成熟阶段害虫和害螨效果好，不能直接杀死成虫，但对成虫的产卵和接触药剂成虫所产的卵的孵化有极好的抑制作用。能做到虫、螨兼治，药效好，持效期长，适于防治鳞翅目、鞘翅目、双翅目、半翅目害虫和害螨，尤其是对常用农药已产生抗药性的害虫和害螨。

5. 扑虱灵（buprofezin）

又名稻虱净。化学名称为噻嗪酮。纯品为白色结晶，在酸溶液中稳定，易溶于丙酮、笨和甲苯等有机溶剂，也溶于水。剂型为25％可湿性粉剂。扑虱灵是一种选择性昆虫生长调节剂，具有特异活性作用，对同翅目中飞虱科、叶蝉科、粉虱科的一些害虫有特效，其杀虫作用为胃毒和触杀，无熏蒸作用。主要通过抑制害虫几丁质合成，使若虫在脱皮过程中死亡。具有药效高、持效期长、残留量低和对天敌较安全的特点，但对害虫以杀死若虫为主，具一定的杀卵作用，不杀死成虫，击倒作用差。主要用于防治飞虱、叶蝉、介壳

虫、温室粉虱等。

6. 灭蝇胺（cyromazine）

纯品为无色结晶，工业品为白色固体。20℃在水中溶解度为 11g/L，稍溶于甲醇。按我国农药分级标准，灭蝇胺为低毒的昆虫生长调节剂。制剂有 50％可溶性粉剂和 75％可湿性粉剂，主要用于蝇的繁殖地喷洒，防止蝇的孳生，防治潜叶蝇的效果显著。

（六）熏蒸剂

熏蒸剂是一类能挥发成气体毒杀害虫的药剂。主要用于仓库、温室和植物检疫中熏杀害虫。其特点是杀虫作用快，能消灭隐藏的害虫和螨类，但对人、畜高毒，要特别注意安全使用。

1. 溴甲烷（methyl bromide）

纯品在常温下为无色气体，工业品经液化后为无色带淡黄色的液体，沸点 3.6℃，易溶于脂肪及有机溶剂。有强烈的熏杀作用，扩散性好，可在较低的温度下熏蒸粮食、面粉、干果、新鲜蔬菜、水果、花卉、苗木和温室等害虫及螨类。本品为高毒农药，对人、畜毒性强，气体无警戒性，严重中毒时不易恢复；杀虫作用慢，中毒的害虫往往几天后才死亡；不能用以熏蒸留种用的粮食作物种子，以免影响发芽率；含脂肪多的食品也不能熏蒸。

2. 磷化铝（aluminum phosphide）

纯品为白色晶体，工业品为灰绿色或褐色固体，无气味，干燥条件下稳定，易吸水分解出磷化氢，该气体具有电石或大蒜异臭味。制剂有 56％磷化铝片剂和 56％磷化铝粉剂。磷化铝除对仓库粉螨无效外，对其他多种害虫都有效。处理仓储害虫一般按每立方米施用片剂 6～9g 或 4～6g。由于发挥药效所需时间较长，一般不用于检疫性应急处理。密闭熏蒸时间因气温而定，在 12℃～15℃时熏 5 天，16℃～20℃时熏 4 天，20℃以上时熏 3 天即可。熏蒸结束，通风散气 5～6 天，毒气即可完全消失。磷化铝对人、畜剧毒，放置磷化铝时动作要快，放完规定药量后应立即离开。应用磷化铝毒扦可防治多种天牛幼虫。

（七）杀螨剂

杀螨剂（acaricides）是指专门用来防治害螨的一类选择性有机化合物。这类药剂化学性质稳定，可与其他杀虫剂混用，药效期长，对人、畜、植物和天敌都较安全。

1. 三氯杀螨醇（dicofol）

纯品为白色固体，工业品为褐色透明油状液体，微溶于水，能溶于多种有机溶剂，遇碱性分解成二氯二苯甲酮和氯仿。制剂为 20％乳油。杀螨活性高，具较强的触杀作用，对成、若螨和卵均有效，可用于防治果树、花卉等作物多种害螨。

2. 尼索朗（hexythiazox）

原药为浅黄色或白色结晶，微溶于水，能溶于甲醇、二甲苯、丙酮等有机溶剂。本品是一种噻唑烷酮类新型杀螨剂，加工剂型为 5％乳油和 5％可湿性粉剂。对多种害螨具有强烈的杀卵、杀幼的特性，对成螨无效，但接触药剂的雌成螨所产的卵不能孵化。持效期长，药效可保持 50 天左右。该药主要用于防治叶螨，对锈螨、瘿螨防效较差。

3. 克螨特（propargite）

原药为黑色黏性液体，易燃，易溶于有机溶剂，不能与强碱、强酸相混。剂型为 73％乳油。本品为低毒广谱性有机硫杀螨剂，具有触杀和胃毒作用，对成、若螨有效，杀卵效果差。使用时在 20℃ 以上可提高药效，20℃ 以下随温度下降而递减，可用于防治蔬菜、果树、茶、花卉等多种作物的害螨。

4. 溴螨酯（bromopropylate）

又名螨代治，原药为无色晶体，溶于有机溶剂，在中性及微酸性介质中稳定。制剂为 50% 乳油。本品是一种杀螨谱广、持效期长、毒性低，对天敌和作物比较安全的杀螨剂。触杀作用强，对成、若螨和卵均有一定的杀伤作用，可应用于防治各类作物的多种害螨。害螨对该药和三氯杀螨醇有交互抗性，使用时要注意。

5. 螨卵酯（fluacrypyrim）

又名 K-6451。纯品为白色结晶，工业品为稍带棕色的固体，难溶于水，可溶于乙醇、丙酮、二甲苯等有机溶剂，化学性质稳定，但遇强碱会分解。加工剂型有 20% 可湿性粉剂和 25% 乳剂。本品对螨卵和幼螨触杀作用强，对成螨防治效果很差。可与各种农药混用。用以防治朱砂叶螨、果树红蜘蛛、柑橘锈壁虱等。

（八）其他农药

1. 吡虫啉（imidacloprid）

又名蚜虱净，是一种硝基亚甲基化合物，新型烟碱型超高效低毒内吸性杀虫剂，并具较高的触杀和胃毒作用。田间药效表现为速效、持效期长，对天敌安全，是一种理想的选择性杀虫剂，剂型为 10%、25% 可湿性粉剂。对蚜虫、飞虱、叶蝉有极好的防治效果。

2. 氟虫腈（fipronil）

又名锐劲特（Rrgent）。原药为白色粉末，易溶于丙酮。按我国农药毒性分级标准，锐劲特属中等毒性杀虫剂。锐劲特是一种苯基吡唑类杀虫剂，杀虫谱广，对害虫以胃毒作用为主，兼有触杀和一定的内吸作用，其杀虫机制在于与阻碍昆虫 γ-氨基丁酸受体控制的氯离子通道的正常功能。对蚜虫、叶蝉、飞虱、鳞翅目幼虫、蝇类和鞘翅目等害虫有很高的杀虫活性。制剂有 5% 锐劲特悬浮剂、0.3% 锐劲特颗粒剂、5% 锐劲特拌种剂。该药可施于土壤，也可施于叶面，施于土壤能有效地防治玉米根叶甲、金针虫和地老虎。叶片喷洒，对小菜蛾、菜青虫、蓟马等均有较高防效，且持效期长。

3. 虫螨腈（chlorfenapyr）

又名除尽，原药为淡黄色固体，可溶于丙酮、乙醚等，不溶于水。除尽是一种芳基取代吡咯化合物，属低毒杀虫剂，具有独特的作用机制。它作用于昆虫体内细胞的线粒体上，通过昆虫体内的呼吸代谢酶起作用，主要抑制二磷酸腺苷（ADP）向三磷酸腺苷（ATP）的转化。除尽具有胃毒及触杀作用，有一定的内吸性。制剂有 10% 除尽悬浮剂，可以控制对氨基甲酸酯类、有机磷酸酯类和拟除虫菊酯类杀虫剂产生抗性的昆虫和某些螨类，对小菜蛾、甜菜夜蛾、斜纹夜蛾有较高的防效，并对蚜虫有一定的抑制作用。

4. 灭蜗灵（metaldehyde）

化学名称为四聚乙醛。纯品为无色菱形结晶。难溶于水。可溶于苯和氯仿。存放期间如保管不好，容易解聚。剂型有 3.3% 灭蜗灵、5% 砷酸钙混合剂、4% 灭蜗灵、5% 氟硅酸钠混合剂。灭蜗灵主要用于防治蜗牛和蛞蝓，与硅酸钙或氟硅酸钠混合使用效果更好。可配成含 2.5%～6% 有效成分的豆饼或玉米粉的毒饵，傍晚施于田间诱杀。

5. 微生物源杀虫剂

目前，机场植物常用的微生物源杀虫剂有：苏云金杆菌（Bt）制剂，如苏力保；阿维

菌素（avermectin）制剂，如 1.8% 害极灭、1.8% 虫螨素等；催杀（apinosad，DE-105），如 2.5% 菜喜等。这些微生物杀虫剂对多种鳞翅目幼虫，如小菜蛾、菜青虫、甜菜夜蛾、斜纹夜蛾、马尾松毛虫等有较好的防治效果。阿维菌素系列制剂对害螨也有良好的防治作用。

6. 植物源杀虫剂

植物源杀虫剂在园艺植物害虫防治中应用较多的为苦参碱、烟碱（nicotine）、鱼藤酮（rotenone）、茶皂素、楝素乳油等。

7. 石油乳剂（petroicum oil emulision）

它是由石油、乳化剂和水按比例制而成的。它的杀虫作用主要是触杀。石油乳剂能在虫体或卵壳上形成油膜，使昆虫及卵室死亡。该药剂是最早使用的杀卵剂。供杀卵用的含油量一般为 0.2%～2%。一般来说，分子量越大的油，杀虫效力越高，对植物药害也越大。不饱和化合物成分越多，对植物越易产生药害。防治园艺植物害虫的油类多属于煤油、柴油和润滑油。该药剂可用来防治果树林木的介壳虫。使用时注意不要污染环境，不要对植物产生药害。

8. 石硫合剂（lime sulfulphur）

使用石硫合剂防治病虫害的历史悠久，直至现在石硫合剂还是一种较好的药剂，可用于防治介壳虫、螨类等。可与其他有机杀虫剂交替使用防治螨类，以减少因长期使用同一种有机杀虫剂而产生抗性的可能，石硫合剂的配制：生石灰 1 份（熟石灰用量增加 30%），硫黄粉 1.3～1.4 份，水 13 份。煮制方法：把称出的块状洁白的生石灰放在瓦锅或生铁锅中，泼入少量水使石灰消解成粉末后，再加入少量水搅拌成糊状，把硫黄粉徐徐投入石灰浆中，边投入边搅拌，使混合均匀。最后加足水量，记下水位线，加火熬煮，沸腾后开始计算时间，整个反应时间为 50～60min（反应过程注意保持沸腾，并应在反应完成前 15min 加热水补充其失水量）。滤液呈红棕红。原液具臭蛋气味，碱性，遇酸性易分解。主要成分为多硫化钙（$CaS \cdot S_x$）和一部分硫代硫酸钙，并含少量硫酸钙和亚硫酸钙。以微细硫黄和放出少量硫化氢杀虫杀菌。因呈强碱性，有侵蚀昆虫表皮蜡质层的作用，对介壳虫和螨类有较好的防治效果。

（九）农药混用与复配

在生产上常常把两种或两种以上的农药混合起来施用，有的直接制成复配剂型。一般认为农药复配可以扩大防治对象，减少用药次数，提高防治效果，延缓害虫抗药性的产生，节省成本，较少环境污染。农药复配要注意以下几个方面：

（1）两种药剂复配后不能影响原药剂理化性，不降低表面活性剂的活性，不降低药效。

（2）酸性或中性农药（如有机磷、氨基甲酸酯类、拟除虫菊酯类等含酯结构的农药）不要与碱性农药混合。

（3）对酸性敏感的农药（如敌百虫、久效磷、有机硫杀菌剂）不能与酸性农药混用。

（4）农药之间不会产生复分解反应，例如波尔多液与石硫合剂虽然都是碱性药剂，但混合后会发生离子交换反应，使药剂失效甚至会产生药害。

据研究，农药混用复配后对生物产生联合效应，从生测结果所能反应出的现象看，联合效应不外于三种，即相加作用（additive effect）、增效作用（synergism）及拮抗作用（antagonism）。可以通过共毒系数决定能否复配，一般认为共毒系数大于 200 的为增效作用，150～200 的为微增效作用，70～150 的为相加作用，小于 70 的为拮抗作用。显然，有拮抗反应的两种农药是不能复配的。

第八节　机场害虫综合治理

一、综合治理的概念与内涵

害虫综合治理（Integrated Pest Managent，IPM）是防治害虫的一种基本策略。这一策略的提出始于 20 世纪 60 年代。当时主要针对害虫防治中片面依赖化学杀虫剂而出现的 3R 问题，即抗性（Resistance）、残毒（Residue）和再猖獗（Resurgence）而提出的。同时，由于各类害虫防治措施都有其不足之处，很难用某一类措施即能很好地实现害虫防治的目的，因此害虫综合治理也是目前害虫防治发展的必然结果。

有关 IPM 的定义有多种解释，我国也有多种定义。1966 年联合国粮农组织（FAO）及国际生物防治组织（IOBC）联合召开了一次会议，首次提出"综合治理"一词。1967 年 FAO 在一次会议上对害虫综合治理定义为：害虫的综合治理是害虫的治理系统，这个系统考虑到害虫的种群动态及其有关环境，利用所有适当的方法与技术尽可能互相配合的方式，把害虫种群控制在低于经济损害的水平。1975 年春，我国召开了全国植保工作会议，会议确定了"预防为主，综合防治"的植保方针。考虑到综合防治概念也适用于农业以外的森林、牧场和卫生害虫的特点。因此，对"综合防治"一词作了如下解释：从生物与环境的总体观点出发，本着预防为主的指导思想和安全、有效、经济、简易的原则，因地因时制宜，合理运用农业的、化学的、生物的、物理的方法，以及其他有效的生态学手段，把害虫控制在经济允许受害水平之下，以达到保护人、畜健康和增加生产的目的。尽管大家对 IPM 有不同的定义和理解，但对"害虫综合治理"的基本思想观点是一致的。可概括为以下四个方面：

1. 生态学观点

机场害虫防治以生态学原理为基础，把害虫作为生态系统中一个分量研究和控制。这和"以生态学为基础的害虫治理（Ecologically Based Pest Management，EBPM）"内涵是一致的。在害虫防治中既要考虑农林产品的优质、增产，又要建立最优农业生态系统，保证农业的可持续发展。

2. 多战术观点

对害虫防治要提倡多战术的战略，强调各种战术的有机协调，尤其强调最大限度地利用自然控制因素，尽量少用化学农药；有条件地区甚至免用化学农药，逐步实现绿色机场的目标。

3. 协调共存的观点

即容忍哲学，共存哲学。它并不要求彻底根绝害虫或盲目地追求完全铲除害虫，而是容许人类、植物与害虫协调共存，切断鸟类在机场的食物链，把鸟类控制在可容忍的阈值

内，把害虫种群控制在不超过经济阈值的水平。

4. 经济学观点

防治措施的决策应全盘考虑到经济效益、社会效益和生态效益。

二、害虫综合治理决策

我国机场害虫的综合防治可分为三类：单一害虫为对象的综合防治，如机场蝗虫综合防治、美洲斑潜蝇综合防治；以植物为对象的综合防治（包括整个机场植物生长阶段的害虫），如十字花科蔬菜害虫综合防治、梨树害虫综合防治等；以农田生态系统为对象（包括作物的前后茬及间套种）的区域性综合防治。不管哪种类型害虫的综合治理，其目标都是获得最佳的经济效益、环境效益和社会效益。但怎样才是最佳的经济效益、环境效益和社会效益？综合防治首先引进经济损害水平和经济阈值来确保防治的经济效益。

经济危害允许水平（economic injury level，EIL）又称经济损害水平，是植物能够容忍有害生物危害的界限所应对的有害生物种群密度，在此种群密度下，防治收益等于防治成本。经济危害允许水平是一个动态指标，它随着受害作物的品种、补偿能力、产量、价格、所使用防治方法的防治成本的变化而变动。一般可以先根据防治费用和可能的防治收益先确定允许经济损失率，而后再根据不同有害生物在不同密度情况下可能造成的损失率，最后确定经济危害允许水平。在制定规划和具体实施时，一般要考虑以下几个方面。

（一）确定靶目标害虫的经济阈值

经济阈值（economic threshold，ET）又称为防治指标（control action threshold），是有害生物种群增加到造成农作物经济损失而必须防治时的种群密度临界值。经济阈值是由经济危害允许水平衍生出来的，两者的关系取决于具体的防治情况。如采用的防治措施可以立即制止危害，则经济阈值和经济危害允许水平相同。如采用的防治措施不能立即制止有害生物的危害，或防治准备需要一定的时间，而种群密度处于上升时，则经济阈值要小于经济危害允许水平。当考虑到天敌等环境因子的控制作用、种群处于下降时，经济阈值常大于经济危害允许水平。此外，有一些危害取决于关键侵染期的有害生物，如水稻三化螟和小麦赤霉病等，一旦侵染必然会对作物的产量或品质造成严重影响。对于这类有害生物，需要根据其侵染期制定在特定时段和种群密度下进行防治的所谓时间经济阈值（time economic threshold），也就是防治适期及其防治指标。有时候几种害虫同时发生还要考虑到几种害虫的复合防治指标。显然，经济危害允许水平可以指导确定经济阈值，而经济阈值需要根据经济危害允许水平和具体防治情况而定。

利用经济危害水平和经济阈值指导有害生物防治是综合防治的基本原则，它不要求彻底消灭害虫生物，而是将其控制在经济危害允许水平以下。因此，它不仅可以保证防治的经济效益，同时可以取得良好的生态效益和社会效益。首先据此进行有害生物防治，不会造成防治上的浪费，也不会使有害生物危害造成大量的损失。其次，保留一定种群密度的有害生物，有利于保护天敌，维护农田生态系统的自然控制能力。最后，在此基本原则指导下的防治有利于充分发挥非化学防治措施的作用，减少用药量和用药次数，减少残留污染，延缓有害生物抗药性的发生和发展。

（二）控制关键害虫的种群平衡位置并做好虫情监测

综合治理要求尽量采用预防措施，控制环境条件，以便降低关键性害虫的平衡位置，使其长久地保持在经济阈值水平之下。为此，有三种方法可供决策：①考虑引进或新建自然天敌种群（包括寄生者、捕食者、病原物等）。②采用抗虫品种。③改变生态环境条件，提高各种生物防治因素的效能，破坏害虫繁殖、取食和隐蔽场所。这三种措施可单独或联合运用。值得注意的是有些防治措施可能提高害虫的平衡密度。如应用杀虫剂杀伤天敌，其平衡密度会提高。同时综合治理还必须做好虫情监测，即做好害虫的预报工作，掌握害虫发生的种群动态。

（三）选择适宜的应急防治措施

在危急情况下，采取对生态系统破坏性最小的防治措施。一般情况下，利用自然天敌、抗性品种、控制生态条件的相互配合，可以有效控制种群。一旦害虫爆发，必须采用有效的控制措施。通常情况下，需要利用化学防治、施用生物农药或一些有效的物理防治。杀虫剂的应用应注意以下几点：①选用选择性农药，改进施药技术。②调整用药时间，选择对天敌影响小、杀虫效果最大的时期用药。③选用无交互抗性的药剂轮换用药或选用高效低毒的复配剂农药。应用化学农药一定要解决好化学农药与有益生物的矛盾，把对生态系统的破坏减小到最低限度。

（四）编制害虫综合管理系统

模型的组织是害虫综合管理中一个重要的组成部分。它可以把影响害虫种群的各种因子、各种防治措施的效应、害虫的动态经济阈值等，用数量来表达。反映这个系统的输入与输出之间的相互关系、提供所控制的生态系统的信息状况，以此作为选择综合治理对策的依据。模型的类型比较多，常见的有昆虫种群模型、管理模型、对策模型等。通过各种模型的建立，把与害虫有关的各种生态系统的子系统有机地综合起来，对害虫进行综合系统管理，从而提高综合防治水平。

此外，应当指出的是，随着害虫防治技术的发展，以及某些情况下对害虫防治的高要求，人类还发展了害虫全种群治理。全种群治理（Total Population Management，TPM）策略，即利用各种有效手段，将害虫彻底消灭。这一防治对策用于局部发生的严重害虫、检疫性害虫和卫生害虫，可以起到一劳永逸的作用，用一次性投入解决长期防治害虫危害的问题。但由于防治措施的有效性和害虫生物学的复杂性，目前适于实施有效的全种群治理的对象还较少。成功的事例除各种意外侵入的检疫性有害生物和卫生害虫（如无蝇城市）的消灭外，还有一些岛屿上地中海实蝇和柑橘小实蝇的消灭，以及美国和墨西哥羊皮螺旋蝇的消灭。随着植物保护技术的发展，这一防治对策有可能发挥更大的作用。

思考题

1. 害虫防治有哪些基本途径？
2. 农业防治在害虫综合防治中的地位和作用如何？
3. 抗性品种选育的技术及其应用的前景如何？
4. 为什么要进行害虫的综合防治？
5. 你怎样看待全种群治理？

第五章 机场吮吸式害虫

吮吸式害虫，通常泛指以取食植物汁液而造成危害的害虫，包括蝉类、木虱类、粉虱类、蚜虫类、介壳虫类、螨类、蓟马类等，是机场绿化植物上非常重要的害虫类群。这些害虫中除了蓟马类的口器是锉吸式外，其他均为刺吸式。吮吸式害虫数量众多，分布很广，对机场内的绿化植物和部分野生植物危害严重。有些种类除直接危害外，还可以传播病毒病，严重时造成毁灭性灾害，同时招引多种雀形鸟类觅食，影响飞行安全。

第一节 蝉类害虫

蝉类害虫（Hoppers）隶属于同翅目（Homoptera），常见的害虫有蝉科的黑蚱蝉 *Cryptotympana Atrata*（Fabricius）、蜡蝉科的斑衣蜡蝉 *Lycorma Delicatula*（White）、蛾蜡蝉科的白蛾蜡蝉 *Lawana Imitata*（Melichar）、叶蝉科的大青叶蝉 *Tettigella Viridis*（Linne）、桃一点叶蝉 *Erthroneura sudra*（Distant）、棉叶蝉 *Empoasca biguttula*（Shiraki）、小绿叶蝉 *Empoasca Flavescens*（Fabricius）、桑斑叶蝉 *Erythroneura mori*（Matsumura）、八点广翅叶蝉 *Ricania speculum*（Walker）、葡萄二斑叶蝉 *Erythroneura apicalis*（Nawa.）等种类。

蝉类害虫除以刺吸式口器刺吸汁液对植物造成危害外，某些种类的独特产卵方式对植物的危害有时比其取食危害更严重。它们发生量较大，易招引大山雀等多种鸟类前来觅食。这里重点介绍三种招引鸟类明显的种类：黑蚱蝉、大青叶蝉、桃一点叶蝉。

一、分布与危害

黑蚱蝉、大青叶蝉、桃一点叶蝉属世界性分布害虫，寄主范围十分广泛，包括多种林木、果树、园艺植物及野生植物。

（一）黑蚱蝉

黑蚱蝉若虫生活于土中，刺吸寄主根部汁液，成虫刺吸植株枝条汁液，影响树木长势。尤以成虫喜好在1年生枝条中产卵，其产卵瓣刺破枝条皮层与木质部，造成其产卵部位以上枝梢失水枯死，严重影响木苗生长。

（二）大青叶蝉

大青叶蝉成虫、若虫均刺吸寄主植物的枝梢、茎、叶汁液。成虫产卵造成的危害更为严重。成虫于秋末将越冬卵产于幼树枝干皮层内，产卵时锯破表皮，直达形成层。被害枝条遍布伤痕，遇到冬春寒冷及干旱大风，则导致枝干枯死或全株死亡，对果树苗木及幼树造成严重危害。

（三）桃一点叶蝉

桃一点叶蝉成虫、若虫在叶片上刺吸汁液，被害叶片呈现失绿白斑；严重时，整片叶完全失绿，呈苍白色；受害严重的果树，全树叶片一片苍白，落叶提前，造成树势衰弱；过早落叶，有时还会造成秋季开花，严重影响来年的开花结果，同时招来大量的山雀等小型鸟类觅食。

二、识别特征（图 5－1，表 5－1）

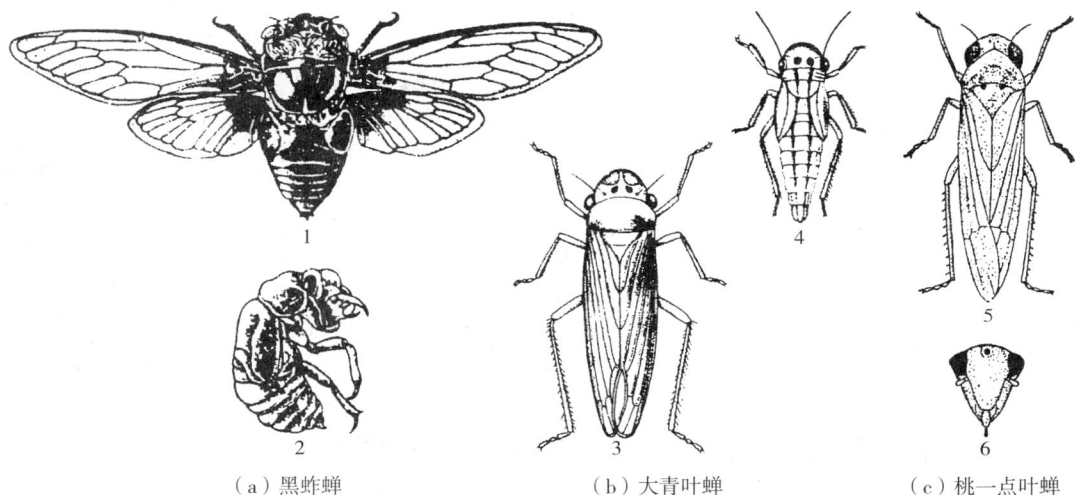

图 5－1　3 种重要蝉类害虫的形态特征
1. 成虫　2. 若虫　3. 成虫　4. 若虫　5. 成虫　6. 成虫头部正面观

表 5－1　3 种重要蝉类害虫的识别特征

	黑蚱蝉	大青叶蝉	桃一点叶蝉
成虫	体长 40～48mm，翅展 122～130mm，体黑色有光泽。复眼较大向两侧突出。头比中胸背板基部稍宽，头的前缘及额顶各有一块黄褐色斑。中胸背板长于前腹背板。有明显呈红褐色的"X"形隆起。翅透明，翅脉隆起，黄褐色	体长 8～9mm，黄绿色。复眼三角形，绿色或黑褐色。触角窝上方、两单眼之间具黑斑一对。前胸背板浅黄绿色，后半部深绿色。前翅绿色带青蓝光泽，前缘淡白色，端部透明。翅脉青绿色，具狭窄淡黑色边缘。后翅烟黑色半透明。腹部两侧，腹面及胸足均为橙黄色	体长 3.0～3.3mm，全体淡黄、黄绿或暗绿色。头顶钝圆，其顶端有一黑点（种名由此而起），黑点外围有一白色晕圈。复眼黑色。前翅淡白色半透明，翅脉黄绿色。后翅无色透明，翅脉淡黑色。雄虫腹部背面具黑色宽带，雌虫腹部仅为一黑斑
若虫	老熟若虫体长 33～38mm，黄褐色，有光泽。前足明显特化为开掘足	初孵时灰白色，微带黄绿色泽，头大腹小。3 龄后体黄绿色，胸、腹背面及两侧具褐色纵列条纹 4 条，直达腹部末端。老熟若虫翅芽明显，形似成虫	共 5 个龄期。末龄若虫体长 2.4～2.7mm，全体淡墨绿色，复眼紫黑色，翅芽绿色

（续表）

	黑蚱蝉	大青叶蝉	桃一点叶蝉
卵	梭形，初产时乳白色，渐变淡黄色，成排产于1年生枝条木质部。每卵孔有卵6～8粒	长卵形稍弯曲，长1.6mm，宽0.4mm，乳白色，表面光滑，近孵时黄白色，可见红黑色眼点	长椭圆形，一端略尖。长约0.75～0.82mm，乳白色，半透明

三、发生规律

（一）黑蚱蝉

数年发生一个世代，以若虫在土壤中生活越冬，或以卵在寄主枝条内越冬。若虫有5个龄期，在地下寄主根部刺吸汁液为害，经多年发育至老熟若虫。当旬平均气温达到22℃以上，老龄若虫于雨日后的傍晚钻出地面，爬至树干或附近植物茎秆上脱皮羽化。羽化后静止2～3h，即爬行或飞翔，刺吸取食树干汁液补充营养，交尾繁殖，雄成虫好鸣。产卵期自7月中、下旬开始，8月份为产卵盛期。成虫主要产卵于直径4～5mm的当年生枝条上，用产卵器刺破枝条直达髓部，造成爪状裂口，被产过卵的枝条留下点点刺伤痕迹，且常有木质碎条露出表面，几天后产卵痕以上枝条失水枯死。以卵越冬，次年6月间越冬卵孵化为若虫，并落地入土，营地下生活。各龄若虫在土中越冬时，均筑一椭圆形土室。土室内壁光滑坚硬，外壁紧靠植物根系，一虫一室。

成虫期天敌有十多种常见鸟类及捕食性节肢动物。若虫期有虫草真菌寄生形成药材"蝉花"。卵期有一种寄生蜂，寄生率达4.6%～13.0%，并有其他捕食性天敌及致病微生物，凡是机场黑蚱蝉高发年份，各种以该虫为食的鸟类也会相应上升。

（二）大青叶蝉

大青叶蝉在我国长江流域及河北省以南地区是1年3代；在甘肃、新疆、内蒙古等地是1年2代。以卵越冬。在3代发生区，越冬卵在4月份孵化，若虫孵化3天后由产卵寄主迁移至禾本科作物上繁殖为害。5～6月份出现第3代成虫。第2、3代成虫、若虫主要危害机场内禾本科野生杂草及机场周边地区的农作物，如麦类、豆类、玉米、高粱以及秋季蔬菜类作物。至10月中旬，成虫开始迁至果树上产卵，10月下旬为产卵盛期，并以卵在树干、枝条皮下越冬。

成虫、若虫均喜好栖息于潮湿背风地段。成虫有较强的趋光习性，喜欢扑灯。若虫常群集于嫩绿的寄主植物上为害。产卵时，雌成虫先用锯齿状产卵器在寄主表皮锯出一月牙形产卵痕，再将卵粒成排产于植物表皮下。每块卵2～15粒，每头雌虫产卵30～70粒。夏季卵多产于机场及周边地区野生杂草上，如芦苇、野燕麦、早熟禾、牛筋草、拂子茅、小麦、玉米、高粱等禾本科植物的茎秆和叶梢上；越冬卵产于林、果树木幼嫩光滑的枝条和主干上，以直径15～50mm的枝条着卵密度最高。在1～2年苗木及幼树上，卵块多集中产在0～1m高的主干上，越靠近地面，卵块密度越高。在3～4年幼树上，卵块多集中于1.2～3.0m高处的主干和侧枝上，以低层侧枝上着卵密度最大。幼树枝干上产卵痕密布，常在越冬期间死亡。第1、2代卵历期分别平均为12天和11.2天。若虫5个龄期，第1代若虫期平均为43.9天，第2、3代分别为24天左右。

（三）桃一点叶蝉

桃一点叶蝉在南京地区是 1 年 4 代，在福建、江西等地区是 1 年 6 代，均以成虫在机场周边桃园附近的常绿林、落叶、杂草、树皮缝隙中越冬。次年 3～4 月份，寄主植物萌动时即迁入产卵、取食为害。全年中以 7～9 月份在桃树上的虫口密度最高。危害严重时，桃树在 8 月份即落光树叶，气候适宜时在 9～10 月份，开出当年的"二次花"，而严重影响翌年正常开花结果，造成全园失收。

成虫活动喜好温暖晴朗的天气，厌雨湿、低温。秋季干旱季节，有群集危害习性，常几十头群集于卷叶内为害。成虫无趋光习性。卵主要产在叶背主脉内，以近基部主脉处为多，少数产于叶柄内。一雌虫一生可产卵 46～165 粒。若虫喜好群集于叶片背面为害，受惊扰则快速横行爬动。

自然天敌有大量树栖捕食性鸟类、蜘蛛和昆虫等。

四、防治方法

（一）黑蚱蝉

1. 保护天敌

保护助长自然天敌，增强天敌的自然控制作用。可以将冬季修剪的带卵枯梢，集中堆放于水泥地面上，使得寄生蜂可以羽化飞出，而若虫孵化后无法入土。

2. 束草防治

树根盘覆麦草、麦糠，阻碍初孵若虫入土，妨碍老熟若虫出土，可减低虫口密度。

3. 诱杀成虫

在成虫高峰期点火堆诱杀，并摇树，使成虫飞向火光，再行人工捕抓灭虫，亦可开发为传统风味食品。李时珍在记录黑蚱蝉时曾说："古人食之，夜以火取，谓之耀蝉。""耀蝉"，即夜间点火把诱蝉。

（二）大青叶蝉

1. 灯光诱杀

利用成虫趋光性强的特性，在成虫发生期，利用黑光灯、白炽灯或双色灯进行诱杀，并可兼作发生期与发生量预测、监测依据。

2. 保护越冬卵寄生蜂

大青叶蝉越冬卵上有 2 种寄生蜂，自然寄生率可达 15％以上，应加以保护和利用。

3. 农业防治

果园苗圃应避免种植秋季蔬菜或冬小麦，以免诱集成虫上树产卵。但也可以反其道而行之，在果园内外适当位置种植小块秋季蔬菜作为诱杀田，及时喷药防治第三代成虫，阻止其上树产卵。

4. 化学防治

秋季第 3 代成虫、若虫喜好集中到冬小麦、秋季蔬菜作物上为害。此时可用低毒、低残留农药，如马拉松乳油、乐果乳油、菊酯类乳油，以常规浓度喷雾防治，均有良好效果。

（三）桃一点叶蝉

防治上必须掌握三个关键的用药时期：一是 3 月间越冬成虫迁入期；二是在 5 月中、

下旬的第 1 代若虫孵化盛期；三是 7 月中、下旬果实采收以后的第 2 代若虫盛发期。在药剂选择上，建议选用对同翅目昆虫具有特效而对天敌安全的高选择性药剂扑虱灵进行防治，以保护自然天敌，发挥天敌的生态控制功能。

五、其他常见蝉类害虫（表 5-2）

表 5-2　其他常见有害蝉类的发生概况与防治要点

种类	形态特征	发生规律	防治要点
棉叶蝉	成虫体长 3mm 左右，淡黄绿色。前胸背板前缘有 3 个白色圆斑，前翅淡黄色，后缘 1/3 处有黑褐色斑点 1 个	分布于华北、东北、西北、西南、华中、华东各地。主要危害锦葵科、菊科、葡萄等植物，8～14 代/年。主要在秋季危害严重	① 保护天敌 ② 用噻嗪酮在主害代喷治
小绿叶蝉	成虫体长 3～4mm，淡绿色。头顶中央有一白纹，其两侧各有一黑点。中胸小盾片上有 3 个纵白纹，前翅细长，绿色半透明，无斑纹	分布于华东、中南、华南、东北、西北等地。主要危害蔷薇科、锦葵科植物；1 年发生 9～17 代。以成虫越冬，全年有 2 次发生高峰，分别为 5 月下旬～6 月中旬和 10 月中旬～11 月中旬。趋光性强，喜温凉干爽，怕高温高湿。能传播病毒病	同棉叶蝉
葡萄二斑叶蝉	成虫体长 2.9～3.7mm，体色有红褐及黄白两型。头顶有 2 个明显的圆形黑斑，小盾片基缘侧处各有 1 处大黑斑，翅透明，淡黄色，有不规则褐色斑纹	分布古北区、东洋区。主要危害葡萄、樱桃、苹果、山楂、梨、蜀葵、桃、桑树等，在我国北方每年 2、3 代，以成虫越冬。危害发生于 6～10 月份，大叶型品种及通风不良果园受害严重	① 冬季清园，夏季修剪，增强通风透光 ② 第 1 代若虫高峰期药剂防治
柿斑叶蝉	成虫体长 3mm，淡黄白色。头部圆锥形突出，有黄绿色纵条斑 2 个。前胸背板有橘黄色斑 2 个，后缘有"山"形纹，小盾片有"V"字形纹 1 个。前翅黄白色，基、中、端各有 1 个橘红色斜斑纹	分布晋、冀、鲁、豫、苏、川等省。成、若虫取食柿、枣、桃、李、葡萄、桑树叶片汁液。在山东 2 代/年，产卵于枝条内越冬。成虫盛发期为 5 月份和 7 月份	6 月中旬若虫盛发期进行药剂防治
斑衣蜡蝉	成虫体长 15～20mm，翅展 40～56mm。前翅革质，基半部淡褐色，有黑斑 20 余个，端部黑色，脉纹淡白色。后翅基部 1/3 红色，有黑斑 7 或 8 个，中部白色，端部黑色。卵圆柱形，3mm×2mm。卵块 40～50 粒/块，平行排列，上覆土灰色覆盖物。若虫体黑，有白斑，足长头尖，停立如鸡	属古北区分布种类，最嗜寄主为臭椿、苦楝，对葡萄危害较重。1 年 1 代，以卵越冬	① 灭碎或取走卵块 ② 药剂防治 ③ 建葡萄园时，远离臭椿、苦楝树木

（续表）

种类	形态特征	发生规律	防治要点
白蛾蜡蝉	成虫体长：头部到翅端 19～25mm，白色或淡绿色，体被白色蜡粉。前翅近三角形，顶角近直角，臀角向后呈锐角，外缘平直。卵长椭圆形，淡黄白色，上有网纹。若虫体长 7～8mm，扁平，体白色，密布棉絮状蜡絮	属东洋区分布种类。危害龙眼、荔枝、芒果、扁桃、人面果、黄皮、沙田柚、桑、菠萝蜜、木槵榄、香子楠、苏木、格木、石榴等40科90多种植物。1年发生2代，成、若虫均取食寄主嫩枝汁液，夏秋多雨季节发生危害较重，此时天敌也多	① 保护利用胡蜂等自然天敌 ② 药剂防治
八点广翅蜡蝉	成虫体长 11.5～13.5mm，翅展 23.5～26.0mm，体黑褐色，被白色蜡粉。前翅宽大略呈三角形，翅上有 6 或 7 个白色透明斑。若虫体长 5～6mm，尾端有长蜡丝	分布于东洋区。寄主有枣、苹果、柑橘、柿、栗、油茶等多种植物。1年1代，以卵在枝条内越冬，取食影响树势，产卵造成枝条枯死，9～10月份为产卵盛期	① 剪除带卵枯枝 ② 危害期用茶油乳剂加常规药剂防治

第二节　木虱类害虫

木虱（psyllids）属于同翅目，木虱科。其种类很多，不同地区种类不尽相同，且在不同的园艺作物上危害的种类及危害程度亦有差异。主要种类有中国梨木虱 *Psylla chinensis*（Yang et Li）、柑橘木虱 *Diaphorina citri*（Kuwayama）、梧桐木虱 *Thysanogyna limbata*（Enderlein）等，其中，中国梨木虱和柑橘木虱危害最严重，以下重点介绍。

一、分布与危害

中国梨木虱分布于我国北方的辽宁、内蒙古、甘肃、陕西、宁夏、山西、河北、河南、山东和浙江等省区。主要危害机场及周边地区的梨树，尤以鸭梨、蜜梨、黄花梨和慈梨受害严重。柑橘木虱在国内分布于云南、四川、贵州、广西、广东、福建、浙江、海南和台湾等省区。在这些省、市、区的机场及周边地区，该虫的发生也比较严重，从而招引觅食的多种小型鸟类。国外分布于印度、菲律宾等国家。寄主有枸橼、柠檬、雪柑、甜橙、椪柑、蕉柑、红橘、酸橘、南丰蜜橘、温州蜜橘、十月橘、罗浮、代代、柚、枸枳、吴茱萸、九里香和黄皮等芸香科植物。两种木虱均以成虫和若虫吸食植株的芽、叶及嫩梢汁液，使新梢萎缩，叶片早落；成虫还可在成熟的叶片上吸食为害。柑橘木虱还是传播柑橘黄龙病的媒介，这种为害比其直接取食为害所造成的损失更大。

二、识别特征（图 5-2，表 5-3）

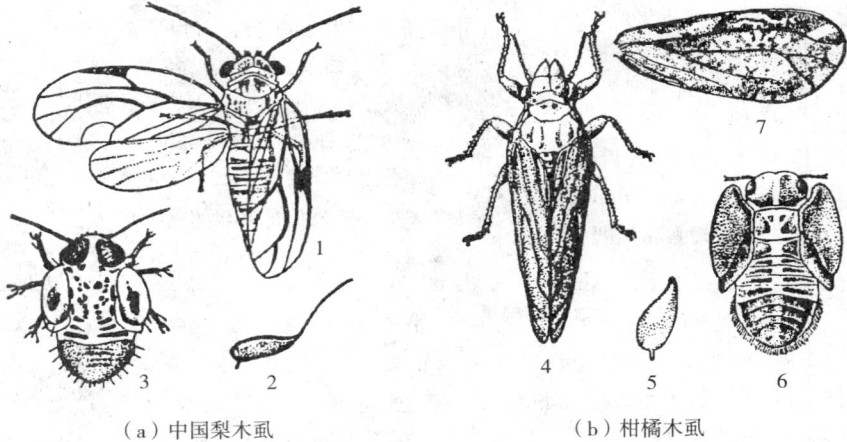

（a）中国梨木虱　　　　　　　　　（b）柑橘木虱

图 5-2　中国梨木虱和柑橘木虱的形态特征

1. 成虫　2. 卵　3. 若虫　4. 成虫　5. 卵　6. 若虫　7. 前翅

表 5-3　2 种木虱的主要识别特征

虫态	中国梨木虱	柑橘木虱
成虫	有冬型和夏型。冬型体长 2.8～3.2mm，体褐色。中胸背板有 4 条橙红色纵纹。翅透明，翅脉褐色，前翅臀区有明显的褐斑。夏型体长 2.3～2.9mm，体色多变。绿色者仅中胸背板与腹部末端黄色，小盾片具黄褐色带，余为绿色；黄色者除胸部背面黄褐色外，余为黄色；其他的腹部多为绿色，足黄色；头或头胸部黄色	体长 2.8～3.2mm，青灰色具褐色斑纹，被有白粉。头部前方的两个颊锥突出明显，复眼暗红色，单眼橘红色。触角 10 节，端部有两条不等长的硬毛。前翅半透明，散布褐色小点，前、后缘后半部及外缘颜色较深，形成一条在顶角处断开的褐带；近外缘处有 5 个半月形透明斑。后翅透明。腹部背面灰黑色，腹面灰绿色；怀卵时腹面呈橙黄或橙红色
卵	冬卵黄色，夏卵白色。一端钝圆，具短柄；一端尖细，具细丝	橙黄色。芒果形，大的一边具短柄，通常插在嫩芽的缝隙中
若虫	初龄若虫白色或浅黄色，后变绿色。体椭圆形。翅芽向前和向外突出。复眼红色	椭圆形，背面略隆起。1、2 龄黄色，3 龄起各龄后期体色有黄褐相间。5 龄后期，头黑色，中后胸背面两侧具黄褐色斑纹，腹部前 4 节两侧具黄褐色横纹，但头部至腹部第 4 节的背中线为黄色或绿色带。第 5 节以后黑褐色，腹部周缘有 52～56 条分泌蜡质物的微管

三、发生规律

(一)中国梨木虱

中国梨木虱在我国1年3～6代。以冬型成虫在寄主树皮缝隙内、落叶、杂草及土缝中越冬。翌年寄主花芽膨大时,越冬成虫开始出蛰为害,交尾和产卵。4或5代区,第1代成虫发生于5月上旬至6月上旬;第2代发生于6月上旬至7月中旬;第3代发生于7月上旬至8月下旬;第4代发生于8月上旬至9月份;第5代发生于9月下旬,世代重叠严重。9月下旬至10月份成虫转入越冬,翌年早春温度在0℃以上开始活动。浙江年发生6代,越冬成虫于2月中、下旬开始出蛰,第1代卵始见于2月下旬至3月上旬。以5月份和7～8月份两个时期危害较重。生殖力强,每雌可产卵300余粒,单产或2、3粒在一起。产卵前期4～6天,产卵期7～10天,越冬代产卵期15～20天。第1代卵产于短果枝叶痕及芽缝处,以后各代产在幼嫩部位的茸毛间、叶面主脉侧沟内的叶缘锯齿间。第1代若虫孵化后钻入刚绽开的花或已裂开的芽内,或在嫩叶及新梢上为害,以后各代多在叶面为害。成虫活泼善跳。

中国梨木虱的发生与湿度及天敌关系极大。在干旱季节发生重,降雨多的季节发生轻。在河北中南部梨区雨季危害比较严重。该虫天敌颇多,已知的有花蝽、草蛉、寄生蜂及捕食性螨类、瓢虫、蓟马等,卵期被捕食率达18%左右,尤以花蝽和寄生蜂的抑制作用较大。

(二)柑橘木虱

柑橘木虱在浙南1年6或7代,广东、四川、海南、台湾、福建1年8～14代,世代重叠。在浙江、福建柑橘区以成虫在叶背越冬,在华南地区则因不同果园而异,有冬梢的果园能在冬梢上继续繁殖;在无冬梢果园仅以成虫在叶背过冬。成虫寿命长,在浙南越冬雌虫最长达234天,平均198.3天;雌虫寿命最长达246天,平均201.6天。其他世代平均寿命31.2～61.7天,最长达199天。

柑橘木虱的性比为1.06:1,只能进行两性生殖,可多次交尾。成虫只在寄主的嫩芽缝隙处产卵,有时一嫩芽卵数多达200粒。叶缘已分离的嫩叶不着卵。产卵期可连续28～33天,也可能间歇几十天至几个月后才产卵。如没有嫩芽,即使怀卵也不会产卵,直到有嫩芽才产卵。其繁殖能力很强,一头雌虫最多可产卵1431粒,平均每雌产卵500多粒。卵孵化率极高,观察3546粒卵,孵化率达95.8%。孵化后若虫只在芽和嫩梢上吸食为害,但是,成虫可在各绿色部位取食,取食时虫体与附着部位成45°角。

柑橘木虱属喜温性昆虫,其发育起点温度,卵为8.5℃,若虫为15.6℃,雌虫为10.89℃,雄虫为10.87℃。一个世代的有效积温为482.7日度。在日平均温度为22℃～28℃时,完成一个世代需22～24天;在19.6℃时为53天。卵和若虫在30℃以下随温度的升高发育速率加快,发育历期缩短;超过30℃发育速度减慢。该虫耐低温能力较差,浙南越冬成虫在12月下旬至翌年2月上旬平均气温为8.8℃时,越冬存活率为53.33%;在同时期平均温度为5.7℃时,越冬存活率为24.14%。如气温骤降至-7.7℃,经5天其存活率仅为2.6%。个别低温年份甚至100%死亡。机场及周边地区的绿化树木和果树通风透光有利其发生,在向阳及一些落叶和长芽的弱势植株上数量较多,弱势树的着卵量为健壮树的8.16倍。光照时间越长,光强度越强,产卵雌虫率越高,产卵前期越短,产卵

量越大，死亡率越低。

田间种群密度与柑橘梢期密切相关。种群数量最多时是秋梢期，其次为夏梢期，再次为春梢期。福建柑橘梢期为2~4月份、5~7月份和8~9月份；柑橘木虱的峰期为3月中旬至4月份，5月下旬至6月下旬和8~9月份。在浙南地区春夏秋梢期分别为3~4月份、5~7月份、8~9月份，柑橘木虱产卵高峰期为4月上旬、5月下旬至7月下旬和8月中旬至9月中旬。

柑橘木虱与海拔高度、雨水及天敌相关。在浙南海拔500m以上地区的柑橘上未找到柑橘木虱，而500m以下的柑橘园均有分布。降雨会影响其种群数量，在3天内降雨198.8mm，雨后木虱种群数量的自然下降率为41.12%。柑橘木虱的天敌有寄生蜂、瓢虫、草蛉和圆果大赤螨等，对柑橘木虱的发生有一定的影响，特别是寄生蜂的作用，若虫被寄生率常达30%~50%。

四、防治方法

1. 农业防治

越冬期清理园内枯枝落叶和杂草，集中烧毁；早春刷刮翘起的老皮树，可减少中国梨木虱的虫源；摘除零星的柑橘新梢，统一放梢；砍除弱势病树和种植防护林等可减少柑橘木虱危害。

2. 保护和利用天敌

据报道中国梨木虱第1、2代有63.3%的死亡个体是天敌寄生所致。柑橘木虱若虫在夏秋期间被寄生率达30%~50%。木虱的捕食性天敌有瓢虫、草蛉等。

3. 药剂防治

对于中国梨木虱防治的关键是加强早期防治，在越冬成虫出蛰盛期，即第1代卵出现初期，大部分越冬成虫尚未产卵，成虫暴露在枝条上，这是喷药防治的有利时机。在喷第一次药后，隔10天左右再喷一次，可基本控制危害。对于柑橘木虱，在有柑橘黄龙病的果园中应加强药剂防治，于每次梢的抽发期喷药防治；在没有柑橘黄龙病的果园，结合防治其他害虫时兼防。防治木虱常用药剂有：2.5%吡虫啉可湿性粉剂300~600g/hm^2；25%阿克泰水分散性粒剂90g/hm^2；2.5%溴氰菊酯乳油480~600mL/hm^2；4.5%高效氯氰菊酯乳油400~500mL/hm^2；40%乐果乳油1~2L/hm^{2}等。

五、其他常见木虱类害虫

梧桐木虱也是常见害虫，主要分布在陕西、山西、河北、河南、山东、安徽、江苏、浙江、福建和贵州等地。单食性，仅危害梧桐。陕西武功1年发生2代，以卵在枝干表皮粗糙处越冬。卵产于叶背，散产，卵期12~13天，每雌一生可产卵50粒左右，产卵期为10~12天。第2代若虫发生于7月中旬至8月上、中旬，成虫于8月下旬开始产卵，卵产于枝干表皮处。成若虫常群集于嫩梢或枝叶上取食；若虫在危害过程中能分泌白色蜡质絮状物覆盖虫体；成虫飞翔力差，只飞1~2m距离，但跳跃力强，能弹跳30cm以上。主要防治措施：一是加强苗木检疫；二是修剪严重虫枝；三是保护利用天敌；四是药剂防治。

第三节　粉虱类害虫

粉虱（whiteflies）属于同翅目，粉虱科。常见的粉虱有 10 余种：如黑刺粉虱 *Aleurocanthus spiniferus*（Quaintance）、陈氏粉虱 *Aleurocanthus cheni*（Young）、吴刺粉虱 *Aleurocanthus woglumi*（Ashby）、烟粉虱 *Bemisia tabaci*（Gennadius）、柑橘粉虱 *Dialeurodes citri*（Ashmead）、云翅粉虱 *Dialeurodes citrifolii*（Morgan）、温室白粉虱 *Trialeurodes vaporariorum*（Westwood）等。其中，尤以温室白粉虱、黑刺粉虱在园艺作物上发生危害严重，为本节介绍的重点。

一、分布与危害

（一）温室白粉虱

温室白粉虱原产于北美，现已传至世界各国。我国分布于辽宁、吉林、黑龙江、河北、北京、天津、山西、新疆、甘肃、山东、河南、江苏、浙江、四川等省（区），常见于机场及周边地区农田，但主要在我国北方地区发生危害。已知其寄主达 210 多种，包括机场内场区野生杂草，机场周边地区的蔬菜、果树、花卉、药材等。尤以蔬菜类的黄瓜、菜豆、茄子、番茄、辣椒、冬瓜、莴苣、生菜、萝卜等受害严重。20 世代 70 年代，在我国北方一些地区造成毁灭性灾害，成为机场野生杂草草坪和机场周边地区蔬菜生产上的大敌。若虫和成虫群集在叶背吸食植物的汁液，被害叶片变黄、萎蔫甚至全株枯死；还可分泌蜜露，引起煤污病，影响植物的呼吸作用和光合作用。此外，还可以传播病毒病。

（二）黑刺粉虱

黑刺粉虱又名橘刺粉虱，主要分布在四川、云南、贵州、湖南、湖北、江西、浙江、江苏、广东、广西、福建、台湾等省（区）。主要危害柑橘，也可危害月季、苹果、梨、葡萄、柿、枇杷、茶、柳、香樟等数十种植物。幼虫群集在叶片背面吸取汁液，并分泌蜜露，导致植物枝叶发黑甚至枯死，对柑橘的产量影响很大。我国南方一些地区柑橘类受害严重，甚至造成连年灾害。

二、识别特征（图 5-3，图 5-4，表 5-4）

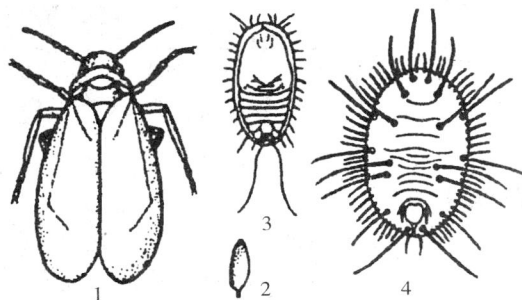

图 5-3　温室白粉虱的形态特征
1. 成虫　2. 卵　3. 若虫　4. 蛹背面观

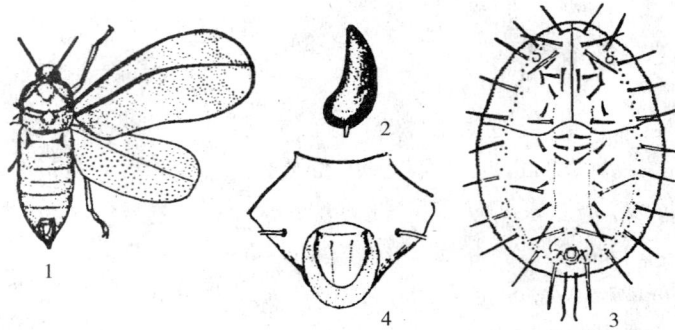

图 5-4　黑刺粉虱

1. 成虫　2. 卵　3. 蛹壳　4. 管状孔

表 5-4　温室白粉虱和黑刺粉虱的主要识别特征

	温室白粉虱	黑刺粉虱
成虫	体淡黄色，翅面有白色蜡粉，外观呈白色。雌成虫停息时两翅合拢平坦，雄成虫翅内缘则向上翘，翅叠于腹背成屋脊状	初羽化时朱红色，以后渐现蜡粉，呈灰褐色，前翅翅面上有 7 个不规则的花斑，后翅缘有细小齿突。复眼玫瑰红色
卵	椭圆形，有细小卵柄，初产时淡黄色，孵化前变黑。卵多散产	香蕉形，有一短柄，顶端较尖，中部略弯曲。初产时淡黄色，近孵化时变紫褐色，常数十粒群集直立在叶片上
若虫	长卵圆形，扁平，淡绿色，外表有白色长短不齐的蜡丝，2 根尾须较长	体椭圆形，扁平。有 3 龄，1 龄初为淡黄色，渐变灰色和黑色，有触角和足，能爬行，体上有黄色刺毛 4 根。2 龄时触角和足均退化，体黄黑色，周围分泌有白色蜡质物，体背有 6 对刚毛。3 龄时漆黑色，刺毛增加到 14 对
伪蛹	椭圆形，扁平，中央略高，黄褐色，体背有 5~8 对长短不齐的蜡丝，体侧有刺	卵圆形，漆黑色，有光泽，周围有一圈白色蜡质物，刺黑色，雄性体缘有刺 10 对，雌性 11 对。背盘区有刺 19 对

三、发生规律

（一）温室白粉虱

温室白粉虱在温室条件下 1 年可发生 10 余代，世代重叠，同一时期可见到各种虫态。在北京市区各虫态可以在温室蔬菜上越冬，或同时继续进行危害。次年春季后，多从越冬场所向阳畦和露地蔬菜上逐渐迁移扩散为害。开始虫口密度增长比较缓慢，7~8 月份虫口密度增长较快，8~9 月份危害十分严重。10 月份下旬后因气温下降，虫口数量逐渐减少，并开始向温室内迁移为害或越冬。所以，温室和大棚栽培常较露地栽培受害严重。在我国北方地区，由于温室和露地蔬菜生产紧密衔接和互相交替，使温室白粉虱周年发生。

温室白粉虱喜群集于嫩叶上取食为害，成虫对黄色、绿色有趋性，喜产卵于上部嫩叶上。据天津市资料报道，在温室内，每平方厘米叶片面积上产卵量可达 2700 多粒，这种发生程度在其他昆虫上很少见。由于该虫在蔬菜上发生数量大，危害严重，一旦发生又不易防治，造成的经济损失极大，建议国内有关单位将其作为国内检疫对象。

成虫有两性生殖和孤雌生殖的能力，前者所产生的后代均为雌虫，后者均为雄虫。成虫羽化后很快就可交配，雌雄常成对并列排在一起，一生可交配多次。交配后经 1～3 天产卵，卵散产，有一小卵柄从气孔插入叶片组织内，与寄主植物保持水分平衡，极不易脱落。每雌产卵 300～600 粒。

初孵幼虫先在叶背面爬行数小时或更长时间，寻找适当取食场所，当口器插入叶组织后就失去了爬行的机能，开始营固定生活。1 龄幼虫有足、触角及尾须，2 龄后其足、触角、尾须均退化，3 龄幼虫脱下皮壳化蛹，并包被在蛹壳下。成虫羽化时蛹壳背面前半部出现"T"字形裂口，成虫从此裂口中钻出，羽化多在清晨进行，整个羽化过程为 20～25min。刚羽化的成虫翅尚未完全展开，蜡粉不显著，不能飞行，但能迅速取食，不久便分泌白色蜡粉，第 2 天便可正常飞行。成虫活动适温为 25℃～30℃，当温度达到 40.5℃时，成虫活动能力明显下降。在 24℃时，成虫历期 15～17 天，卵历期 7 天，幼虫历期 8～10 天，蛹历期 6～8 天。其发育历期为：18℃时 31.5 天、24℃时 24.7 天、27℃时 22.8 天。卵的发育起点温度为 7.2℃。

（二）黑刺粉虱

黑刺粉虱在湖南、四川、福建 1 年 4 或 5 代，浙江、江苏第 1 代成虫于 4 月中旬至 5 月上旬发生，4 月下旬为盛发期；第 2 代成虫 6 月下旬至 7 月上旬发生，6 月下旬为盛发期；第 3 代成虫于 8 月上旬至 9 月下旬发生，8 月中旬为盛发期；第 4 代成虫 9 月下旬到 10 月上旬发生，9 月下旬为盛发期。在重庆的越冬幼虫于 3 月上旬至 4 月上旬化蛹，3 月下旬至 4 月上旬大量羽化为成虫，随即产卵，从 3 月中旬至 11 月下旬在受害柑橘上各个虫态均可发现。

成虫喜较阴暗的环境，常在树冠内幼嫩的枝叶上活动，可借风力传播。成虫羽化后即可交配产卵，卵多产在背面，散生或密集呈圆弧形，一般数粒到数十粒产在一起，多者一片橘叶上有数百粒卵。每雌可产卵数十粒至数百粒卵。幼虫孵化后一般在卵壳附近吸食。2～3 幼龄虫固定生活，发生严重时，排泄物增多，并导致煤污病的发生。幼虫一生脱皮 3 次，脱皮后将皮留在体背上。到蛹期体背上就有 3 层皮，药液不易直接接触虫体，天敌昆虫也不易向其进攻，故蛹期是该虫抵抗药剂和天敌昆虫最强的时期。

黑刺粉虱的天敌有寄生蜂、寄生菌、瓢虫、草蛉等，其中刺粉虱黑蜂 *Amitus hesperidum*（Silv.）、黄色跳小蜂 *Prospaltella*（sp.）、斯氏寡节蚜小蜂 *P. smithi*（Silv.）寄生率高，分布广，是其主要的自然天敌。在四川刺粉虱黑蜂田间自然寄生率平均可达 71.7%。此外，刀角瓢虫、黑缘红瓢虫、芽枝孢霉寄生菌也对其控制效果较好。

在四川各代历期如下：第 1 代 53 天左右（4 月中旬～6 月中旬），第 2 代约 46 天（6 月中旬～7 月下旬），第 3 代约 34 天（7 月下旬～8 月下旬），第 4 代 54 天左右（8 月下旬～10 月下旬），第 5 代 208 天左右（9 月上旬～次年 4 月中旬）。各虫态历期：卵历期在平均温度 23℃时

为 16 天，29℃时为 9 天。幼虫历期在平均温度 21℃时为 23 天，28℃时为 18 天。蛹期在平均温度 12℃时为 112 天，19℃时为 22 天，24℃时为 13 天。成虫在 21℃～24℃时寿命为 6～7 天。

四、防治方法

1. 农业防治

对于机场及周边地区的温室白粉虱，应以农业防治为主。应注意培育"无虫苗"，把苗床和生产温室分开，育苗前彻底熏杀残余虫口，彻底清除杂草残株，在通风口密封尼龙纱，控制外来虫源。其次，在温室、大棚附近避免种植黄瓜、番茄、菜豆等白粉虱喜食的蔬菜，提倡种植白粉虱不喜食的十字花科蔬菜、芹菜、蒜等，以减少虫源。如果柑橘园管理不善，通风透光不好，荫蔽环境，则有利于黑刺粉虱的生活繁殖。因此，剪除密枝及虫口过多的枝叶，使橘园通风透光良好，可减轻黑刺粉虱的危害。

2. 诱杀成虫

温室白粉虱对黄色有强烈趋性，可在温室内设置黄板诱杀成虫。方法是：用 1×0.2m 的硬纸板或纤维板，用油漆涂为橙黄色，然后加盖一层黏油（可使用 10 号机油加少许黄油调匀）置于行间，可与植株高度相同，每公顷设置 480～510 块。当白粉虱粘满时，应及时重涂粘油，一般 7～10 天重涂一次。这种方法可以在内场区草坪和围界外进行，效果较好。

3. 生物防治

可人工繁殖释放丽蚜小蜂 *Encarsia formosa*。在温室第 2 茬番茄上，当粉虱成虫在 0.5 头/株以下时，每隔 2 周释放 1 次，共释放 3 次丽蚜小蜂成蜂 15 头/株，并在温室内建立种群，这样能有效地控制温室白粉虱的危害。

黑刺粉虱的天敌有方斑瓢虫、红点唇瓢虫、草蛉、刺粉虱黑蜂、斯氏寡节蚜小蜂、黄色跳小蜂等，对黑刺粉虱的发生均有明显的抑制作用，应加以保护、引移和繁殖利用。尤其是刺粉虱黑蜂防治黑刺粉虱效果十分显著。该蜂一年内繁殖 4 或 5 代，产卵于黑刺粉虱 1～2 龄幼虫体内，至寄主蛹期羽化出蜂，人工引移释放；迁飞扩散能力较强，能有效控制黑刺粉虱的危害。

4. 药剂防治

温室白粉虱世代重叠现象十分严重，在同一时间内可存在各种虫态，而杀虫剂不是对所有的虫态都有防治效果，这给防治造成了困难，因此，必须连续几次用药防治。

对黑刺粉虱的防治应在其 1～2 龄幼虫的盛发期进行施药，或在其卵孵化盛期及高峰期各喷 1 次药，效果较好。常用药剂 25% 扑虱灵可湿性粉剂（每 100L 水加 50～70g 喷雾）、1.8% 阿维菌素乳油 450～600mL/hm²、10% 吡虫啉可湿性粉剂 37.5～75g/hm²、3% 啶虫脒乳油 37.5～75mL/hm² 均对粉虱有特效，2.5% 联苯菊酯乳油、2.5% 功夫菊酯乳油、4.5% 高效氯氰菊酯乳油、25% 阿克泰水分散性粒剂等亦有较好的效果。温室中用药时可采用熏蒸法或烟雾法。

五、其他常见粉虱类害虫

（一）柑橘粉虱

柑橘粉虱又名通草粉虱、橘黄粉虱、橘绿粉虱，分布于柑橘产区，危害柑橘、丁香、女贞、柿等植物，主要危害柑橘春梢、夏梢叶片，引起叶片脱落，同时可导致煤污病。在我国一年可发生3～6代，均以若虫、蛹越冬。发生3代的地区各代成虫发生期为：越冬代成虫4月，第1代成虫6月份，第2代成虫8月。成虫产卵于叶片背面，有一短柄固着。每头雌虫可产卵120余粒。若虫孵化后，固定在叶背取食。防治方法参见柑橘黑刺粉虱。

（二）烟粉虱

烟粉虱又称棉粉虱、甘薯粉虱，广泛分布于我国各地区，寄主范围很广，有500种以上，主要危害瓜类、番茄、茄子、甘蓝及多种花卉。烟粉虱在我国以前一直就有危害，但其危害性并不严重，但20世纪90年代末发现，从国外传入的B型烟粉虱在部分地区严重危害瓜类和花卉，西葫芦危害时还能引进银叶症状。该生物型在形态上较难与原来的生物型区分，并且其取食危害性和传毒性更大，抗药性发生更快，因此在防治上较困难。目前，可用1.8%阿维菌素乳油、3%啶虫脒乳油、20%扑虱灵可湿性粉剂、10%吡虫啉可湿性粉剂等进行防治。

第四节 蚜虫类害虫

机场野生和绿化的植物上常见的蚜虫（aphids）有蚜科的桃蚜 *Myzus persicae*（Sulzer）、萝卜蚜 *Lipaphis erysimi*（Kaltenbach）、甘蓝蚜 *Brevicoryne brassicae*（Linnaeus）、瓜蚜 *Aphis gossypii*（Glover）、豆蚜 *Aphis craccivora*（Koch）、苹果瘤蚜 *Myzus malisuctus*（Matsumura）、苹果黄蚜 *Aphis citricola von der*（Goot）、梨卷叶蚜 *Schizaphis piricola*（Matsumura）、桃瘤蚜 *Tuberocephalus momonis*（Matsumura）、桃粉蚜 *Hyalopterus arundimis*（Fabricius）、月季长管蚜 *Macrosiphum rosivorum*（Zhang）、菊小长管蚜 *Macrosiphoniella sanborni*（Gillette）、莲缢管蚜 *Rhopalosiphum nymphaeae*（Linnaeus）、橘蚜 *Toxoptera citricidus*（Kirkaldy），棉蚜科的苹果棉蚜 *Eriosoma lanigerum*（Hausmannn）和根棉蚜 *Prociphilus crataegicola*（Shinji），根瘤蚜科的葡萄根瘤蚜 *Viteus vitifolii*（Fitch）和梨黄粉蚜 *Aphanostigma jakusuiense*（Kishida），以及紫藤蚜 *Aulacophoroides hoffmanni*（Takahashi）等。这里主要介绍桃蚜、萝卜蚜、瓜蚜、苹果瘤蚜、梨卷叶蚜和葡萄根瘤蚜。

一、分布与危害

桃蚜（又名桃赤蚜、烟蚜）、萝卜蚜（又名菜蚜）、瓜蚜（又名棉蚜），3种蚜虫均为世界性害虫，国内分布极普遍，危害十分严重，江淮以南以萝卜蚜较多，桃蚜次之，而在北方则几种皆有。一般来说，春菜上主要是桃蚜，秋菜上桃蚜和萝卜蚜兼有，但以后者为主。苹果瘤蚜（又名苹果卷叶蚜）国内分布于黑龙江、吉林、辽宁、河北、山东、河南、陕西、四川、江苏、上海、台湾等省（区）。梨卷叶蚜（又名梨二叉蚜）国内分布于辽宁、吉林、河北、北京、山东、江苏、安徽、河南、陕西、湖南、四川等地。葡萄根瘤蚜原产于北美东部，后随木苗传至欧洲、澳洲、美洲等许多国家，我国于1892年从法国和美国随木苗引种而传入，最早在烟台发生危害，现在我国的台湾、辽宁、山东、陕西等省（区）部分县市均有发生。

蚜虫均以成蚜和若蚜刺吸植物汁液，被害部分失绿变色，皱缩卷曲或形成虫瘿，常致枝叶干枯，其分泌的蜜汁可引起煤污病，有的种类还能够传播植物病毒病。

桃蚜可以危害桃、李、杏、梅花、郁金香、菊花及十字花科蔬菜和杂草，其寄主种类已知达352种。萝卜蚜的寄主有30余种，但主要危害十字花科蔬菜，尤其喜欢取食白菜、萝卜等叶片上有毛的蔬菜。瓜蚜的寄主多达74科285种，在园艺植物中主要危害瓜类、茄科、豆科、十字花科、菊科、唇形科、鼠李科、芸香科等，越冬寄主有木槿、花椒、石榴、鼠李等。苹果瘤蚜主要危害苹果、海棠、山荆子、沙果等植物。危害苹果时，以成蚜和若蚜群集在新梢、嫩芽、叶片或幼果上吸取汁液，初期被害嫩叶不能正常展开，后期被害叶皱缩，叶边缘向背面纵卷，叶片常出现红斑，随后变成黑褐色，而后干枯死亡。幼果被害后，果面出现许多凹陷不规则形红斑。受害严重的树，枝梢嫩叶全部卷缩，对产量影响很大。除直接危害外，还能传播苹果花叶病。

梨卷叶蚜主要危害梨、白梨、棠梨、杜梨等植物。危害梨叶时，群集叶面上吸食，致使被害叶由两侧向正面纵卷成筒状，早期脱落，影响产量和花芽分化，使树势衰弱。

葡萄根瘤蚜为单食性害虫，仅危害葡萄属植物。在原产地寄生在野生葡萄 *Vitis riparia* 上，因野生葡萄对其有很强的抗虫性，所以危害不明显。葡萄根瘤蚜危害美洲系葡萄品种时，既能危害叶，又能危害根。叶部受害后，在葡萄叶背形成许多粒状虫瘿，称为"叶瘿型"；根部则以新生须根受害为主，也可危害近地表的主根，被害须根端部膨大成比小米粒稍大的瘤，主根上形成较大的瘤状突起，称为"根瘤型"。对欧洲系葡萄品种，主要为害根部，根瘤常发生腐烂，一般受害植株，树势衰弱，造成黄叶、落叶，甚至全株死亡。葡萄根瘤蚜在葡萄园内首先是在一株或几株上发生为害，形成中心受害株，然后呈环波状向四周扩散蔓延，最终使整个园地所有植株均感染受害。葡萄根瘤蚜为国内外检疫对象。

二、识别特征（图5-5，表5-5～表5-7）

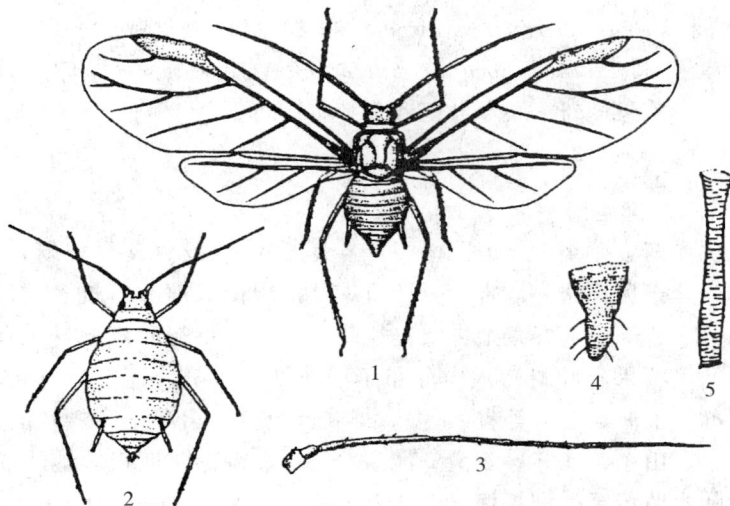

图5-5　蚜虫的形态特征
1. 成虫　2. 若虫　3. 触角　4. 尾片　5. 腹管

表 5-5　桃蚜、萝卜蚜、瓜蚜的主要识别特征

	桃蚜	萝卜蚜	瓜蚜
有翅胎生雌蚜	头、胸部均黑色，腹部变化较大，有绿色、红褐色至褐色，背面有淡黑色的斑纹。复眼赤褐色，额瘤很发达，且向内倾斜，腹管绿色，很长，中后部稍膨大，末端有明显的缢缩，尾片绿色而大，具3对侧毛	头、胸部均黑色，腹部黄绿色至绿色，第1、2节背面及腹管后各2条淡黑色横带，腹管前各节两侧具黑斑。腹管暗绿色较短，约与触角第5节等长，中后部稍膨大，末端稍缢缩，额瘤不显著	体黄色或浅绿色，前胸背板及胸部黑色，腹部背面两侧有3或4对黑斑。触角6节，比体短。翅无色透明，翅痣灰黄色或青黄色，前翅中脉3支。腹管黑色，较短，呈圆筒形，基部略宽，上有瓦砌纹。尾片青色或黑色，两侧各具毛3根
无翅胎生雌蚜	全体绿色，但有时为黄色至樱红色，额瘤和腹管同有翅蚜	全体黄绿色或稍覆白色蜡粉。胸部各节中央有一黑色横纹，并散生小黑点，腹管和尾片同有翅蚜	体色随季节而变化，夏季多为黄绿色，春、秋季多为深绿色。体表常有霉状薄蜡粉。腹管、尾片同有翅胎生蚜

表 5-6　苹果瘤蚜、梨卷叶蚜的主要识别特征

	苹果瘤蚜	梨卷叶蚜
有翅胎生雌蚜	头、胸部暗褐色。口器、复眼、触角为黑色，额瘤明显，并生有2或3根黑毛。腹部浓绿色，腹管以前各节背面有黑色横纹，腹管基部黑色，端部色淡。足的腿节、胫节全部淡褐色，其余为黑色	头、胸部淡黑色。复眼红褐色，触角及足的腿节、胫节及跗节黑色。额瘤微突，触角6节。前翅中脉分叉。腹部黄褐色。腹管长，末端收缩，呈圆筒形状。尾片有侧毛3对
无翅胎生雌蚜	体墨绿色或暗褐色。头淡墨色，复眼上棕色。额瘤明显。触角比体短，约为体长的1/2，第3、4节基部淡褐色或淡绿色，其余部均为黑色，口器末端黑色。胸、腹部背面具有黑色横带。腹管圆筒形，黑褐色	暗绿色或黄绿色，常被有白粉。复眼红褐色，口器黑色，触角6节，端部黑色。足的腿节、胫节端部及跗节黑褐色。体背中央有1条墨绿色纵纹。腹管长，黑色，尾片圆锥形，有弯曲的侧毛6或7根

表 5-7　葡萄根瘤蚜不同虫型特征比较

虫型		无翅孤雌蚜		有翅型（有翅产性型）	有性型
		根瘤型	叶瘿型		
成虫	大小	长 1.2~1.5mm，宽 0.75mm	长 0.9~1.0mm	长 0.8~0.9mm，宽 0.45mm	雄长 0.35~0.5mm、宽 0.16mm，雌长 0.32mm、宽 0.13mm
	体色	污黄、略带淡绿色	黄色	淡黄至橙黄。中后胸赤褐色。触角、足黑色	淡黄色至黄褐色。足、触角黑灰褐色。无口器。有黑色背瘤
	触角	第 3 节端部有 1 个感觉孔，顶端有刺毛 3 根	第 3 节端部有 1 个感觉孔，顶端有刺毛 5 根	第 3 节端部和基部各有 1 个感觉圈，顶端有 5 根刺毛	雌触角第 3 节长约为第 1 节总长的 1 倍，端部有 1 个感觉孔，顶端有 5 根刺毛
	其他	体背有黑色瘤，头部 4 个，胸节各 6 个，腹节各 4 个，瘤上有毛 1 或 2 根	无瘤。腹末有长毛数根		雄外生殖器孔突状，突出腹部末端
卵		长约 0.3mm，宽约 0.15mm，长椭圆形，淡黄至暗黄色	似根瘤型，较根瘤型明亮。卵壳较薄，长椭圆形	雌卵：长约 0.36~0.5mm，宽约 0.18mm；雄卵：长约 0.28mm，宽约 0.14mm	长约 0.27mm，宽约 0.11mm。长椭圆形，橄榄绿色
若虫		1 龄若虫椭圆形，淡黄色。头胸大，腹小。复眼红色，触角 3 节直达腹末，端部有一感觉圈。2 龄后体卵圆形	初龄若虫与根瘤型相似，但体色浅	1 龄若虫似根瘤型。2 龄虫体较根瘤型狭长，背瘤黑色明显。3 龄体侧可见灰黑色翅芽	无若虫阶段

＊有翅产性型产的卵长约 0.281mm，宽约 0.137mm，可孵出 3 种不同结构（类型）的个体（雌、雄、仔芽全体长约 0.30mm，宽约 0.15mm），与初孵根瘤蚜幼虫相同。

三、发生规律

（一）桃蚜

　　桃蚜在我国华北地区 1 年发生 10 余代，长江中下游地区 20 余代，华南地区达 30 余代，主要在桃枝梢、芽腋及缝隙和小枝杈等处产卵越冬，也可以成虫、若虫、卵，在蔬菜、油菜、蚕豆的心叶及叶背越冬。第 2 年早春 2~3 月份当桃树萌发时，越冬卵开始孵化，先群集在嫩芽上为害，以后转至花和叶上为害。另有部分成虫可以从越冬寄主上迁移到桃树及观赏植物上为害，同时行孤雌胎生繁殖 3 或 4 代，以春末夏初时繁殖为害最盛，5~6 月份产生有翅蚜，迁飞到夏季寄主上，如十字花科蔬菜、马铃薯、烟草及一些禾本科植物上繁殖为害。5 月份以后桃蚜在桃树上的数量逐渐减少。到 10 月至 11 月产生有翅性母和雄蚜,然后交配产卵越冬。冬季在蔬菜上越冬的桃蚜不经过寄主转迁,它们是春季蔬菜上的主要虫源。

桃蚜的生长发育最适温度为 17℃ 左右,在此温度条件下繁殖最快。当气温超过 28℃时,种群数量会迅速下降。相对湿度低于 40% 或高于 80% 时均不利于其生长繁殖。桃蚜的发育起点温度为 4.3℃,有效积温为 137 日度。

桃蚜的天敌种类较多,如异色瓢虫 Harmonia axyridis (Pallas)、七星瓢虫 Cocciella septempunatata、二星瓢虫 Adalia bipunctata (L.)、四斑月瓢虫 Chilomenesquadriplagiata (Swartz)、日本蚜茧蜂 Lysiphlebia japonica (Ashmead)、菜少脉蚜茧蜂 Diaeretiella rapae (Mintosh) 等。

(二)萝卜蚜

萝卜蚜在我国北方地区 1 年 10~20 代,在华南地区可发生 46 代。在温暖地区以无翅雌蚜在蔬菜心叶等隐蔽处及杂草上越冬,在华北等寒冷地区则以卵在秋白菜上越冬,在重庆地区,冬季最冷的 1 月份,蔬菜上边可见到雌虫,没有明显的越冬现象。在华南地区除 5~7 月份外,萝卜蚜均可在菜地发生危害。在众多地区一般越冬卵到第 2 年 3~4 月份孵化为干母 (fundatrix),在越冬寄主繁殖几代后,产生有翅蚜,并向其他蔬菜上转移蔓延,扩大为害,到了晚秋继续胎生繁殖,或产生雌、雄蚜交配产卵越冬。萝卜蚜繁殖力强,发育历期短,世代重叠现象严重,甚至无法分清其世代。在温室内,终年可在蔬菜上胎生繁殖,不进行越冬。萝卜蚜繁殖适温为 15℃~26℃,适宜的相对湿度为 75.8% 以下。在 9.3℃ 时若虫发育期为 175 天,在 27.9℃ 时若虫发育期为 4.7 天。

萝卜蚜一般都在春、秋两季大发生。在早春由于温度较低,蚜量增长缓慢,春末夏初蚜量迅速上升;夏季时温度过高,其发生受到抑制;秋季气温降低后蚜虫又大量繁殖,形成危害高峰;晚秋气温下降,蚜虫数量逐渐减少。夏季蚜虫发生少,除受高温抑制外,暴雨、台风以及十字花科蔬菜种植面积较少,对其发生也有抑制作用。食蚜蝇、草蛉、瓢虫、蚜茧蜂、蚜霉菌等天敌因子对萝卜蚜的发生有明显的抑制作用。

(三)瓜蚜

瓜蚜在辽河流域 1 年 10~20 代,在黄河、长江流域 20~30 代。在我国中部及北部地区以卵在花椒、木槿、石榴、木芙蓉、鼠李的芽腋下越冬。在第 2 年春天 2~3 月,当寄主植物开始萌芽时,或 5 天平均气温达 6℃ 以上时,越冬卵开始孵化为干母。越冬卵的孵化期一般多与越冬寄主叶芽的萌发期相吻合,如石榴、花椒叶芽的萌发始期,木芙蓉萌发和新叶初展时,常是越冬卵的孵化期。干母所产生的后代称为干雌 (fundatrigenia)。干雌在越冬寄主上生活 2 或 3 代,在 4 月份至 5 月初,干雌产生有翅蚜,从越冬寄主上向侨居寄主上迁飞,这种有翅蚜叫迁移蚜 (migrans)。在侨居寄主上不断进行孤雌生殖,产生有翅或无翅雌蚜扩散为害。秋末冬初由于气温下降,侨居寄主逐渐枯老,不适合瓜蚜生活时便产生有翅性母 (sexupara),又迁回越冬寄主。迁飞时期在东北地区,一般为 9 月份,最迟可到 10 月上旬;黄河流域大都在 10 月上旬,长江流域多在 10 月下旬至 11 月份。它们在越冬寄主上产生性蚜 (sexuales),即无翅雌蚜和有翅雄蚜,雌雄交配产卵,以卵越冬。其生活史如图 5-6。

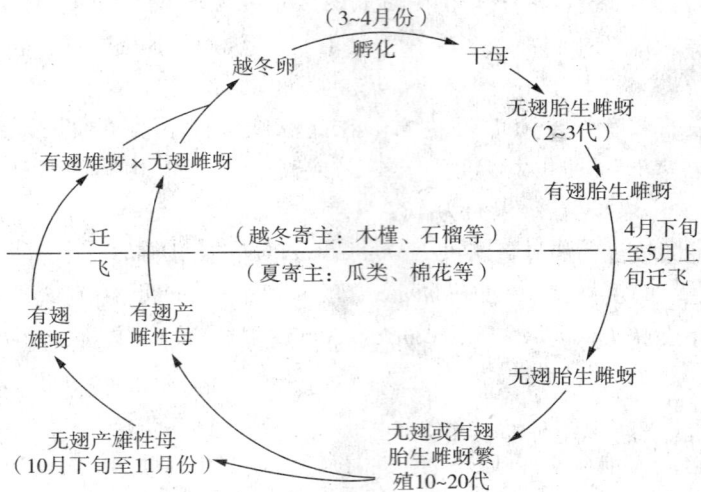

图 5-6 瓜蚜的生活史示意图

由于瓜蚜无滞育现象，在冬季只要环境条件适合，无论南方或北方均可周年发生。如在北方地区冬季温室栽培的瓜类作物上，在重庆的蜀葵上，在广西的锦葵科的野棉花上都可继续繁殖发生；在云南和华南地区一年四季都可生长繁殖，无越冬现象。

瓜蚜在早春和晚秋完成一个世代需 15～20 天，夏季只需 4～5 天。1 头成蚜 1 天最多可胎生 8 头，平均约为 5 头，一生可胎生若蚜 60～70 头。从若蚜到成蚜需经 4 次脱皮。

瓜蚜的生长发育与温、湿度关系密切，其繁殖最适温度为 16℃～22℃。我国北方地区温度在 25℃以上、南方地区在 27℃以上时，其发育便会受到抑制。当 5 日平均气温在25℃以上及相对平均湿度在 75％以上时虫口密度下降，对其繁殖极为不利。当湿度达到75％以上时，瓜蚜大发生的可能性小，而干旱气候条件适合于其大发生，故我国北方地区瓜蚜危害较南方地区严重。

瓜蚜的自然天敌多达数 10 种，其中，起主导作用的是蚜茧蜂、瓢虫和草蛉等。有研究证明，只要停止大面积普遍多次施用化学农药，这些天敌的种群数量就会很快得到恢复，就能比较有效地控制瓜蚜的发生危害。此外，暴雨能直接冲刷蚜虫，迅速降低虫口密度。用氮肥过多能促使瓜蚜数量增加。

（四）苹果瘤蚜

苹果瘤蚜在辽宁南部 1 年 10 多代，以卵在树梢芽腋、枝条交叉处和卷叶里越冬。第 2年发芽时（一般 4 月上旬）开始孵化，群集在芽、叶片上为害。4～6 月份产生有翅蚜，迁飞扩散，以 5～6 月份发生最多，危害最重。自春季至秋季，都以孤雌胎生繁殖。10～11月出现有性蚜，有性蚜交配后产卵于枝梢芽腋间及被害卷芽、缝隙中越冬。苹果瘤蚜的生活周期是在一种寄主植物上完成，没有中间寄主，对苹果品种有较强的选择性，青香蕉、元帅、鸡冠等品种常受害严重，国光、红玉等品种较轻。

（五）梨卷叶蚜

梨卷叶蚜 1 年 20 代左右，以卵在梨树的芽腋、叶痕或小枝裂缝里越冬。第 2 年当梨树的芽膨大露绿叶时开始孵化，幼蚜群集于绿色及白色部为害，花芽现蕾时，便钻入花序中危害花蕾和嫩叶。叶子伸展后就在叶面上为害并繁殖后代，被害叶片向上纵卷成筒状，尤以梢顶嫩叶受害较重，一般脱花后大量出现卷叶，危害繁殖至落花后半月左右开始出现有翅蚜。在武汉地区4月中旬开始出现有翅蚜，以后逐渐增多，至5月下旬陆续迁移到夏寄主的狗尾草上繁殖为害。我国北方果区5月份陆续产生有翅蚜，至6月上旬迁至夏寄主上，6月中旬以后梨卷叶蚜在梨树上基本绝迹。秋季9～10月份又产生有翅蚜由夏寄主迁回到梨树上繁殖为害，以后产生有性蚜，雌雄交配产卵，以卵越冬。卵散产于芽腋等处，严重时数粒至数十粒密集一起。梨卷叶蚜生活周期类型属乔迁式。一年中以春季危害较重，尤以4月下旬至5月份危害较重。造成卷叶落叶，影响枝梢生长。各地发生期见表5-8。

表5-8 机场梨卷叶蚜在各地发生期

地点	越冬卵孵化期	危害盛期	迁飞离开梨树	飞回梨树	产卵越冬期
昌黎	3月末至4月末上旬	5月上旬	5月上旬至6月上旬	10月中旬	11月上、中旬
银川	3月末至4月末上旬	5月中旬	6月中旬	10月份	10月下旬至11月下旬
青岛	3月中、下旬	4月下旬至5月上旬	5月中、下旬	10月份	11月上、中旬
南京	3月中旬	4月中旬至5月上旬	5月中旬	10月下旬	11月上、中旬
南昌	2月至3月上旬	4月中旬至5月上旬	5月中旬	10月中旬	11月下旬至12月中旬
武昌	2月下旬至3月上旬	4月中旬至5月上旬	5月中、下旬	10月份	11月上、中旬

梨卷叶蚜主要天敌有梨蚜茧蜂 *Aphidius avenae*（Haliday）、蚜茧蜂 *Aphidius*（sp.）、细腹食蚜蝇 *Sphaerophoria*（sp.）、草蛉、瓢虫等。

（六）葡萄根瘤蚜

根瘤型每年5～8代，叶瘿型每年7或8代，以有性雌蚜和有性雄蚜交配后产卵越冬。国内发生的葡萄根瘤蚜绝大部分属根瘤型，以初龄若虫及少量卵在枝干或根部越冬。据文献记载，葡萄根瘤蚜只在美洲野生种葡萄及美洲系葡萄品种或一部分用美洲葡萄作砧木的欧洲葡萄品种上才有完整的发育循环。葡萄根瘤蚜完整的生活史为：叶瘿型→根瘤型→有翅产性型→有性型（雌×雄）→越冬卵→干母→叶瘿型。在大多数情况下，欧洲系葡萄栽培地，如我国的山东、辽宁等地，葡萄根瘤蚜的生活周期是不完整的。完整的生活周期一般只发生在美国的东部、南部及欧洲地区。

葡萄根瘤蚜主要以孤雌生殖进行繁殖，只是在秋末，才进行两性生殖。葡萄根瘤蚜孤雌生殖时，母蚜产出来的不是若虫而是卵，这是与其他蚜科昆虫所不同的。

春季从越冬卵孵出的干母，在叶片上取食为害并形成虫瘿。干母以孤雌生殖方式产卵，卵孵出的若虫（并发育为成虫），在叶片上为害繁殖，形成虫瘿，即为叶瘿型。叶瘿型以孤雌卵生在叶上繁殖7或8代，在繁殖过程中每代均有一部分若虫，自叶上爬到葡萄植株的根部，在根部取食而形成根瘤，即转变为根瘤型。叶瘿型的最后一代则全部转入根部形成根瘤型。根瘤型蚜虫可以孤雌生殖，产卵在根部繁殖5～8代，到秋末以4龄若虫钻出土面，然后蜕皮变成有翅产性型根瘤蚜，以孤雌生殖产卵在茎蔓上或叶背上。卵有大、小两型，大型卵孵化成无翅雌蚜，小型卵则孵化成有翅雄蚜，即产生有性型根瘤蚜。

这种有性型根瘤蚜雌、雄均无喙不取食，从卵内孵化出来后就能交配、产卵，卵一般产在根、枝部的翘皮下越冬。

根瘤型葡萄根瘤蚜在山东省烟台地区，全年能发生 8 代。主要以 1 龄若虫及少量卵在 10mm 以下的土层中、2 年生以上的粗根杈、缝隙被害处越冬。第 2 年春 4 月以后越冬若虫开始活动，并危害粗根，5 月下旬开始产第 1 代卵，以后各代发生时期与所需天数见表 5 - 9。

表 5 - 9　机场葡萄根瘤蚜在烟台地区各代发生历期

	越冬代	第 1 代	第 2 代	第 3 代	第 4 代	第 5 代	第 6 代	第 7 代	第 8 代
发生日期	4 月下旬至 5 月中旬	5 月中旬至 6 月中旬	6 月中旬至 6 月下旬	6 月下旬至 7 月中旬	7 月中旬至 8 月上旬	8 月上旬至 8 月下旬	8 月下旬至 9 月下旬	9 月下旬至 10 月中旬	10 月中旬至 11 月中旬
1 龄若虫出现期		5 月 16 日	6 月 12 日	6 月 29 日	7 月 18 日	8 月 6 日	8 月 29 日	9 月 7 日	10 月 14 日
每代所需时间/天	214	27	17	19	19	23	29	17	

在烟台地区田间虫口密度以 5 月中旬到 6 月底及 9 月这两段时期蚜量较多。进入雨季后，前期被害粗根开始腐烂，此时根瘤蚜可沿根和土壤缝隙爬到表层须根上取食为害，从而造成根瘤，尤以 7 月上、中旬形成的根瘤最多。8 月以后开始出现有翅产性若蚜，以 8、9 份发生最多。在烟台仅有 12%～35% 的根瘤型蚜能转变为有翅产性型，有翅产性型产的卵可孵化出三类不同的个体（雌蚜、雄蚜及有正常口器的仔蚜），雌蚜和雄蚜的形态特征，除雄蚜体形较小，腹内无卵外，与有性型个体完全相同。仔蚜的形态与根瘤型初孵幼蚜相同。

在山东烟台地区 7～8 月份完成一个世代需 17～25 天，平均为 19.8 天（包括卵期 4.9 天，若虫期 13.4 天，产卵前期 1.5 天），成虫期平均 19.0 天（包括产卵前期 1.5 天，产卵后期 4.5 天）。每头干母可产卵 4～12 粒，平均 8.4 粒；越冬成虫可产卵 3～35 粒，平均 19 粒；有翅产性型每雌虫可产卵 3～15 粒；有性型雌虫仅能产 1 粒越冬卵。

葡萄根瘤蚜可由叶瘿型直接转变成根瘤型。但根瘤型绝不能直接转变成叶瘿型。这是因为受光周期作用的影响。葡萄根瘤蚜危害葡萄叶和根以后，从虫瘿细胞染色体的特性看，其涎液具有形成多倍体的毒性作用。

不同葡萄品种对葡萄根瘤蚜表现出明显的抗性，一般认为美洲野生品种对根瘤蚜有很强的抗性。而且用美洲野生葡萄品种作砧木的欧洲系葡萄在一定程度上也提高了抗蚜性。

葡萄根瘤蚜的发育繁殖与土壤、气候因素有密切关系，尤其是土壤因子影响最为显著。质地疏松具有团粒结构的土壤，土内水分多，空气流通，土温比较稳定，土壤间隙大，适于根瘤蚜的发育繁殖和活动，因此发生多而危害重；反之沙质土壤可避免其危害，或少发生危害。这是因为沙土保水性差，温度变化大，不利于根瘤蚜的发育繁殖和活动。葡萄根瘤蚜的卵和若虫有很强的耐寒能力，在 −14℃～−13℃ 时才死亡。土温上升到 13℃ 时开始活动。从 4～10 月份，月平均温度为 13℃～18℃，降雨量平均在 100～200mm，最适合葡萄栽培，也最适合于葡萄根瘤蚜的发生与繁殖。7～8 月份降雨量过多，影响其繁殖，虫口密度迅速下降，气候干旱能引起猖獗危害。

葡萄根瘤蚜叶瘿型若蚜可以钻出虫瘿，根瘤型若蚜也可以钻出土面，有性蚜一般在土面活动为主，故可以被水流、风力和劳动工具等携带和传播，扩散到发生区附近的葡萄园内。有翅产性型成虫，在产卵前飞翔是卵巢成熟所必需的，在飞翔过程中可以随风被吹送到附近葡萄园内。我国的葡萄栽培品种一般偏重于欧洲系品种或美欧系杂交品种，葡萄根瘤蚜主要为根瘤型。一年中除在6～9月份有少量有翅产性成蚜爬出土面活动外（占根瘤蚜的12％～35％），其他时间均在土内根部取食。所以，国内根瘤型蚜的主要传播途径是从疫区调运有虫苗木，将其传播到远离疫区以外的地方。有国外引入葡萄时，苗木、枝条、砧木是传播的主要途径。因此在调运苗木、枝条、砧木时，必须首先仔细观察葡萄叶面上是否有蚜虫和虫瘿，枝条上是否有卵和成虫、若虫，主根、支根、须根上是否有根瘤。

四、测报方法

（一）桃蚜和萝卜蚜

1. 有翅蚜迁飞调查

鉴于菜蚜类传播病毒病的危害远远高于其本身吸食所造成的危害，因此，监测有翅蚜向菜田的迁飞十分重要。通常利用蚜虫对黄色有趋性的特点采用黄皿诱测或黄板诱集法。可以选用黄色中号搪瓷碗或塑料盆，在调查田周围开阔的空地上，距地面20cm设置，盆内装入0.1％浓度的中性肥皂水，定期检查。对白菜地从播种前一个月到包心期，每5天调查1次。用毛笔或纱网将落入盆内的蚜虫捞出，识别种类，统计数量，一旦发生有翅蚜数量陡增，即采取防治措施。据研究：当统计有翅蚜出现高峰初见期后2～7天，约为田间有翅蚜出现的高峰期，即是田间防治的适期。

2. 田间蚜虫数量消长调查

对被调查田抽样调查50株菜，依作物不同生长期，可做全株检查（如苗期），或抽查规定的第几叶片或用事先准备好的定格框板，检查若干空格内的蚜虫数。也可使用机动取样器将调查株的蚜虫全部吸入小管中或使用毛笔把蚜虫全部扫入70％酒精瓶中携回室内检查。依据调查结果，并结合作物的生育期，确定防治措施。

（二）梨卷叶蚜

1. 梨树萌芽前

调查5～10株，大树每株选10～20个一年生枝，小树每株5～10个一年生枝，检查有卵枝数。凡有卵枝超过5％的果园，应确定为防治对象。

2. 梨树萌芽后

一开始每3天左右检查一次，当越冬卵开始孵化后，每1～2天检查一次；当越冬卵基本孵化完时，即开始喷药防治。

五、防治方法

桃蚜、萝卜蚜、瓜蚜多危害蔬菜，除直接危害外，还能传播病毒病，因此对它们的防治一般要求在迁飞扩散之前消灭，才可以达到治蚜防病的目的。

1. 选择好育苗地

十字花科等蔬菜的苗床地应尽量远离十字花科菜地、留种地以及桃、李等果园，以防蚜虫就近迁入苗床，危害幼苗。

2. 银灰色塑料薄膜避蚜

利用以上 3 种蚜虫对银灰色有负趋性的特点，用银灰色塑料薄膜遮盖育苗，可以达到育苗阶段避蚜的目的，尤其对预防蚜虫早期传播病毒病效果较好。此法也可用于大田。

3. 药剂防治

由于蚜虫繁殖快，蔓延迅速，所以化学防治必需及时、准确、周到。可以选择下列农药：50％抗蚜威 500～800g/hm²，此药选择性较强，对蚜虫有特效，且对于天敌昆虫无害。10％吡虫啉可湿性粉剂 200～300g/hm²、3％啶虫脒乳油 600～750mL/hm²，这两种药有内吸作用，用于拌种，可维持药效 30～40 天。40％乐果 1.2～1.5kg/hm²、2.5％溴氰菊酯 300～400mL/hm²、2.5％功夫菊酯 150～300mL/hm²、10％氯氰菊酯乳油 250～450mL/hm² 等，效果均较好。

对苹果瘤蚜和梨卷叶蚜应结合冬季修剪，剪除虫卵枝及被害枝，集中烧毁。早春萌芽前喷洒 3 度石硫合剂或 5％柴油乳剂（防治苹果瘤蚜）、5％蒽油乳剂（防治梨卷叶蚜），毁灭越冬卵。药剂防治：对苹果瘤蚜必须在苹果树发芽、越冬卵孵化时喷药；对梨卷叶蚜一定在春季梨开花前喷药。药剂种类同上所述。

葡萄根瘤蚜属检疫对象，必须严格执行检疫法规，实行疫区封锁，严禁从疫区调运苗木、插条、砧木等。遇特殊情况，经有关部门批准从疫区可疑地区调运苗木、插条、砧木时，必须进行药剂消毒处理。处理苗木的方法是：每 10～20 枝苗木或插条捆成一把，去掉苗木上的土，放于 50％辛硫磷 1000 倍液中浸 1min 取出阴干，严重者可立即就地销毁。表 5-10 为橘蚜的发生概况与防治的要点。

表 5-10 橘蚜的发生概况与防治要点

虫名	发生概况	防治要点
橘蚜	常集于柑橘春梢嫩叶、嫩枝上吸取汁液。嫩叶受害后，叶面出现凹凸不规则的皱缩，并能引起烟煤病。在浙江黄岩 1 年发生 20 代左右，以卵在枝条上越冬。第 2 年 2 月下旬至 3 月份越冬卵孵化，在嫩枝上胎生繁殖，繁殖最适温为 24℃～27℃。一年中以 5～6 月份及 9～10 月份繁殖最盛，危害最重。夏季高温，死亡率大，繁殖率低，寿命短。11 月份产生有性蚜，交配产卵越冬。在福建南部及广东无休眠现象	①保护利用自然天敌；②药剂防治：2.5％敌杀死乳油 400～600mL/hm²，或其他菊酯类药剂，以及吡虫啉、啶虫脒、抗蚜威等

第五节　介壳虫类害虫

危害园艺植物的介壳虫（scales）种类很多，都属于同翅目蚧总科。其中又以红蜡蚧 *Ceroplastes rubens*（Maskell）、栗绛蚧 *Kermes nawai*（Kuwana）、桑白蚧 *Pseudaulacaspis pentagona*（Targioni Tozzetti）、矢尖蚧 *Unaspis yanonensis*（Kuwana）、

梨圆蚧 *Quadraspidiotus perniciosus*（Comtock）的危害严重，是本节介绍的重点。

其他常见蚧壳虫类有：草履蚧 *Drosicha Corpulenta*（Kuwana），吹绵蚧 *Icerya purchasi*（Maskell）、日本龟蜡蚧 *Ceroplastes japonicus*（Green）、朝鲜球坚蜡蚧 *Didesmococcus koreanus*（Borchs）、褐盔蜡蚧 *Parthenolecanium corni*（Bouche）、菠萝粉蚧 *Pseudococcus brevipes*（Cockerell）、康氏粉蚧 *Pseudococcus comstocki*（Kuwana）、柿绒蚧 *Eriococcus kaki*（Kuwana）、紫薇绒蚧 *Eriococcus lagerostroemiae*（Kuwana）、红圆蚧 *Aonidiella aurantii*（Mask.）、椰圆蚧 *Aspidiotus destructor*（Signoret）、褐圆蚧 *Chrysomphalus ficus*（Ashmead）、黑点蚧 *Parlatoria zizyphus*（Lucas）、糠片蚧 *Parlatoria pergandii*（Comstock）、长白蚧 *Lopholeucaspis japonica*（Cockerell）、拟蔷薇白轮蚧 *Aulacaspis rosarum*（Borchsenius）、栗链蚧 *Asterolecanium castaneae*（Russell）等共 17 种，则按其共性简介于表 5-11。

一、分布与危害

栗绛蚧广泛分布与华北、华东、西南各主要板栗产区，主要危害板栗和多种壳斗科（Fagaceae）树木。以若虫和雌成虫寄生于板栗一年生枝梢上吸汁为害，被害树轻则延迟萌芽和长叶，重则造成枯枝和树木枯死。1982 年浙江长兴县泗安林场栗绛蚧大发生，造成板栗产量大减，经济损失约达 10 万元，占平均年份总收入的 2/3；枯死的板栗树达数百株。同时，大量的介壳虫发生，引来各种小型鸟类觅食，对附近机场的飞升安全构成威胁。

红蜡蚧、桑白蚧、矢尖蚧、梨圆蚧分布于世界各地，寄主为多种树木、果树、花卉等园艺作物。蚧虫多聚集于植株枝梢上吸取汁液，吸食量大，叶片及果实上亦有寄生。植物受害后抽梢量减少，枯枝增多，果树的产量减少，严重时引起植株枯死，果园毁灭。

二、识别特征（图 5-7）

（一）栗绛蚧

1. 雌成虫

介壳球形，长 5.7～6.7mm，宽 5.5～7.0mm，高 5.3～6.8mm，初期为嫩绿色至黄绿色，背面稍扁，体壁软而脆，随着虫体的老熟，体积逐渐增大，体背逐渐隆起，使整个身体呈球形和半球形，体表深褐色有光泽，上有黑褐色不规则的圆形或椭圆形斑，腹部末端有 1 个大而明显的圆形黑斑。腹末有 1～3 根白色卷曲的蜡丝。触角 7 节，第 3 节最长。足棕黄色，跗节 1 节，爪 1 个，爪冠毛 2 根，端部膨大呈球状。中、后胸有 1 对气门，气门基部有多孔腺。有 1 对肛环刺毛。体背密布小管状腺。

2. 雄成虫

体长 1.5mm，体棕褐色。触角 10 节，第 3 节最长。口器退化。前翅淡棕色，透明，翅脉 2 根。胸足发达，腹部可见 8 节，第 7 节两侧各有 1 根细长的白色蜡丝。

3. 若虫

1 龄初孵若虫长椭圆形，0.31mm×0.15mm，肉黄色。口器发达，超过体长。2 龄若虫体长椭圆形，0.54mm×0.29mm，肉红色，体背常附有 1 龄若虫蜕的皮壳。

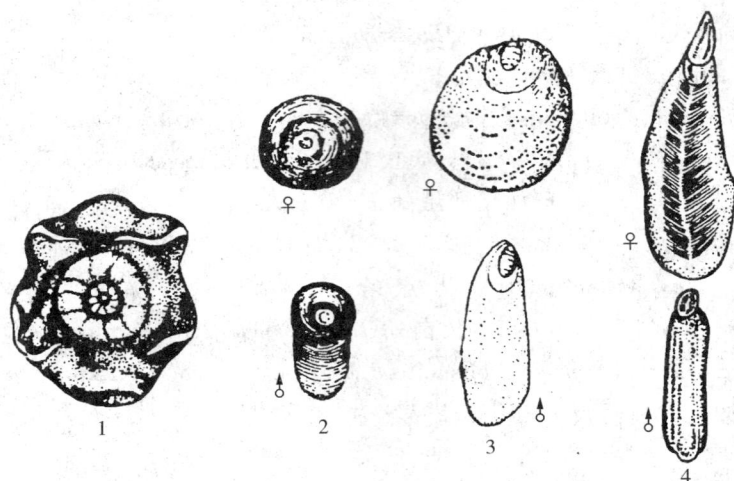

图 5-7　主要介壳虫的介壳形状
1. 红蜡蚧　2. 梨圆蚧　3. 桑白蚧　4. 矢尖蚧

4. 卵

长椭圆形，0.22mm×0.11mm，初期为乳白色，近孵化时变为紫红色。

（二）红蜡蚧

1. 雌成虫

椭圆形，背面覆盖的蜡壳较厚。蜡壳暗红色，长 4mm、高 2.5mm，顶部凹陷，形如脐状。有 4 条白色蜡带，从腹面卷向背面。全体隆起如红豆状。虫体紫红色。

2. 雄成虫

体长 1mm，翅展 2.4mm，暗红色。前翅白色半透明，单眼黑色。触角、足及交尾器淡黄色。

3. 若虫

初卵若虫扁平椭圆，暗红色，体长 0.4mm，腹端有 2 根长毛。2 龄期呈广椭圆形，稍突出，体表披白色蜡质，3 龄期蜡质物增厚。

4. 前蛹和蛹

蜡壳暗红色，长形。蛹体长 1.2mm，淡黄色。茧椭圆形，暗红色，长 1.5mm。

5. 卵

椭圆形，淡红色，长 0.3mm。

（三）桑白蚧

1. 介壳

雌成虫介壳圆形，略隆起，直径 1.8～2.5mm。白色或灰白色，壳点枯黄色，偏心。雄性介壳长形，两侧缘平行，长 1.2mm，白色，丝蜡质，有 3 条纵脊，壳点橘黄色，居端。

2. 成虫

雌成虫橙黄或橘红色，体长 1.0mm，宽卵圆形，扁平。触角短小退化呈瘤状，上有粗大刚毛 1 根。雄成虫体长 0.65～0.7mm，翅展 1.32mm。橙色至橘红色，体略呈长纺锤形。

3. 若虫

初卵若虫淡黄褐色，扁卵圆形。眼、触角、足齐全。触角 5 节，足发达能爬行。腹末具尾毛 2 根。两眼间有 2 个腺孔，分泌绵毛状物质遮盖身体。蜕皮后眼、触角、足、尾毛均消失，开始分泌介壳。第 1 次的脱皮负于介壳上，偏于一边，称为壳点。

4. 卵

椭圆形，长径 0.25～0.3mm，短径 0.1～0.12mm。初产粉红色，渐变为淡黄褐色，孵化前橘红色。

（四）矢尖蚧

1. 介壳

雌虫介壳细长，长 2～3.5mm，紫褐色周围有白边。前端尖，后端宽，状如矢尖，故名"矢尖蚧"。介壳中央有一纵背，脱皮位于前端。雄虫介壳白色，蜡质，近长方形。介壳背面有 3 条纵背，脱皮位于前端。长 1.3～1.6mm。

2. 成虫

雌成虫长椭圆形，橘黄色，长 2.5mm 左右。胸部长，腹部短，前胸与中胸分节明显。第 1、2 腹节边缘外突。雄成虫橘黄色，体长 0.5mm。翅展 1.7mm，交尾器针状。

3. 若虫

初龄橙黄色，鞋底形，触角明显，足发达，眼紫褐色。2 龄若虫椭圆形、淡黄色，后端黄褐色，体长 0.2mm 左右。

4. 卵

椭圆形、橙黄色，长约 0.2mm。

（五）梨圆蚧

1. 介壳

雌介壳斗笠形，蟹青色至灰白色。中央隆起处从内向外为灰白、黑、灰黄色的 3 个同心圆，隆起外围的介壳亦有暗色轮纹；介壳直径 0.7～1.7mm，壳点脐状，位于介壳中心。雄介壳长圆形，灰白色，一端隆起，一段扁平，壳点偏于一端，长 0.75～0.92mm，宽 0.35～0.95mm；冬季型雄介壳为圆形，比雌介壳小。

2. 成虫

雌虫卵圆形，长 0.8～1.4mm，乳黄至鲜黄色，臀板褐色。雄成虫体长 0.6～0.8mm，体宽 0.25mm，翅展 1.3mm。触角 10 节，念珠状。前翅膜质半透明，由翅基部中央伸出 1 条带分叉的简单翅脉。

3. 若虫

初卵若虫椭圆形，乳黄色；体长 0.25～0.27mm，宽 0.18～0.19mm。触角 5 节，足发达，腹末有 1 对白色尾毛。固定后分泌灰白色圆形介壳，直径 0.25～0.40mm，2 龄若虫触角和足退化，雌性若虫体形与雌性成虫相似，黑色；介壳直径 0.65～0.9mm。雄若虫 2 龄开始分泌介壳，呈长圆形或圆形。

三、发生规律

(一) 栗绛蚧

栗绛蚧1年1代。以2龄的若虫在树枝的裂缝、芽痕等隐蔽处越冬。翌年3月上旬平均气温达10℃以上时越冬若虫恢复取食，并能迁移改变危害部位。3月中旬以后，部分若虫蜕皮变成雌成虫，继续取食为害，是栗绛蚧主要的危害期；雌成虫在4月上旬至中旬体积增大较快。4月上旬雄成虫开始羽化，5月中旬卵开始孵化，5月下旬为孵化盛期。卵在母体内孵化，5月中旬至6月下旬初孵若虫陆续从母蚧体内爬出并扩散。早孵化的1龄若虫6月中旬开始蜕皮进入2龄，越冬后直到翌年2月下旬，体积增大不明显。

每头雌成虫体内的初孵若虫需要2～24h才能从母蚧体内钻出。日平均气温在26℃左右，天气晴朗时大量初孵若虫从母蚧体内钻出，先停留在母蚧体周围，尤其是腹部末端附近聚集较多，经过1～2h后才向四周扩散，母蚧体内里面留下大量的白色、碎屑状卵壳。初孵若虫善爬行，向下爬行的数量远多于向上爬行的，经2～3天后固定下来，开始取食为害，身体逐渐长大并在胸部两侧出现一些白色蜡粉和蜡丝。

每雌虫产卵量最低为2251粒，最高为3201粒，平均为2623粒。经对23头雌成虫观察统计，遗腹卵最低为4粒，最高为50粒，平均为15粒；卵的孵化率为99.43%。

栗绛蚧发生与气候条件有着密切的关系。1978～1979年浙江丽水地区栗绛蚧的猖獗危害，1982～1983年湖州和杭州地区栗绛蚧成灾，2000年杭州、丽水等地区栗绛蚧大发生，初步分析原因都是因降雨量小、气候干旱引起的。

栗绛蚧对锥栗的危害重于板栗，壮龄林重于幼龄林，树冠下部枝条、徒长枝上的虫口密度比树冠其他部位要多。栗林密度大的发生重。

天敌主要有黑缘红瓢虫、芽枝状芽孢霉菌和10多种寄生性小蜂，这些小蜂一般4月中旬至5月上旬大量羽化，其中桑名花翅跳小蜂 *Microterys kuwanai* （Ishii）、红蚧细柄跳小蜂 *Psilophrys tenuicornis* （Graham）是常见种类。在浙江长兴观察到寄生率达28.35%～34.9%；被捕食率达5.12%～12.48%。从以上数据可见栗绛蚧天敌对其虫口密度有显著的控制作用，应加以研究，以便保护和利用。

(二) 红蜡蚧

1年1代，以受精雌虫越冬。5月下旬至6月上旬为越冬雌虫产卵盛期。雌若虫脱皮3次，第1龄历时20天，第2龄23～25天，第3龄30～35天。9月上旬成熟交尾后进入越冬状态。

雄性若虫第1龄若虫期20天，第2龄40～45天，前蛹期1～2天，蛹期2～6天。雄成虫8月中旬至9月中旬羽化，寿命1～2天，雌虫产卵于体下，产卵历期达2个月。单雌产卵量为200～500粒。初孵若虫涌散至新梢上，群集于向阳的外侧新叶嫩枝上寄生为害。

若虫在新梢上定居后即开始吸取汁液，并在虫体背面和胸部两侧分泌粉白色蜡质。雄虫在前蛹期停止蜡质的分泌，化蛹时分泌一层较薄的白色蜡茧，并在其中化蛹。

对寄主植物的危害，以当年生春梢上虫口为最多，5～6月份危害最盛。10月至次年5月危害较轻。

红蜡蚧的自然天敌较多，除著名的捕食性天敌大红瓢虫、澳洲瓢虫外，寄生性天敌也很多，分属于跳小蜂科、啮小蜂科、蚜小蜂科及缨翅小蜂科，共 5 个科 8 个种。

（三）桑白蚧

每年发生世代数随纬度的降低而增多。广东 5 代，江浙 3 代，北方各省 2 代，均以当年末代受精雌成虫越冬。

雌虫产卵量以越冬代的危害最高，平均每雌产卵 120 粒左右。卵产于雌虫身体后面，堆积于介壳下方，相连呈念珠状。因卵粒堆积，会使其介壳略微翘起而有缝隙。

若虫孵化后在介壳下停留几个小时后逐渐爬出扩散，多于 2～5 年生枝条上固定取食，尤以枝条分叉处和背阴面的定着密度较大。1 龄若虫取食 5～7 天后开始分泌出绵毛状白色蜡粉，覆盖于体上，并逐渐加厚。若虫蜕皮时自腹面裂开。虫体后移而脱开，并继续分泌蜡质形成介壳。雄若虫蜕皮 2 次而形成蛹，而后羽化成若虫。雌若虫蜕第 2 次皮后即为成虫。

桑白蚧喜好荫蔽多湿的小气候条件，所以在通风不良、透光不足的园林中发生危害重。高温干旱、通风透光则不利其发生。但在若虫分散转移期降雨，则对若虫有冲刷淋洗作用，从而减轻其发生危害。不同受害植株上若虫的性比不同，一般新感染植株上，雌虫数量较多；感染已久的植株上，雄虫数量逐渐增多，严重时，介壳密集重叠，枝条好像覆盖了一层棉絮。

对桑白蚧种群密度的自然控制中，越冬期的成虫死亡率可达 10%～35%；自然天敌桑盾蚧褐黄蚜小蜂对其的寄生率可达 35%，此外，红点唇瓢虫等捕食性天敌对其的捕食量亦能达到一个较高的比率。

（四）矢尖蚧

在主要发生地区 1 年 3 或 4 代。多以受精雌成虫越冬，少数以若虫和产卵雌成虫在叶背及嫩枝上越冬。越冬代雌成虫于翌年日平均温度达 19℃时开始产卵。第 1～3 代 1 龄若虫盛发期为：5 月上旬、7 月中旬、9 月下旬。每雌产卵量为 130～190 粒。

初孵若虫爬行活泼，经 1～2h 后即固着于寄主上刺吸危害。取食后第 2 天即开始分泌棉絮状蜡质，并逐渐形成介壳。若虫在树体上危害常群集成片。

矢尖蚧寄生性天敌较多，常见的有黄金蚜小蜂 *Aphytis chrysomphali*（Mercet）、短缘毛蚜小蜂 *Aphytis proclia*（Walk）、长缘毛蚜小蜂 *Aphytis aonidiae*（Mercet）等。瓢虫类捕食性天敌捕食蛹和若虫，对矢尖蚧种群也有较大的自然控制作用。

（五）梨圆蚧

梨圆蚧在中国南方 1 年 4 或 5 代，北方 2 或 3 代。均以 2 龄若虫和少量受精雌成虫在植物枝干上越冬。翌年春季开始取食，介壳内虫体由黄褐色变为鲜嫩的乳黄色，介壳外观也出现雌雄性别差异。

梨圆蚧营卵胎生生殖，单雌产仔数平均 100 多头。雌性比率随年世代数增加而下降。一般在 2.5∶1～1.2∶1。

梨圆蚧种群的自然控制因子主要为越冬期死亡、自身密度拥挤性死亡和天敌的寄生与捕食。越冬期死亡，在中国东北地区可达 36.4%。当单位面积内虫口密度过高时也会引起种群死亡率增高，当虫口密度达 149 头/cm² 时，死亡率高达 86.5%。此外，高温、干旱季节常引起固着不久的若虫大量死亡。

梨圆蚧的天敌在中国大约有 50 多种，故在古老的发生地区常被天敌自然控制而不形

成明显的危害。捕食性天敌以盔唇瓢虫属的种类为主，如红点唇瓢虫和肾斑瓢虫是其原产地广泛分布的常见种类。二双斑唇瓢虫也是分布在新疆专食盾蚧类的天敌，捕食率可达80％。黑背唇瓢虫是辽宁地区的优势种。寄生性天敌主要有梨圆蚧蚜小蜂等种类。美国、日本曾从中国引进寡节小蜂使该地的梨圆蚧得到了有效的控制。蚜小蜂在新疆对梨圆蚧的自然寄生率达30％以上，陕西省也有此属的种类寄生梨圆蚧。辽宁调查发现有5种寄生蜂寄生梨圆蚧。

四、防治方法

（一）栗绛蚧

1. 栽培防治

冬季清园时剪除有虫枝条，同时，加强肥水管理，促发新芽。降低栗林郁闭度，增加通风透光条件。

2. 保护天敌

已发现多种寄生蜂对抑制栗绛蚧的发生有一定作用，要注意保护与利用。喷药时应避开4月中旬至5月上旬出蜂期。

3. 化学防治

3月中、下旬用40％氧化乐果加上5倍柴油，涂刷机场周边地区的树干，涂白要求离地1m高处，操作时先环刮老皮20cm宽，涂后用塑料薄膜包扎。如隔1周后再涂一遍，则防治效果更好。

4. 夏季防治

5月初在果园随机选20根枝条，放入玻管塞上棉花，放在室内荫凉处，每天观察若虫孵爬时间，结合林间观察确定，并在林间若虫孵化盛期用药。栗绛蚧的孵化期相对比较集中，绝大多数年份是在5月中、下旬，此时采用喷药的方法进行防治效果最好，若虫口密度大，6月上旬可再治一次。药剂用48％毒死蜱乳油900mL/hm²、40％杀扑磷乳油900mL/hm²、25％亚胺硫磷乳油1.8L/hm²、2.5％功夫菊酯450～900mL/hm²、松碱合剂或茶饼松碱合剂16～20倍液，均有较好的防治效果。

（二）桑白蚧、梨圆蚧、矢尖蚧、红蜡蚧

1. 生物防治

蚧壳虫类的自然天敌种类多，数量大，保护、利用有效的自然天敌，如大红瓢虫、金黄蚜小蜂等，实施生物防治，是实现蚧壳虫生态控制的有效途径。

2. 农业防治

实施苗木检疫处理、杜绝传播。结合修剪在卵孵化前剪除有虫枝条，带出果园后处理，并注意保护天敌。

3. 药剂防治

在卵孵化盛期选用低毒、高选择性杀虫剂防治。如用松脂合剂（$CaCO_3$ 1kg，松香1.5kg，水5kg混合熬煮），10～15倍液均匀喷雾。0.2％～0.4％柴油黏土乳剂或用0.2～0.3度的石硫合剂喷洒，有条件的地方，用动力喷雾器向有虫枝条直接喷水，防虫效果亦很好，其他药剂参考栗绛蚧。

五、其他常见介壳虫类害虫（表 5－11）

表 5－11　其他常见有害介壳虫

种类	识别特征	发生与危害	防治要点
草履蚧	雌成虫体长 10mm，背面有皱褶，扁平椭圆性，似草鞋，周缘、腹面淡黄色，体被白色蜡粉。雄虫体 5～6mm，翅展 10mm，体紫红色，头胸部淡黑色。卵椭圆形，黄白色渐呈赤黄色，产于白色绵状卵囊内。若虫形似雌成虫	国内分布于华南、华中、华北、华东、西南、西北。危害苹果、梨、桃、桑、柑橘、荔枝、月季等。若虫、雌虫密集于细枝芽基部刺吸为害，使芽不能萌发，或发芽幼叶枯死，常爆发成灾。1 年 1 代，以卵囊在土中越冬。单雌产卵 100～180 粒。越冬卵孵化的若虫耐干、耐饥能力极强	①秋冬结合挖树盘、施肥、挖除卵囊；②冬末春初，在树干基部刮老树皮涂黏虫胶，阻其若虫上树。5 月在树干基部束草引诱雌虫在草中产卵，集中处理；③若虫孵化期药剂防治。药剂种类参考栗绛蚧
吹绵蚧	雌成虫橘红色，椭圆形，长 4～7mm，宽 3～3.5mm，腹面扁平，背面隆起，呈龟甲状，体外被白色蜡粉及絮状纤维，腹末有白色半卵形卵囊。囊表有脊状线 15 条。雄虫橘红色，体长 2.9mm，翅展 6mm。卵长椭圆形，黄色或橘红色，密集于卵囊中。若虫卵圆形，橘红色	原产澳洲，现广布于热带和温带地区。主要危害芸香科、蔷薇科、豆科约 250 种植物。危害时群集在寄主叶背面、枝条、新稍上刺吸汁液，削弱树势甚至引起全株枯死。1 年 2～4 代，各虫态均可越冬。营两性和孤雌生殖。喜高温高湿。天敌较多	①保护或助迁、释放澳洲瓢虫、大红瓢虫，可有效控制其危害；②人工防治
日本龟蜡蚧	雌成虫卵圆形，紫红色，背面隆起。体表被厚层白色蜡壳，蜡壳背面隆起，表面具龟甲状凹纹，周缘蜡层厚而弯曲，内周缘有 8 个小角状突起。蜡壳长 3.0～4.5mm。雄成虫长 1～1.4mm，淡红至紫红色。卵橙红至紫红色，椭圆形。若虫至 3 龄期雌雄分化，而若虫与雌成虫相似	国内分布于华北、华中、华东、华南、西北、西南等地。主要危害枣、柿、荼、柑橘、松等林木、果树。寄生于枝干和叶片，受害枝干上常密布蜡壳，不见树皮而呈白色。引起提早落叶，树势衰弱，果树减产，甚至植株死亡。1 年 1 代，营两性和孤雌产雄生殖。此虫在华北越冬死亡率高达 50%，捕食性瓢虫的捕食量也较高，天敌的自然控制作用明显	①保护、助长天敌，实施自然控制；②人工防治：修剪、刷虫；③药剂防治参考栗绛蚧，要避免使用广谱性杀虫剂

（续表）

种类	识别特征	发生与危害	防治要点
朝鲜球坚蚧	雌成虫体近球形，后端直截，前端及身体两侧的下方弯曲。直径 3～4.5mm，高3.5mm。初期介壳质软，黄褐色，后期硬化红褐色至黑褐色，表面皱纹不明显。背面有纵列点刻 3 或 4 行或不成行。腹面与树枝贴接处有白色蜡粉。雄成虫体长 2mm，介壳长扁圆形、蜡质、表面光滑，长1.8mm，宽 1mm	分布于东北、西北、华北、华东、华中地区，对桃、杏危害严重。刺吸枝条汁液，引起生长不良，招致吉丁虫危害。果树受害后树势衰弱，产量下降。1 年发生 1 代，以 2 龄若虫越冬，单雌产卵量平均 1000 粒左右。天敌昆虫黑缘红瓢虫对其若虫捕食量较大，是其种群的重要自然控制因子	同日本龟蜡蚧
褐盔蜡蚧	雌成虫体长 6.0～6.5mm，宽 4.5～5.3mm，卵圆或近圆形。体背稍隆，黄褐色，体缘倾斜并具放射状隆起线。体背有 4 列纵排断续的凹陷和 5 条隆脊。腹末具臀裂缝。若虫越冬期体色赤褐色。扁平椭圆形。越冬后沿纵轴隆起，体背周缘起皱褶	国内分布于辽宁、河北、河南、山东、山西、江苏、陕西等省。寄主有桃、枣、苹果、梨、葡萄等，尤以桃、葡萄、刺槐受害为重。以成若虫刺吸危害枝条与果实。1 年 1 或 2 代。营孤雌生殖方式，单雌产卵量 1400～2700 粒，天敌的自然控制作用强，一般瓢虫捕食率达 53%，寄生蜂寄生率达10%～25%	同日本龟蜡蚧
菠萝粉蚧	雌成虫体椭圆形，长 2.0～3.0mm，桃红色或灰色，被有白色蜡粉，周边有蜡粉质刺状突起（大小长短相似）。雄成虫黄褐色，前翅无色透明。卵产出相聚成块，1～12 粒 1 块，覆有白色絮状蜡质物。若虫形似雌成虫	分布于华南、西南等省区，主要危害菠萝。雌成虫、若虫刺吸菠萝叶、茎、根、果实的汁液，被害叶变黄；被害根变黑色；被害果实变失去光泽，且能诱发煤污病。此虫以孤雌生殖为主，偶有两性生殖	①栽植前土壤穴施辛硫磷等灭蚁药，防治蚁类保护、搬运传播粉蚧；②种苗灭虫。用 50% 乐果乳油 800～500 倍液浸苗 5～10min，可杀灭种苗上附着的粉蚧；③保护捕食性天敌如瓢虫类；④大发生时，喷洒松脂合剂，夏季 20 倍液，冬季 10 倍液效果均佳

(续表)

种类	识别特征	发生与危害	防治要点
康氏粉蚧	雌成虫体长 3～5mm，体粉红色，体外被白色蜡质分泌物，体缘具 17 对白色蜡丝。体前端蜡丝稍短，后端稍长，最末 1 对与体长等长。卵椭圆形，常数十粒成块，外被白色蜡粉而成囊状。若虫与雌成虫相似	国内分布于东北、华北、西南地区。危害寄主有果树、瓜、菜及多种林木。以成若虫刺吸寄主的幼芽、嫩枝叶片、果实及根部汁液。嫩枝受害后叶片肿胀，或形成虫瘿。果实受害后畸形。1 年 2 或 3 代，各虫态均可越冬。危害盛期在 5～8 月份	① 冬春清园刮树皮，晚秋树干扎草诱其越冬产卵，集中处理；② 保护天敌，发挥天敌的自然控制作用；③ 对苗木、接穗进行严格地检疫处理
柿绒蚧	雌成虫体长 1.5mm，卵形，紫红色，腹缘有白色细蜡丝，老熟时被包于一白色如大米粒状的绵状蜡囊中，尾部卵囊白色，絮状。雄成虫体长 1.2mm，紫红色。若虫卵圆形，紫红色。周身具短的刺状物	分布于全国。主要危害柿树，柿叶受害出现多角形黑斑，叶柄受害则变黑而脱落；果实受害则引起落果。每年发生 4～6 代，以若虫越冬。4 代区以第 3 代若虫危害最重	① 冬季清园降低越冬虫口；② 保护天敌；③ 越冬若虫出蛰期喷洒 3～5 倍的石硫合剂，若虫期可用聚酯类杀虫剂喷雾防治
紫薇绒蚧	雌成虫卵圆形，体长 3mm，最宽处 2mm，末端比头端稍尖。体紫红色，遍身微细刚毛，被有白色蜡粉，外观略呈灰色。体背有少量白色蜡质。近产卵时分泌蜡质形成白色毡绒状蜡囊，虫体与卵包被于其中。雄成虫体长 1.2mm，紫或褐色，卵淡紫红色，越冬若虫体长 1mm，紫红色	分布于山西、山东、江苏、辽宁、贵州、安徽、北京、天津、沈阳等地，危害紫薇、石榴、扁担杆子、叶底珠，是城市园林和果树的大害虫。严重时枝条布满虫体，引起黄叶落叶，枝条干枯，甚至全株死亡。每年发生 2～4 代，雌虫可以孤雌生殖，每雌产卵 37～124 粒。瓢虫、草蛉、寄生蜂是其主要天敌	同柿绒蚧
红圆蚧	雌虫介壳圆形或椭圆形，淡褐色或土黄色，蜕皮壳橘红色。雌成虫产卵前虫体卵形，胸部第 1 节和第 2 腹节的一部分为虫体最大部分，呈椭圆形，腹部逐渐变尖，背腹面高度硬化	分布于两广、浙江、福建、台湾、云南、四川、新疆、欧洲、美国、澳洲。为杂食性害虫，寄主有 61 科 372 种，主要危害热带、亚热带植物	① 保护瓢虫类天敌，增强自然天敌控制作用；② 结合整枝修剪，进行人工防治

（续表）

种类	识别特征	发生与危害	防治要点
椰圆蚧	雌介壳圆形，淡褐色，薄而透明，壳点位于中央或近中央。雄介壳椭圆形，褐色稍小	分布于世界各地，寄主有72种，主要寄生于叶片为害，广泛分布于中国长江以南产茶区，对茶树危害较重	同红圆蚧
褐圆蚧	介壳圆形扁平紫褐色。第1次脱皮壳位于中央，如冒顶状。第2次脱皮壳颜色稍淡。第2壳点均在中央相互重叠。雄介壳色泽质地同雌介壳，长卵形，略小	华南地区发生极为普遍。主要危害柑橘、柠檬、椰子、香蕉、茶树等。夏秋季危害较严重，导致叶片提早脱落，果实生长不良。每年发生3～6代不等，行两性生殖，产卵于介壳下。寄生性天敌，捕食性天敌较多	①保护自然天敌，发挥天敌的生态控制效能；②结合整枝修剪进行人工防治；③尽量不用杀虫剂，以保护天敌
黑点蚧	雌介壳近长椭圆形，黑色。第1次蜕皮壳位于第2次蜕皮壳前端，椭圆形。第2次蜕皮壳背面有2条纵背，后面有灰白色薄蜡状物。雄介壳小而窄，长形，突出于灰白色蜡壳前端	国内广布于柑橘产区，危害柑橘类，尤以橙、柑、橘受害为重。还危害枣、椰子、月桂等。1年3～4代，以郁闭衰弱果园受害重。天敌多，自然控制力强	同褐圆蚧
糠片蚧	雌介壳长圆形，灰白或灰褐色，中部稍隆起，长1.5～2.0mm。壳点位于前端，暗黄褐色。雌介壳细长，灰白色，两侧平行。壳点位于前端	国内分布于长江以南及山东、河北等地。寄主有柑橘、苹果、山茶、茉莉、楝等多种。成若虫刺吸汁液影响树势及果实品质。每年发生3或4代，7～10月危害严重	同褐圆蚧
长白蚧	雌介壳暗棕色，纺锤形，长1.68～1.80mm。上覆一层厚的白蜡，壳点在头端突出，介壳直或略弯曲。雄介壳长形，且小，壳点在头端	分布于华北、华中、中南、东北。危害杨、苹果、李、柑橘等树干大枝。受害枝常布满介壳不见树皮。每年发生2～3代	同褐圆蚧
拟蔷薇白轮蚧	雌介壳白色或灰白色，近圆形，壳点偏离介壳中心，第1壳点近介壳边缘，淡褐色；第2壳点近介壳中心，黑褐色。介壳直径2～2.4mm。雄介壳长形有2条纵脊沟，白色溶蜡状，壳点1个位于端部。介壳长0.8～1.0mm，宽0.3mm	分布于长江以南地区，危害蔷薇科植物，每年发生2或3代，喜阴湿环境。天敌较多	同褐圆蚧

（续表）

种类	识别特征	发生与危害	防治要点
栗链蚧	雌介壳圆形或因拥挤而不规则。黄绿色或黄褐色。直径0.9～1.0mm，有3条不明显的纵脊和多条横脊，体缘有粉红色刷状蜡丝	分布于江西、安徽、江苏、湖南。危害板栗和栗属其他种树，枝干受害表皮下陷，新枝受害的表皮干裂，叶片受害后出现枯黄斑点。1年2代。郁闭度大、管理粗放的栗园受害重	①检疫处理苗木、接穗；②保护利用红点唇瓢虫，开展生物防治；③加强栗园管理；④药剂防治参考栗绛蚧

第六节　蝽类害虫

蝽类害虫即蝽象（bugs）属于半翅目，网蝽科、盲蝽科和蝽科。对园艺植物造成危害的主要种类有梨网蝽 *Stephanitis nashi*（Esaki et Takeya）、荔枝蝽 *Tessaratoma papillosa*（Drury）、茶翅蝽 *Hâlyomorpha picus*（Fabricius）、菜蝽 *Eurydema dominulus*（Scopoli）、杜鹃冠网蝽 *Stephanitis pyriodes*（Scott）、绿盲蝽 *Lygus lucorum*（Meyer-Dür）、斑须蝽 *Dolycoris baccarum*（Linnaeus）、麻皮蝽 *Erthesina fullo*（Thunberg）等，其中又以荔枝蝽、梨网蝽、茶翅蝽（图5-8，表5-12）的危害最为严重，是本节的介绍重点。

一、分布与危害

荔枝蝽在国内主要分布于广东、广西、福建、江西、云南、贵州等省区，国外分布于东南亚及印度等地。主要危害荔枝、龙眼等热带、亚热带果树。成虫、若虫均刺吸果树的嫩梢、花穗、幼果汁液，导致落花落果。荔枝蝽成虫硕大，受惊扰时会喷射臭液自卫。其臭液量大且有毒，对人的眼睛和皮肤有刺激性，并可引起果树的花蕊、嫩叶及果皮变成焦褐色。大发生时严重影响果树产量。

梨网蝽在国内的华北、华东、华中、华南、东北、西南均有分布。成虫、若虫均在寄主叶背栖息并刺吸危害。被害叶片正面苍白色，背面锈黄色。受害严重时，果树提早落叶，影响树势和产量。梨网蝽主要危害梨、苹果、桃、杏等蔷薇科果树和园艺植物。

茶翅蝽在全国均有分布，国外分布于东南亚一带，局部地区危害较重。食性庞杂，主要危害梨、苹果、桃、无花果、石榴、柑橘等果树，榆、桑、大豆等树木和作物。成虫、若虫吸食叶片、嫩梢和果实汁液，尤其是梨果受害后形成表面凹凸不平的畸形果，俗称疙瘩梨，严重影响品质与产量。

二、识别特征（图 5-8，表 5-12）

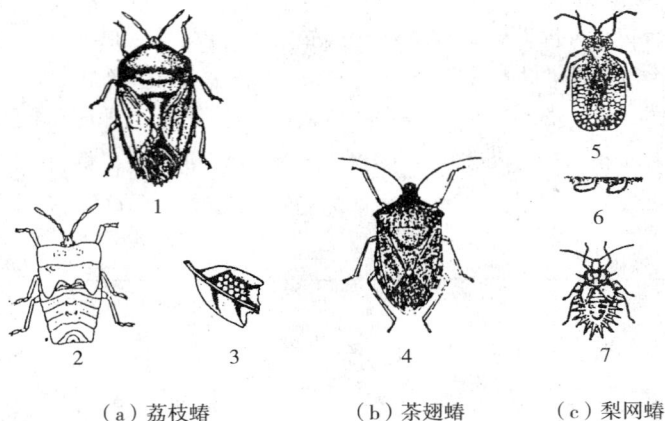

（a）荔枝蝽　　　　（b）茶翅蝽　　　　（c）梨网蝽

图 5-8　3 种主要的蝽类害虫的形态特征
1. 成虫　2. 若虫　3. 卵块　4. 成虫　5. 成虫　6. 卵　7. 若虫

表 5-12　3 种重要蝽象的识别特征

虫态	荔枝蝽	梨网蝽	茶翅蝽
成虫	雌虫长 24～28mm，宽 15～17mm，黄褐色，近似盾形。雄虫略小。单眼 1 对鲜红色，位于复眼内方，触角 4 节。胸部腹面中后胸交接处有臭腺开口。腹面被有白色蜡粉，易脱落。雌虫腹末腹面中央分裂；雄虫腹末背面有一下凹的交尾构造	体长 3.5mm，暗褐色。头小，复眼黑色，触角丝状 4 节。前胸背板有纵隆起，向后延伸如扁板状，盖住小盾片，两侧向外突出呈翼片状。前翅略呈长方形，具黑褐色网纹；静止时两翅叠起黑褐色斑纹呈"X"状	体长 15mm，宽 8～9mm。扁椭圆形，灰褐色略带紫红色，触角丝状。前胸背板前缘有 4 个黄褐色小点横列。小盾片基部有 5 个小黄点横列，两侧斑点明显
若虫	共 5 龄。1 龄椭圆形，5mm，鲜红色变为深蓝色；2 龄长方形，8mm，橙红色；3 龄 10～12mm，体形体色同 2 龄；4 龄体长 14～16mm；5 龄体长 18～20mm，色泽略淡	共 5 龄，初孵若虫乳白色，渐变成深褐色。3 龄后有明显的翅芽，腹部两侧及后缘有一环黄褐色刺状突起。头、胸、腹部均有刺突	与成虫相似，无翅。前胸背板两侧有侧突。腹部各节背面中部有黑斑，黑斑中央两侧各有一黄褐色小点，各腹节两侧节间处均有 1 个黑斑
卵	近圆形，长 2.5～2.7mm，初产时淡绿色，渐变为黄褐色至灰褐色。卵粒常 14 粒相聚成块	长椭圆形，一段略弯曲，长径 0.6mm。初产淡绿色半透明，后变为淡黄色	常 20～30 粒并排成列。卵粒短圆筒状，形似茶杯，灰白色，近孵化时黑褐色

三、发生规律

荔枝蝽在华南地区1年1代，以成虫在树冠浓密处或屋檐下越冬，第2年3月中、下旬迁移至树梢或花穗上活动取食，交尾产卵。成虫产卵盛期在4～5月份，落卵部位以叶背居多，约占80%。卵历期长短与气温高低有关，3月中旬平均气温18℃时，卵历期20～25天；4月中旬平均气温20℃时，卵历期为17～19天；4月中、下旬气温在22℃左右时，卵历期7～12天。平均单雌产卵5～10块，每块约14粒。若虫于4月初开始陆续孵化。5、6月份为若虫盛发高峰期。此时正处于荔枝、龙眼树的发梢、花穗、幼果阶段，蝽象若虫大量刺吸取食，常引起严重的花果脱落或减产。若虫的耐药性随着龄期的增大而增强，以5龄若虫的耐药性为最高。当年羽化的新成虫于6月份陆续出现，越冬成虫也在此时陆续死亡，新旧成虫有一段共存时间。7、8月份以后，荔枝园中大多为当年羽化的新成虫。成虫寿命为203～371天，平均311天。荔枝蝽成虫、若虫平均有趋嫩绿的习性，春夏季节多发于花果、新稍多的荔枝、龙眼树上。秋季的新成虫为准备越冬而大量取食，脂肪积蓄多，耐药性强；而越冬后的成虫，一旦开始取食即表明其卵巢发育已经成熟，此时成虫的呼吸代谢旺盛，耐药性显著降低，是化学防治的有利时机。荔枝蝽卵期天敌主要种类有平腹小蜂 *Anastatus*（sp.）、卵跳小蜂 *Ooencyrtus corbetti*（Ferr.）；鸟类也是其重要的捕食性天敌。

梨网蝽的年发生世代数在长江流域为4或5代，北方果区为3或4代。各地均以成虫越冬。次年春季4～5月份陆续出蛰取食活动。5月中旬后果园中各种虫态同时出现，世代重叠。一年中以7～8月份危害最为严重。成虫产卵于叶背面的叶肉内，常数粒至几十粒相邻、单产于叶片主脉两侧的叶肉内。每雌产卵15～60粒。卵期15天左右。初卵若虫有群集习性，2龄后逐渐扩散。成虫、若虫均喜欢群集于叶背主脉附近为害，被害处叶面呈现出黄白色斑点，随着危害的加重斑点扩大至全叶苍白，引起提早落叶。叶背和下边叶面上常落有黑褐色带黏性的分泌物和粪便，并可诱发煤污病，影响树势和来年结果。10月中旬后成虫开始越冬。

茶翅蝽1年发生1代，以成虫越冬。在河北省梨区，越冬成虫5月份出蛰，先为害桑树，再转害柿树，6月上旬转到梨树上为害，并产卵繁殖。6月中旬至8月中旬为产卵盛期。卵历期10～15天，若虫于7月中旬后陆续羽化为新成虫。以7月份至8月上旬梨果实受害最为严重。9月下旬成虫开始越冬。

四、测报与防治

荔枝蝽的防治要点有二：其一是利用平腹小蜂开展生物防治。平腹小蜂现在已经可以利用柞蚕卵商品化大量生产，供生产之用。在每年的早春，荔枝蝽产卵的初期开始放蜂，以后每隔10天放蜂1批，共放蜂3次即可。具体放蜂量视虫口密度而定，当每棵荔枝树有荔枝蝽150头左右时，放蜂600头。当蝽象密度大于每株400头时，则应先用化学防治压低成虫密度，而后再放蜂。其二是适时的化学防治，对荔枝蝽的化学防治关键在于适时。早春越冬成虫开始活动时，尚未大量产卵，而且成虫此时的自然抗药性最低，可喷射

10％氯氰菊酯或 5％高效氯氰菊酯 300～450mL/hm²、20％甲氰菊酯 225～300mL/hm² 杀灭越冬成虫。第 2 次喷药在若虫的 3 龄高峰期进行。

梨网蝽和茶翅蝽的防治关键措施有两点：一是冬季清园，降低成虫密度；二是在危害高峰期进行化学防治。

五、其他常见蝽类害虫（表 5-13）

表 5-13　其他常见蝽类害虫

害虫种类	发生概况	防治要点
菜蝽	菜蝽种类多，分布广。主要危害十字花科蔬菜，成虫、若虫均刺吸危害，并可携带十字花科细菌性软腐病的病菌。菜蝽喜光趋温，降雨对其种群有抑制作用。成虫寿命长，繁殖量大。卵期的天敌黑卵蜂对其田间寄生率常在 50％以上	①早春清洁田园；②适时浇水淹杀产于地面的第 1 代卵；③保护黑卵蜂，发挥其自然控制作用；④药剂防治以防治成虫为上策
杜鹃冠网蝽	分布于浙江、台湾、广东、美国等地。主要危害杜鹃花科的园艺植物。在广州 1 年 10 代，世代重叠，无明显越冬现象，几乎全年均可见危害	防治方法同梨网蝽
绿盲蝽	分布广。主要危害菊科、木槿科等多种花卉，对菊花的危害较重。1 年 5 代，以卵在石榴、木槿等植物组织内越冬。喜高温多湿气候，以 5 月上、中旬危害最盛	在危害盛期以常规药剂喷雾防治
斑须蝽	全国分布。多食性，可危害多种园艺作物。在华东地区 1 年 3 或 4 代	在危害盛期以常规药剂喷雾防治
麻皮蝽	全世界分布。食性极广，可危害多种园艺植物。以成虫越冬，1 年 1 或 2 代。果树的果实受害后硬化畸形。成虫越冬有群集习惯。卵期有黑卵蜂、平腹小蜂寄生	注意保护天敌。在危害盛期以常规药剂喷雾防治

第七节　蓟马类害虫

危害园艺植物的蓟马（thrips）通常有蓟马科的花蓟马 *Frankliniella intonsa* (Trybom)、瓜亮蓟马 *Thrips flavus* (Schrank)、葱蓟马 *Thrips tabaci* (Lindeman)、黄胸蓟马 *Thrips hawaiiensis* (Morgan)、茶黄蓟马 *Scirtothrips dorsalis* (Hood)、温室蓟马 *Heliothrips haemorrhoidalis* (Bouche) 和管蓟马科的中华管蓟马 *Haplothrips chinensis* (Priesner) 等。本节重点介绍危害较为严重的瓜亮蓟马和葱蓟马。

一、分布与危害

瓜亮蓟马国内分布于华中、华南各省区，尤以广州、深圳地区发生严重。主要寄主有冬瓜、西瓜、苦瓜、黄瓜、丝瓜、节瓜、番茄、茄子、菜豆、枸杞等，在广州地区尤以瓜类受害最重，常造成毁灭性灾害。以成虫、若虫锉吸植物的心叶、嫩芽及幼果的汁液，被害植株心叶不能张开，生长点萎缩，出现丛生现象。瓜类幼果被害后，毛茸变黑，表皮变为锈黑色，瓜果畸形，生长缓慢，并造成落果，对产量和质量影响很大。

葱蓟马又名烟蓟马，国内外分布极普遍。主要危害葱、蒜、马铃薯、棉花、烟草等，成虫大多在寄主上部嫩叶反面取食为害，若虫则在叶脉两侧为害。嫩叶片被害后常呈肥大、皱缩或破碎状，嫩头被害后会形成多头，被害叶片背面呈银灰色条斑或斑点。

二、识别特征（图5-9，表5-11）

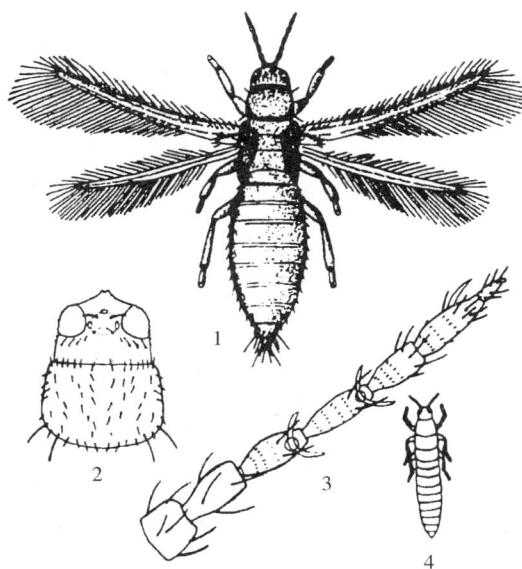

图5-9 葱蓟马的形态特征
1.成虫 2.头及前胸背板 3.触角 4.若虫

表5-11 瓜亮蓟马和葱蓟马的主要识别特征

	瓜亮蓟马	葱蓟马
成虫	体淡黄色，复眼稍突出，褐色，单眼3只，红色排成三角形。触角7节，5～7节灰黑色。前翅上脉基鬃7根	淡褐色，背部黑褐色，复眼紫红色，触角7节。前翅上脉基鬃7或8根，端鬃4～6根，下脉鬃14～17根，均匀排列
卵	长椭圆形，淡黄色，产于嫩叶组织内	乳白色至黄白色，可见红色眼点，侧看似肾形

	瓜亮蓟马	葱蓟马
若虫	体黄白色，1～2龄若虫无翅芽；3龄触角向两侧弯曲，复眼红色，鞘状翅芽伸达3、4腹节；4龄触角往后折于头部，鞘状翅芽伸达腹部近末端	体淡黄色，复眼暗红色。触角6节，第4节具微毛3排。各体节细微褐色点上生有粗毛

三、发生规律

（一）瓜亮蓟马

瓜亮蓟马在广州、深圳1年20代以上，多以成虫潜伏在土块、土缝下或枯枝落叶间越冬，少数以若虫越冬，也有少量以第4龄若虫（拟蛹）在表土越冬。越冬成虫在第2年春当气温回升至12℃时，开始活动，先在冬茄上取食并繁殖，待瓜苗出土后，即转至瓜苗上为害。当气温上升到27℃以上时，繁殖较快。一年中以7月下旬至9月间发生数量最多，危害夏植节瓜最为严重，除危害节瓜叶外，多在瓜果上为害，常造成毁灭性灾害。

瓜亮蓟马发育最适温度为25℃～30℃。发生危害程度与降雨量关系密切，降雨量大时，尤其是大暴雨，使土壤板结，对若虫入土和成虫羽化极不利，对其发生有明显的影响，发生数量明显减少。土壤含水量在8％～18％的范围内，化蛹和羽化率均较高，低于或高于这一范围，对化蛹和羽化均不利。所以在春季低温且雨水多的环境下均不利于其生长，发生数量少。而夏、秋季的土壤温度能满足其要求。一般砂壤土有利于若虫入土和成虫羽化，故发生危害较黏土田严重。

成虫能飞善跳，畏强光，白天多潜伏在嫩叶丛中、花器内，或幼果的毛茸内，尤其喜欢在植株生长顶端的嫩叶上取食和产卵。成虫有两性生殖和孤雌生殖的能力，其孤雌生殖所产生的后代能连续几代进行孤雌生殖。成虫产卵时，以锯状的产卵器锉刺叶片，然后产卵于叶肉内，每雌产卵量为30～70粒。

初孵若虫体乳白色透明，经2～3min后开始爬行取食。若虫共4龄，初孵若虫行动活泼，2龄若虫有自然往下掉的习性，落于地面后很快沿土裂缝钻入土中，入土深度3～5cm。3～4龄若虫不食不动，称为预蛹和拟蛹。

成虫历期最长可达50多天，产卵期12～30天。卵历期3～8天。若虫历期：在15℃～21℃时为7～12天，在23℃时为5天，在27℃以上时为3～4天。

瓜亮蓟马的天敌有花蝽和草蛉，尤其是花蝽的取食量大。据研究，1头花蝽每天可取食10多头瓜亮蓟马，对其有很大的抑制作用。

（二）葱蓟马

葱蓟马在东北地区1年3或4代，山东6～10代，华南地区20代以上。据河北、山东、湖北、江西报道，葱蓟马主要以成虫（也有若虫）在土块缝隙，葱、蒜叶鞘内侧及枯枝落叶中越冬，也有以蛹在土表层越冬。第2年春季3～4月份开始活动，先在冬寄主上繁殖，后迁至花卉、果树及杂草上进行危害，一年中以4～5月份发生数量多，危害严重。在华南地区葱蓟马无越冬现象，冬季仍可见在葱、蒜类作物上为害。

成虫极活泼，善飞，怕阳光，多躲在植株叶背面，早晚及阴天可在叶面上活动。田间雌雄性的数量差异很大，雄虫数量极少，雌虫可进行孤雌生殖。成虫多在寄主上部嫩叶反面取食和产卵，卵产于嫩组织的表皮下或叶脉内，每头雌成虫产卵量为 21～178 粒，平均 50 粒。初孵若虫活动力不强，多在叶背沿叶脉两侧取食为害，2 龄后潜入土中蜕皮为前蛹，再次蜕皮为伪蛹。一般夏季发生 1 代约需 15 天。在干旱年份发生严重，久旱不雨是葱蓟马大发生的预兆。在 25℃ 以下，相对温度在 60% 以下时发生数量多，危害严重。气温在 27℃ 以上，对葱蓟马有抑制作用。

常温在 25℃～28℃ 下，卵历期 5～7 天，若虫（1～2 龄）6～7 天，前蛹期为 2 天，"蛹期" 3～5 天。成虫寿命 8～10 天。

葱蓟马的主要天敌有小花蝽 *Orius minutus*（Linnaeus）、华姬猎蝽 *Nabis sinoferus*（Hsiao）及横纹蓟马 *Aeolothrips fasciatus*（Linnaeus）等，对其发生数量有一定的抑制作用。

四、防治方法

1. 农业防治

冬季彻底清除机场内场区野生杂草及周边地区田间杂草和枯枝落叶，深耕土壤，消灭越冬虫源。

2. 药剂防治

瓜亮蓟马、葱蓟马虫体微小，早期危害不容易发现，因此，必须加强田间调查，及时喷药防治，喷药时除对植株上部喷雾外，还应对植株所属的地面喷药，这一点非常重要，这是因为瓜亮蓟马的若虫有自然落地化蛹的习性，只有实行地面和植株同时喷药，才能达到较好的防治效果。常用喷雾药剂有：50% 巴丹可溶性粉剂 900～1200g/hm²、50% 辛硫磷乳油 1500mL/hm²、2.5% 菜喜（多杀菌素）悬浮剂 500～750mL/hm²、75% 乙酰甲胺磷可溶性粉剂 1.2～1.5kg/hm²、10% 氯氰菊酯乳油 300mL/hm²。发生数量小，危害轻时可用肥皂水或洗衣粉水冲刷。在温室内发生时可用 80% 敌敌畏乳油原液密闭熏杀。

3. 保护利用天敌

充分发挥小花蝽、草蛉、猎蝽等自然天敌对蓟马的抑制作用。

五、其他常见蓟马类害虫（表 5-15）

表 5-15　其他常见有害蓟马

	发生概况	防治要点
花蓟马	主要危害菊花、剑兰、玫瑰、兰花、柑橘、扁豆、白菜及辣蓼等，多在花内大量发生危害。14～30 天繁殖 1 代，世代重叠。早春先在蚕豆花中为害和繁殖，以后逐渐迁到花卉上为害，以 5 月中、下旬至 6 月上、中旬危害严重，6 月下旬后危害减轻。晚秋在辣蓼的花内大量发生。产卵于叶表皮内，每雌产卵量 80 粒左右。成虫怕光，3～4 龄不再取食	重点注意花期受害，防治方法参照葱蓟马和瓜亮蓟马

（续表）

	发生概况	防治要点
黄胸蓟马	长江以南地区均有分布。主要危害菊花、兰花、玫瑰、茉莉、月季、白兰、夹竹桃、晚香玉等。以成虫、若虫危害花，被害花出现灰白色的点点食痕和产卵痕，危害严重时造成花瓣卷缩而不能顺利伸展开。1年10～20代，温室栽培可常年发生。卵产于花瓣或花蕊的表皮下，或一半埋在表皮下，一半露在外面。喜在植株幼嫩组织，尤其是花上取食为害，大发生时1朵花内有数十头成虫和若虫。其食性较杂，可转换危害多种寄主。高温干旱有利于其大发生，多雨季节则发生少	重点注意花期受害，防治方法参照葱蓟马和瓜亮蓟马
中华管蓟马	南方各地均有分布。主要危害菊花、玫瑰、兰花、大叶紫薇、柑橘、桃、枇杷、芒果等。以成虫、若虫取食幼芽、嫩叶、花和幼果的汁液，受害嫩叶卷曲。花和芽梢受害后凋萎。一年中以5～6月份发生数量最多，危害严重	参照瓜亮蓟马和葱蓟马的防治方法
褐蓟马	又名褐带蓟马，分布于广东、广西、台湾、浙江、江苏等地。主要危害山茶、玫瑰、枇杷、柑橘、荔枝、芒果、龙眼、凤梨等。主要危害花，取食花器汁液，尤以山茶花、玫瑰受害严重，严重时使用花提早凋谢，影响观赏。一年中5～6月份发生数量多，危害严重	参照葱蓟马、瓜亮蓟马的防治方法
端带蓟马	又名端大蓟马，国内分布很广。主要危害豇豆、扁豆、蚕豆、葱、蒜、菊花、紫云英等，尤以豆类作物花期受害最重。以成虫、若虫锉吸花器吸食液，致使落花、落荚，被害叶片呈现斑点状、卷曲以致枯萎，在江西1年6～7代，以成虫在萝卜、油菜、葱、蒜、紫云英等作物上越冬。当春季气温达15℃以上时，越冬成虫开始活动；当气温达20℃～25℃时，繁殖速度极快，有时可骤然暴发成灾。成虫喜群集在新鲜花朵上为害，卵多产在花蕊和花梗组织内，若虫孵化后在花器中取食，3～4龄若虫入土蛹化，一般在5～10mm深的表层土中。一年中在4～5月份和9～10月份发生危害严重	加强开花时期调查，如豆类作物每朵花内有虫2或3头时，应立即药剂防治，每3～4天1次，连续2或3次。药剂种类参照葱蓟马和瓜亮蓟马
黄蓟马	国内分布于江苏、浙江、福建、湖南等地。主要危害葡萄、芒果、草莓、银杏、茶树等植物。以成虫、若虫新梢、芽及叶片，多在叶片背面取食。银杏被害后，叶片失绿，严重时叶片灰白色，并造成大量落叶。在江苏邳州市1年4代，成虫产卵于嫩叶背面侧脉叶肉内，孵化后在嫩叶背面锉食汁液，成虫善弹跳，畏强光，阴凉天气多在叶面活动，中午强阳光下多栖息在嫩芽内花丝间。以6～8月份发生数量多，旱季危害严重	参照葱蓟马和瓜亮蓟马的防治方法

(续表)

	发生概况	防治要点
温室蓟马	国内分布于四川、福建、台湾及华南地区。主要危害桃、芒果、柿、葡萄、槟榔、柑橘、香樟、柳、金鸡纳霜（奎宁）、桑等植物。以成虫、若虫在植物反面主脉两侧取食为害，被害叶片变白，以后呈褐色斑，果实受害后失去光泽，严重影响商品价值。若虫行动迟钝，有群集性。热带和亚热带地区发生多。完成1代约需3周至1个月时间	参照葱蓟马和瓜亮蓟马的防治方法

思考题

1. 简述机场蝉类的主要危害种类及其危害特点。
2. 机场介壳虫类害虫的防治中，生物防治为什么特别重要？
3. 试比较介壳虫类害虫与螨类害虫危害与防治上的异同点。
4. 试比较几种机场木虱特性和防治方法的异同。
5. 简述荔枝蝽防治要点及其发生规律的关系。
6. 简述当地温室白粉虱和黑刺粉虱的发生危害情况？如何进行防治？
7. 试分析蚜虫类害虫的危害和繁殖特点，试举一例说明，如何进行防治？
8. 简述瓜亮蓟马的危害特点，如何进行防治？

第六章 机场食叶性害虫

广义食叶性害虫（leaf-feeding insects）泛指危害叶片的害虫，包括吸食叶片汁液的吮吸式害虫、潜食叶肉的潜叶性害虫和蚕食叶片的害虫。前两类已分别列章节讲述，本章主要讲述蚕食叶片的害虫。该类害虫均具咀嚼式口器，蚕食叶片形成缺刻或孔洞，严重时常将叶片吃光，仅剩枝杆、叶柄或主叶脉，并取食嫩头、舔食花蕾和果实。它们大都营裸露生活，仅少数卷叶、缀叶营巢。加之该类害虫繁殖力强，往往有主动迁移、迅速扩大危害的能力，因而常形成间歇性爆发危害。此外，由于它们大都裸露生活，故易于防治，一般在低龄幼虫期，使用触杀和胃毒性杀虫剂，均能取得理想的防治效果。

食叶性害虫主要是鳞翅目害虫，此外，还有叶蜂类、直翅类和一些甲虫等。其中，有些甲虫，如金龟甲幼虫在地下栖食，本书视其为主要危害虫态，将以幼虫危害为主的列为地下害虫，而以成虫危害为主的列入本章，以便了解食叶性害虫的全貌。

第一节 蓑蛾类害虫

属鳞翅目、蓑蛾科，又名袋蛾（bagworm moths），俗称"避债蛾""吊死鬼"。全世界已知约 800 种，国内已知 17 种。园艺植物上发生的主要是大蓑蛾 *Clania variegata*（Snellen）、小蓑蛾 *Clania minuscule*（Butler）、白囊蓑蛾 *Chalioides kondonis*（Matsumura）等。现以大蓑蛾作重点介绍。

一、分布与危害

大蓑蛾（图 6-1）又名大窠蓑蛾、大袋蛾，几乎遍布全国各地，其中以长江及其以南各省受害较重。幼虫主要危害梨、苹果、柑橘、桃、杏、龙眼、葡萄、核桃、桑、茶、松、柏、榆、法桐、泡桐、刺槐、芙蓉、樱花、冬青、杨、柳等，是园艺植物重要的多食性食叶害虫。

二、识别特征

成虫雌蛾无翅、无足、形状似蛆，体长 25mm 左右，头部小，腹部第 7 节有褐色丛毛环。雄蛾有翅，体长 16mm 左右，触角双栉齿状，体黑褐色，前、后翅均暗褐色，前翅近外缘有 4 或 5 个长形透明斑。卵椭圆形、淡黄色、有光泽。幼虫共 5 龄。末龄雌虫体长 28～38mm，头部黄褐色，前、中胸背板有 4 条暗褐色纵带。末龄雄虫体长 18～28mm，

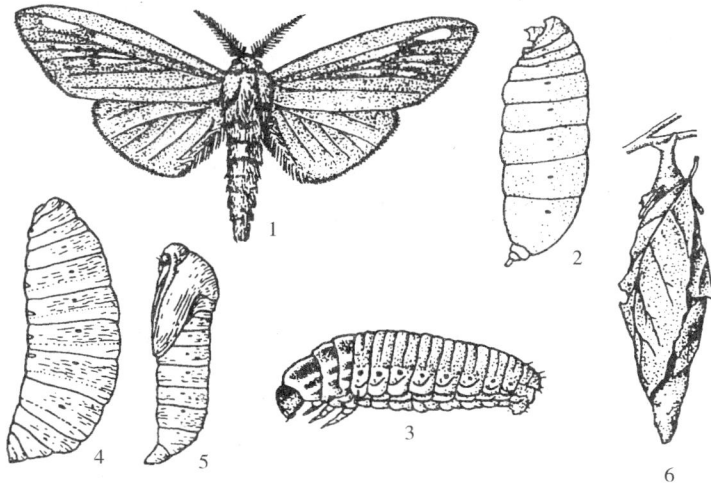

图 6-1　大蓑蛾的形态特征

1. 雄成虫　2. 雌成虫　3. 幼虫　4. 雌蛹　5. 雄蛹　6. 袋囊（蓑囊）

头部黄褐色，中央有白色"人"字形纹，前、中胸背板中央有一白色纵带。雌蛹体长 25～30mm，赤褐色，雄蛹体长 18～24mm，暗褐色，臀棘分叉，叉端各有钩刺一枚。

袋囊长 50～80mm，长纺锤形，囊外附有较大的碎叶片及小枝残梗，排列不整齐。

三、发生规律

在河北、山东、陕西、河南、安徽、江苏、浙江、湖北、江西等地 1 年 1 代，偶有 2 代，但第 2 代幼虫多不能越冬；在广州 1 年 2 代，多以老熟幼虫在袋囊中挂在树枝梢上越冬。来春一般不再活动取食，环境适宜时便开始化蛹。雌蛹历期在合肥为 12～26 天，在南昌平均 17 天；雄蛹历期在合肥 24～33 天，在南昌为 40 天。各地发生期见表6-1。

表 6-1　大蓑蛾在各地机场的发生期

地区	化蛹期	成虫羽化期	幼虫卵化期	幼虫越冬
山东	5 月上旬至 6 月中旬	5 月下旬至 6 月下旬	6 月中旬至 7 月中旬	10 月上旬
河南	4 月下旬至 6 月下旬	5 月中旬至 7 月上旬	5 月下旬至 7 月下旬	10 月中、下旬
上海	4 月上、中旬	5 月上旬至 6 月上旬	5 月下旬至 6 月中旬	10 月下旬至 11 月
浙江	4 月下旬	5 月上、中旬	5 月下旬	10 月下旬至 11 月
江西	3 月下旬至 5 月上旬	4 月下旬至 5 月上旬	5 月中、下旬至 6 月上旬	10 月中、下旬至 11 月

成虫多在傍晚前后羽化。雄蛾在黄昏后最为活跃，趋光性强。灯下诱蛾以 20～21 时数量最多，约占全夜诱蛾量的 80%。雌蛾羽化后仍留在蓑囊内分泌性信息素，雄蛾飞至将腹末伸入蓑囊内与之交配。卵产于蓑囊内，单雌产卵量数百至 4000 余粒不等。卵期 12～22天。

初孵幼虫滞留在蓑囊内取食卵壳，3～4 天后爬出蓑囊，吐丝下垂，随风漂泊扩散，降落至寄主叶面后，先将叶表啃成碎叶，并吐丝粘连，营造蓑囊，再匿居囊内负囊爬行、觅食为害。随着幼虫的取食、脱皮、长大，蓑囊也逐渐地增宽加长，并以大叶碎片、小枝残梗零乱地缀贴于蓑囊外。幼虫喜欢聚集于树枝梢和树冠顶部为害，受惊扰可吐丝下垂，稍停又沿丝上树。1、2 龄幼虫啃食叶肉残留表皮，3 龄后蚕食叶片成孔洞或仅留叶脉，4 龄后分散转移到树冠外围的叶背为害，5 龄进入暴食期，食量最大，危害最烈。7～9 月份是幼虫危害的高峰期。10 月中旬后，老熟幼虫陆续迁向枝梢顶部，吐丝固定蓑囊于小枝上，封闭囊口，开始越冬。越冬幼虫抗寒力较强，死亡率较低。在合肥幼虫期 210～240天，在南昌 300～320 天。

大蓑蛾属间歇性发生的害虫，其间歇周期为 3～5 年。一般越冬幼虫的寄生率对来年种群数量影响较大，7、8 月份气温偏高又持续干旱的年份危害严重。多雨或大雨影响幼虫孵化，并易引起病害流行，使虫口下降，不易成灾，而 6～8 月份降水量低于 300mm，易爆发成灾。其天敌主要有蓑蛾黑瘤姬蜂 *Coccygomimus aterrima* (Gravenhorst)、舞毒蛾黑瘤姬蜂 *Coccygomimus disparis* (Viereck)、家蚕追寄蜂 *Exorista sorbillans* (Wiedemann)、筒须追寄蝇 *Exorista humilis* (Mesnil)、苏云金杆菌 *Bacillus thuringiensis* (Berliner)、白僵菌 *Beauveria bassiana* (Vuillemin)、灰喜鹊 *Cyanoopica cyana interposita* (Hartert)、大山雀 *Parus major* (Linnaeus) 等。

四、防治方法

1. 摘除蓑囊

冬季寄主落叶后，结合修剪、整枝、造型、人工摘除蓑囊，消灭越冬幼虫，压低虫口基数。

2. 诱杀幼虫

利用黑光灯、性诱剂诱杀雄蛾，效果显著。

3. 生物防治

招引益鸟、保护天敌，充分发挥天敌的自然控制作用。选用苏云金杆菌（即 Bt，100亿孢子/毫升）制剂 1.5～2L/hm^2 或大蓑蛾核型多角体病毒（含 PIB10^{109}/g）制剂 1500～3000g/hm^2，加水 1500～2000kg，喷雾。

4. 化学防治

在初龄幼虫期，每公顷选用 20% 杀铃脲悬浮剂 300～500mL，25% 灭幼脲三号悬浮剂、5% 抑太保乳油、20% 米满悬浮剂或 35% 赛丹乳油各 1.5～2L，50% 辛硫磷浮油 1.2～1.5L，90% 晶体敌百虫 1.5～2kg，90% 灭多威可溶性粉剂、4.5% 高效氯氰菊酯乳油各 0.75～1L，加水 1500～2000kg，喷雾。要求喷湿蓑囊，照顾树冠顶梢部。

五、其他常见蓑蛾类害虫（表 6-2）

表 6-2　其他常见的蓑蛾类害虫

种类	发生概况
小蓑蛾	又名茶蓑蛾，主要危害茶、桃、柿、柑橘、梨、樱桃、石榴、枣、葡萄、杨、柳、榆、法桐、刺槐、樟等的叶片，南方地区受害严重。在江苏、贵州 1 年 1 代，湖南、江西 2 代，广西、福建 3 代，以 3～4 龄幼虫在枝条蓑囊内越冬。在 1 代区，7 月中旬至 9 月下旬发生幼虫。在 2 代区，各代幼虫分别发生于 6 月上旬至 8 月中旬、8 月下旬至 10 月上旬。在 3 代区，各代幼虫分别于 4 月上旬至 6 月上旬、7 月上旬至 8 月下旬、9 月中旬至 11 月中旬发生。幼虫共 6 龄，成虫习性与大蓑蛾相似
白囊蓑蛾	又名白茧蓑蛾，主要危害梨、桃、柑橘、核桃、柿、枣、石榴、苹果、茶、法桐、杨、柳、榆、刺槐、枫杨、合欢、木槿等的叶片，南方地区受害严重。1 年 1 代，以低龄幼虫在蓑囊内或挂在树枝或随落叶在地面越冬。翌年春季出蛰继续为害，约 6 月中旬化蛹，7 月上、中旬羽化为成虫，并交配产卵，7 月下旬孵化，幼虫盛期为 8～9 月份，11 月份幼虫开始越冬。幼虫以丝营造的蓑囊长圆锥形、光滑、不黏附枝叶。幼虫随落叶落至地面，于越冬前再爬上树越冬或来春继续为害。其余习性似大蓑蛾

第二节　刺蛾类害虫

刺蛾（slug moths）属鳞翅目、刺蛾科。幼虫蛞蝓形，体上生有枝刺和毒毛，故称刺蛾，又因触及皮肤，轻者红肿疼痒，重者淋巴发炎甚至皮肤溃疡，故俗称"洋辣子"。全世界已知约 1000 种，国内约 90 余种，多能危害机场周边地区的林木，是机场植物重要的多食性叶害虫类群。其主要种类有黄刺蛾 Cnidocampa flavescens（Walker）、褐边绿刺蛾 Latoia consocia（Walker）、褐刺蛾 Setora postornata（Hampson）、扁刺蛾 Thosea sinensis（Walker）等。现以黄刺蛾作重点介绍。

一、分布与危害

国内各省（区）几乎都有分布。能危害多种树木达 120 余种，其中主要有蔷薇科果树、核桃、枣、柿、柑橘、石榴、板栗、杨、柳、榆、桑、茶、刺槐、法桐、泡桐、枫杨、海棠、樱花等。低龄幼虫啃食的叶肉呈网状；大龄幼虫蚕食成缺刻，残留主脉和叶柄，严重时全树叶片被食光，影响树势和果实产量，甚至造成树木枯死，是我国果树、园林、风景区、防护林和特种经济林的重要害虫之一。

二、识别特征（图 6-2）

成虫体长 13～16mm，前翅基半部为黄色，内有 2 个褐色圆点；端半部为褐色，有两

条暗褐色斜线，在翅尖处汇合于一点，呈倒"V"字形，内面一条伸到中室下角，成为黄色与褐色的分界线。卵扁椭圆形、薄膜状、淡黄色，数粒排成卵块。末龄幼虫体长约 25mm，黄绿色，体背具一哑铃形紫褐色大斑，体中部两侧有蓝色纵纹，枝刺以胸部 6 个和臀节 2 个特别大。蛹体长约 12mm，肥胖，椭圆形，黄褐色。茧长 12～15mm，坚硬，形似雀蛋，其上有数条白色与褐色相间的纵条斑。

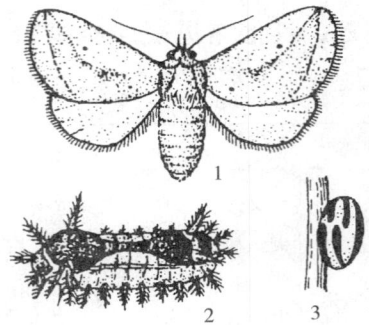

图 6-2　黄刺蛾的形态特征
1. 成虫　2. 幼虫　3. 茧

三、发生规律

在东北 1 年 1 代，河北、山东 1 年 1 或 2 代，中南地区 1 年 2 代，以老熟幼虫结茧在枝条上、枝杈处越冬。在 1 代发生区：越冬幼虫一般于 5 月下旬至 6 月上旬化蛹，6 月中、下旬成虫羽化，并产卵于叶背，数粒排成卵块；卵期 7～10 天，幼虫于 7 月上旬至 8 月下旬发生危害，8 月上旬至 9 月上旬结茧越冬。在 2 代区：越冬幼虫一般于 5 月中、下旬化蛹，5 月末至 6 月上、中旬成虫羽化；第 1 代幼虫于 6 月上、中旬至 7 月中旬发生，7 月中、下旬结茧化蛹，7 月末至 8 月上旬第 1 代成虫羽化；第 2 代幼虫于 8 月上旬至 9 月中旬发生，9 月中、下旬陆续结茧越冬。各地发生期见表 6-3。

表 6-3　黄刺蛾在各地机场发生期

地区	越冬代		第 1 代		第 2 代	
	成虫	孵化	结茧	羽化	孵化	结茧
辽宁	6 月中旬至 7 月中旬	7 月上、中旬	8 月中旬至 9 月下旬			
山东	6 月上、中旬 至 6 月下旬	7 月上旬	8 月中旬	8 月中、下旬	8 月下旬	9 月中、下旬
南京	5 月下旬 至 6 月中旬	6 月上、中旬	7 月下旬至 8 月上旬	8 月上、中旬	8 月中、下旬	9 月下旬至 10 月上旬
合肥	5 月下旬 至 6 月	6 月上旬	7 月中旬 至 8 月	7 月中旬 至 8 月	8 月	9 月上旬至 10 月中旬
四川	6 月中旬 至 6 月下旬	6 月中、下旬	7 月中、下旬	7 月下旬 至 8 月中旬	8 月上旬	9 月中、下旬

成虫多在傍晚前后羽化，破茧器在茧顶部划破顶开裂盖，成虫自圆孔逸出。白天静伏于叶背面，晚间活动、交配、产卵。卵成块产于叶背近尖处。单雌产卵量 50～70 粒。具有趋光性。

初孵幼虫先食卵壳，再群集叶背啃食下表皮及叶肉，残留上表皮形成透明筛网。3 龄后逐渐分散为害；4 龄后蚕食叶片成孔洞；5～7 龄进入暴食期，食尽叶片，仅存主脉、叶柄。老熟后结茧需要 2～4h，第 1 代幼虫结的茧小而薄，第 2 代结的越冬茧大而厚。

黄刺蛾的天敌主要有上海青蜂 *Chrysis shanghaiensis*（Smith）和刺蛾广肩小蜂 *Eurytoma monemae*（Ruschka）等。上海青蜂对茧期寄生率很高，控制效果显著。

四、防治方法

1. 摘除冬茧

冬季寄主落叶后，结合修剪、整枝、造型，摘除虫茧，集中投入寄主性敌保护笼中，既处理了害虫，又保护了天敌，生态意义重大，效果显著。

2. 诱杀成虫

利用黑光灯诱杀成虫，压低虫口密度。

3. 摘除虫叶

初孵幼虫群集为害时，在果园、茶园、苗圃内摘除虫叶，消灭幼虫，但要注意防止被虫体刺伤皮肤。

4. 生物防治

选用苏云金杆菌（100 亿饱子/毫升）制剂 1.5～2L/hm^2 或刺蛾核型多角体病毒（含 PIB10^{109}/g）制剂 1.5～3kg/hm^2，加水，喷雾。

5. 化学防治

方法与药剂种类同大蓑蛾。

五、其他常见刺蛾类害虫（表 6－4）

表 6－4　其他常见刺蛾类害虫

种类	发生概况
绿刺蛾	又名褐边刺蛾，几乎遍布全国。主要危害苹果、梨、桃、杏、柿、枣、核桃、柑橘、板栗、石榴、桑、杨、柳、榆、香樟、刺槐、法桐等。东北、华北、西北年发生 1 代，河南、江浙 2 代，江西 3 代，均以老熟幼虫在树冠下浅土层内结椭圆形茧越冬。在 1 代区，幼虫于 7～8 月份发生。在 2 代区，第 1、2 代幼虫分别于 6～7 月份、8 月份中旬至 9 月份发生。幼虫共 8 龄。其他习性相似于黄刺蛾
褐刺蛾	又名桑褐刺蛾，主要分布于南方各省区。主要危害梨、桃、葡萄、柑橘、柿、板栗、法桐、枫杨、桑、茶、杨、玉兰、桂花、樱花、香樟、紫薇、月季等。在江苏、浙江 1 年 2 代，以老熟幼虫在树冠下土层内结椭圆形茧越冬。第 1、2 代幼虫分别于 6 月中旬至 7 月中旬，8 月中、下旬至 9 月下旬发生。其余习性与绿刺蛾相似
扁刺蛾	又名扁棘刺蛾，几乎遍布全国。以南方发生较多。主要危害苹果、梨、桃、李、柑橘、柿、枣、核桃、桑、法桐、枫杨、香樟、刺槐、杨、柳、榆、山茶、桂花等。在河北、山东 1 年 1 代，江浙 2 代，江西 3 代，均以老熟幼虫在树冠下土层内结椭圆形茧越冬。在 1 代区，幼虫于 6～7 月份发生，在 2 代区，第 1、2 代幼虫分别于 6 月中旬至 7 月中旬、8 月上旬至 9 月中旬发生。成虫卵多散产于叶片正面，其余习性与绿刺蛾相似

注：防治方法参考黄刺蛾。

第三节　毒蛾类害虫

属鳞翅目，毒蛾科。全世界已知约 2500 种，国内 360 种左右，能危害多种果树和林木，是园艺植物上重要的一类多食性食叶害虫。其幼虫的体毛和成虫的鳞片有毒，触及皮肤可引起红肿疼痒或皮肤过敏，吸入体内可引起黏膜中毒，故也是一类重要的卫生害虫。机场植物上发生的主要种类是金毛虫 *Porthesia similes*（Fueszly）、舞毒蛾 *Lymantria dispar*（Linnaeus）、茶黄毒蛾 *Euproctis pseudoconspersa*（Strand）、棉古毒蛾 *Orgyia postica*（Walker）等。现以金毛虫作重点介绍。

一、分布与危害

金毛虫又名盗毒蛾、桑毒蛾、黄尾白毒蛾。分布欧洲和东亚，几乎遍布国内各省、市、区。主要危害苹果、梨、桃、杏、李、梅、樱桃、板栗、柿、山楂、桑、杨、柳、榆、桦、栎、法桐、泡桐、刺槐、樱花、月季等果树林木。小幼虫啃食叶肉，形成窗斑；稍大后蚕食叶片成孔洞或缺刻，仅留叶脉，严重时全树仅存枝条和叶柄，是我国果树、园林、风景区、防护林、经济林、行道树的重要食叶害虫之一。

二、识别特征（图 6-3）

成虫体长 12～18mm，体翅均白色，前翅后缘近臀角处有 1～2 个褐色斑纹。雌蛾腹部末端具金黄色毛丛。卵扁圆形，灰黄色，卵块长带状，被覆黄色毛丛。幼虫老熟时体长 25～35mm，胴部黄色，背线红褐色，体背各节具黑色毛瘤 2 对，其中腹部第 1、2 节中间两个愈合成横带块状毛瘤。腹部第 6、7 节背面中央各具橙红色盘状翻缩腺。蛹体长 12～16mm，圆筒形、黄褐色，臀刺较长，约 30 根，排列紧密，多数弯曲。

茧长 13～18mm，长椭圆形，淡褐色，被附幼虫脱落的体毛。

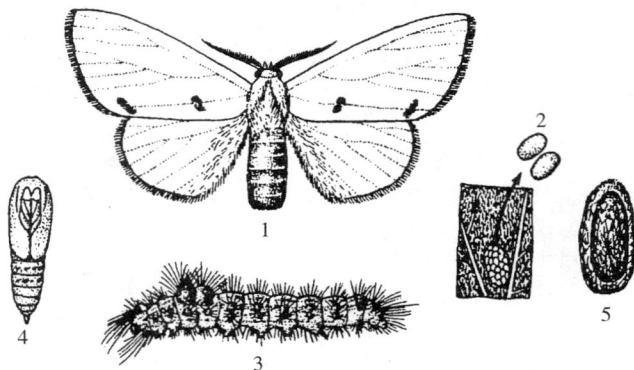

图 6-3　金毛虫的形态特征
1. 成虫　2. 卵　3. 幼虫　4. 蛹　5. 茧

三、发生规律

在内蒙古 1 年 1 代，辽宁和黄淮地区 1 年 2 代，河南南部、江苏、上海、浙江、四川 1 年 3 代、少数 4 代，江西 4 代，广东 6 代，各地均以 3、4 龄幼虫在枝干粗皮裂缝或枯叶内结茧越冬。翌年春季气温升到 16℃ 以上时，越冬幼虫破茧出蛰，开始危害新芽和嫩叶。各地幼虫出蛰期分别是：广东 3 月上旬，江西 3 月中、下旬，江苏 4 月上旬，山东 4 月中旬，辽宁 5 月上旬，内蒙古 5 月中、下旬。成虫昼伏夜出活动、交配、产卵，有趋光性。卵产于叶背，单雌产卵量 200～558 粒。卵期 6～8 天。各地幼虫发生危害盛期见表 6-5。

表 6-5　金毛虫各地机场幼虫发生危害盛期

地区	第 1 代	第 2 代	第 3 代	第 4 代	第 5 代	第 6 代
河北	5 至 6 月	7 月上旬至 8 月上、中旬				
山东	6 月中、下旬	8 月上、中旬				
江苏	6 月中旬	8 月上旬	9 月上、中旬	10 月上、中旬		
江西	5 月中旬至 6 月中旬	6 月下旬至 7 月下旬	8 月上旬至 9 月上旬	9 月下旬至 10 月下旬		
广东	4 月中、下旬	6 月上旬	7 月中旬	8 月、中下旬	9 月下旬至 10 月上旬	11 月上旬

初孵幼虫群居叶背啃食叶肉，残留叶脉及表皮。3 龄后分散危害，蚕食叶片成缺刻或仅留主脉。幼虫一般夜间活动取食，白天静伏叶背。有弱假死性，受惊扰可吐丝下垂随风飘移至邻树。共脱皮 5～7 次，幼虫历期 20～37 天。老熟后选择树皮裂缝或枝与叶柄间化蛹，蛹期 10～14 天。末代幼虫为害至 3 龄即分散潜藏结茧越冬。越冬代幼虫历期 150～250 天。

其天敌主要有桑毛虫黑卵蜂 *Telenomus abnormis* （Crowford），金毛虫绒茧蜂 *Apanteles femoratus* （Ashmead）等。

四、防治方法

1. 束草诱虫
越冬前用稻草束于树干上，诱集幼虫潜藏越冬，出蛰前解草束妥善处理。

2. 冬季清理绿化
绿化树木落叶后，清扫落叶、杂草，刮除老翘皮，消灭越冬幼虫。

3. 摘卵除虫
结合绿化管理，及时摘除消灭卵块及群居危害的幼虫。

4. 生物防治

选用苏云金杆菌（100亿孢子/mL）制剂1.5~2L/hm²，加水，喷雾。

5. 化学防治

方法与药剂种类同大蓑蛾，要求喷细、喷均、喷透，照顾树冠上下内外。

五、其他常见毒蛾类害虫（表6-6）

表6-6　其他常见毒蛾的发生概况与防治要点

种类	发生概况	防治要点
舞毒蛾	又名柿毛虫，国内分布普遍，以江淮地区发生量大，危害500余种植物，其中以柿、苹果、板栗、核桃、杏、杨、柳、榆、桦、栎、松、椴等受害重。1年1代，以卵块在树皮缝、堰缝内等处越冬。翌年4月下旬至5月上旬孵化，5月上旬至6月中旬为幼虫危害盛期。6月中、下旬老熟幼虫化蛹。6月下旬至7月间成虫羽化产卵越冬。初孵幼虫群聚叶片背面蚕食为害。1龄幼虫日夜生活在树上，2龄幼虫白天隐居树皮裂缝或树干基部，夜晚上树为害，黎明下树潜藏。幼虫共6~7龄，猖獗时可将全树叶片吃光	危害期在树干绑毒绳毒杀幼虫。其他方法参考金毛虫
棉古毒蛾	又名灰带毒蛾，国内分布于江南地区，主要危害木棉、台湾相思、红花羊蹄甲、山茶花、茉莉、洋紫荆、竹柏、落羽杉、芒果、榕树、月季、桉树等。在广东1年6代，以幼虫越冬。初孵幼虫群栖于树上啃食叶肉，残留下表皮；2龄后分散为害，蚕食叶片成孔洞；4、5龄时食量最大，进入暴食期，猖獗发生时可将整树叶片全部吃光	参考金毛虫

第四节　卷叶类害虫

卷叶类害虫即卷叶虫（leaf curling insects），是指幼虫吐丝连缀植物叶片成苞，匿居其中食叶的昆虫。其种类很多，在各地园艺植物上发生危害较普遍的主要有鳞翅目卷叶蛾科的苹小卷叶蛾 *Adoxophyes orana*（Fischer von Roslerstamm）、褐带长卷叶蛾 *Homona coffearia*（Nietner）、黄斑长翅卷叶蛾 *Acleris fimbriana*（Thunberg）、苹大卷叶蛾 *Choristoneura longicellana*（Walsingham）、拟小黄卷叶蛾 *Adoxophyes cyrtosema*（Meyrick）、苹褐卷叶蛾 *Pandemis heparana*（Denis et Schiffermuller）、柑橘褐黄卷叶蛾 *Archips eucroca*（Diakonoff）、小卷叶蛾科的顶梢卷叶蛾 *Spilonota lechriaspis*（Meyrick）、枣黏虫 *Ancylis sativa*（Liu）、巢蛾科的苹果巢蛾 *Yponomeuta padella*（Linnaeus）、螟蛾科的棉大卷叶螟 *Sylepta derogata*（Fabricius）、麦蛾科的黑星麦蛾 *Telphusa chloroderces*（Meyrick）等。本节重点介绍苹小卷叶蛾、顶梢卷叶蛾、褐带长卷叶蛾。

一、分布与危害

（一）苹小卷叶蛾

苹小卷叶蛾又名棉褐带卷叶蛾、橘小黄卷叶蛾、茶小卷叶蛾、远东卷叶蛾。国外分布于印度、日本和欧洲一些国家；国内除西藏、新疆、云南无报道外，各地均有分布。主要危害苹果、花红、海棠、山荆子、桃、杏，其次是梨、山楂、李、梅、茶、木瓜、蔷薇、樱桃，也危害柑橘、枇杷、龙眼、石榴、柿、醋栗、棉、花生、雪柳、刺槐、榆、杨、桦、丁香、忍冬等30多种植物。幼虫危害幼芽、花蕾、嫩叶和果皮较严重，是苹果等果树的重要害虫。

（二）顶梢卷叶蛾

顶梢卷叶蛾又名顶芽卷叶蛾、芽白小卷蛾。国外分布于日本和朝鲜；国内普遍分布于东北、华北、华东、华中及西北等果产区。常与苹小卷叶蛾混合发生，幼虫卷叶主要危害苹果、海棠、山荆子、花红、梨、杜梨、桃、山楂、枇杷、槟榔等果树顶梢的嫩芽和嫩叶。

（三）褐带长卷叶蛾

褐带长卷叶蛾又名柑橘长卷叶蛾、茶卷叶蛾、茶淡黄卷蛾、后黄卷叶蛾。主要分布于东洋生物区；国内分布华东、华中、华南、西南（含藏东）及华北部分地区。寄主植物有柑橘、荔枝、枇杷、龙眼、茶、山茶、细叶桉、杨桃、苹果、梨、木瓜、山楂、桃、李、杏、梅、樱桃、银杏、石榴、柿、栗、蔷薇、丁香、菊花等植物。幼虫食害芽、花蕾、嫩叶和果实，是南方柑橘、荔枝和茶叶产区的重要害虫。

二、形态特征（表6-7，图6-4）

表6-7　3种卷叶蛾的主要识别特征

虫态	苹小卷叶蛾	顶梢卷叶蛾	褐带长卷叶蛾
成虫	体黄褐色，前翅棕黄色，基斑、中带、端纹褐色，中带外斜，其上端狭窄，下端渐宽而分叉，呈"h"形；端纹扩至臀角形成三角形斑。后翅浅灰褐色	体翅银灰褐色，前翅斑纹暗褐色。前缘有6～8条平行的短纹；翅基部1/3处和中部各有1条向外凸出的弓形横带；后缘近臀角处有1个三角形斑	体翅暗褐色，前翅斑纹黑褐色。其中基斑约占翅长的1/5，中带自前缘2/5处斜向后缘4/5处，但不分叉；端纹三角形。后翅淡黄色
卵	扁平，椭圆形，淡黄色，孵化前深灰色。数十粒呈鱼鳞状排列	扁平，长椭圆形，乳白色，卵壳有多角形纹。卵系散产	扁平，长椭圆形，淡黄色。约200粒呈鱼鳞状排列成卵块
幼虫	老熟幼虫体长13～17mm，浅绿至翠绿色，头淡黄绿色，头侧后缘单眼区上方有一褐色斑纹，前胸盾片黄褐色。臀栉6～8节	老熟幼虫体长6～11mm，较粗短，污白色，头部、前胸盾片及胸足皆为暗棕色至黑色。无臀栉	老熟幼虫体长20～23mm，黄绿色。头部深褐至黑色，前胸盾片和胸足黑色。具有臀栉

（续表）

虫态	苹小卷叶蛾	顶梢卷叶蛾	褐带长卷叶蛾
蛹	体长9～11mm，黄褐色。第2～7腹节背面各有两横列刺突，前列较粗而稀，后列细小而密。尾端有8根钩状刺	体长6～8mm，黄褐色。第2～10节腹节各有横列刺突，其中第2～7节为双列，第8～10节为单列。尾端有8根钩状刺	体长8～13mm，黄褐色。中胸背面后缘中央呈近平截状向后突出。第2～8节腹节背面各有两横列钩状刺突，排列较直。尾端有8根钩状刺

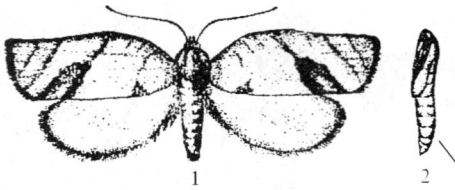

1　　　　　　　2

（a）苹小卷叶蛾

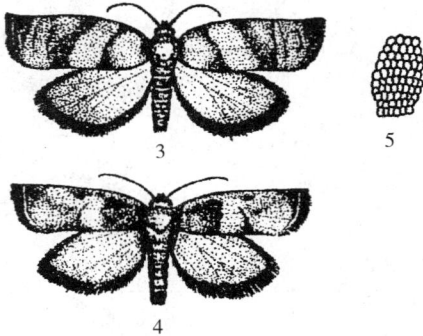

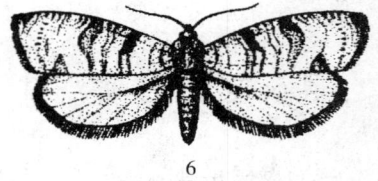

（b）褐带长卷叶蛾　　　　　　　　　　　　（c）顶梢卷叶蛾

图6-4　3种主要卷叶蛾的形态特征

1.成虫　2.蛹　3.雌成虫　4.雄成虫　5.卵块　6.成虫　7.幼虫　8.蛹　9.被害状

三、发生规律

（一）苹小卷叶蛾

在辽宁、华北地区1年3代。山东3～4代，江苏、安徽、湖北及关中和中原地区4代，均以2龄幼虫在枝干翘皮下、粗皮缝、剪锯口周围裂缝、潜皮蛾危害的爆皮中及枝上粘贴的枯叶下结白色茧越冬。翌年苹果花芽开绽时越冬幼虫出蛰，金冠苹果品种花盛开时为出蛰盛期。出蛰幼虫爬向花蕾、幼芽、嫩叶剥食。展叶后，开始将几片嫩叶缀连成苞食害。出蛰后25天左右老熟，在卷叶内或缀叶间化蛹。世代重叠现象严重，3代区各代成虫发生盛期大体分别在：6月上、中旬，7月下旬至8月上旬，9月上、中旬。4代区：5月中、下旬，6月下旬至7月上旬，8月上旬前后，9月中旬前后。平均卵期：第1代10.2天（19.4℃），2代6.7天（25℃），第3代6.8天（25.7℃）。幼虫期18.7～26天。蛹期6～9天。

成虫昼伏，夜间活动，有趋光性和趋化性，对果汁、糖醋趋性很强。雄虫对雌虫性外激素粗提取物的趋性极为敏感。卵产于叶面上，排成鱼鳞状。刚孵化的幼虫多分散在附近叶的背面，以及前1代幼虫危害遗留的叶苞内剥食芽、幼叶。稍大时，吐丝缀连梢部几片嫩叶成苞，匿居其中剥食叶肉成纱网或孔洞，并常将叶片缀贴在果实上，藏于其中啃食果皮及浅层果肉，造成虫疤，影响果品质量。因而，幼虫俗称"舔皮虫"。幼虫有转移危害的习性，且很活泼。触动头或尾即可后退或前进，或爬出卷叶吐丝下垂逃逸。9～10月份，最后1代幼虫进入各种场所越冬。卵的天敌有松毛虫赤眼蜂 *Trichogramma dendrolimi*，幼虫天敌有卷叶蛾肿腿蜂 *Goniozus japonicus*、广大腿小蜂 *Brachymeria obscurata*、聚瘤姬蜂 *Gregopimpla kuwanae*、舞毒蛾黑瘤姬蜂 *Coccygomimus disparis*、卷叶蛾黄长距茧蜂 *Macrocenlrus abdominalis* 等。

（二）顶梢卷叶蛾

在辽宁、华北、山东1年2代，陕西关中、河南、安徽、江苏等地区3代，2、3龄幼虫主要在顶梢卷叶苞内或芽侧结茧越冬。翌年苹果发芽时越冬幼虫开始出蛰，转移至附近新芽吐丝将几片嫩叶卷缀成苞，并缠缀从叶背啃下来的绒毛做茧。取食时虫体探出茧外食害嫩叶。幼虫喜在顶梢吐丝缀连3～4片嫩叶成苞，潜于其中食害嫩芽、嫩叶。生长点被害后促使分叉，阻碍新梢延长生长，影响树冠扩展。幼虫共5龄，每蜕一次皮转移一次，经24～36天老熟，在卷叶内结茧化蛹。在2代区各代成虫发生期分别为：6月上旬至7月上旬，7月中旬至8月中、下旬；3代区：5月中旬至6月底，6月下旬至7月上旬，7月下旬至8月底。卵期约为第1代6～7天，第2、3代4～5天。蛹期：越冬代8～10天，以后各代5～8天。成虫寿命5～7天。成虫昼伏，夜出活动，喜食糖蜜，略有趋光性，卵散产于顶梢上部嫩叶背面，尤喜产在绒毛多的叶片上。第1代幼虫危害春梢严重，尤其苗圃和幼树更重。第2、3代危害秋梢严重。幼虫危害至9、10月份进入越冬状态。其寄生性天敌有舞毒蛾黑瘤姬蜂、中国齿腿姬蜂 *Pristomerus chinensis*、螟蛉黄茧蜂 *Meteorus narangae* 等。

（三）褐带长卷叶蛾

在华北1年3代，长江中下游4或5代，华南地区6或7代，多以幼虫在卷叶内、枝干皮缝或杂草、落叶中越冬。每年第1代幼虫在广东4～5月份、福州5月中旬至6月上旬、浙江6月份至7月上旬发生，严重危害柑橘和荔枝的幼果，9月份又危害即将成熟的柑橘果实，造成大量落果。第1龄幼虫常躲在果与果或果与枝梢相贴的空间，当无隐避条件时，幼虫即吐丝黏附在果表面，啃食果皮或躲在果萼里。第2、3龄以后蛀入果内为害。被害果脱落后，幼虫转向附近叶片继续为害，或随果一起落地。一般果园四周的果树较园中心的受害重；树冠外围果较冠顶果受害重。褐带长卷叶蛾其余各代主要危害嫩芽、嫩叶，且虫口较少。幼虫卷叶为害，老熟化蛹，成虫的习性与苹小卷叶蛾相似。5～6月份平均温度27℃时室内饲养，卵期7天，幼虫期12～19天，蛹期5～7

天，成虫寿命 4～11 天。

成虫多在清晨羽化，昼伏，夜出活动、交配、产卵，卵成块产在叶正面近主脉处，有时产在叶背或枝条上。幼虫孵化后急于向四处分散或吐丝下垂，飘至它处分散危害。幼虫很活泼，可转移重新结苞为害，老熟后在被害叶苞内或转到邻近老叶，将其重叠在一起结薄茧化蛹。

四、测报方法

越冬幼虫出蛰期调查，在果园的向阳和背阴处各选择苹小卷叶蛾或褐带长卷叶蛾越冬虫口多的早熟和晚熟品种果树 2 株，在 2～3 个主侧枝的基部和上部 30cm 处涂黏虫胶或铅油。从树芽绽裂开始，每隔 1～2 天调查一次，记载出蛰幼虫数量。当幼虫大量出现而尚未卷叶时，定为用药适期。也可在不同部位标定越冬茧 100 个，每 2～3 天逐茧调查 1 次，以新空茧记为出蛰数。当累计出蛰率达 40％时，应立即发出防治预报。顶梢卷叶蛾可参考执行。

成虫期调查从始蛾期开始，利用黑光灯、糖醋液或性诱剂诱集成虫，每天记载诱虫情况。当成虫连续出现，且数量激增时，即是成虫发生盛期，约 1 周后，便为幼虫孵化盛期，应进行防治。此外，正确掌握成虫羽化盛期和产卵期，为释放赤眼蜂提供依据。

五、防治方法

1. 休眠期灭树体越冬幼虫

越冬期间，彻底刮除机场绿化果树老翘皮和粗皮，集中烧毁。此后，再按每公顷用 50％杀螟松乳油 1～1.2L，加水 500 倍液，在枝干上细致地喷雾，或涂刷 3～5°Be（波美度）石硫合剂或石灰膏，消灭越冬幼虫。

2. 人工摘除虫苞

结合冬剪和夏季机场绿化管理及时摘除虫苞或捏杀苞内幼虫。

3. 诱杀成虫

用黑光灯、糖醋液或各自的性诱剂诱芯诱杀成虫。

4. 药剂防治

以越冬代幼虫出蛰期和第 1 代幼虫孵化盛期为防治重点。每公顷用 40％乙酰甲胺磷乳油、50％辛硫磷乳油、40％乐斯本乳油、50％巴丹可溶性粉剂、40％丙溴磷乳油、35％赛丹乳油、20％抑食肼悬浮剂各 1～1.5L，25％灭幼脲 3 号、20％米满悬浮剂、2.5％溴氰菊酯、2.5％功夫菊酯或 10％氯氰菊酯乳油各 450～600mL，加水 1200～2000kg，喷雾。

5. 生物防治

产卵始期至盛末期，每 4～5 天释放松毛虫赤眼蜂 1 次，共 4 次，每次每公顷释放至少 45 万头，若遇阴雨绵绵，应适当增加放蜂量和次数，以保证防效或每公顷用 Bt 乳油 1.5～2L，加水 1200～1500kg，喷雾，也有很好的防治效果。

六、其他卷叶类害虫（表 6-8）

表 6-8 其他常见卷叶类害虫的发生概况

害虫种类	发生概况
黄斑长翅卷叶蛾	以幼虫卷叶危害蔷薇科植物，偏嗜桃树，其次是苹果幼树等。在华北地区 1 年 3 或 4 代，以冬型成虫在杂草落叶等隐蔽场所越冬。3 月下旬越冬成虫开始活动，成虫白天活动，第 1 代以卵散产于枝条及侧芽，以后各代卵产于叶正面，背面较少。成虫趋光性强
苹大卷叶蛾	以幼虫危害蔷薇科观赏果树及柿、鼠李、柳、栎、国槐、山槐等的芽、花蕾、叶片和果实。在辽宁、河北、山东、陕西 1 年 2 代。越冬虫态及其场所、来春出蛰情况、危害情况、幼虫和成虫的习性与苹小卷叶蛾相似
拟小黄卷叶蛾	以幼虫危害芸香科、无患子科、酢浆草科、菊科、大戟科、唇形花科、茶科、豆科、鼠李科、木棉科、蔷薇科等多种植物，最喜食柑橘幼果、即将成熟果及嫩梢、嫩叶，是柑橘的重要害虫。在湖南、江西、浙江 1 年 5 或 6 代，福建 1 年 7 代，广东 1 年 8 或 9 代，主要以幼虫在卷叶内越冬。成虫昼伏夜出，趋光性强，喜食糖醋液及发酵物。卵块成鱼鳞状产于叶背面。幼虫活泼，有吐丝下坠和转移危害的习性
苹褐卷叶蛾	以幼虫危害蔷薇科植物和鼠李、榛、桑、杨、柳、榆、栎、大丽花、小叶女贞、七姊妹、万寿菊等。危害情况、发生世代与发生期、越冬虫态及其场所、生活习性等均与苹小卷叶蛾相似
枣黏虫	又名枣镰翅小卷蛾。以幼虫卷叶危害大枣和酸枣，能将叶片吃光，并食害花蕾和幼果。在华北、陕西 1 年 3 代，山东 1 年 3 或 4 代，浙江 1 年 5 代，均以蛹在枝干裂皮缝内越冬，一般以 7 月发生量最大。成虫昼伏夜出，有趋光性，卵散产于光滑小枝和叶背面。幼虫受惊吐丝下垂，迅速转移，老熟后在卷叶内吐丝结茧化蛹
黑星麦蛾	以幼虫群居嫩梢卷叶危害蔷薇科果树，机场周边地区管理粗放的幼树发生严重。华北 1 年 3 代，山东 1 年 4 代，以蛹在杂草和落叶中越冬。卵单产或几粒成堆产于梢端末展开的嫩叶基部，幼虫吐丝卷叶作巢，内有白色丝质通道，在苞内仅取食叶肉，残留下表皮成纱网状。发生多时，1 个苞内有 10 多头幼虫。老熟后在虫苞内化蛹
苹果巢蛾	以幼虫危害蔷薇科果树及桑等植物。初龄幼虫潜食嫩叶及花瓣，2 龄后在枝上吐丝结网，缠缀叶成巢，群居巢内食害叶和花等，大龄幼虫还能危害果实。属专性滞育昆虫。来春苹果花芽开放后幼虫出鞘危害。6 月中、下旬为成虫羽化和产卵盛期，卵成块产于 2 年生枝梢芽腋附近。7 月初开始孵化，以初龄幼虫在卵鞘下越夏、越冬
棉大卷叶蛾	以幼虫卷叶危害木芙蓉、木槿、锦葵、蜀葵、木棉、大红花、悬铃花、吊灯花、海棠、栀子花、女贞等机场园林花木及棉花、麻类。在黄淮地区 1 年 3 或 4 代，华南 1 年 5 或 6 代，以老熟幼虫在枯枝卷叶和草丛中越冬。成虫有趋光性，卵散产于叶背，幼虫老熟后在卷叶内化蛹。8 月份前后发生危害较重，凡暖冬和降水量大的年份易发生严重

注：防治方法参考前述卷叶蛾。

第五节　夜蛾类害虫

夜蛾类（noctuid moths）属鳞翅目、夜蛾科。其种类很多，在不同地区经常对机场植物造成危害的主要有甜菜夜蛾 *Spodoptera exigua*（Hubner）、斜纹夜蛾 *Prodenia litura*（Fabricius）、甘蓝夜蛾 *Barathra brassicae*（L.）、银纹夜蛾 *Plusia agnate*（Staudinger）、玫瑰巾夜蛾 *Parallelia arctotaenia*（Guenee）、石榴巾夜蛾 *Parallelia stuposa*（Fabricius）、梨剑纹夜蛾 *Acronycta rumicis*（L.）等。其中，尤以甜菜夜蛾、斜纹夜蛾、甘蓝夜蛾为甚，这也是本节介绍的重点。

一、分布与危害

甜菜夜蛾为世界性害虫，国内主要分布于东北、华北、西北和长江流域各省。原在黄河流域危害严重，近年来在我国广大地区频繁爆发危害，严重危害多种蔬菜作物。斜纹夜蛾为爆发性害虫，分布十分广泛，全国各省区均有发生，以黄河流域和长江流域发生危害严重。甘蓝夜蛾又名甘蓝夜盗虫，为间歇性大发生害虫，全国各地均有发生，在北方危害严重。

3种夜蛾均为多食性害虫，甜菜夜蛾可取食35科、108属、138种植物，包括十字花科、茄科、豆科、伞形花科、百合科、葫芦科等。斜纹夜蛾危害99科、290余种植物，在蔬菜中可危害甘蓝、白菜、番茄、茄子、马铃薯、辣椒、苋菜、雍菜、豆类、瓜类以及葱、蒜、藕、芋，花卉中可危害百合、丁香、大丽花、菊花、荷花、鸡冠花、唐菖蒲、月季、睡莲等。甘蓝夜蛾能危害30科、120种植物，主要危害甘蓝和牛皮菜，还危害瓜类、豆类、辣椒、番茄、茄子、马铃薯、甜菜、雍菜、大丽花、紫荆、鸢尾等。

3种夜蛾均以幼虫危害叶片，刚孵化时集中在所产卵块的叶背啃食叶肉，留下表皮，形成透明小斑；3龄后分散，将叶片吃成小孔，4龄后，夜间取食，吃成大孔，仅留叶脉。

二、识别特征（图6-5，表6-9）

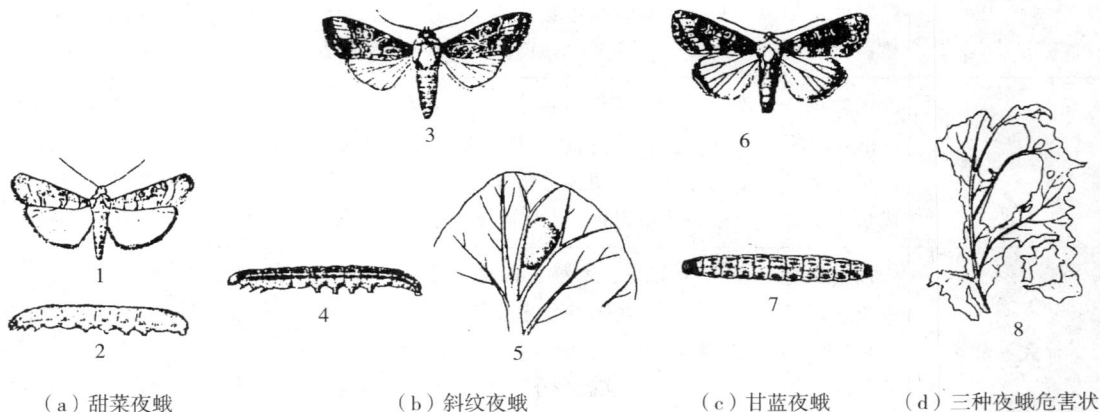

（a）甜菜夜蛾　　　　　（b）斜纹夜蛾　　　　　（c）甘蓝夜蛾　　　（d）三种夜蛾危害状

图6-5　几种主要叶蛾类害虫的形态特征
1. 成虫　2. 幼虫　3. 成虫　4. 幼虫　5. 卵块　6. 成虫　7. 幼虫　8. 3种夜蛾危害状

表 6-9　3 种夜蛾的主要识别特征

虫态	甜菜夜蛾	斜纹夜蛾	甘蓝夜蛾
成虫	灰褐色，前翅外缘线由一列黑色三角形小斑组成；翅面有黑白两色双线 2 条，并有黄褐色肾状纹和环状纹。后翅银白色	暗褐色。胸部背面有白色毛丛。前翅灰褐色，表面多斑纹，从前缘中部到后缘有一灰白色带状斜纹。后翅白色	灰褐色。前翅有多条波状黑色横线。肾状纹和环状纹较接近，楔形纹圆大，位于环状纹下方。近翅顶角前缘有 3 个小白点
卵	半球形，白色。卵粒重叠成块，卵块表面覆盖有白色鳞毛	扁平球形，表面有网纹。卵块产，不规则重叠成 2 层或 3 层，卵块上覆盖有灰黄色绒毛	半球形，黄白色，卵粒表面有三序放射状纵棱。卵块无绒毛
幼虫	体色变化较大，有绿色、暗绿色、黄褐色、褐色、黑褐色等。体侧有一条黄白色纵带，末端直达腹末，各体节两侧有一明显的白点，位于各体节气门后上方，以绿色型幼虫最明显	头部淡褐至黑褐色。胸腹部颜色多样，有黑色、黄色或暗绿色等色型。老熟幼虫背线及亚背线黄色。中胸至第 9 腹节亚背线内侧有近半月形或三角形黑斑，每体节 1 对，而以第 1、7 和 8 节黑斑最大。胸足黑色	体色多变化。一般头部黄褐色，具不规则褐色花纹，体背绿黄色至暗褐色，腹面淡绿色。背面褐色者每体节背面有倒八字形斑纹
蛹	3～7 节背面、5～7 节腹面有粗刻点。臀棘 2 根呈叉状，短刚毛 2 根	腹部第 4 节背面前缘及第 5～7 节背、腹面前缘密布圆形刻点。臀棘短，有一对弯曲的大刺	腹部 4、5 节后缘和 6、7 节前缘有深褐色横带。5～7 节前缘有小刻点。臀棘 2 根长刺，末端球状

三、发生规律

(一) 甜菜夜蛾

甜菜夜蛾在华北地区 1 年 4 或 5 代；在长江流域 1 年 5 或 6 代，在我国北方主要以蛹在土表下越冬；在长江流域及以南地区可以幼虫或蛹在土表下越冬；但在亚热带和热带地区可终年生长繁殖与活动，无越冬现象。在江苏 1 年 5～6 代，少数年份可发生 7 代，各代发生时间是：第 1 代 5 月上旬至 6 月下旬，第 2 代 6 月上、中旬至 7 月中旬，第 3 代 7 月中旬至 8 月下旬，第 4 代 8 月上旬至 9 月中、下旬，第 5 代 8 月下旬至 10 月中旬，第 6 代 9 月下旬至 11 月下旬，第 7 代发生在 11 月上、中旬。第 7 代由于气温低，不能发育完全，为不完全世代。全年主要发生危害在 7～9 月份。

成虫白天隐蔽在作物枝叶下，夜间进行取食、交尾、产卵，成虫对黑光灯有较强的趋性。卵多产在植物叶背面，成块，卵块上覆盖有白色鳞毛。每头雌成虫可产卵 100～600 粒，最多可达 1868 粒。卵经 3～6 天后孵化。幼虫孵出后即在附近的叶背群集为害，2 龄后开始分散，3 龄后幼虫进入暴食期，其食叶量占整个幼虫食叶量的 90% 以上。幼虫具假死性，受惊后即蜷曲落地。大龄幼虫对光敏感，具负趋光性，在 7～9 月份，白天均潜入土中或栖息于地面，取食多在夜间进行。幼虫一般 5 龄，幼虫期 11～39 天，老熟后入土

作土室化蛹，蛹期 7～11 天。

　　甜菜夜蛾是喜温而又耐高温的害虫，高温干旱利于甜菜夜蛾大发生。据试验，在 40℃ 恒温下甜菜夜蛾卵仍能正常孵化。在我国，甜菜夜蛾发生危害最严重的时期均出现在当地气温较高的时候。如广东、深圳等地可常年发生，以 5～8 月份危害最重。福建省 4～5 月份第 1 代甜菜夜蛾的虫源基数低，发生较轻，6～8 月份随着气温逐渐升高，甜菜夜蛾为害猖獗。在长江流域，甜菜夜蛾的大发生与上年和当年的气候密切相关，尤其是当年 7～9 月份的气温和降雨量。苏州地区甜菜夜蛾在大田发生轻重与当年入出梅早迟和 7～9 月份 3 个月的气候密切相关，凡是该年出梅早、夏季炎热少雨，秋季甜菜夜蛾发生严重。不同温度下甜菜夜蛾各虫态的发育历期，见表 6-10。

表 6-10　不同温度下甜菜夜蛾各虫态的发育历期

温度/℃	卵期/天	幼虫期/天	蛹期/天
20	4.26	18.91	12.28
22	4.07	16.67	10.96
24	3.46	13.78	9.23
26	3.12	12.71	8.57
28	2.96	11.82	8.26
30	2.45	10.61	7.43
32	2.30	10.83	7.41

（二）斜纹夜蛾

　　斜纹夜蛾 1 年多代，在广东等南方地区，终年都可繁殖，冬季可见到各虫态、无越冬休眠现象；在长江流域 1 年 5 或 6 代，以幼虫或蛹在土中越冬，幼虫以 7～8 月份危害重；黄河流域 8～9 月份危害严重。

　　成虫夜间活动，飞翔力强，对黑光灯的趋性强，需补充营养，有无补充营养显著地影响其繁殖力，对糖醋液及发酵的胡萝卜、豆饼等也有很强的趋性。产卵成块，卵粒由三四层卵粒叠成，外覆盖有灰黄色绒毛，集中于叶片背面的叶脉分叉处。每雌可产卵 8～17 块，1000～2000 粒。卵历期在日平均温度 22.4℃ 下为 5～12 天、25.5℃ 下为 3～4 天、28.3℃ 下为 2～3 天。

　　幼虫共 6 龄，其活动习性与甜菜夜蛾相似。幼虫历期在日平均温度 21.1℃ 下为 24～41 天，25℃ 下为 14～20 天，26.8℃ 下为 16～18 天，29.5℃ 下为 13～17 天，30℃ 为 11～13 天。老熟幼虫入土造一卵圆形的蛹室化蛹，深度多为 3～7cm。危害水生蔬菜的老熟幼虫能浮到岸边化蛹。蛹期在 23℃～27℃ 下为 10～17 天，28℃～30℃ 下为 8～11 天。

　　斜纹夜蛾为喜温而又耐高温的害虫，最适温度为 28℃～30℃，但抗寒能力弱，冬季低温冰冻易引起死亡。各地均以全年温度最高的季节发生危害最严重。水肥条件好、生长茂密的田块虫口密度大；土壤干燥对其化蛹、羽化不利；大雨、暴雨对低龄幼虫不利。

（三）甘蓝夜蛾

　　甘蓝夜蛾在东北 1 年 2 代或 3 代；在浙江一带 1 年 2 代；新疆 1 年 2 或 3 代，一般发生 2 代；北京、内蒙古、宁夏 1 年 2 代；四川 1 年 3 或 4 代。各地均以蛹在土中越冬，入土深度以 7～10cm 为多，有明显的滞育现象。越冬蛹一般翌年春季气温达 15℃～16℃时出土羽化。2 代地区，越冬代成虫出现于 5 月份，3 代地区于 4 月份，4 代地区于 3 月份，由北向南发生期逐渐提早。各地幼虫严重危害时间不同，黑龙江及新疆在 8～9 月份，西藏主要在 8 月，山东以 6～7 月份发生最重，湖南、四川有两个高峰，分别在 4～5 月份和 9～10 月份。江、浙危害高峰在 5～6 月份和 9～10 月份。各代成虫出现的时间是：越冬代于 4 月上旬至 5 月上旬，第 1 代 5 月下旬至 6 月中旬，第 2 代 9 月上旬至 10 月中旬。第 1 代幼虫于 5 月中、下旬化蛹，极少部分化蛹早的于 6 月份羽化成虫，可发生第 3 代，而化蛹迟的一部分，则以蛹在土中越夏，9 月份开始羽化，这一部分只发生 2 代。

成虫昼伏夜出，以 21～23 时活动最盛。对黑光灯及糖醋液有较强的趋性。羽化后于次日可交尾，交配后 2～3 天开始产卵。卵成块，多产在中下部叶片的背面，卵粒不重叠。每块卵平均有卵 50～140 粒。每雌产卵 5 或 6 块，总产卵量为 500～1000 粒。产卵量与补充营养有关，补充营养不足，产卵量受影响。产卵的适宜温度为 21.8℃～35.2℃，温度较低或较高时产卵量都要下降。卵的发育最适合温度为 23.5℃～26.5℃，在适温下卵历期为 4～5 天。初孵幼虫集中在叶背取食，3 龄后分散于产卵株附近植株上为害，4 龄后日间多潜伏于心叶、叶背或寄主根部附近表土中，夜间外出为害。此时食量逐渐增大，至 6 龄食量最大，常暴食成灾。当食料缺乏时，能成群迁移。在适温范围内，幼虫历期 20～30 天。幼虫老熟后入土化蛹，蛹期一般 10 天，越夏蛹期约 2 个月，越冬蛹期可达半年以上。

甘蓝夜蛾各虫期的生长发育受到温湿度的严格控制。偏高温度和偏高湿度对甘蓝夜蛾最适宜。一般日平均温度为 18℃～25℃，湿度为 70%～80%，对该虫的生长发育有利。温度低于 15℃或超过 30℃，湿度低于 65%或高于 85%就有不利的影响，这是导致间歇性大发生的主要原因之一。此虫幼虫食性广泛，所以幼虫的食料条件可能不是影响其发生数量的重要因素。而成虫能否获得充足的补充营养，则影响很大。因此在成虫发生期有无充足的蜜源植物，可影响下一代的发生，有的地区越冬代成虫期，适逢十字花科蔬菜留种菜和果树开花，有丰富的蜜源植物，是春季大发生的主要因素之一。

四、测报方法

（一）甜菜夜蛾

每年 3～10 月份在青菜、豇豆、苋菜等甜菜夜蛾主要危害的蔬菜上调查，每隔 5 天 1 次，每块地调查 30～100 株，记录卵、各龄幼虫数量。同时在菜地设置黑光灯监测成虫消长动态。利用黑光灯或性诱剂诱蛾和田间调查结果，结合气象预报及甜菜夜蛾各虫态发育历期、卵孵化高峰期，从而确定防治时期。

（二）甘蓝夜蛾

从 4～10 月份用黑光灯监测成虫发生动态，每日记载诱捕蛾量，统计得出发生始盛期、盛期和盛末期。同时选择不同类型的甘蓝菜田，进行田间发生消长调查，每块随机选取 50 株，调查田间卵量和各龄幼虫数量。每 10 天查 1 次。利用黑光灯或性诱剂诱到的成虫消长情况和田间调查结果，结合气象预测，根据发育历期预测 1～2 龄幼虫的发生期及发生量。

（三）斜纹夜蛾

5～10月份用黑光灯、斜纹夜蛾性剂或糖醋液（比例为糖：醋：酒：水＝3：3：1：9）监测斜纹夜蛾成虫发生情况，记录每天诱集的成虫数量，统计成虫发生的始盛期、高峰期和盛末期。同时选择斜纹夜蛾主要危害作物，每10天调查一次，每块地调查50株，记录卵及各龄幼虫的数量。根据黑光灯诱（性诱剂或糖醋液）诱蛾田间调查结果，结合气象学资料和斜纹夜蛾各虫态发育历期，预测各代卵孵化始盛期、高峰期和低龄幼虫盛发期和发生量，从而确定防治适期。

五、防治方法

1. 农业防治

在晚秋或冬季深耕土壤、铲除杂草、清洁田园，可以消灭大部分越冬蛹，减少来年虫口基数。

2. 诱杀成虫

利用成虫的趋光性和趋化性，用黑光灯和糖醋液进行诱捕，或用胡萝卜、甘薯、豆饼等发酵液加少量敌百虫进行诱杀。

3. 人工采卵和捕捉幼虫

3种夜蛾的卵成块，易于识别，3龄前的幼虫多群集在叶面为害，可实施人工捕捉防治。

4. 药剂防治

用药适期掌握在1～3龄幼虫盛发期，注意将药剂喷到叶片背面及下部叶片。常用药剂有：90%晶体敌百虫1.2～1.5kg/hm²、10%氯氰菊酯乳油450～600mL/hm²、5%抑太保乳油450～900mL/hm²、75%拉维因可湿性粉剂450～600g/hm²、5%锐劲特胶悬剂300～450mL/hm²、50%宝路可湿性粉剂225～375g/hm²、10%除尽胶悬剂375mL/hm²、20%米瞒胶悬剂450～600mL/hm²、2.5%菜喜悬浮剂（多杀菌素）750～1500mL/hm²。上述药剂加水，均匀喷雾。

六、其他主要常见夜蛾类害虫（表6－11）

表6－11　其他常见食叶夜蛾类害虫

害虫种类	发生概况	防治要点
银纹夜蛾	以幼虫危害十字花科、豆科蔬菜以及一串红、翠菊、大丽花、菊花、美人蕉等多种植物。各地发生代数不同，均以蛹越冬。翌年5～6月份出现成虫，7～9月份为幼虫危害期。成虫昼伏夜出，趋光性强。卵多散产于叶背，低龄幼虫在叶背取食叶肉，3龄后分散危害，将叶片和花食成缺刻	①人工捕捉；②诱杀成虫；③药剂防治参考甜菜夜蛾
石榴巾夜蛾	寄主为石榴，以幼虫危害枝梢及嫩梢、叶片。西安1年2～3代，以蛹在土中越冬。成虫昼伏夜出，具趋光性。卵多产于新梢叶腋间。幼虫姿态似尺蠖	①检疫防治；②药剂防治：石榴花开初期越冬代成虫开始发生，在开花后约3周即幼虫发生期，喷药防治

（续表）

害虫种类	发生概况	防治要点
梨纹丽夜蛾	梨产区普遍有分布。危害苹果、梨、桃、李、杏、山楂、樱桃等。北方1年2代，江苏1年4代左右，以幼虫在枯枝落叶下或土中结茧化蛹越冬。成虫具趋光性和趋化性，卵产于叶背成块	①人工摘除卵块和捕杀初龄幼虫；②药剂防治（同甜菜夜蛾）
玫瑰巾夜蛾	主要危害玫瑰、月季。幼虫危害叶片呈不规则缺刻，也咬食花蕾和花。以蛹在土中越冬。从5月中旬至10月份在玫瑰、月季上都可发现幼虫危害。成虫昼伏夜出	①人工捕捉幼虫；②药剂防治

第六节　天蛾类害虫

天蛾类（hawkmoths）属鳞翅目、天蛾科。其种类较多，危害园艺植物较普遍的是甘薯天蛾 *Herse convolvuli* (Linnaeaus)、豆天蛾 *Clanis bilineata* (Walker)、霜天蛾 *Psilogramma menephron* (Cramer)、桃天蛾 *Marumba gaschkewitschi* (Bremer et Grey)、葡萄天蛾 *Ampelophaga rubiginosa* (Bremer et Grey)、芋单线天蛾 *Theretra pinastrina* (Martyn)、芋双线天蛾 *Theretra oldenlandiae* (Fabricius) 等。现以甘薯天蛾作重点介绍。

一、分布与危害

甘薯天蛾又名旋花天蛾、白薯天蛾、地瓜天蛾，幼虫俗称猪仔虫。属世界性害虫，国内分布广泛，凡有甘薯栽培的地区都有发生。主要危害甘薯、雍菜、牵牛花、日光花等旋花科植物，还能危害扁豆、赤豆、芋芳、葡萄、楸树等，是一种偶发性害虫。幼虫取食叶和嫩茎，食量很大，严重时能把甘薯叶吃光，导致巨大损失。近些年来，在华北、华东等地区为害日趋加重，时有大面积成灾的报道。

二、识别特征（图6-6）

成虫体长41～52mm，翅展100～120mm。雄虫触角栉齿状，雌虫为棍棒状，两者均末端膨大，且有一小钩。体翅暗灰色，胸部两丛黑褐色鳞毛构成"八"字纹。腹部背面中央有1条暗灰色宽纵带，各节两侧依次有白、粉红、黑色横带3条，似虾壳状。前翅上有多条锯齿状或云斑状纹，顶角有黑色斜纹；后翅淡灰色，有4条黑褐色横带。

卵球形，直径约2mm，初产时淡黄绿色，渐变为淡黄色，孵化前为黄白色。

幼虫体粗壮，光滑，老熟时体长83～100mm。头部两侧各有2条黑纹。胴部许多体节上有横皱，每节形成6～8个小环；1～8腹节侧面有黑褐色斜纹，第8腹节背面有一尾状突。幼虫体色有两种：一是绿色型，头淡黄色，腹部斜线白色，气门杏黄色，尾角黄色，端部黑色；另一种为褐色型，体暗褐色，密布黑斑，腹部斜线黑褐色，气门红色。

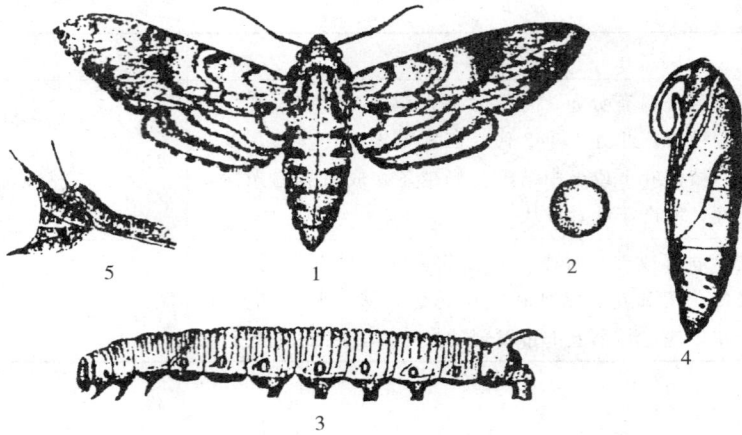

图 6-6　甘薯天蛾的形态特征

1.成虫　2.卵　3.幼虫　4.蛹　5.危害状

蛹体长约 56mm，初为褐绿色，渐变为红褐色。喙很长而伸出，并弯曲呈象鼻状。后胸背面有粗糙刻纹 1 对，第 1～8 腹节各节背面近前缘也有刻纹；臀棘三角形，表面有颗粒突起。

三、发生规律

北京 1 年发生 1 或 2 代，山东、河南、安徽等地 3 或 4 代，湖北、湖南、四川等地 4 代，福建 4 或 5 代，均以蛹在 10cm 左右深的土中越冬。各地区成虫发生期见表 6-12。尽管各地发生代数不同，但均以 7 月下旬至 9 月份发生量最多。

表 6-12　各地机场甘薯天蛾各代成虫发生期

地点	越冬代	第 1 代	第 2 代	第 3 代	第 4 代
山东邹城	5 月中旬至 6 月下旬	7 月下旬至 8 月上旬	8 月下旬至 9 月上旬		
河南淅川	5 月上、中旬	6 月中、下旬至 7 月上旬	8 月上、中旬		
湖北襄阳	5 月中旬	7 月上旬	8 月上、中旬	9 月上、中旬	
湖南长沙	5 月上旬至 6 月下旬	7 月上旬至下旬	8 月上旬至 9 月上旬	9 月上旬至 10 月上旬	
四川成都	4 月下旬至 6 月中旬	6 月中旬至 7 月下旬	7 月下旬至 8 月下旬	8 月下旬至 10 月上旬	
安徽五河	5 月上旬至 6 月中旬	6 月中旬至 7 月下旬	8 月上旬至 9 月上旬	9 月下旬至 10 月下旬	
福建平潭	4 月下旬	6 月下旬	7 月中、下旬	8 月下旬至 9 月上旬	10 月上、中旬

成虫白天隐藏在荫蔽处，黄昏后飞出取食植物的花蜜、交配、产卵，以晚7～11时为活动盛期，此后活动减弱。产卵前期一般1～2天，卵多产在甘薯叶背面，也可产在叶正面或叶柄上。成虫产卵有较强的选择性，凡叶色浓绿、生长茂盛的薯田产卵多；单作薯田产卵量多于间作薯田。雌蛾平均抱卵量为1523粒，最多达2852粒。成虫趋光性和飞翔力均很强。当环境条件不利时，有向适生区迁飞的习性，如干旱时，成虫趋向低洼潮湿地段或落雨地区，连续降雨湿度过大时则飞向高地，因此形成区域性危害。卵期在26℃～29℃时4～5天，在23℃～25℃时6～7天。

幼虫共5龄。初孵幼虫先取食卵壳，继而在叶背剥食叶肉，1～2日后便吃叶成小孔，2～3龄后幼虫吃叶成缺刻。1～4龄幼虫食量小，食叶3～4片。5龄为暴食期，可食叶29～38片，占总食量的88％～92％。虫口密度高时，可将薯叶和嫩尖全部吃光，仅留梗、蔓，严重影响产量。食料缺乏时，幼虫能成群迁往邻近薯田为害。幼虫爬行速度达每小时50m，迁移距离可达200m以上。在食料不大缺乏时，幼虫老熟后亦四处爬行寻找化蛹场所，所以机场甘薯天蛾不完全在薯田中化蛹。老熟后入土作土室化蛹。一般在松软的土壤里化蛹较多；如土地干硬，入土困难，也可在薯叶遮盖处化蛹。在23℃～29℃时，幼虫历期为16～23天，预蛹期1～3天。蛹期在26℃～29℃时为10天，21℃时为23～24天。

甘薯天蛾发生轻重与气候因素密切相关，其中夏季雨量是影响其发生轻重的重要因素。雨量少、温度高，有利于发生。在23℃～35℃时，各虫态的发育速率随温度升高而加快，但温度超过37℃时，卵不能孵化，蛹亦不能存活。幼虫不耐低温，若秋季骤然降温或霜期提前，能抑制最后一代的发生，减少越冬基数。湿度主要影响成虫的羽化，相对湿度在75％左右时羽化有利。甘薯天蛾卵寄生蜂主要有螟黄赤眼蜂、松毛虫赤眼蜂和黑卵蜂等。一般年份，对2、3代卵的寄生率达30％～40％。幼虫的寄生蜂主要有黄茧蜂、螟蛉悬茧姬蜂等；捕食性天敌有：金星步甲、赤胸步甲、中华螳螂、华姬猎蝽、青翅隐翅甲、蜘蛛、鸟类及两栖爬行类等。这些天敌对甘薯天蛾的发生起一定的抑制作用。

四、防治方法

1. 农业防治

在晚秋或冬季翻耕机场周边的薯田，破坏其自然越冬环境，促使越冬蛹冷冻死亡，或翻至土面的蛹被天敌啄食，如能耕犁拾虫更好，以便减少越冬虫源。

2. 人工捕杀

结合内场区草坪区的管理，随时捕杀幼虫。

3. 诱杀成虫

在成虫盛发期的傍晚至夜间，利用成虫吸食花蜜的习性，用糖浆毒饵诱杀或到蜜源植物多的地方用网捕杀；同时，根据其趋光性用黑光灯或高压汞灯诱杀。

4. 保护利用天敌

5. 化学防治

当3龄前幼虫100头/百株或3～5头/m²时，每公顷可用2.5％溴氰菊酯乳油、20％氰戊菊酯乳油、4.5％高效氯氰菊酯乳油各350～666mL，80％敌敌畏乳油、50％辛硫磷乳油各1.2～2L，加水1200～2000kg，喷雾。

6. 生物防治

在幼虫孵化盛期，每公顷用3.2%Bt可湿性粉剂1.5～2.5L，加水1200～2000kg，喷雾。

五、其他常见天蛾类害虫（表6-13）

表6-13 其他常见天蛾科园艺害虫的发生概况与防治要点

种类	发生概况	防治要点
豆天蛾	几乎遍布全国，以幼虫危害大豆及豇豆、紫藤、刺槐等豆科植物的叶片。在北方1年1代，南方2代，以老熟幼虫在土中9～12cm处作室越冬。翌春化蛹和羽化，成虫飞翔力、趋光性较强。喜食花蜜，卵多散产于嫩叶背面。幼虫3龄前白天藏于叶背，夜间取食；4～5龄昼伏夜出取食。卵期4～8天，幼虫期平均39天，在2代区的蛹期10～15天	同甘薯天蛾
芋单线天蛾	分布在华南地区。幼虫危害芋类、白薯、雍菜等旋花科植物的叶片。在广东1年6或7代，以蛹在杂草丛中越冬。翌年以7～8月份发生危害最重。成虫昼伏夜出，具趋光性、趋化性，飞翔力强，卵散产于叶背。幼虫共5龄，老熟后可吐丝卷叶或入土作土室化蛹	同甘薯天蛾
桃天蛾	又名桃六点天蛾、枣桃六点天蛾，几乎遍布全国。幼虫蚕食有桃、枣、李、杏、樱桃、枇杷、苹果、梨、葡萄等叶片，残留粗脉和叶柄。东北1年1代，黄淮流域1年2代，江西1年3代，以蛹在土中越冬。成虫昼伏夜出，具趋光性。卵多散产于枝干阴暗处或裂缝中，偶产于叶片上。幼虫老熟后多于树冠下4～7cm深处疏松的土内作室化蛹。幼虫期以绒茧蜂为优势天敌	①冬季翻耕树盘挖蛹；②捕杀幼虫和灯光诱杀成虫；③药剂防治
葡萄天蛾	又名葡萄车天蛾，几乎遍布全国。幼虫食害葡萄、黄荆、乌蔹莓等叶片。1年1或2代，以蛹在表土层内越冬。成虫夜晚活动，有趋光性，卵多散产于叶背或嫩梢上。幼虫夜晚取食，活动迟缓，食光一枝叶片后再转移到邻近枝条为害，幼虫老熟后入土化蛹	同桃天蛾和甘薯天蛾
霜天蛾	又名泡桐灰天蛾，几乎遍布全国，幼虫蚕食泡桐、楸树、丁香、凌霄、樱花、桃、女贞、桂花、茉莉、栀子、猫尾木、樟树、白蜡树、悬铃木、楝树等叶片。1年1～3代，以蛹在土中越冬。成虫昼伏夜出，趋光性强。卵散产于叶背。幼虫有转移它枝为害习性，老熟后落地潜入土中化蛹	同桃天蛾和甘薯天蛾
芋双线天蛾	几乎遍布全国。幼虫危害凤仙花、水芋、麻牡丹、芍药、花叶芋、葡萄、山核桃、黄麻、白薯等的叶片。1年2或3代，以蛹在土中越冬。成虫有趋光性，卵散产于嫩叶上。幼虫于6～9月份盛发，老熟后入土结粗茧化蛹	同甘薯天蛾

第七节　枯叶蛾类害虫

枯叶蛾（lappet moths）属鳞翅目，枯叶蛾科。其中危害园艺植物较普遍的主要有天幕毛虫 *Malacosoma neustria testacea*（Motschulsky）、苹果枯叶蛾 *Odonestis pruni*（Linnaeus）、李枯叶蛾 *Gastropacha quercifolia*（Linnaeus）及杨枯叶蛾 *Gastropacha populifolia*（Esper）等。现以天幕毛虫作重点介绍。

一、分布与危害

天幕毛虫又名黄褐天幕毛虫、天幕枯叶蛾、带枯叶蛾、梅毛虫、顶针虫等。国外分布于俄罗斯、蒙古、日本、朝鲜等；国内分布于东北、华北、华东、华中地区及陕西、甘肃、四川等省。食性杂，危害梨、梅、桃、杏、李、樱桃、樱花、苹果、海棠、沙果、山楂、玫瑰、核桃、杨、柳、樟、槐、榆、栎、落叶松等果树林木和花卉。以幼虫吐丝结网张幕，群居天幕中食害嫩芽、新叶及叶片。大发生年份，能将全树叶片吃光，严重影响树木的生长、发育，是柞蚕业、机场园艺和林业的大害虫之一。

二、识别特征（图6-7）

成虫雌雄异形。雌蛾体长20mm，翅展29～40mm，褐色。触角为锯齿状。前翅中部有2条深褐色横线，两横线中间为深褐色的宽带，宽带外侧有黄褐色镶边，其外缘有褐色和白色缘毛相间。雄蛾体长约16mm，翅展24～33mm，黄褐色。触角为双栉齿状。前翅

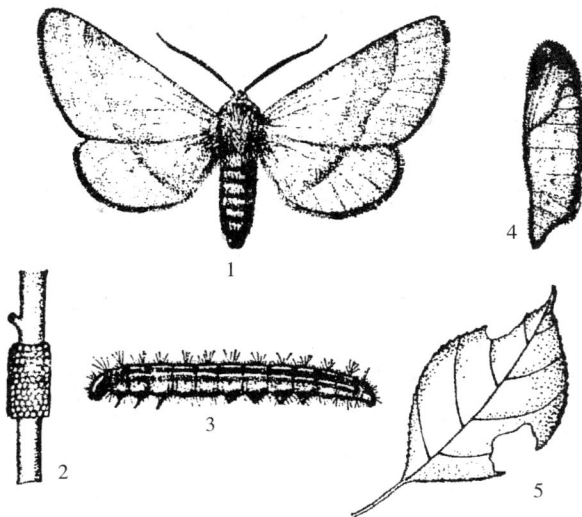

图6-7　天幕毛虫的形态特征
1.成虫　2.卵块　3.幼虫　4.蛹　5.危害状

中部有两条深褐色横线，两横线中间色泽稍深，形成上宽下窄的宽带。

卵圆筒形，高约 1.3mm，直径 0.3mm，灰白色，越冬后深灰色。每块卵约 200 粒围绕枝条密集成 1 卵环，状似"顶针"。

幼虫共 5 龄。老熟后体长 50～55mm，蓝黑色。头部暗褐色，密生淡褐色细毛，散生黑点。胴部背线黄白色，身体两侧各有橙黄色纹 2 条，各节背面有黑色瘤数个，上生许多黄白色长毛，腹面暗灰色，气门上线和下线均为黄白色。初孵幼虫身体为黑色。

蛹体长 17～20mm，雌蛹较雄蛹稍大，黄褐色，有金黄色毛。茧黄白色至灰白色。

三、发生规律

专性滞育，1 年 1 代，以完成胚胎发育的幼虫在卵壳中越冬。翌年当树木发芽，日均温达 11℃时，幼虫从卵壳中钻出，先在卵环附近危害嫩叶，并在小枝交叉处吐丝结网张幕而群居其中。白天潜居天幕上，夜间出来取食为害。天幕附近的叶片食尽后，再转移至他处另张天幕。随着幼虫的长大，天幕范围也逐渐扩大，1 个天幕可长达 15cm，宽 9～12cm。

幼虫多在暖和的晴天活动取食，阴雨天则潜伏在天幕中不活动。幼虫期约 6 周，龄期愈大，食量愈增，易暴食成灾。近老熟时开始分散活动为害，遇振动有假死坠落习性。老熟后，多于叶片背面、树皮缝及附近杂草上结茧化蛹。蛹期 11～12 天，5 月末至 6 月上旬成虫羽化，产卵盛期为 6 月中旬左右。成虫晚间活动、交配、产卵，有趋光性。卵多聚产于被害树的当年生小枝条梢端，每块卵环有卵 150～250 粒，每雌产 1 块卵环，少数产 2 块。卵经过胚胎发育后以幼虫在卵壳中越冬。

四、防治方法

1. 人工防治

结合机场园林树木冬剪，彻底剪除枝梢上的越冬卵块，集中处理。幼虫发生期，结合栽培管理及时检查，捕杀在天幕中群居的幼虫；当幼虫分散后，可利用其假死性，摇树振落，予以消灭。

2. 保护利用天敌

天幕毛虫的天敌有赤眼蜂、寄生蝇、姬蜂、绒茧蜂和鸟类等，应加强保护。为保护卵寄生蜂，可将卵块集中存放，待天幕毛虫幼虫全部爬出卵壳后，再将卵块放回果园中，使寄生蜂羽化后重新进行寄生。

3. 灯光诱杀成虫

4. 化学防治

在幼虫 3 龄前，每公顷用 80％敌敌畏乳油 750～1200mL、40％乙酰甲胺磷乳油 353～650mL、50％辛硫磷乳油 353～650mL 或 50％巴丹可溶性粉剂 1.1～1.5kg、2.5％三氟氯氰菊酯乳油 353～650mL、10％联苯菊酯乳油 353～650mL、2.5％溴氰菊酯乳油 353～650mL 或 20％氰戊菊酯乳油 353～650mL、25％除虫脲可湿性粉剂 180～240g，加水 1200～2000kg，喷雾。

五、其他枯叶蛾（表6-14）

表6-14　两种常见枯叶蛾的发生概况与防治要点

害虫种类	发生概况	防治要点
苹果枯叶蛾	又名苹毛虫、白点枯叶蛾。幼虫危害苹果、沙果、梨、李、杏、樱桃、梅、桃、栎、柳等的嫩芽和叶片，严重时将叶片吃光仅留叶柄。1年1或2代，以低龄幼虫贴伏在树皮或枝条上越冬。翌春寄主萌发时开始活动，白天静伏在枝干上，夜晚取食，老熟后吐丝将叶纵卷，在其中作茧化蛹。成虫昼伏夜出，趋光性强，常3或4粒卵在一起产于枝干和叶上	①结合冬季管理，人工捕杀幼虫；②黑光灯诱杀成虫；③药剂防治
李枯夜蛾	又名苹叶大枯叶蛾，寄主植物生活习性与苹果枯叶蛾相似	类似苹果枯叶蛾

第八节　尺蠖类害虫

尺蛾（loopers）属鳞翅目、尺蛾科。其幼虫由于腹部只有1对腹足和1对臀足，爬行时一曲一伸，又称尺蠖、步曲。对园艺植物造成危害的主要有木橑尺蠖 *Culcula panterinaria* （Bremer et Grey）、枣尺蠖 *Sucra jujuba* （Chu）、梨尺蠖 *Apocheima cinerarius* （Pyri Yang）、柿星尺蠖 *Percnia giraffata* （Guenee）、大叶黄杨尺蠖 *Calospilos suspecta* （Warren）、金银花尺蠖 *Heterolocha jinyinhuaphaga* （Chu）等。其中，木橑尺蠖寄主多、分布广、危害较重；枣尺蠖为华北平原枣产区的主要害虫之一，有时在局部地区爆发危害。现以木橑尺蠖和枣尺蠖作重点介绍。

一、分布与危害

（一）木橑尺蠖

木橑尺蠖又名木橑步曲、黄连木尺蠖、核桃尺蠖、棍虫，主要分布于日本、朝鲜和我国的华北、华东、华中地区及陕西、四川、云南、广西等省（区）。多食性，幼虫可危害杨、柳、榆、槐、木橑、黄连木、核桃、桃、美人蕉、吉祥草及蝶形花科、菊科、杨柳科、葡萄科、蔷薇科、豆科、锦葵科等30多种植物的新芽、嫩叶和花蕾，尤喜食核桃和木橑。

（二）枣尺蠖

枣尺蠖又名枣步曲，主要分布于辽宁、河北、山西、山东、河南、江苏、安徽、浙江、陕西等省。危害枣、苹果、梨的嫩芽、嫩叶及花蕾，严重发生年份，可将枣芽、枣叶及花蕾吃光，造成当年绝产，且影响翌年坐果。之前此虫主要危害枣，近年来，危害苹果十分严重。

二、识别特征（图6-8，图6-9，表6-15）

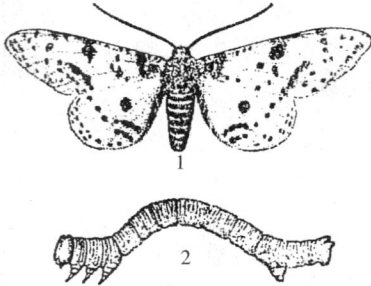

图6-8　木橑尺蠖的形态特征
1. 成虫　2. 幼虫

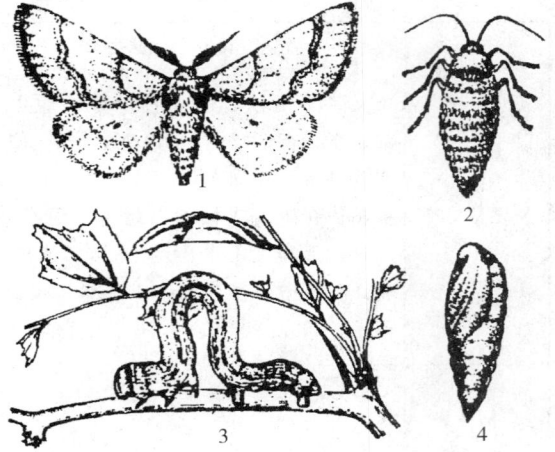

图6-9　枣尺蠖的形态特征
1. 雄成虫　2. 雌成虫　3. 幼虫与危害状　4. 蛹

表6-15　机场两种尺蠖的主要识别特征

虫态	木橑尺蠖	枣尺蠖
成虫	雌蛾触角丝状，雄蛾触角短羽状。前、后翅灰白色，近外缘有一串橙色及褐色组成的椭圆形斑，其中前翅7个，后翅5或6个不明显；翅面有灰斑，灰斑的变异很大，前、后翅中室端部常各有1个大灰斑	雌蛾灰褐色，无翅；触角丝状。雄蛾触角羽状，前翅灰褐色，内横线、外横线黑色且清晰，中横线不太明显，中室端有黑纹，外横线中部折成角状；后翅灰色，中部有1条黑色波状横线，内侧有一黑点
卵	扁圆形，初为绿色，渐变为灰绿色，孵化前变为暗绿色。呈卵块，上被一层黄棕色鳞毛	椭圆形，初为淡绿色，有光泽，渐变为淡黄褐色，孵化前为暗黑色。常数十粒或数百粒聚集成一块
幼虫	老熟时体长75mm，体色常随寄主而异：危害核桃、枫杨、臭椿、向日葵的多为淡黄褐色；危害刺槐、栎的为灰褐色或黄褐色；危害杏的为黑褐色或红褐色。体上散生颗粒状突起。头部密生粗颗粒，头顶两侧具峰状突起，头与前胸在腹面连接处具一黑斑	1龄幼虫黑色，有5条白色横环纹；2龄幼虫绿色，有7条白色纵条纹；3龄幼虫灰绿色，有13条白色纵条纹；4龄幼虫有13条黄色与灰白色相间的纵条纹；5龄幼虫灰褐色或青灰色，有25条灰白色纵条纹，老熟时体长约40mm
蛹	黑褐色有光泽。蛹体前端背面左右各有1耳状突起，每个突起由6或7瓣合成，故边缘不整齐。腹末臀棘短而宽，肛孔与臀棘两侧各有3个峰状突起	初为土红色，后变为红褐色。腹末较尖，端部分两叉，基部两侧各有一小突起。从蛹的触角纹痕可以区别雌雄

三、发生规律

(一) 木橑尺蠖

在华北地区1年1代，以蛹在树干周围的土中、梯田壁缝或碎石堆内越冬。成虫羽化期最早为5月上旬，7月中、下旬为盛期，8月底为末期。7月上旬至8月下旬幼虫孵化，孵化盛期为7月下旬至8月上旬，7月上旬至10月下旬发生幼虫，7月下旬至8月份为危害盛期。幼虫历期45天左右。

成虫多于夜晚9时至凌晨3时羽化，黎明前即可交配，交配时间长达16h以上，交配后1～2日内产卵，产卵期5～10天。成虫不活泼，有趋光性，多于夜间10～12时活动，寿命4～12天。卵多产于粗糙的树皮缝内或石块上。每雌产卵1000～1500粒，最多可达3600粒。卵期9～11天。初孵幼虫有群集性，可吐丝下垂，借风力转移危害，2龄后分散危害，5～6龄时食量猛增，树叶被吃光后，即转害大田作物。8月中旬至10月下旬老熟幼虫坠地入土化蛹越冬。幼虫停留时以腹足和臀足抓紧枝条，全身竖起，似一短棍，所以称作"棍虫"。

越冬蛹的死亡率与土壤湿度关系密切，以土壤含水量10％最为适宜，在土壤含水量低于5％时成虫不能羽化，而在土壤含水量高于30％时蛹大部分死亡。所以，木橑尺蠖在冬季少雪、春季干旱的年份发生轻；5月份的适量降雨有利于成虫羽化，幼虫发生量大。不同生态环境下越冬蛹的死亡率也不相同，阳坡死亡率高于阴坡，浅山区死亡率高于深山区，植被稀疏的荒山死亡率高于灌木丛生的荒山。成虫羽化的适宜温度为24.5℃～25℃；幼虫孵化的适宜温度为26.7℃，适宜的相对湿度为50％～70％，孵化率一般在90％以上。

(二) 枣尺蠖

1年1代，以蛹在土中5～15cm处越夏、越冬。成虫于3月中旬开始羽化，苹果展叶、枣树萌芽时为羽化盛期。在河南、山东，幼虫从4月初至5月初孵化，4月中旬为孵化盛期；幼虫危害期为4～6月份，5月上、中旬危害严重；老熟幼虫于5月中旬开始吐丝下垂入土化蛹，5月下旬为化蛹盛期，6月上旬结束。在山西，幼虫孵化期为苹果落花时期，孵化末期为枣树初花期，老熟幼虫于5月下旬开始入土，6月中、下旬结束，入土6～7天后化蛹。

成虫羽化后，雄蛾爬到树干主枝阴面静伏，雌蛾潜伏在土表，晚间交配。一般次日开始产卵，第2、3天为产卵高峰期，成虫寿命可达7天，有假死性。卵成块产于枣树枝干粗皮裂缝内，每头雌蛾可产1～10个卵块，每个卵块有卵73～350粒，共达1100粒。幼虫一般5龄。各龄幼虫期分别为8天、8天、6天、6天、12天。幼虫喜散居，爬行迅速，有假死和吐丝下垂的习性。1、2龄幼虫爬过的地方即留下虫丝，故嫩芽受丝缠绕难以生长。1～3龄幼虫的食量仅占一生食量的2.82％，4、5龄幼虫则分别占10.83％、86.35％。

四、测报方法

2月底、3月上旬选取5棵枣树，挖土检查树冠下的活蛹数，达到防治指标后要进行

树下防治。越冬月的防治指标以树龄而异，20年左右、40～60年、60年以上枣树的防治指标分别为每株蛹3头、18头、9头。木橑尺虫可参考执行。

五、防治方法

1. 树下防治

晚秋或早春进行人工挖蛹，降低越冬基数。对枣尺虫，还可在2月底、3月上旬阻杀，即在树干基部绑一条10cm宽的塑料薄膜，将薄膜下缘用土压实，并绑一圈草绳，诱集雌蛾在草绳缝隙产卵，至卵接近孵化时，将草绳解下烧毁。全部幼虫孵化期需更换和收回草绳3次。

2. 物理机械防治

黑光灯诱杀木橑尺蠖成虫或捕杀成虫、幼虫。

3. 药剂防治

3龄前幼虫盛发期，每公顷用50％辛硫磷乳油1.2～1.5L、90％晶体敌百虫1.2～1.5kg，2.5％溴氰菊酯乳油400～600mL或20％氰戊菊酯乳油400～600mL，加水1200～1500kg，均匀喷雾。也可在孵化盛期用含孢量100亿/克以上的Bt制剂代替。

六、其他常见尺蠖类害虫（表6-16）

表6-16 4种尺蠖类园艺植物害虫

害虫种类	发生概况	防治要点
梨尺虫	分布于华北和黄淮地区，以幼虫危害梨、杏、苹果、山楂、柳、小叶杨、榆、槐等植物叶片。雌蛾无翅，雄蛾有翅。1年1代，均以蛹在土中越冬。3～5月份为幼虫危害期	①人工挖掘；②阻杀（同枣尺虫）；③药剂防治
柿星尺虫	分布于华北、华东及河南、四川，以幼虫危害柿、核桃、梨、杏、李、山楂、苹果、酸枣等植物。在华北1年发生2代，以蛹在土中越冬。幼虫危害期为6月中旬至9月份，低龄幼虫受惊后会吐丝下垂	①翻地挖蛹；②振落捕杀幼虫；③药剂防治
大叶黄杨尺虫	分布于华东、华北、西北、中南等地区，主要危害大叶黄杨、丝棉木、欧洲卫矛、扶芳藤、榆、柳等植物，常造成大叶黄杨绿篱枯死。华北1年发生3代，长江流域1年4代，以蛹在寄主附近土壤中越冬。5～7月份为幼虫猖獗危害期	①人工捕杀成、幼虫；②药剂防治
金银花尺虫	分布于山东、浙江等省，幼虫主要危害药用植物金银花叶片、花蕾，造成当年和次年金银花严重减产。在浙江1年4代，以幼虫和蛹在近表土枯叶下越冬。幼虫危害期为4月中旬到9月下旬，冬季温暖、发生期雨水多、湿度大有利于其发生	①冬季清理枯叶；②保持通风透光；③用低毒药剂防治

第九节 蝶类害虫

蝶类属鳞翅目，垂角亚目，多是倍受人们喜爱的观赏昆虫。但其中也有一些种类，如菜粉蝶、玉带凤蝶、香蕉弄蝶、柑橘凤蝶、山楂粉蝶、桂花蛱蝶等的幼虫，对蔬菜、果树等造成严重危害。现以前三种作为代表重点介绍。

一、分布与危害

菜粉蝶属粉蝶科，幼虫又名菜青虫，是蔬菜的主要害虫，分布全世界，遍布全中国。菜粉蝶幼虫主要取食危害十字花科植物叶片，对叶片较厚的球茎甘蓝和结球甘蓝危害最甚，将叶片咬成孔洞，严重发生时可将叶片全部吃光，幼虫造成的伤口又可引起软腐病的侵染和流行。在缺乏十字花科寄主时，也可危害白菜花科、百合科、金莲花科等9科35种植物。

玉带凤蝶属凤蝶类，以幼虫食害叶片和嫩梢，以柑橘苗木和幼树受害最重，山地或近山地橘园发生较多，国内各柑橘产区都有分布，以华南更为常见。玉带凤蝶除危害柑橘类植物外，还可危害花椒、黄蘖和山椒子。

香蕉弄蝶属弄蝶科，又名香蕉卷叶虫、蕉苞虫，分布于福建、台湾、广东、广西、云南、湖南、江西等省区，危害香蕉、粉蕉、紫蕉、芭蕉、美人蕉、马尼拉麻等蕉属植物，幼虫卷结叶片成叶苞，食害蕉叶，发生严重的蕉园叶苞累累，蕉叶残缺不全，影响产量。

二、识别特征（表6-17、图6-10）

表6-17 3种蝶的主要识别特征

虫态	菜粉蝶	玉带凤蝶	香蕉弄蝶
成虫	雌蝶体乳白色，前翅正面近翅基部灰黑色，约占翅面的一半，顶角有三角形大黑斑，大斑下有两个小黑斑。沿后缘有一条灰黑色带。雄虫前翅正面基部灰黑部分较小，后缘无黑色带	体翅黑色，雄蝶前翅外缘有9或7个黄白色斑点，后翅中央横列大型黄白斑7个，前后翅斑点相连，形似玉带。雌蝶前翅无斑纹；后翅外缘有半月形红色小斑点数个，在臀角处有深红色眼状纹，但斑纹常有变化	体翅黑褐色或茶褐色，触角黑褐色，近端膨大部白色。前翅前缘近基部有灰黄色鳞毛，翅中央有两个黄色方形大斑，近外缘有一黄色方形小斑。前后翅缘毛均呈白色
卵	近似瓶形，顶端收窄，初为淡黄色，后为橙黄色	圆球形，初为黄绿色，后变深黄，孵化前紫黑色	馒头形，顶部平坦。初为黄色或粉黄色，后为深红色，顶部灰黑色

（续表）

虫态	菜粉蝶	玉带凤蝶	香蕉弄蝶
幼虫	老熟幼虫背面青绿色，腹面淡绿而带白色，背中线淡黄色。体表密布细小黑色毛瘤和细毛。每体节有4或5条横皱纹，各体节在气门线上有2个黄斑，其一为环状，围绕着气门。气门淡褐色，围气门片黑褐色	1龄幼虫淡褐色，头黑色，体披白色刺毛；2～4龄幼虫虫体呈鸟粪状，体上有较多突起的肉刺；老熟幼虫深绿色，后胸前缘有一齿状黑线纹，中间有4个灰紫色斑点，腹部第4节和第5节两侧各有一条灰黑色斜纹，这些斜纹不在体背相交。臭腺角紫红色	体被白色蜡粉。头黑色略呈三角形。胸部1、2节细小如颈，第3～5节逐渐增大，第6节以后大小均匀，各节具横皱纹5或6条，并密生微毛
蛹	蛹体灰黄、灰绿、灰褐、青绿等色，略成纺锤性，头部前段中央有一短而直的管状突起	蛹体灰黄、灰褐或绿色，肥胖，腹面弯突呈弧状，中胸背突起短而钝	淡黄白色，略成圆桶形。口喙伸达或超出腹部，末端与体分离。臀棘末端有很多刺钩

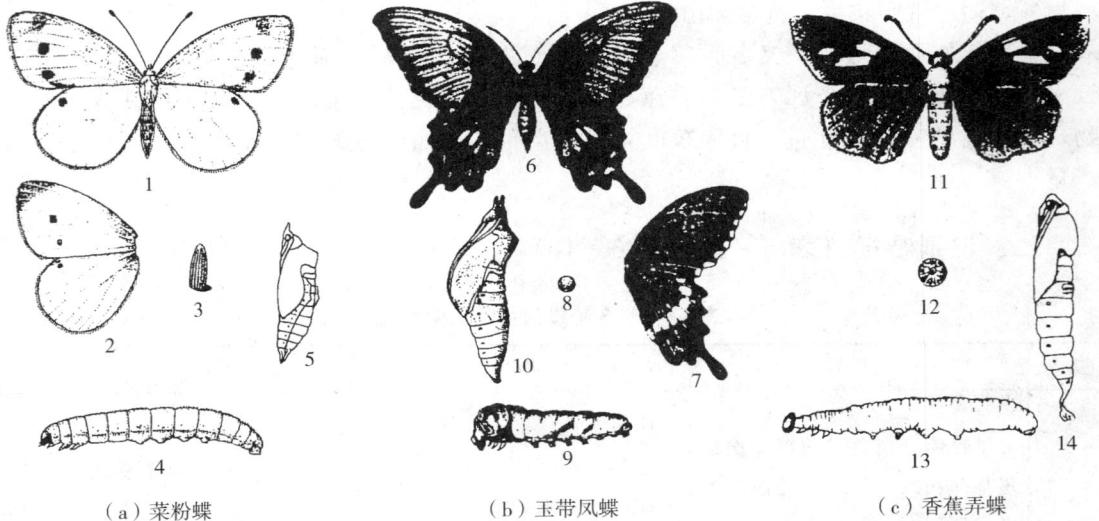

图6-10 菜粉蝶、玉带凤蝶和香蕉弄蝶的形态特征

1. 雌成虫 2. 雄成虫前后翅 3. 卵 4. 幼虫 5. 蛹 6. 雌成虫 7. 雄成虫前后翅
8. 卵 9. 幼虫 10. 蛹 11. 成虫 12. 卵 13. 幼虫 14. 蛹

三、发生规律

（一）菜粉蝶

在黑龙江1年3或4代，华北地区1年4或5代，山东1年5代，南京1年7代，上海1年7或8代，成都、杭州、武汉1年8代，长沙1年8或9代；但长沙以南世代数又

趋减少，如 1 年广西 7 或 8 代。各地皆以蛹在秋季危害地附近的屋墙、篱笆、风障、树皮缝内、砖石、土块、杂草或残枝落叶间越冬。由于越冬蛹较分散、环境差异大、春天羽化时间参差不齐，越冬代成虫出现期可长达 1 个月以上，故世代重叠，给防治带来了困难。

夜间、阴雨天，成虫栖息在植物丛中，晴朗的白天活动，以晴朗无风的白天中午活动最盛。经常在蜜源植物与产卵寄主之间穿梭飞翔。成虫寿命 2～5 周，以雌虫较长。雌虫产卵前期 3～4 天，产卵期 2～6 天。每雌产卵量 10～100 粒，最多达 500 余粒。产卵量与气候及补充营养有关，从春到初夏，产卵逐渐增多；盛夏气温过高，产卵量逐渐减少。卵散产，夏季多产在寄主叶片背面，凉爽季节多在叶片正面。尤其喜好在十字花科厚叶类蔬菜，如甘蓝上产卵，因为此类蔬菜含有较多可吸引成虫产卵的芥子油糖苷。菜地边缘尤其是蜜源植物附近的菜地卵的密度常较大，卵在菜地成嵌纹分布；以后随着幼虫的成长，又逐渐趋向随机分布。幼虫共 5 龄。幼虫大多在清晨孵化，初孵后先吃卵壳，再吃叶片，低龄幼虫皆停留在寄主叶面剥食危害叶肉，形成窗斑。稍大后开始蚕食叶片，形成孔洞或缺刻，并能侵入菜球内取食，在心球中遗留大量虫粪。4～5 龄时食量大增，可将叶片全部吃光。老熟后在较干燥的环境里化蛹，非越冬代蛹常在老叶背面、植株底部、叶柄里面等处以腹部末端黏附在其上，并吐一丝带束缚在身体第一腹节上。

菜粉蝶适于阴凉的气候条件，幼虫的发育适温为 16℃～31℃，相对湿度为 68%～86%，以 25℃、76% 左右的相对湿度最为适宜。最适降雨量为每周 7.5～12.5mm，雨水的机械冲刷作用可使卵和低龄幼虫死亡。各虫态有效积温、发育起点温度、致死温度见表 6-18。

表 6-18　机场菜粉蝶发育适温的相关数据

参数	卵	幼虫	蛹	世代
发育起点温度/℃	8.4	6.0	7.0	
有效积温/日度	56.4	217	150.1	423.5
致死低温/℃		>−9		
致死高温/℃		>32		

菜粉蝶种群数量常随季节、寄主植物的栽培方式和天敌数量等的变化而变化。一般规律是：春季随气温变暖趋于适宜，虫口逐渐上升，在春夏之交达到高峰。盛夏温度偏高（日平均温度经常超过 32℃）或雨季雨量过大，虫口迅速下降。秋季又因气温下降而虫口回升。春秋两季十字花科蔬菜面积大、食料充足（而夏季其栽培面积较小、天敌多），也是形成春秋两季危害严重的原因。辽宁兴城以 7 月份和 9 月份为盛发期，而武昌、合肥、南昌、长沙、杭州、南京等地则以春末夏初（4～6 月份）及秋末冬初（9～11 月份）危害重。南方春季盛发期稍早，秋季盛发期稍迟，而北方地区则反之。周年种植十字花科蔬菜的地区，夏季 7、8 月间气温略低的年份，菜粉蝶也会严重发生。另外，降雨量较多不利于菜粉蝶的发育，因而在华南地区发生较轻。

（二）玉带凤蝶

在浙江黄岩 1 年 4 代，成都、南昌 1 年 4 或 5 代，福州和广州 1 年 6 代，均以蛹附着在橘树枝干或附近其他植物枝干上越冬。越冬蛹历期 103～121 天。在黄岩，各代成虫发生期

分别为4月中旬、5月上中旬、6月中下旬、7月中下旬及8月中下旬。各代幼虫发生期分别为5月中旬至6月上旬、6月下旬至7月上旬、7月下旬至8月上旬、8月下旬至9月中旬。南昌前3代成虫发生期分别为3月中下旬至5月上旬、4月下旬至6月上旬、6月中旬至7月中下旬，以后各世代重叠不易划分。田间4~11月份都能见到幼虫。成虫于10月底或11月初终见。

成虫在傍晚或清晨多栖息于灌木丛中，白天活动，常飞舞于田间庭院中吸食花蜜，多于上午9~12时交配，当日或次日产卵。卵以散产于柑橘嫩叶及嫩梢顶端为主，上午9~12时产卵最多，每雌产卵量48粒以上。初孵幼虫先吃卵壳，在取食嫩叶边缘，长大后常把嫩叶吃光，老叶片仅留主脉。幼虫共5龄，食量随龄期增加而增大，1头5龄幼虫1昼夜可食大叶5或6片。3龄前的幼虫在叶片上很像鸟粪，受惊则伸出臭腺角，放出芳香气。幼虫老熟后，在枝干或叶背等隐蔽场所先吐丝固定其尾部，再作一丝，环绕腹部第2、3节之间，将身体系在枝叶上化蛹。

（三）香蕉弄蝶

在福建福州、沙县、永安等地1年4代，以老熟幼虫在叶苞中越冬，其生活史见表6-19。广西南宁1年5代，越冬代幼虫于3月上旬始见，3月中旬成虫盛发，第1代幼虫发生于3~4月间，末代幼虫发生于10~11月份，12月下旬幼虫进入越冬期，但仍有部分幼虫继续取食。香蕉弄蝶生活史、各代各虫态的发育历期见表6-19、表6-20。

表6-19 香蕉弄蝶年生活史（福建沙县）

世代	越冬代	第1代	第2代	第3代	第4代
幼虫	3月上中旬	4月中旬至6月中旬	6月下旬至7月下旬	8月中旬至9月上旬	10月上旬至下旬（11月上旬越冬）
蛹	3月上中旬	5月下旬至6月下旬	8月上旬	9月上旬至下旬	
成虫	3月下旬至4月下旬	6月中旬至7月下旬	8月上旬	9月中旬至10月上旬	
卵		4月上旬至5月中旬	6月中旬至7月上旬	8月上旬至下旬	9月中旬至10月中旬

表6-20 香蕉弄蝶各代各虫态发育历期（福建沙县）

代别	卵期/天	幼虫期/天	蛹期/天	成虫期/天	全代/天
1	8.5~9.0	34.5~39.5	10~11	6~11	56~61
2	5.5~6.0	18.0~24.0	10~12	5~8	40~44
3	5.5~6.0	19.0~25.0	11~12	5~11	41~46
4	8.0~9.0	162.0~169.0	31~33	9~15	205~214

越冬代和第1、2代成虫的羽化时间多在清晨4~6时，有部分延至中午前后；第3代多在午后1~4时，少数在午后5~6时。羽化约经1小时后展翅飞翔。成虫多在早晚活动和取食，一般在早上5~7时为多，部分在午后4~6时，主要以香蕉、芭蕉的花蜜为食，

也吸食南瓜、丝瓜、美人蕉、金露果等的花蜜。成虫羽化当日或次日便可交配，交配后的第 2 或第 3 天陆续产卵，时间多在上午 4～6 时。产卵的植物仅限于香蕉、芭蕉。卵多散产，也有 7～12 粒在一起的。卵的排列无规则，多产于叶片背面，极少数产在叶柄或假茎上。

幼虫 5 龄，多在凌晨 4～6 时孵化。从咬破卵壳到孵化出壳的时间为 30～60min。初孵幼虫先咬食卵壳，然后爬至叶缘咬一缺口，随即吐丝卷成筒状的叶苞以藏身。1、2 龄幼虫只吃成小缺刻，3 龄以后虫体增大，难以藏身，开始转苞危害，以后食量剧增，1 头老龄幼虫可卷起大半张叶片。整个幼虫期有 1～3 次转苞危害。幼虫多在早晚活动，阴天则可全天取食。取食时从叶苞上端与叶片相连的开口处、伸出体的前端顺着叶肋方向自上而下取食，边吃边卷，加大叶苞。同时嚼食叶苞上端或卷苞内的叶片，被害蕉叶虫苞累累，严重时整株只剩下几根叶中脉。幼虫取食后，体表分泌白色蜡质物以此作保护，后随虫体增大而加多。老龄幼虫体肥胖，必须吐一丝垫方可行进或固着。摇动寄主，有时虫会落下，虫体落地后容易饿死。越冬代老熟幼虫吐丝封闭苞口，并在苞内结丝囊，丝囊下端封闭，上端留有一个薄丝形成的开口作为羽化孔，虫体慢慢收缩，体表分泌很多的白色粉状蜡质物，进入休眠越冬。

四、测报方法

常用期距法对当地菜粉蝶主要危害世代的发生期进行预测。即选择当地有代表性的十字花科蔬菜，按早、中、晚播种或定植的类型田各 1 块，每块面积 500m² 以上。从初见卵起，在各类型田按"Z"形选取 10 个样点，每样点 3～5 株，每 5 天调查一次，逐株记载卵、1～2 龄幼虫、3～4 龄幼虫、5 龄幼虫、蛹的数量，重点注意每次的新增卵量。一般在卵高峰期后 7 天左右、甘蓝包心前为药剂防治的最佳时机。结合表 6-21 中的防治指标，确定是否需要防治。

表 6-21　机场菜粉蝶的防治指标

甘蓝生育期	百株卵量/粒	百株 3 龄以上幼虫量/头
发芽期（2 叶）	10	5～10
幼苗期（6～8 叶）	30～50	15～20
莲座期（10～24 叶）	100～150	50～100
成熟期（24 叶以上）	200 以上	200 以上

五、防治方法

1. 农业防治

对菜青虫，在十字花科蔬菜收获以后，要清洁田园，结合积肥及时清除田间残株，以消灭残留田间的幼虫和蛹。早春，可以通过覆盖地膜，提早春甘蓝的定植期，避过第 2 代菜青虫的危害。

2. 保护天敌

冬季巡视绿化林，收集蝶类的越冬蛹、幼虫，在越冬虫量较大时可杀死部分害虫，并

将剩余的害虫置于干燥的细口瓶（如酒瓶）中，次年春季害虫体内的天敌可羽化飞出，继续寄生田间的害虫，而蝴蝶羽化后无法飞出。

3. 药剂防治

在低龄幼虫盛发期进行药剂喷雾防治。常用药剂有：25%杀虫双水剂 $1.8kg/hm^2$、20%抑食肼可湿性粉剂 $1.0\sim1.5kg/hm^2$、5%抑太保乳油 $375\sim750mL/hm^2$、50%敌敌畏乳油 $1\sim1.2L/hm^2$、50%辛硫磷乳油 $800\sim1200mL/hm^2$、2.5%溴氰菊酯乳油 $400\sim600mL/hm^2$、10%氯氰菊酯乳油 $400\sim600mL/hm^2$、5%锐劲特悬浮剂 $300mL/hm^2$、2.5%菜喜悬浮剂 $500\sim750mL/hm^2$；也可用 3.2%Bt可湿性粉剂 $1kg/hm^2$ 喷雾防治。

六、其他常见的蝶类害虫（表6-22）

表6-22　3种常见的蝶类害虫的发生概况与防治要点

害虫种类	发生概况	防治要点
柑橘凤蝶	分布于各柑橘产区，主要危害柑橘苗木和幼树，常将新梢和叶片吃光，还能危害花椒和黄檗。1年发生代数：长江流域3~5代，福建广东1年5或6代，台湾1年7或8代。均以蛹附着在树叶背、枝干及附近的隐蔽场所越冬。成虫白天活动，卵多散产于嫩叶及嫩芽上	①人工防治：早晨手捉、白天网捕成虫及其他各虫态；②用Bt、敌敌畏、氰菊酯等药剂进行防治
山楂粉蝶	分布于东北、华北、西北、山东、河南、四川等地，主要危害山楂、苹果、海棠、梨、桃、李、杏、樱桃、山荆子、稠李、花楸等植物。1年1代，以2~3龄幼虫群集在树枝上的枯叶囊内越冬。低龄幼虫群居吐丝结网、夜伏昼出，老龄幼虫分散为害，有假死性；果树发芽至花期危害严重，可将山楂树的花芽、叶芽和花蕾全部吃光	①冬季清除枯叶囊；②于成虫产卵前在开花植物上捕杀成虫，或在卵密度大的果园人工除卵；③越冬幼虫活动期进行药剂防治
桂花蛱蝶	主要危害桂花、女贞、小白蜡的叶片。在福州1年5代，以幼虫在寄主叶片上越冬。初孵幼虫取食叶片尖端成缺刻状，随即在叶片主脉尖端用丝缠绕粪粒连成一根小棒，取食后伏在小棒上。随着幼虫的长大，小棒也不断延长	①摘除幼虫和蛹；②药剂防治

第十节　叶蜂类害虫

叶蜂属膜翅目、叶蜂科。对园艺植物造成危害的主要有月季叶蜂、桂花叶蜂、杜鹃花叶蜂和黄翅菜叶蜂。其中，以月季叶蜂危害较重，为本节介绍的重点。

一、分布与危害

月季叶蜂又名蔷薇叶蜂、蔷薇三节叶蜂、黄腹虫。国内主要分布于北京、山西、河南、江苏、浙江、福建、广东、重庆等地，危害月季、蔷薇、玫瑰、黄刺玫、十姊妹等花卉。以幼虫群集于叶片取食，严重时将叶片吃光，仅剩主脉。成虫产卵于嫩梢，导致嫩梢枯萎。

二、识别特征（图6-11）

雌成虫体长7.5~8.6mm，翅展17~
19mm。雄成虫体长5.5~7.5mm，翅展
12.5~15.0mm。头、胸、足蓝黑色，有
光泽。触角黑褐色，丝状。中胸背面具
"X"形凹陷。翅黑色，半透明。腹部红
黄色，其中背面中央有由胸腹交界处向后
延伸的舌状黑斑。卵椭圆形，长约1mm。

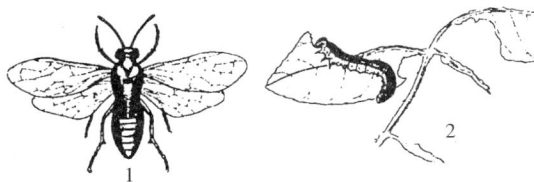

图6-11　月季叶蜂的形态特征
1. 成虫　2. 幼虫及危害状

初产时淡橙黄色，孵化前绿色。1~4龄幼虫头部黑褐色，胸、腹部绿色；5龄幼虫头部红
褐色；老熟幼虫头部橘红色，胸、腹部黄色或橙黄色，臀板黑色并着生细小刚毛。胸部第
2节至腹部第8节背面各有3横列黑色毛瘤，每列6个，其余各节有1或2列毛瘤。腹部
第2~8节气门下方各有一块较大的黑色毛瘤。蛹淡黄绿色。茧浅黄白色，椭圆形。

三、发生规律

在福建、广东1年7或8代，南京1年5或6代，河南1年3代，北京1年2代，均以
老熟幼虫在土中作茧越冬。南京越冬代蛹于4月上旬羽化，福建、广东于3月中旬羽化。在
南京，各代成虫发生期分别为4月份、5月下旬至6月中旬、7月上中旬、8月中旬至9月上
旬、9月下旬至10月上旬。世代重叠。10月中下旬至11月份老熟幼虫陆续入土越冬。

成虫一般于白天羽化，尤以8~12时为多，羽化稍后即可交配，交配后即可产卵。产
卵亦于白天进行，以上午8~12时和下午3~5时为多。可两性生殖或孤雌生殖，经交配
后产生的子代为雌雄两性，孤雌生殖的子代则全为雄性。卵产于嫩梢组织内，左右排列呈
"八"字形。产卵时用镰刀状的产卵器锯开枝条表皮，形成约2cm长的纵向裂口，产卵于
其中。产卵痕经3~5天纵裂，卵粒外露，明显可见。每嫩梢上一般产卵10~30粒，平均
每雌产卵47粒。卵期1周左右。幼虫孵化后向梢端爬行，到嫩叶上群集取食，随着虫龄
增大，由嫩梢向下逐渐分散取食，3龄以后一般1~5头取食同一叶片，5龄后食量大增，
取食量占全幼虫期的80%。幼虫6龄，幼虫期约1个月，幼虫老熟后延枝干向下爬，入土
结茧化蛹。

四、防治方法

1. 农业防治

结合花木抚育、冬季翻耕，消灭越冬幼虫，减少越冬基数。及时剪除成虫产卵枝梢和
低龄幼虫集中的枝叶，集中销毁。

2. 药剂防治

在1~3龄幼虫盛发期为防治适期，常用药剂有：90%晶体敌百虫1.2kg/hm²、50%
辛硫磷乳油750mL/hm²、2.5%溴氰菊酯乳油300~375mL/hm²或每毫升含活孢子100亿
以上的Bt乳油800~1000倍液。

五、其他常见叶蜂类害虫（表6-23）

表6-23 3种叶蜂的发生概况与防治要点

害虫种类	发生概况	防治要点
杜鹃花叶蜂	以幼虫蚕食杜鹃叶片，石榴红、五月红等品种受害最重。浙江1年3代，以老熟幼虫在浅土层或落叶中结茧越冬，翌年4月中下旬为成虫羽化、产卵盛期，5月、8月和9月份为各代幼虫危害期	①冬季清除落叶、杂草；②药剂防治参考月季叶蜂
桂花叶蜂	以幼虫危害桂花、丹桂、月桂。1年1代，以老熟幼虫在土中作茧越冬。在浙江杭州，翌年3月下旬至4月上旬成虫羽化，4月中下旬为幼虫危害盛期。卵多产于植株中部叶片叶缘表皮下，幼虫孵化后群集在叶背取食叶肉，稍大后将叶片食成缺刻	参考月季叶蜂的方法
黄翅菜叶蜂	以幼虫危害芜菁、萝卜、白菜、甘蓝、油菜等十字花科蔬菜。在辽宁南部1年5代，以老熟幼虫在土中结茧越冬。每年春秋季为害。东北北部危害盛期在7~8月份，南部在8~9月份。有假死性，卵多产于叶缘或叶片反面组织内。幼虫取食叶片，在留种菜上，可食坏花和嫩荚	①越冬期耕翻土壤，可消灭部分越冬茧；②药剂防治参考月季叶蜂

第十一节　甲虫类害虫

甲虫类属于鞘翅目。其种类很多，对园艺植物造成危害的主要有叶甲科的黄曲条跳甲、黄守瓜、大猿叶虫、小猿叶虫、柑橘台龟甲，瓢甲科的马铃薯瓢虫、茄二十八星瓢虫，鳃金龟科的黑绒金龟，花金龟科的白星花金龟、小青花金龟和丽金龟科的苹毛丽金龟。铜绿丽金龟、大黑鳃金龟、暗黑鳃金龟等放入地下害虫一章介绍。这里主要介绍黄曲条跳甲、黄守瓜、马铃薯瓢虫、茄二十八星瓢虫和黑绒金龟。

一、分布与危害

（一）黄曲条跳甲

黄曲条跳甲除新疆、西藏、青海无记载外，其余各省均有分布。偏嗜萝卜、白菜、瓢儿菜、油菜、芥菜、甘蓝、花椰菜等十字花科蔬菜，也可危害茄类、瓜类、豆类及禾谷类。成虫常群集在叶背取食，使被害叶片布满稠密的椭圆形小孔洞。还可将留种菜株的嫩荚表面、果梗、嫩梢咬成疤痕。以蔬菜幼苗期受害最重，常造成毁苗断垄，甚至全田毁种。幼虫在土中蛀食菜根表皮，形成不规则条状虫道，也可咬断须根，使叶片由外向内花黄萎蔫。主侧根或地下茎可被蛀成黑斑，引起腐烂。幼虫还可传播软腐病。

（二）黄守瓜

黄守瓜在国内各省区均有发生。可危害约19科69种植物，但以葫芦科为主，其中西瓜、黄瓜、甜瓜、南瓜等受害最重。成虫主要啃食叶片形成环形或半环形缺刻，可咬断嫩茎造成死苗，还能危害花和幼苗。幼虫在土中咬食瓜根或蛀入根中，使瓜苗或结瓜期植株大量枯死，并可蛀入近地面的幼茎和瓜内取食，引起腐烂。

（三）马铃薯瓢虫、茄二十八星瓢虫

马铃薯瓢虫主要分布在我国北方省区，茄二十八星瓢虫在国内分布普遍，但在长江以南发生较重。2 种瓢虫主要危害茄科类植物，马铃薯瓢虫多危害马铃薯和茄子，茄二十八星瓢虫主要危害茄子和番茄。成虫及幼虫均啃食叶肉，在叶片上留下许多不规则的半透明的细凹纹，状如箩底，也可将叶片吃穿成穿孔或仅留叶脉，还能危害花瓣、萼片、嫩茎和果实。茄果被啃食处常常破裂，使果实变得僵硬粗糙有苦味，失去食用价值。

（四）黑绒金龟

黑绒金龟在国内分布广泛，但是以东北、华北及黄河故道地区发生普遍，尤其是山丘地带的果树受害比较严重。黑绒金龟为多食性，主要以成虫危害苹果、梨、桃、樱桃、葡萄、山楂、桑、榆、柳、臭椿、禾谷类、豆类、瓜类、烟草、棉花等植物的幼叶嫩茎，因此对苗圃、新植果园危害最大。

二、识别特征（表 6-24，图 6-12）

表 6-24 5 种甲虫的主要识别特征

名称	成虫	卵	幼虫	蛹
黄曲条跳甲	体长 1.8～2.4mm，椭圆形，黑色有光泽。前胸背板及鞘翅上有许多排成纵行的刻点。鞘翅中央有一黄色纵条纹，两端大，中央狭，其外侧中部凹曲颇深，内侧中部直形，仅前后两端向内弯曲。后足腿节膨大	椭圆形，长约 0.3mm，淡黄色，半透明	老熟时长 4mm 左右，黄白色。头、前胸背板及臀板淡褐色，各体节疏生不显著的内瘤和细毛。腹部腹面有一乳头状突起	长椭圆形，乳白色。头部隐于前胸下面，腹末有 1 对叉状突起，叉端褐色
黄守瓜	体长约 9mm，虫体除复眼、中胸至腹部腹面黑色外，其他皆为橙黄色。前胸背板长方形，中央有一波形横凹沟。雌虫腹部末节腹面有"V"形凹陷；雄虫腹部末节腹面有匙形构造	卵圆形，黄色，卵壳表面有 6 条蜂窝状皱纹	长圆筒形，头部黄褐色，前胸背板黄色，胸腹部黄白色，生有不显著的肉瘤。腹部末节腹面有肉质突起	黄白色，头缩于前胸下，各腹节背面疏生褐色刚毛，腹末端有巨刺 2 个
马铃薯瓢虫	体半球形，赤褐色，全体密被黄褐色细毛。前胸背板前缘凹陷而前缘角突出，中央有一较大的剑形黑斑，两侧各有 2 个黑色小斑（有时合并成 1 个）。两鞘翅上各有 14 个黑斑，鞘翅基部 3 个黑斑后面的 4 个黑斑不在一条直线上，两鞘翅合缝处有 1 或 2 对黑斑相连	弹头形，有纵纹。初产时鲜黄色，后变黄褐色。卵块中卵粒排列较松散	淡黄褐色，纺锤形，背面隆起，体被各节有黑色枝刺，其基部有淡黑色环纹。前胸及腹部第 8、9 节各具枝刺 4 根，每枝刺上有小刺 6～10 根	椭圆形，淡黄色，背面有稀疏细毛，上有黑色斑纹，尾端具有黑色尾刺 2 根。蛹末端包着幼虫末次蜕的皮壳

（续表）

名称	成虫	卵	幼虫	蛹
茄二十八星瓢虫	体较小，半球形，黄褐色。全体密被黄褐色细毛。前胸背板多具6个黑斑（有时中间4个连成1个横而长的大黑斑）。两鞘翅上各具大小2种近圆形的黑斑14个，鞘翅基部3个黑斑后面的4个黑斑几乎在一直线上，两鞘翅合缝处黑斑不相连	弹头形，初产时黄白色，后变褐色。卵块中卵粒排列较紧密	初龄幼虫淡黄色，后变白色，纺锤形，体节具白色枝刺，其基部有黑褐色环纹。其余与马铃薯瓢虫相似	椭圆形，黄白色，背面有黑色斑纹，但色较浅。其余同马铃薯瓢虫
黑绒金龟	体卵圆形，黑褐或黑紫色，体被灰黑色短绒毛，有丝绒光泽。前胸背板及鞘翅外侧均具缘毛，两鞘翅各有9条纵隆线。前足胫节有2刺，后足胫节细长，端部内侧有沟状凹陷	椭圆形，乳白色，有光泽，孵化前色泽变暗	肛腹片后部覆毛区密布钩状刚毛；刺毛列呈横弧状排列，由14～26根锥状刺毛组成。肛孔呈散射裂缝状	长约8mm，黄褐色，腹部末端有臀刺1对

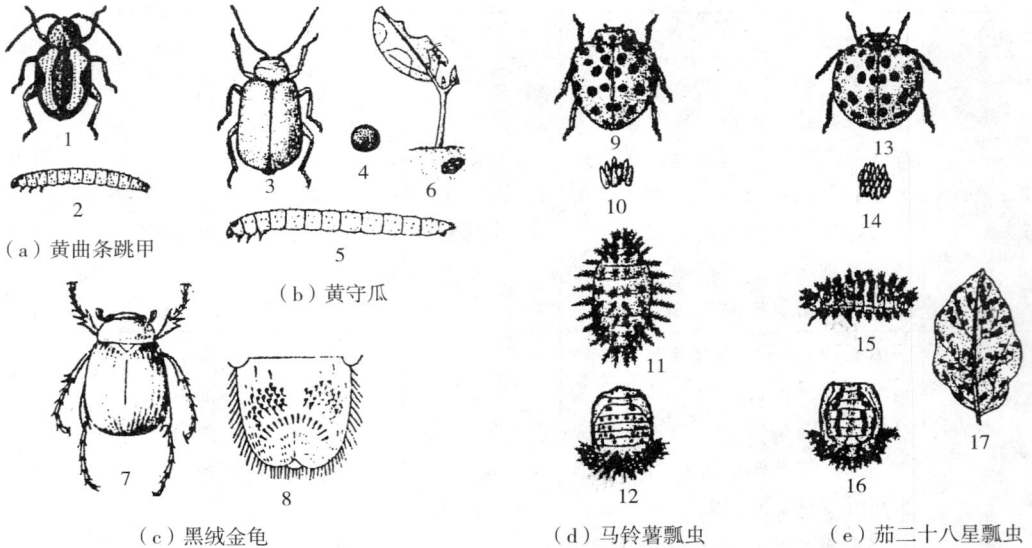

图6-12　5种主要甲虫类害虫的形态特征
1.成虫　2.幼虫　3.成虫　4.卵　5.幼虫　6.成虫危害状　7.成虫　8.幼虫腹端腹面
9.成虫　10.卵　11.幼虫　12.蛹　13.成虫　14.卵　15.幼虫　16.蛹　17.茄叶被害状

三、发生规律

（一）黄曲条跳甲

在华北、东北地区1年4或5代，华中地区1年5～7代，华南地区1年7或8代。以成虫潜伏在菜园、沟边、树林中的落叶下、草丛中越冬。在长江以南，冬季天暖时，越冬成虫仍可活动取食。在华南地区则无越冬现象，终年都可繁殖为害。各地均以春、秋两季危害较重，南方受害程度比北方严重，北方秋菜受害重于春菜。

成虫活泼、善跳，高温时还能飞翔。有趋光性，对黑光灯敏感。早晚和阴雨天常躲藏于叶背或土块下。一般温度26℃时活动最盛，夏季中午前后温度高时则不大活动。成虫危害有群集性和趋嫩性，其取食与温度有密切关系，一般12℃时开始取食，15℃时食量渐增，20℃时激增，32℃～34℃时食量最大，34℃以上时食量又急减，温度再度升高，即入土蛰伏。成虫寿命可长达1年，产卵前期很长但不尽相同，甚至同代个体间也很大差异，如第1代为15～79天。产卵期很长，可持续1～1.5个月，因此世代重叠，发生不整齐。

成虫产卵以晴天午后为多。卵散产于菜根周围湿润的土隙中或细根上，也可在近地面的茎基部咬一小口，产卵于其中。不同世代成虫产卵差异很大，以越冬代产卵最多，可达600余粒。平均每雌200粒。卵期的长短与温度有关，20℃左右时，卵期4～9天。卵的发育起点温度为12℃，最适温度26℃。卵孵化要求相对湿度达100%，否则许多不能孵化，因此近畦沟幼虫危害严重，南方春季温度高，受害较春季干旱的北方严重。

幼虫孵化后爬至根部，由须根食向主根，剥食根的表皮。幼虫在土中的深度与作物根系的深度有关，如萝卜地在4～5cm处最多，白菜地则多在3～4cm深处，幼虫发育起点温度11℃，最适温度24℃～28℃，幼虫3龄，幼虫期11～16天。老熟幼虫多在3～7cm深的土中做土室化蛹。预蛹期2～12天，蛹期3～17天，蛹的发育起点温度11℃。

春、秋季雨水偏多，田间湿度大，利于黄曲条跳甲的生长发育；十字花科蔬菜连作区，食料丰富，跳甲发生危害加重。

(二)黄守瓜

在华北地区1年1代；长江中下游地区以1代为主，部分2代；华南地区3代；台湾地区3或4代。各地均以成虫在向阳的枯枝落叶及草丛、土隙中越冬。越冬成虫在0℃下全不活动，土温达6℃时开始活动，10℃时全部由潜伏处出来。瓜苗出土前，危害其他蔬菜和作物。瓜苗2或3片真叶时，即集中危害瓜叶。在1代区越冬代成虫5～8月份产卵，5～6月份危害瓜苗最严重，6～8月份为幼虫危害期，其中长江中下游地区6月中下旬、北方7月份幼虫危害最重。8月份成虫羽化，10～11月份逐渐进入越冬。在2代区，第1代成虫于7月上、中旬羽化，7月上、下旬可见第2代卵和幼虫，第2代成虫10月开始越冬。在秋季和冬初成虫需大量觅食，准备过冬，此时瓜类稀少，黄守瓜便集中在十字花科蔬菜的叶上取食，萝卜受害尤其重。越冬成虫多集中在秋冬十字花科寄主附近的草堆中。

成虫喜在温暖的晴天活动和取食嫩叶，晚上静伏，次日露水干后开始取食，一般以10～15时活动最盛。成虫行动活泼，有假死性，但不易捕捉。阴天活动迟钝，雨天不活动。耐饥力强，10多天不取食不会死亡，因而在阴雨后天晴时，往往因饥饿而暴食造成严重危害。成虫交配、产卵多在白天，产卵期可自5月份持续到8月份，盛期在5月中旬至6月上旬。产卵与温、湿度有关，24℃时产卵最盛，湿度越高，产卵越多，雨后大量产卵。雌虫一般产卵4～7次，产卵量150～2000粒。卵散产或成堆产于瓜根附近高湿的土

壤里，深度3～4cm。卵期10～14天。幼虫孵化后危害细根，3龄后食害主根，将根吃成条纹状，或蛀入根的木质部和韧皮部之间，使整株枯死，也可蛀入接近地面的瓜，取食瓜肉，引起腐烂。幼虫共3龄，历期19～38天，老熟幼虫在根际附近筑土室化蛹。

黄守瓜喜温好湿，成虫耐热性强，抗寒力差，因而在南方发生较重。其发生除温湿度条件外，与土壤质地及栽培制度也有关系。一般保水良好的壤土，成虫产卵最多，黏土次之，沙土最少。与甘蓝、莴笋、芹菜等蔬菜间作的瓜田，瓜苗受害显著减轻，而且间作作物的植株愈高，瓜苗受害愈轻。

（三）马铃薯瓢虫

在东北、华北地区1年2代，少数发生1代，以成虫集群于发生地附近背风向阳的树皮下、石缝内、篱笆下、土穴内等各种缝隙内越冬，尤其喜在向阳的山坡或半坡地中越冬，入土深度6cm左右。

越冬成虫出蛰期与气温有关，一般日均温16℃以上时开始活动，20℃时进入活动盛期。在华北地区，越冬代成虫多在5月间马铃薯发芽时出现。初活动的成虫，一般不飞翔，只在附近枸杞、龙葵等茄科杂草上爬行取食，经过5～6天取食后，再逐渐迁移到周围马铃薯、茄子田繁殖为害。6月上、中旬为越冬代成虫产卵盛期，6月中、下旬幼虫大量孵化，6月下旬至7月上旬、8月中旬分别为第1代、第2代幼虫为害严重时期，第2代成虫羽化后于9月中旬开始迁移越冬，10月上旬基本进入越冬状态。少数羽化迟的第1代成虫，经一段时间取食后，进入越冬期。

成虫白天活动，早晚蛰伏，一般10～16时最为活跃，有蚕食同种卵的习性。成虫具假死性，受惊即跌落地面，并分泌黄色臭液。成虫寿命很长，越冬代长达300天左右，第1代一般45天。产卵期亦长，一般40天。因此马铃薯瓢虫在田间的生活史不整齐，两代间相互重叠。成虫产卵于叶背，在植株上着卵的位置因季节而异。越冬代成虫多产卵于马铃薯苗近地面的叶片上，以后则以上部叶片着卵较多。越冬代成虫每雌产卵80～1000粒，平均400粒，第1代成虫每雌产卵50～500粒，平均240粒。卵常20～30粒，产在一起，直立成块。卵期第1代约6天，第2代5天。幼虫4龄，1龄幼虫多群集于叶背取食，2龄后分散为害，绝大多数仍在叶背取食，只有少数老龄幼虫爬至叶面。幼虫亦有蚕食同种卵的习性。幼虫历期第1代约23天，第2代约15天。老熟幼虫多在受害株基部的茎上或叶背化蛹，也有在附近地面、杂草上化蛹的。蛹期第1代约5天，第2代约7天。

马铃薯瓢虫的发生与环境条件的关系非常密切。成虫只有取食马铃薯才能安全过冬并于次年产卵，幼虫食料中如无马铃薯则发育不正常，其他世代也以马铃薯为寄主者繁殖力强。因此，在春播夏收薯区，第一代成虫因缺乏最适食料而发生量受抑制，危害轻。而在1年1作薯区（春种秋收），各代成虫、幼虫均能对马铃薯取食，因此发生危害重。越冬场所土层薄，成虫越冬入土过浅，冬季严寒干燥，则死亡率高，第二年虫源少，危害轻。野生植物较多的山地、四周荒地较多的田块，每年发生早，受害重。凡田间枝叶繁茂的田块，往往受害较重，而行距大、日照充足的田块，发生危害较轻。

（四）茄二十八星瓢虫

在江苏、安徽等地1年3代，华中地区1年4或5代，福建等地1年6代，世代重叠发生。越冬代成虫翌年出蛰后，先在龙葵、灯笼草、酸浆等野生茄科植物上取食，再迁移到茄科作物上繁殖危害。在广东，越冬代成虫3月下旬至4月中旬大量迁至早茄上危害，4月中旬、6月中旬分别为第1代和第2代幼虫盛发期，多危害春茄，7月中旬第3代幼虫和8、9月间的第4代幼虫大量危害秋茄、冬茄苗及冬种马铃薯。10月上旬以后成虫陆续迁入杂草、疏松土壤、树皮裂缝或篱笆、墙壁间隙等处，气温降至18℃以下时，进入越冬状态。各虫态历期因地区和发生世代不同而异。如在江西南昌，成虫期1～9个月，卵期3～6天，幼虫期15～20天，蛹期3～6天。成虫羽化后3天交配，5天后开始产卵，一生产卵约400粒，高的可达1000余粒。成虫昼夜取食，以晴天白昼食量最大。稍有群集现象，其他生活习性同马铃薯瓢虫。

（五）黑绒金龟

黑绒金龟1年1代，以成虫在20～30cm土层内越冬，越冬场所主要在渠边、林带、地头等干燥、土质疏松、杂草较多的地方，而在农田内越冬虫量较少。翌春当土层解冻达到越冬部位时即开始向上移动。成虫出土迟早及全部成虫出土历期长短随各地气温不同而异。山东等地3月下旬至4月上旬即开始出土，4月下旬产卵，5月下旬已有70%成虫产卵，田间成虫逐渐消失。东北、内蒙古等地，4月中下旬至5月初，5日平均气温达10℃以上时，成虫方大量出土。出土后先在蒲公英、羊蹄叶等杂草或杨、柳、榆等树上取食嫩芽、嫩叶，待果树发出新叶时，即转移到果树上危害。6月为产卵时期，卵产在草荒地、豆地、果园间作地，以5～10cm土层内最多，单产，也有10～30粒堆在一起，每雌产卵20～100粒，卵期9天。幼虫孵化后取食寄主植物的幼根，幼虫共3龄，幼虫期50～60天，老熟后潜入20～30cm土层内做土室化蛹。蛹期10～15天，成虫羽化后不出土而进入越冬状态。

成虫飞翔力强，有较强的趋光性、假死性，嗜食榆、柳、杨的芽、叶。日落前后从土中爬出，傍晚飞到果园内，多往返于果树的周围取食为害，并进行交配活动。温暖无风的天气成虫出现最多，其活动的适宜温度为20℃～25℃，降雨量大、湿度高有利于成虫出土为害。一般在晚9～10时，成虫入土潜伏。

四、测报方法

（一）黄曲条跳甲

每年4～10月份，选择不同类型的十字花科蔬菜（白菜、萝卜等）各1块，五点取样，菜秧每点查1/9m²，蔬菜定植后每点查5～10株，每隔5天查一次，记载菜苗数、受害苗数及跳甲成虫数。当菜苗被害率达10%～20%，平均百株有虫1～2头时，为防治适期；定植后蔬菜被害率达15%～25%，平均单株有虫1头时，须立即进行防治。

（二）马铃薯瓢虫和茄二十八星瓢虫

每年5月下旬至8月底，选择有代表性的马铃薯和茄田，采用平行线或棋盘式取样方法，茄田每点不少于5株，马铃薯田不少于0.5m²，3～5天调查一次，记载卵块、幼虫、蛹及成虫数。当卵孵化率达15%～20%时，为防治适期。

五、防治方法

1. 诱杀成虫

利用黑绒金龟成虫的趋光性和嗜食杨、榆、柳叶的习性，在成虫发生期，用黑光灯进行诱捕。也可将 60cm 长的杨、柳或榆树枝条在 80% 敌百虫 100 倍液中浸泡 2～3h，取出后插在苗圃和果园内诱杀成虫。

2. 人工采卵和捕捉成虫

在 2 种瓢虫马铃薯瓢虫和茄二十八星瓢虫产卵季节，人工摘除茄子和马铃薯叶上的卵块；在黑绒金龟和 2 种瓢虫成虫盛发期，利用其假死性振落捕杀。

3. 防治成虫产卵

采用地膜栽培或在瓜苗周围地面撒草木灰、谷糠、锯末等，可防治黄守瓜成虫产卵。

4. 农业防治

①清洁田园，冬季及时清除残株落叶和地边杂草，集中堆沤或烧毁，可消灭部分越冬虫源。茄株间叶打杈利于改善植株营养分配和通风透光，又能将 2 种瓢虫的卵块、幼虫和成虫带出田外。②播前深耕晒土，造成不利于跳甲幼虫发生的条件，并可杀灭部分蛹。③十字花科蔬菜与其他蔬菜或作物轮作，可减轻跳甲、瓢虫的危害；瓜类与甘蓝、芹菜、莴苣适当间作，能减少黄守瓜对瓜苗的危害。④调节瓜苗移栽期，利用温床育苗。适时定植，使瓜苗 3 或 4 片真叶期赶在黄守瓜越冬成虫活动取食盛期以前，减轻成虫对瓜苗的危害。⑤移栽时选用无虫苗。如发现根部有虫，可用 90% 晶体敌百虫 1000 倍液浸根灭虫。

5. 药剂防治

防治黄守瓜适期掌握在瓜苗移栽前后到 5 片真叶前；防治 2 种瓢虫适期掌握在成虫发生期至幼虫孵化盛期；防治跳甲主要掌握在十字花科蔬菜苗期；防治黑绒金龟在成虫发生盛期。每公顷用 90% 晶体敌百虫 1.2kg、50% 辛硫酸乳油 750mL、25% 杀虫双水剂 1.5～2.0L、50% 巴丹可溶性粉剂 0.75～1.5kg、48% 毒死蜱乳油 0.8～1.2L、2.5% 溴氰菊乳油或 20% 氰戊菊酯乳油 300～375mL，加水 1000～1200kg，喷雾。

对于黑绒金龟成虫，也可利用其入土习性，于发生前在树下撒 5% 辛硫磷颗粒剂 30～37.5kg/hm^2，施后耙松表土，使部分入土的成虫触药中毒死亡。

防治黄守瓜和黄曲条甲幼虫，可采用药剂灌根的方法。常用药剂有：50% 辛硫磷乳油 750mL/hm^2 或 18% 杀虫双水剂 1.5～2.0L/hm^2，加水 1000～1500kg，每株药量 100mL。

六、其他甲虫类害虫（表 6-25）

表 6-25　6 种常见食叶甲虫的发生概况与防治要点

害虫种类	发生概况	防治要点
白星花金龟	寄主有苹果、梨、桃、杏、柑、橘、月季、樱花、海棠等，1 年 1 代，以幼虫在土中越冬。6～7 月份为成虫盛发期，苹果膨大期受害最重，成虫常数头乃至几十头群集于果实伤口处食害果肉。成虫有假死性，对糖醋和腐烂果实有较强的趋性	①诱杀成虫；②土壤处理

（续表）

害虫种类	发生概况	防治要点
小青花金龟	寄主有苹果、杏、山楂、柑橘、月季、梅花、樱花、菊花等。1年1代，以成虫在土中越冬。翌年成虫出土期与果树花期吻合。成虫常群集于花序，取食花蕊和花瓣，有假死性	①捕杀成虫；②土壤处理；③药剂防治
苹毛丽金龟	成虫除危害苹果、梨、桃、李、杏、樱桃、板栗、核桃、葡萄外，还危害豆类及杨、柳、榆等树木。1年1代，以成虫在土中越冬。果树萌芽期开始出土，花蕾期受害最重。成虫危害花蕾花嫩梢，有假死性	①捕杀成虫；②土壤处理；③药剂防治
大猿叶虫	以幼虫和成虫危害白菜、萝卜、黄芽白、芥菜等十字花科蔬菜。各地发生代数不同，北方年发生2代，均以成虫在土中和枯叶、土石块下越冬，春秋两季危害最重。卵成堆产于根际土表、土隙或植株心叶内，初孵幼虫啃食叶肉，大龄幼虫或成虫食叶片成孔洞或缺刻。成虫和幼虫均有假死性。	①清洁田园；②捕杀成、幼虫；③药剂防治
小猿叶虫	寄主和生活习性与大猿叶虫基本相同，在我国南方常与大猿叶虫混合发生。卵散产于叶基部，以叶柄上最多，幼虫喜集中于心叶取食	同大猿叶虫
柑橘台龟甲	以幼虫和成虫取食柑橘、凤仙花、鸡冠花的叶片叶肉，造成一片密密麻麻的小白斑，后期白斑穿孔，使叶片孔洞累累。鸡冠花花期受害最重。成虫活泼，不易捕捉	①清除杂草、落叶；②捕杀幼虫；③药剂防治

第十二节 蝗 虫

蝗虫（locusts）是指属于直翅目、蝗总科的种类，其种类很多，国内记载了300余种，均为典型的植食性、食叶性害虫，其中飞蝗是我国历史上的大害虫。危害蔬菜、果树、花卉及园林等植物的主要蝗虫是短额负蝗 *Atractomorpha sinensis*（Bolivar）。本节重点介绍短额负蝗。

一、分布与危害

短额负蝗属直翅目，锥蝗科。又名尖头蚱蜢，国内自东北至华南均有分布，能危害多种蔬菜、果树、花卉、林木及粮食作物等。以成虫和若虫咬食叶片，使成孔洞和缺刻，发生多时，常把大部分叶片吃光，仅剩枝干。

二、识别特征（图6-13）

成虫体长21～30mm，体绿色或枯黄色，局部褐色。头呈圆锥形，头顶呈水平状向前突出，复眼至头端的距离为复眼直径的1.1倍；前翅绿色或枯黄色；后翅基本红色，端部绿色。

卵单粒乳白色，弧形。卵块外有黄褐色分泌物封固，卵囊长筒形，无卵囊盖。

若虫初为淡绿色，布有白色斑点。复眼黄色。前、中足有紫红色斑点，呈鲜明的红绿色彩。

三、发生规律

长江流域1年2代，山西大同1年1代，以卵在土中越冬。在长江流域5月上旬越冬卵开始孵化，5月中旬至6月上旬为孵化盛期，7月上旬第1代成虫开始产卵，7月中、下旬为产卵盛期，第2代若虫自7月下旬开始孵化，8月上、中旬为孵化盛期，9月中、

图6-13 短额负蝗的形态特征
1. 成虫 2. 若虫 3. 卵囊 4. 卵粒 5. 危害状

下旬至10月上旬第2代成虫开始产卵，10月下旬至11月上旬为产卵盛期，以卵进入土中越冬。在山西大同越冬卵6月上旬开始孵化，6月下旬为卵化盛期，8月中期开始羽化，8月下旬为羽化盛期，9月上、中旬为产卵盛期，10月上旬成虫开始死亡。初孵若虫有集群性，2龄后分散为害，交尾时雄虫在雌虫背上随雌虫爬行数天而不散，故而得名"负蝗"。

四、防治方法

1. 人工防治

初龄若虫集中时，发现可随时捕捉处死。

2. 药剂防治

若虫危害期可喷施80%敌敌畏乳油、50%杀螟松乳油或20%氰戊菊酯乳油各900mL/hm²。

第十三节　其他食叶性害虫

在园艺植物上取食叶片的害虫种类很多，除了前面几大类外，还有许多在生产上非常重要的害虫，如鳞翅目、菜蛾科的小菜蛾，螟蛾科的菜螟、瓜绢螟。斑蛾科的梨星毛虫、大叶黄杨斑蛾，灯蛾科的红腹灯蛾、红缘灯蛾，粉蝶科的山楂粉蝶以及检疫性害虫美国白蛾等，都能造成不同程度的危害。其中小菜蛾的危害和抗药性均已达到相当高的程度，给蔬菜生产带来较大经济损失。现以小菜蛾作重点介绍。

一、分布与危害

小菜蛾又名"方块蛾""吊丝鬼""两头尖"等。国外各洲均有发生，国内发生普遍，但以南方各地发生危害严重，是十字花科植物的重要害虫之一。以甘蓝、花椰菜、球茎甘蓝、白菜、萝卜、芥菜、油菜等蔬菜受害为主，也可危害紫罗兰、桂竹香等观赏植物及草

大青、欧洲菘蓝等药用植物。

小菜蛾以幼虫危害叶片，初龄幼虫仅能取食叶肉，留下表皮，在菜叶上形成透明"窗斑"；3～4龄幼虫食叶成孔洞和缺刻，严重时菜叶被吃成网状，降低菜的食用价值。在蔬菜苗期，常集中心叶为害，影响菜苗的正常生长和后期包心。在留种株上，可危害嫩茎、幼荚和籽粒，影响结实。近年来，随着菜蛾抗药性的发展，其发生日趋严重。

二、识别特征（图6-14）

成虫灰黑色，体长6～7cm，翅展12～15mm。触角丝状静止时伸向身体的前方。前翅披针形，缘毛极长，前缘灰褐色，后缘为3度曲折的黄白色波状带，两翅合拢时形成3个连串的菱形斑，缘毛翘起如鸡尾。卵椭圆形，长约0.5mm，宽0.3mm。淡黄绿色，具金属光泽。老熟幼虫体长10～12mm，体淡绿色，纺锤形。头部黄褐色。前胸背板上有淡褐色无毛的小点，排列成两个"U"字形纹。臀足向后伸，超过腹末。腹足趾钩单序缺环形。蛹长5～8mm，颜色变化较大，有绿、灰黑、粉红、黄白等色，无臀棘，肛门附近有钩刺3对，腹末有小钩4对。茧灰白色。

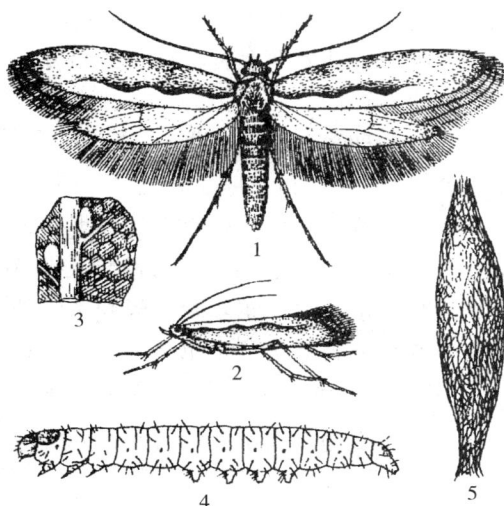

图6-14　小菜蛾的形态特征
1. 成虫　2. 成虫侧面观　3. 卵　4. 幼虫　5. 茧

三、发生规律

该虫每年发生代数，因地而异，自北向南依次递增，东北地区1年3或4代，新疆1年4或5代，华北、山东、宁夏等地区1年5～7代，长江流域1年9～14代，华南地区1年17～22代。世代重叠严重。在我国西、北部以蛹越冬，在长江流域及其以南地区，终年可见各种虫态，无滞育现象。小菜蛾全年发生危害情况各地不同，在新疆7～8月份发生最重；华北、东北地区以春季为主，每年4～6月份危害最盛；长江以南各省，每年有2次高峰期，分别为3～6月份和8～11月份，而秋季又重于春季。

成虫昼伏夜出，白天栖息在植株的荫蔽处，黄昏后开始活动。午夜前后为活动盛期。趋光性较强，但因飞行冲击力小，灯诱效果不够理想。成虫飞翔能力弱，但能随风作远距离迁移。成虫羽化当天即可交配，交配后1～2天开始产卵。产卵期10天左右，产卵高峰在前3天。卵多产在寄主叶片背面近叶脉的凹陷处，一般散产，时有几粒或十几粒聚集在一起。一般单雌可产200粒，最多可达589粒。产卵量与成虫的寿命、补充营养及外界环境温度密切相关。蜜源植物充足，温度适宜，则产卵量大。成虫产卵对寄主有选择性，喜欢在含有异硫氰酸酯类化合物的植物上产卵。成虫寿命一般为11～28天，越冬代可长达

2～3个月，产卵期也随之延长，由此造成世代重叠。卵期一般3～11天，昼夜均能孵化。

幼虫共4龄，初孵幼虫潜入叶组织内，取食叶肉，形成小的隧道，到1龄末或2龄初才从隧道中退出来，2龄后在叶背、叶心取食为害，叶片上形成"天窗"或缺刻、孔洞。4龄食量大，占总食量的80％以上。幼虫对食物质量要求极低，在老叶、黄叶上亦能完成其发育，故清洁田园是菜蛾综合防治的一个重要环节。幼虫十分活泼，一遇惊动就扭动身体、倒退或吐丝下垂，故有"吊丝虫"或"吊死鬼"之称。幼虫老熟后，在被害叶片背面结茧化蛹，也可在茎、叶柄、叶脉及枯草上化蛹。蛹茧稀薄，两端开放，以利于脱皮和羽化。菜蛾在一年中或年度间有明显的虫口消长现象，能否猖獗成灾，则与环境条件密切相关。温度对菜蛾生长发育的影响见表6-26。

由表可知，最适宜菜蛾种群增长的温度为25℃左右，这就是导致菜蛾在春、秋季发生危害严重的主要原因之一。另外，菜蛾各虫态的抗寒能力较强，0℃～10℃时，成虫可存活数月，且能产卵；日均温度在0.3℃～1.7℃时，幼虫在中午尚能取食。老熟幼虫和蛹的过冷却点为-15.25℃和-17.00℃。空气相对湿度对菜蛾生长发育的影响并不很显著，但暴雨或雷雨的冲刷，对卵及幼虫损害极大；长期阴雨对其发育和繁殖不利，因此在夏季及多雨的年份发生量少。小菜蛾的天敌种类很多，捕食性天敌有蜘蛛、瓢虫、草蛉、步甲、蛙类。寄生性天敌主要有菜蛾绒茧蜂和菜蛾啮小蜂，自然寄生率很高。此外，菜蛾幼虫颗粒体病毒，在田间自然感染量也很大。十字花科蔬菜周年连作，相互间作、套种，大田临近苗床，管理粗放等，都有利于菜蛾的发生。

表6-26　不同温度对小菜蛾生长发育的影响（扬州，1984）

温度 /℃	世代历期 /天	卵孵化率 /％	幼虫化蛹率 /％	蛹羽化率 /％	成虫寿命 /天	产卵量 /（粒/雌）
16	51	58.06	48.61	42.85	13	124
20	34	68.23	58.90	40.91	11	170
25	28.5	88.94	94.26	94.42	11	235
29	20	81.25	49.23	37.50	6	80
32	15.5	57.50	17.39	25.00	4	40

四、防治方法

1. 农业防治

合理布局，尽量避免十字花科蔬菜周年连作或早、中、晚熟品种在机场周边连作，在一定时间、范围内，切断其食物源；对苗田加强管理，及时防治，避免将虫源带入本田；蔬菜收获后，及时清除残株败叶，并随机翻耕，可消灭大量虫源。

2. 诱杀成虫

应用人工合成的菜蛾性诱剂诱芯诱杀雄虫。每公顷用90～120个诱芯，用铁丝将诱芯固定在水盆中央上方距水面1～2cm处，水中加少量洗衣粉，盆底高于菜株顶端10～20cm。每月更换一次诱芯即可。此法大面积连片应用，效果显著。

3. 生物防治

温度在 20℃以上时，用 3.2% Bt 可湿性粉剂 1.2～1.8kg/hm² 对小菜蛾有良好防效，加少量化学农药可增加速效性，提高药效。

4. 化学防治

因菜蛾发育期短，世代数少，常年发生，农药使用频繁，已对多种类型的农药产生了抗性，抗性程度各地不尽相同。故在防治时，要根据当地菜蛾的抗性药剂范围和程度，结合虫情慎重选择杀虫剂，注意轮换用药，切忌一种农药常年连续使用，以减缓抗性发展。防治适期掌握在幼虫孵化盛期至 2 龄前。由于菜蛾有集中心叶为害习性，故尽可能把药喷入心叶和叶背。每公顷用 48% 毒死蜱乳油 750～800mL，44% 多虫清乳油、2.5% 溴氯菊酯乳油、20% 氰戊菊酯乳油各 380～600mL，25% 喹硫磷乳油或 50% 巴丹可溶性粉剂各 750～1200mL；对抗药性强的菜蛾可使用 5% 抑太保乳油、25% 灭幼脲悬浮剂、5% 卡死克乳油、5% 农梦特乳油或 1.8% 阿维菌素乳油各 380～600mL，5% 锐劲特悬浮剂 600～900mL，50% 宝路可湿性粉剂 600～800mL，2.5% 菜喜悬浮剂 500～750mL，视蔬菜大小和密度酌情选用药液加水 750～1200kg，喷雾。

五、其他食叶性害虫（表 6－27）

表 6－27　8 种常见食叶性害虫的发生概况与防治要点

害虫种类	发生概况	防治要点
菜螟	危害萝卜、白菜、油菜、甘蓝、花椰菜等。由北向南每年发生 3～9 代，缀合土粒、枯叶成丝囊越冬，少数以蛹越冬。成虫昼伏夜出，趋光性差。卵多散于菜苗嫩叶上。初孵幼虫蛀食心叶；3 龄时吐丝缀合心叶，在内取食，使心叶枯死；4～5 龄幼虫蛀食叶柄、茎髓或根部。幼虫老熟后在菜根附近的土中化蛹。高温低湿，利于发生	①冬耕灭虫；②调整播种期：使菜苗 3～5 片真叶期与菜螟盛期错开；③勤浇水，增加田间湿度；④化学防治参考小菜蛾
瓜绢螟	危害丝瓜、苦瓜、黄瓜、甜瓜、番茄、茄子等植物的叶片，严重时仅留叶脉，并能啃食瓜果，甚至蛀入果实和茎蔓皮部。由北向南每年发生 3～6 代，以老熟幼虫和蛹在枯卷叶中越冬。成虫昼伏夜出，趋光性弱。卵散产或几粒在一起产于叶背。幼虫 3 龄后，多缀叶为害或食花及幼瓜。幼虫活泼，遇惊吐丝下垂转移。老熟后在被害叶片中做白色薄茧越冬	①瓜果采收后，及时将枯蔓落叶集中销毁，减少越冬虫源；②捕杀幼虫；③药剂防治参考小菜蛾
梨星毛虫	又名梨斑蛾、饺子虫等。以幼虫食害梨、苹果、海棠、沙果等的花芽、花蕾和嫩叶，花谢后，吐丝将新叶缀成饺子状，在其内取食叶肉。每年发生 1 或 2 代，以低龄幼虫潜伏在枝干的粗皮裂缝下结茧越冬。翌年春梨树发芽时，幼虫出蛰食害，老熟后在其叶苞中作茧化蛹。成虫昼伏夜出，卵成块产于叶背。幼虫孵化后，群集叶背取食，1 天后，分散为害，至 2 龄陆续迁入皮缝等处越冬	参考苹小卷叶蛾的方法

（续表）

害虫种类	发生概况	防治要点
大叶黄杨斑蛾	以幼虫主要危害大叶黄杨的叶片。每年1代，以卵在1年生枝梢上越冬。翌年春孵化，初孵幼虫群集叶片上取食，随龄期增长而分散活动，食量剧增，并可吐丝缠绕叶片。老熟后吐丝下垂到地面结茧化蛹越夏。夏末，成虫羽化。成虫白天活动，卵成块产于1年生枝梢上	①结合冬春修剪，剪除外围及中部的嫩梢，集中烧毁，消灭越冬卵；②药剂防治
红腹灯蛾	以幼虫危害豆科、十字花科、茄科、葫芦科等多种蔬菜以及粮、棉作物和果树的叶片，严重时仅存叶脉，尚可危害花丝、嫩果等。江西、河北每年发生2或3代，以蛹在土下越冬。成虫昼伏夜出、有趋光性，卵成块多产于叶背，初孵幼虫群集叶背取食，3龄后分散活动，有假死性，老熟后入土结棕褐色茧化蛹	①冬耕，消灭蛹；②黑光灯诱杀成虫；③摘除卵块及初孵群集幼虫④药剂防治
红缘灯蛾	幼虫啃食各种杂草及白菜、萝卜、菜豆、玉米、大豆等26科109种植物的叶、花、果实，危害盛期正值各种农作物的开花结果期，对产量影响较大。河北每年发生1代，南通2代，南京3代，均以蛹越冬。成虫和幼虫的习性同红腹灯蛾	同红腹灯蛾
美国白蛾	分布北美、匈牙利、南斯拉夫、罗马尼亚、奥地利、法国、苏联、波兰、保加利、亚捷克斯洛伐克、日本、韩国、朝鲜和我国的辽东半岛等地。以幼虫吐丝结巢群集危害317种植物，其中果树、林木、花卉受害最重，常将树叶食光，甚至使树木枯死，也危害蔬菜、农作物。在辽宁丹东年发生2代，以蛹在各种隐蔽处越冬。第1、2代幼虫于6月上旬至8月上旬、8月上旬至11月上旬发生，成虫飞翔力弱，有趋光性，卵块多产在树叶背面。幼虫有"红头型""黑头型"2种	①加强植物检疫，严禁向保护区传播蔓延，并组织消灭疫区的美国白蛾；②参照苹小卷叶蛾和天幕毛虫的各项防治措施

思考题

1. 请分别列出机场周边地区果树、花卉、蔬菜的食叶类害虫种类。
2. 区别卷叶类害虫各种幼虫的形态特征和为害症状。
3. 怎样对美国白蛾、美洲斑潜蝇等检疫性害虫进行植物检疫？
4. 试分析小菜蛾抗药性产生的原因，并提出综合治理的措施。
5. 如何进行十字花科蔬菜害虫的生态控制？

第七章 机场潜叶性害虫

潜叶性害虫是指以幼虫潜入叶内取食组织残留表皮为害的昆虫，包括鳞翅目的潜叶蛾类和双翅目的潜叶蝇类等害虫。由于该类害虫体型微小、生活周期短、繁殖力强、隐蔽性取食，早期不易被发现，能在较短期内造成危害，不易防治。严重危害时，园艺植物叶面虫道密布，使叶片早期枯死或脱落，影响光合作用与产量。本章将对潜叶蛾和蝇类分节介绍。

第一节　潜叶蛾类害虫

园艺植物潜叶蛾类主要有鳞翅目叶潜蛾科的柑橘潜叶蛾，细蛾科的金纹细蛾，潜叶蛾科的菊花潜叶蛾、旋纹潜叶蛾、桃潜叶蛾等，其中柑橘潜叶蛾在南方各橘园危害严重，金纹细蛾在北方苹果园危害较严重。本节将重点介绍柑橘潜叶蛾。

一、分布与危害

柑橘潜叶蛾又名"鬼画符""绘图虫""绣花虫"。分布世界各洲和我国长江流域及其以南各省（区）。寄主植物有机场绿化树木柑橘、枳壳等，是柑橘嫩梢期最重要的害虫之一。以幼虫在柑橘新梢嫩茎、嫩叶表皮下蛀食叶肉，叶表形成白色蜿蜒的隧道。被害叶片卷缩、变硬，光合作用严重受阻，易于脱落，新梢生长停滞，影响树势和来年产量。受害叶片又常是柑橘螨类、卷叶蛾等害虫的越冬场所。另外，潜叶蛾为害造成的伤口，易受溃疡病菌侵染。

二、识别特征（图 7－1）

成虫银白色，体长 2mm，翅展 5.3mm，前翅披针形，翅基部有两条褐色纵脉，约为翅长之半，翅中部有黑色"Y"字形纹，翅尖缘毛形成一黑色圆斑，后翅针叶形，缘毛极长。

卵椭圆形，长 0.3～0.6mm，白色透明。

幼虫体黄绿色，初孵时体长 0.5mm，胸部第 1、2 节膨大近方形，腹部末端尖细，足退化，形似蝌蚪。老熟时体扁平，长约 4mm，头部尖，胸腹部每节背面在背中线两侧各有 4 个凹孔，排列整齐，腹部末端尖细，具有一对细长的尾状物，

蛹体长 2.8mm，纺锤形，初为淡黄色，后渐变为黄褐色，腹部可见 7 节，1～6 节两侧各有 1 瘤状突，并着生 1 根长刚毛，末节后缘每侧有明显肉质刺 1 个，茧呈褐色。

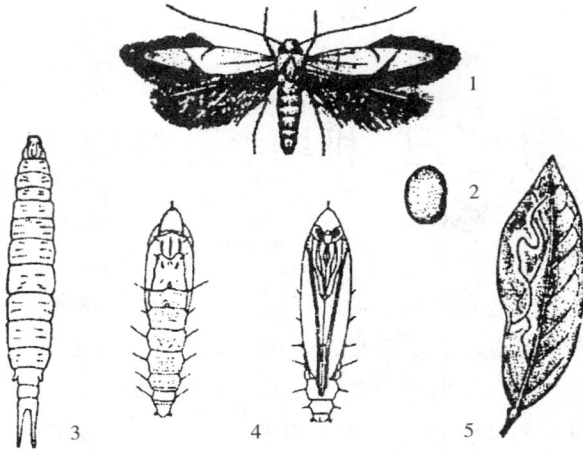

图 7-1 柑橘潜叶蛾的形态特征
1. 成虫 2. 卵 3. 幼虫 4. 蛹（背面和腹面） 5. 被害状

三、发生规律

柑橘潜叶蛾在江苏、浙江、四川等地每年发生 9 或 10 代，福建 1 年 11～14 代，广东、广西 1 年 12～15 代，世代重叠，多以蛹和老熟幼虫在晚秋梢或冬梢上越冬，其在部分地区（如广西岑溪等地）冬季没明显的休眠期，终年可发生危害，这与当地气温及柑橘潜叶蛾的发育起点温度密切相关。各虫态的发育起点温度及有效积温分别为：卵期 11.8℃±0.8℃，30.8 日度±3.1 日度；幼虫期，8.4℃±0.5℃，112.8 日度±3.4 日度；蛹期，10.1℃±1.3℃，114.5 日度±9.3 日度；产卵前期，10.6℃±2.5℃，33.7 日度±5.2 日度。春梢期发生最轻，7～9 月份夏、秋梢期发生严重，尤以 8～9 月份秋梢受害最甚，秋梢被害除影响树势外，还影响结果母枝的培养，导致翌年产量降低。10 月份以后，随气温的下降、食料的缺乏，发生量逐渐下降。每代各虫态发育历期，因季节和气温而异，综合各地生活史资料表明：均温 26℃～29℃时，15～20 天完成一代，卵期 2～3 天，幼虫期 5～6 天，蛹期 6～8 天，产卵前期 2 天，成虫寿命 5～10 天。

成虫多在清晨羽化，飞翔敏捷，趋光性弱，羽化后即可交配，2～3 天开始产卵，以 18～21 时产卵量最盛，卵多散产于嫩叶背面中脉附近，一般每叶 1～2 粒卵。但在秋梢期，如果虫量多，嫩叶少，则叶正面也可着卵。成虫产卵时对柑橘嫩叶的大小有较严格的选择性，选择产卵嫩叶的长度：芦柑 0.3～4cm，蕉柑 1～3.3cm，夏橙 0.8～3.6cm，玳玳 0.5～4cm，橙类 1～4.5cm。超过以上长度的嫩叶极少产卵，所以抹芽控梢，避过成虫产卵高峰期，是防治柑橘潜叶蛾最有效的一项措施。

幼虫孵化后即从卵的底面潜入叶表皮下取食叶肉，边食边前进，叶表形成银白色弯曲的隧道。幼虫共 4 龄，1 龄取食量少，虫道宽 0.3mm；2 龄时虫道增至 0.5～1mm；3 龄为暴食期，白天黑夜均可取食，虫道达 1～2mm；4 龄后期停止取食，虫体稍缩小，排完粪便后即变成淡黄色的预蛹，并于叶缘附近将叶卷起，包围身体，吐丝结茧化蛹其中。成虫羽化从茧端飞出，羽化后，蛹衣一半留在外面，一般仍留褶叶处。

柑橘潜叶蛾发生与环境、营养条件密切相关。气温在 26℃～28℃时，对种群数量增长最有利；超过 30℃时成虫寿命缩短，产卵量降低；20℃以下生长发育缓慢；11℃以下停止发育，且低温持续时间越长，幼虫和蛹的死亡率越高，卵的孵化率越低。例如，当日平均温度为 5℃时，如持续 10 天，则卵不能孵化，1～2 龄幼虫不能存活，3～4 龄幼虫死亡率为 70.15％，蛹的死亡率为 64.67％。由此可见，冬季低温是决定越冬虫口基数的关键因子。嫩叶含水量对幼虫的存活无显著影响。大气湿度对柑橘潜叶蛾的存活有一定的影响作用，相对湿度在 85％～95％时，卵的孵化率最高，75％～90％时有利于蛹的存活和羽化。柑橘潜叶蛾幼虫主要以嫩梢新叶为食，如果新梢陆续不断，大量抽发，则食料充足，利于种群的繁殖。另外，该幼虫的适应能力较强，食料缺乏时，幼虫可通过高密度发育，使种群维持一定数量。夏、秋季柑橘新梢丰富，加之适宜的温度，使得柑橘潜叶蛾猖獗成灾。

柑橘潜叶蛾幼虫期有多种小蜂寄生，其中以白星姬小蜂为优势种，寄生于 2、3 龄幼虫，对柑橘潜叶蛾有明显的自然控制作用。

四、防治方法

1. 农业防治

①结合机场周边地区绿化栽培管理措施，进行抹芽控制夏梢和早发秋梢，减少落卵量，中断幼虫食物来源，以抑制虫源是该虫防治的根本措施。但是要注意将摘下的嫩梢和虫叶集中处理，以直接消灭其中害虫。②做好预测工作，掌握在成虫低峰期统一放梢，是防治潜叶蛾的关键。成虫低峰期可通过观察新梢顶部 5 片叶判断，当卵或初孵幼虫数量显著减少时，抹净最后一次芽，然后统一放梢，此时可加强水、肥管理，促使夏秋梢抽发整齐、健壮。统一放梢既有利于集中喷药，还有利于树冠整形。

2. 保护利用天敌

3. 化学防治

防治适期应在成虫或 1～2 龄幼虫盛发期。每公顷可用 90％万灵可湿性粉剂、2.5％功夫或 10％天王星乳油各 336～500mL，50％敌敌畏 1.2～1.5L，25％喹硫磷乳油 2L，48％毒死蜱乳油、5％卡死克乳油、25％灭幼脲 3 号悬浮剂、5％抑太保乳油、5％农梦特乳油各 600～750mL，加水 1200～1500kg，喷雾。

五、机场其他常见潜叶蛾（表 7-1）

表 7-1　其他常见潜叶蛾类害虫的发生概况与防治要点

种类	发生概况	防治要点
金纹细蛾	主要危害苹果，其次是梨、李、桃、樱桃、海棠、山楂等。幼虫在叶背表皮下取食叶肉，叶面呈现黄白色网眼状小斑点，叶背表皮鼓起呈椭圆形泡囊状斑，虫口密度大时，整叶枯焦脱落。北方 1 年 4～6 代，均以蛹在被害叶片内越冬，翌年苹果树发芽时，成虫开始羽化，有趋光性，卵散产于嫩叶背面绒毛上。幼虫孵化后从卵与叶相接处咬破蛀入叶内为害，老熟后于受害处化蛹。羽化时，蛹皮常留在羽化孔处。此虫一般春季发生较轻，秋季发生严重，后期世代重叠	①秋冬季清扫落叶，集中烧毁，压低虫源；②诱杀成虫；③成虫发生盛期用药防治

（续表）

种类	发生概况	防治要点
桃潜叶蛾	可危害桃、李、杏、樱桃、苹果、梨、山楂、稠李等，幼虫蛀食叶肉，叶表形成弯曲隧道，以后虫道干枯破裂，致使叶片脱落。1年6～8代，以蛹在叶表结白色透绿茧越冬。翌年4月份桃展叶后成虫羽化，卵散产在叶组织内，叶表形成一个圆形的卵包。幼虫老熟后脱叶，爬或吐丝下垂飘到枝条下部或叶背吐丝结茧化蛹。20～30天完成1代，世代不整齐	①冬季清扫落叶，集中烧毁，压低虫源；②性诱剂诱杀成虫；③药剂防治参考柑橘潜叶蛾
旋纹潜叶蛾	主要危害苹果，其次是梨、沙果、海棠、山楂、沙果等。幼虫在叶内呈螺旋状潜食叶肉，粪便排于隧道中，形成近圆形黑褐色虫斑。严重时，叶片上布满虫斑，造成早期落叶，影响树势和果产量。1年3或4代，以蛹在枝干缝隙及粗糙的树皮处结茧越冬。成虫白天活动，卵多散产于较光滑的叶背面。幼虫老熟后脱叶，吐丝下垂到下部叶片或枝条上结"H"形茧化蛹	①冬季刮除老、翘树皮，消灭越冬蛹；②药剂防治
菊花潜叶蛾	是菊花的一种常见害虫，主要危害叶片。1年2或3代，以蛹越冬。5月中旬，成虫羽化，在叶片上产卵，初孵幼虫潜入叶表皮下蛀食叶肉形成潜道，导致叶片枯萎，早期脱落	①及时摘除虫叶销毁；②药剂防治

第二节　潜叶蝇类害虫

　　该类害虫是指双翅目蝇类中以幼虫潜食植物叶片的一类害虫。它们以幼虫在寄主叶片的上下表皮之间穿行取食寄主绿色的叶肉组织，致使被害叶片上呈现出灰白色弯曲的线状蛀道或上下表皮分离的泡状斑块。在我国园艺植物上发生的潜叶蝇类害虫，主要有潜叶蝇科的美洲斑潜蝇 *Liriomyza sativae*（Blanchard）、南美斑潜蝇 *L. huidobrensis*（Blanchard）、葱斑潜蝇 *L. chinensis*（Kato）、豌豆潜叶蝇 *Chromatomyia horticola*（Goureau）及花蝇科的菠菜潜叶蝇 *Pegomya hyoscyami*（Panzer）等，其中美洲斑潜蝇和南美斑潜蝇是近几年从国外传入我国的检疫性害虫，在国内迅速传播蔓延，造成了严重的经济损失，已成为我国园艺植物上的重要害虫；豌豆潜叶蝇在国内则为常发性害虫，发生面广，危害较严重。现将美洲斑潜蝇和豌豆潜叶蝇作重点介绍。

一、美洲斑潜蝇

（一）分布与危害

　　美洲斑潜蝇又名蔬菜斑潜蝇。为世界检疫性害虫，国外分布于亚洲、非洲、北美洲、中美洲及加勒比海地区、南美洲及大洋洲的部分地区，现已在30多个国家和地区严重发生，已有近40个国家将之列为最危险的检疫性害虫。该虫1993年由国外传入我国海南，之后迅速传播蔓延，目前已分布于我国25个省、市、自治区，并造成了严重的经济损失。美洲斑潜蝇寄主植物多，在我国已记载19科60余种，主要有豆科、葫芦科、茄科、十字花科蔬菜，蓖麻和菊科花卉受害最重，已给我国的蔬菜和花卉生产造成了严重威胁。此虫以幼虫潜叶为害，叶片正面出现灰白色线状弯曲的蛀道，受害严重的叶片布满虫道，以植株中、下部叶片发生重。据广州报道，一张西葫芦叶片有虫道多达 200 余条，严重影响光合作用，导致寄主植物早衰、落花、落果，丧失商品价值或观赏价值，甚至绝收。另外，雌成虫用产卵器刺破寄主叶片产卵和吸食液汁，留下密密麻麻的灰白色小点，还可传播植物病毒病。该蝇的为害症状，仅在叶片正面见蛀道，蛀道中的虫粪多呈虚线状排列，蛀道端部无蛹（幼虫脱叶化蛹），可与豌豆潜叶蝇相区别。

（二）识别特征（图 7-2）

成虫体小，长 1.3～2.0mm，浅灰黑色，触角第 3 节黄色。中胸背板亮黑色，中胸小盾片及体腹面和侧板黄色。足基节、腿节鲜黄色，胫节色深。M 脉末段长是次末段长的 3～4 倍。幼虫蛆状，老熟幼虫体长 2～2.5mm。初孵化时半透明，后变为橙黄色。后气门呈圆锥状突起，末端具 3 孔。蛹椭圆形，长 1.3～2.3mm。初化蛹时呈黄色，渐变为黄褐色。卵 0.2mm 左右，白色，半透明，椭圆形。

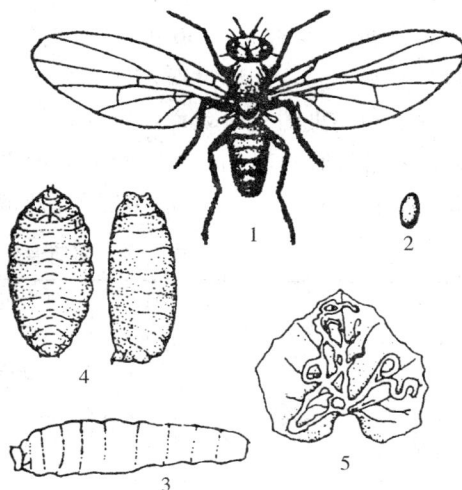

图 7-2 美洲斑潜蝇的形态特征
1. 成虫 2. 卵 3. 幼虫 4. 蛹 5. 叶片虫道

（三）发生规律

美洲斑潜蝇在海南 1 年 21～24 代，周年发生，无越冬现象。广东 1 年 14～17 代，浙江温州 1 年 13～14 代，黄淮地区 1 年 9～11 代，山东露地 1 年 6～8 代、冬季保护地 1 年 3 或 4 代，北京 1 年 8 或 9 代，辽宁 1 年 7 或 8 代，田间自然条件下不能越冬，在保护地中可以越冬和继续为害。各地危害盛期一般在 5～10 月份。是夏秋蔬菜上的重要害虫。北方露地危害盛期为 8～9 月份，保护地为 11 月份和来年的 4～6 月份。该虫世代重叠严重。

成虫羽化高峰在上午 8～11 时，白天活动，飞翔能力不强，一般在早、晚行动缓慢，8～14 时活动较盛，取食并寻偶交配，交配后当天即产卵。卵喜欢产在已伸展开的第 3、4 片叶上，随着寄主植物的生长，逐渐向上转移，一般不越叶位产卵，不喜欢将卵产在顶端嫩叶上。产卵时，雌成虫用产卵器刺破寄主叶片上表皮，然后吸食汁液或产卵；雄虫不能刺伤叶片，但取食雌虫刺伤点中的汁液。叶面上可见到大量的灰白色小斑点。卵散产在叶片表皮下，每 1 产卵痕中产 1 粒卵。产卵痕长椭圆形，较饱满、透明；而取食痕略凹陷，呈扇形或不规则圆形。叶片伤孔中仅有 15% 左右为产卵痕。在恒温 24℃ 和 29℃ 条件下，平均单雌产卵量 70.5～120.8 粒，成虫平均寿命 8.7～12.7 天，产卵高峰在羽化后 3～7 天。根据河南洛阳观察，成虫喜欢在迎风的田边地头植株上产卵，地中间较少；在日光温室中靠北边的植株较南边的落卵多，受害重。成虫在无营养条件下能活 2～4 天。对橙黄色趋性强。

幼虫孵化后潜食叶肉，每蛀道有 1 头幼虫，随着幼虫虫龄的增大，蛀道逐渐加长加粗。幼虫仅在叶片的栅栏组织中为害，多不危害下部的海绵组织。所以仅在叶片正面可见蛀道。幼虫共 3 龄，头咽骨长度是区分龄期的主要依据：1 龄虫头咽骨长为 0.100mm，2 龄 0.168mm，3 龄 0.265mm。幼虫期 3～17 天，蛹期 7～42 天。老熟幼虫在蛀道端部咬破叶片表皮爬出蛀道，在叶面或落到土壤中，身体缩短成为预蛹，2～4 小时后化蛹。

该蝇属喜温性害虫，温度是制约其发生危害的重要因素，而空气相对湿度对其影响不大。在各地发生危害最严重的时期均为温度较高的阶段。据报道，温度对生长发育有显著的影响（见表 7-2）。在 36℃ 高温条件下，幼虫可以继续生长发育（与潜叶习性有关），但卵和蛹不能正常发育。因此，36℃ 是美洲斑潜蝇发育的上限温度。整个世代的有效积温为 283.2 日度，发育起点温度为 9.2℃。美洲斑潜蝇耐寒能力弱，蛹的过冷却点为 -9.96℃。蛹怕湿，土壤过湿，叶面积水，均影响其羽化率。暴风雨的机械作用亦可以造成田间成虫和幼虫的大量死亡。因此，暴风雨过后，田间虫量迅速下降。美洲斑潜蝇寄主植物多，但最喜食豆科和葫芦科植物，取食不同寄主时各虫态的发育历期及幼虫死亡率差异明显。如在茄科植物的番茄、茄子和辣椒叶片上，幼虫死亡率较高。

表 7-2 不同温度下美洲斑潜蝇发育历期

温度/℃	卵期/天	幼虫期/天	蛹期/天	世代/天
13	11.03	17.27	41.73	70.53
16	7.61	12.43	24.64	44.88
19	4.83	7.49	15.79	28.33
22	3.77	5.15	11.49	20.58
25	2.94	4.51	10.28	17.86
28	2.35	4.32	8.09	15.30
31	2.00	3.70	6.94	12.73
34	1.88	3.18	6.59	11.75
36		3.29	—	—

该蝇在发生区内的近距离传播，主要是通过成虫的迁移或随气流的扩散。其远距离传播主要靠寄主植物或产品，如菜苗、花苗、叶菜、切花的人为调运和携带。

（四）防治方法

美洲斑潜蝇寄主植物多，发育周期短，繁殖能力强，世代重叠严重，幼虫隐蔽，耐药性强，防治较困难。在防治策略上应采取以农业防治措施为基础的综合防治措施。北方地区，尤其要抓好秋末该蝇由露地转向温室（10 月份）和春季大棚转向露地（4～5 月份）两个重要时期的防治，以有效地降低虫源。该蝇虽已普遍分布，但也应加强检疫，严防向保护区传播。

1. 农业防治

①清洁机场内的草坪区。及时清除田间和田边杂草及栽培寄主植物的老叶。收获后及时清除残株，集中高温堆肥或烧毁。保护地栽培条件下，育苗移栽前，尤其要注意棚室内

的清洁。②深翻土地。将蛹埋至土壤深处。③大水漫灌。造成田间积水或增加土壤湿度，提高蛹死亡率。④种植抗虫品种。种植苦瓜、芹菜等该虫不喜食的蔬菜种类及多毛的番茄等抗虫品种。⑤保护地栽培。通风口用 50～60 目纱网阻隔成虫，并可兼防温室白粉虱。

2. 药剂防治

美洲斑潜蝇的蛹和卵耐药性非常强，在生产上应以喷雾防治成、幼虫为主。在防治技术上要抓好"早""准""连续用药"。做好寄主苗期和初见小蛀道时的早期防治工作。喷药防治时，以早晨露水干后 8～11 时用药为宜（此时为幼虫的脱叶高峰和成、幼虫活动时期），顺着植株从上往下喷，以防成虫逃跑。尤其要注意叶片正面的着药和药液的均匀分布性（防治南美斑潜蝇时，叶片正、反面均要喷到）。在危害高峰期，应每隔 5 天左右，连续喷药 2 或 3 次。可使用 1.8% 阿维菌素乳油 $300\sim400\text{mL}/\text{hm}^2$、48% 毒死蜱乳油 $600\text{mL}/\text{hm}^2$、氯氰菊酯乳油 $450\text{mL}/\text{hm}^2$、10% 灭蝇胺悬浮剂 $600\sim800\text{mL}/\text{hm}^2$。也可在蔬菜栽培前或斑潜蝇蛹期进行土壤处理，方法是用 3% 米乐尔颗粒剂 $222.5\text{kg}/\text{hm}^2$ 或 50% 辛硫酸乳油 $750\text{mL}/\text{hm}^2$，甲基异柳磷乳油 $750\text{mL}/\text{hm}^2$，混合细土 $450\sim750\text{kg}/\text{hm}^2$，撒施田间，可杀死落地虫、蛹。由于以上药剂在美洲斑潜蝇不同虫态间有一定的选择性，在生产中提倡阿维菌素和毒死蜱、杀虫单或高效氯氰菊酯的混用或使用混合制剂。

3. 诱杀

利用黄板和粘蝇纸，诱杀成虫，并兼治温室白粉虱和有翅蚜。

二、豌豆潜叶蝇

（一）分布与危害

豌豆潜叶蝇又名豌豆植潜蝇、油菜潜叶蝇、夹叶虫、叶蛆。国外分布于非洲、美洲、澳洲、欧洲和亚洲；国内除西藏尚未报道外，其他各省区均有分布。已知寄主植物有 21 科 77 属 137 种，主要危害十字花科蔬菜、豌豆、蚕豆、莴苣、茼蒿等多种草本花卉及杂草，北方以十字花科蔬菜留种株受害最严重。幼虫在寄主叶片下潜食绿色叶肉组织，受害叶片正反面均出现灰白色迂回曲折的蛇形蛀道，内有很细小的颗粒状虫粪，蛀道端部可见椭圆形、淡黄白色的蛹。受害严重的植株，叶片布满蛀道，以植株基部叶片受害最重。影响蔬菜产量和质量及花卉的观赏价值。

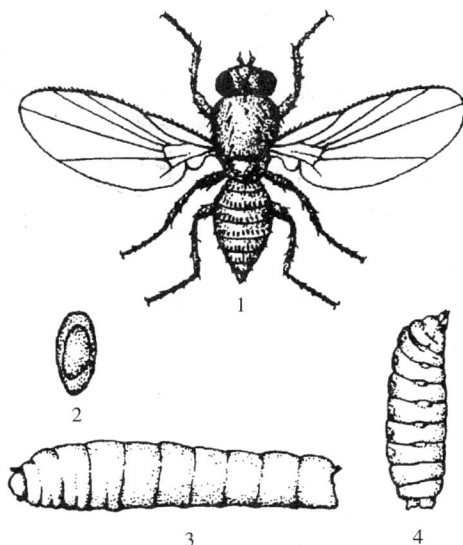

图 7-3　豌豆潜叶蝇的形态特征
1. 成虫　2. 卵　3. 幼虫　4. 蛹侧面观

（二）识别特征（图 7-3）

成虫体形较美洲斑潜蝇大，长 1.8～2.5mm，灰黑色。全身多鬃毛，翅长于身体很多。复眼红褐色，触角黑色。胸部发达，上生 4 对粗大的背中鬃，平衡棒黄白色；足黑色，但腿、胫节连接处为黄色。

卵长椭圆形，长约0.3mm，乳白色。幼虫老熟时体长约3mm，黄白色，全体透明，从体外可透视到体内的消化道、头咽器和通往后气门的器官。头咽器的咽骨上臂较长，分两叉，向后方略弯成弧形；咽骨下臂较短，左右合并成1片。前气门呈叉状，向前方伸出，后气门略突起，末端褐色。老熟幼虫在蛀道端部化蛹。蛹体长2.1mm左右，淡黄白色，长扁椭圆形，体节清楚可见13节。头端前气门向前方伸出呈二短叉状；腹末1对后气门褐色略突出。第13节背中央有黑褐色纵沟。

（三）发生规律

豌豆潜叶蝇在辽宁1年4或5代，华北地区1年5代，江西南昌1年12或13代，福建福州1年13～15代。在辽宁至淮河以蛹在被害叶片内越冬；在长江以南、南岭以北则以蛹越冬为主，也有少数以幼虫和成虫越冬；在华南地区可在冬季继续发生。各地均从早春起虫口数量逐渐上升，春末夏初危害猖獗；随着气温的升高和夏熟寄主的成熟枯老，逐渐以蛹越夏；秋天再继续为害。在河南郑州每年5代，3月上旬为越冬代成虫和第1代卵盛期，3月中下旬为第1代幼虫盛期，田间出现第一个幼虫小高峰，此时虫量相对较少而集中，仅在越冬寄主和蜜源植物上为害，主要危害豌豆和十字花科蔬菜留种株，是集中防治的有利时机。5月上中旬为第2代幼虫盛期，是田间第二个幼虫高峰期，虫量大，寄主植物分散，是全年危害最严重的时期，应重点防治。夏季7～8月份很少见到幼虫为害，部分存活的幼虫以蛹越夏。8月底以后随着气温下降，成虫数量逐渐增多，9月中、下旬第4代幼虫形成第3个危害高峰期，其程度仅次于第2个高峰期。10月下旬后，第5代幼虫继续发生，数量少。从11月份开始，幼虫陆续化蛹越冬。此虫世代重叠现象较严重。

成虫白天活动，性活泼，善飞。在气温20℃左右、晴天和无风条件下最活跃，喜食花蜜和嫩叶汁液，以此来补充营养。叶片上被取食处呈现圆形白色斑痕，成点线分布在叶片的边缘，近中部的较少，且排列不规则。斑痕上一般有1或2个刺孔，少数3个，取食痕与产卵痕形状相同，但产卵痕仅有1个刺孔，取食痕数是产卵痕数的4倍左右。成虫喜产卵于嫩叶的边缘，以叶尖处最多，产卵时间以上午和下午最盛，卵散产。单雌产卵量为45～98粒。成虫寿命一般7～20天，气温高时4～10天。

幼虫共3龄，孵化后即潜食叶内。随着虫体长大，蛀道不断加宽延长，潜道多由叶片边缘向中部延伸，但不穿过叶片的主脉。1头幼虫的蛀道长为6.7～15.8cm，宽为0.1～0.12cm，取食叶面积0.8～1.9cm²。老熟幼虫在蛀道端部化蛹，并在化蛹处穿破叶表皮而羽化。

豌豆潜叶蝇在13℃～15℃条件下，卵期3.9天，幼虫期11天，蛹期15天；23℃～28℃下，卵期2.2天，幼虫期5.5天，蛹期6.8天。豌豆潜叶蝇喜偏低的气温，不耐高温，幼虫在略高于20℃时发育最快，成虫在35℃以上时大量死亡。蜜源植物也是影响其发生的重要因素。

（四）防治方法

1. 农业防治

早春及蔬菜收获后，及时清除田间地边杂草及残枝落叶。

2. 药剂防治

在田间成虫发生初盛期至叶片上出现小蛀道时及时用药。药剂种类参考美洲斑潜蝇防治用药。

三、其他潜叶蝇类（表 7–3）

表 7–3 其他常见潜叶蝇

种类	发生概况	防治要点
南美斑潜蝇	国内局部分布，寄主植物较美洲斑潜蝇范围更广，喜食芹菜、莴苣、菠菜、白菜、洋葱、落天星、鸡冠花等。幼虫蛀道沿叶脉延伸，叶片正反面均可见蛀道，有时还可潜食叶柄和茎秆。北方露地危害盛期在 5～6 月份	同美洲斑潜蝇
菠菜潜叶蝇	主要分布北方，寡食性，危害菠菜、甜菜、灰藜等藜科植物。被害叶片出现灰白色上、下表皮分离的泡状大斑块。每年发生 2 代，以蛹在土中越冬。春、秋两季为害	①菠菜按畦收获，不要间苗式收获；②药剂防治参考美洲斑潜蝇
葱斑潜蝇	主要危害葱、圆葱和韭菜。受害叶片出现曲线状或乱麻状的灰白色蛀道。山东省发生 6 或 7 代，以蛹在土中越冬，完成 1 代需 18～30 天，危害盛期在 6～9 月份	①清洁田园；②药剂防治参考美洲斑潜蝇

思考题

1. 从寄主和危害症状上区别园艺植物上常发生的 10 种潜叶蛾和潜叶蝇。

2. 调查或从文献中找出 10 种主要潜叶蛾和潜叶蝇各虫态的识别特征及其天敌种类。

3. 如何进行美洲斑潜蝇的综合防治？在防治技术上应注意什么？

第八章 机场绿化区花果类害虫

花果类害虫是指取食花器、果实和种子的各类害虫，也称为种食类害虫。由于它们咬食花器，蛀食果实和种子，造成落花落果，直接影响园艺作物的产量和品质，故被认为是重要的园艺害虫类群。这类害虫多属于鳞翅目蛾类、鞘翅目象甲类和双翅目蚊蝇类等。它们多在花期和幼果期产卵，随着种实的生长而逐渐发育成长，成熟后自行脱果。这类害虫多隐蔽为害，不易被发现，防治也较困难。控制其危害时，应该着重及时灭杀成虫及未侵入种实的幼虫，对某些检疫对象严格检疫及时处理，控制其人为传播。

第一节 蛾类花果害虫

蛾类属鳞翅目。危害园艺植物的主要种类包括螟蛾科的豆野螟、豆荚螟、茄黄斑螟、桃蛀螟、梨大食心虫、棉铃虫、烟青虫、吸果夜蛾；卷叶蛾科的梨小食心虫、苹小食心虫、苹果蠹蛾；蛀果蛾科的桃小食心虫；举肢蛾科的核桃举肢蛾、柿蒂虫；麦蛾科的桃条麦蛾。其中尤以豆野螟、棉铃虫、烟青虫、桃蛀螟、梨小食心虫、桃小食心虫发生普遍且危害严重，这也是本节介绍的重点。

一、分布与危害

（一）豆野螟

豆野螟又名豇豆荚螟、豇豆蛀野螟、大豆螟蛾。主要分布于山东、河北、河南、云南、江苏、浙江、广东、台湾等省区。棉铃虫和烟青虫分布十分广泛，全国各省区均有发生，以黄河流域和新疆、云南、辽宁等省区发生量大，受害重。桃蛀螟、梨小食心虫广泛分布于南、北各果区，桃小食心虫主要分布于我国北纬31°以北，东经102°以东的北方果区。

豆野螟主要危害大豆、菜豆、芸豆、豌豆、绿豆、刀豆、扁豆、豇豆等豆类作物，以幼虫蛀食豆类作物的花蕾、果荚和种子。蛀食早期造成果荚落荚，蛀食后期果荚内种子的蛀孔堆有腐烂状的绿色粪便。此外，幼虫还能吐丝缀卷几张叶片，在内蚕食叶肉，以及蛀食花瓣和嫩茎，造成落花、枯梢，对产量和品质的影响很大。

（二）棉铃虫

棉铃虫又名玉米穗虫、番茄蛀虫、钻心虫，是多食性害虫，其寄主范围非常广泛，目前已知棉铃虫的寄主植物达30多科250余种。在蔬菜中主要危害番茄、茄子、豌豆、蚕豆、扁豆、莴苣、南瓜、冬瓜、甘蓝、花菜，还可危害棉花、玉米、小麦、高粱、苜蓿、油菜、芝麻、胡麻、花生、红花、向日葵、苹果等，在杂草中有苘麻、野芥菜、曼陀罗、锦葵、马鞭草等。

（三）烟青虫

烟青虫又名烟草夜蛾，烟青虫和棉铃虫形态极相似，但它们的寄主并不相同，烟青虫的寄主亦多，主要有辣椒、烟草、番茄、玉米、高粱和酸浆等。常在番茄和烟草上发现棉铃虫、烟青虫混合发生。两虫在茄、椒作物上，都以幼虫蛀食蕾、花、果为主，也可食害幼嫩茎、叶和芽。蛀果是造成减产的重要原因。

（四）桃蛀螟、梨小食心虫、桃小食心虫

桃蛀螟、梨小食心虫和桃小食心虫都为食心虫类，危害食物的果实和种子。其危害特点见表8-1。

表8-1　3种食心虫的危害特点

	桃蛀螟	梨小食心虫	桃小食心虫
俗名	桃蠹螟、桃野螟蛾、豹纹斑螟	东方蛀果蛾、桃折心虫、黑膏药	苹果食心虫、桃小、豆沙馅、猴头果、枣蛆
寄主	桃、李、梨、杏、苹果、石榴、板栗、荔枝等果树，向日葵、玉米、麻等作物	桃、李、杏、梨、苹果、木瓜、山楂等	梨、苹果、枣、山楂、沙果、海棠等
危害特点	幼虫蛀食果实，造成"豆沙馅""坏仁""中空"等症状，受害果一般果梗处都留有附着虫粪的丝筒，果内留有颗粒状虫粪，还能引起流胶（如桃子）、腐烂、脱落；干果、向日葵、蓖麻的种子被蛀后，种仁被食尽仅剩空壳。玉米主要是雌穗受害，严重影响其产量和质量	春夏发生的幼虫主要蛀食桃梢，造成新梢枯萎下垂，最后纵裂流胶，影响树冠的正常发育。夏秋季发生的幼虫主要蛀食果实，蛀道直达果心，果实表面的蛀果孔常被病菌侵入，腐烂变黑，所以称"黑膏药"	以幼虫蛀果。初孵幼虫蛀果后，果面有蛀果孔，孔内常流出水珠状果胶，被称为"眼泪滴"，干后呈白色。幼虫在果内串食，直达果心，并在蛀道内留有虫粪，果实受害严重时，幼果常形成木栓化的"猴头果"。幼虫脱果后，果面还有一小米粒大的圆形脱果孔

二、识别特征（表8-2，图8-1）

表8-2　6种蛾的主要识别特征

	成虫	卵	幼虫	蛹
豆野螟	体长12~13mm，翅展24~26mm。体黄褐色。前翅黄褐色，中室端部有1白色半透明长方形斑，中室中间接近前缘处有1肾形白斑，其后方有1圆形小白斑	椭圆形，0.4~0.6mm。黄褐色，表面有接近六角形的网状纹	体长16~18mm，体淡黄绿色至桃红色，中后胸背板上每节前排有毛瘤4个，各生2根刚毛后排有2个，无刚毛	体长11~13mm，淡褐色，臀棘褐色，上生钩8枚

（续表）

	成虫	卵	幼虫	蛹
棉铃虫	体长 15～20mm，翅展 30～38mm。体色多变，一般雌虫红褐色，雄虫灰绿色，前翅有黑的环状斑和肾状纹。后翅灰白色，沿外缘有黑褐色，有带宽，在带宽中央有 2 个相连的白斑	白色，半球形，(0.51～0.55) mm×(0.43～0.51) mm 上有纵棱分岔 26～28 条	老熟幼虫体长 40～45mm，体色有绿，黄绿，红褐，黄褐色，2 根刚毛基部连线延长通过气门，或与气门相切	体长 17～20mm。腹部末端具有臀棘 2 枚，臀棘基部相距较远
烟青虫	体长 15～18mm，翅展 27～35mm。复眼黑色。雌雄虫均黄褐色，斑纹渐清晰。后翅黄褐色，脉同色故不明显，黑色宽带外缘上的白斑不明显	白色，半球形，(0.40～0.44) mm×(0.43～0.51) mm 纵棱不分岔，有 22～24 条	老熟幼虫体长 40～45mm，头部黄褐色，体色一般夏季绿色或者青绿色，秋季为红色或暗褐色，位于胸气门前的 1 对刚毛的连线远离气门	体长 16mm 左右，浓褐色，在腹部末端有 2 刺，2 刺的基部似相连
桃蛀螟	体长 10mm，翅展 20～26mm，全体黄色。胸部、腹部及翅上都具有黑色斑点。前翅黑斑有 25 或 26 个，后翅 10 余个	椭圆形，初产时白色，以后为红褐色，	末龄幼虫体长 18～25mm，体暗红色，头黑褐色，各体节有明显的黑褐色毛瘤	体长 10～15mm，黄褐色至红褐色。末端生臀刺 4、5 根
梨小食心虫	体长 6mm，翅展 10.6～15mm。体灰褐色无光泽，前翅灰褐色，前缘具有 10 组白色斜纹，翅中部有一明显的小白点	扁椭圆形，初产时透明，以后白色	末龄幼虫体长 10～13mm，体黄白色或粉红色。腹趾钩单序循环式，腹末具有臀节	体长 7mm 左右黄褐色，腹末端有 8 根钩刺，茧袋装
桃小食心虫	体长 7～8mm，翅展 16～18mm。灰白色或浅灰褐色，无光泽。前翅中央有一部分蓝灰的三角形大斑，基部及中央部分具有 7 簇黄褐色的斜鳞片	椭圆形，深红色，卵上有"Y"刺	末龄幼虫体长 13～16mm，桃红色，幼龄幼虫淡黄白色。腹末无臀栉	体长 6.5～8.6mm，体淡黄白色至黄褐色。体壁光滑无刺

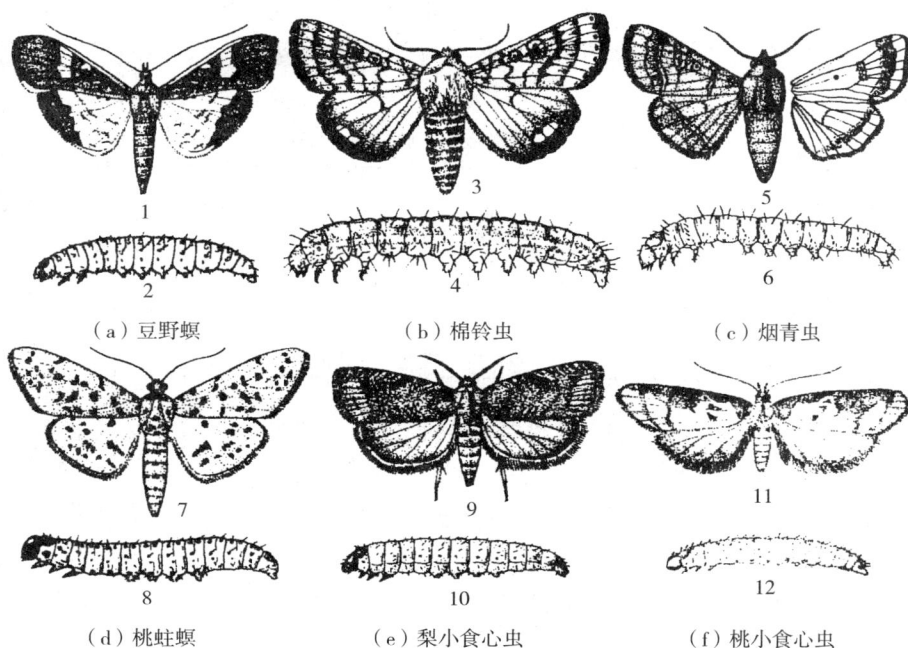

（a）豆野螟   （b）棉铃虫   （c）烟青虫

（d）桃蛀螟   （e）梨小食心虫   （f）桃小食心虫

图 8-1 几种重要蛾类的成虫和幼虫

1、3、5、7、9、11. 成虫   2、4、6、8、10、12. 幼虫

三、发生规律

（一）豆野螟

豆野螟 1 年 4～9 代，其中西北各省 1 年 4、5 代，长江流域 1 年 5、6 代，福建、广西、台湾 1 年 6、7 代，广州 1 年 9 代。在西北以蛹在土中越冬，每年 6～10 月份为幼虫危害时期。江苏扬州、南通地区 1 年发生 5 代，越冬代成虫出现在 5 月上中旬。各代幼虫发生时间是：第 1 代 6 月上中旬，第 2 代 6 月下旬至 7 月上中旬，第 3 代 7 月下旬至 8 月下旬，第 4 代 8 月上中旬至 9 月，第 5 代 9 月下旬至 11 月，11 月份后进入越冬。第 2、3 代为主害代，即田间以 6 月中旬至 8 月下旬危害最严重；受害最重的是豌豆和四季豆，前期（6 月上旬）在四季豆上，中后期（6 月中旬至 8 月份）在豌豆上，而后期（9 月份后）则在扁豆上发生量比较大。在福建以幼虫越冬，每年 4～6 月份为主要危害期，尤以 6 月份危害最重。在广东广西无明显越冬现象，1 月份仍见有较多幼虫为害，并可找到蛹和成虫。

成虫有趋光性，白天潜伏在茂密的豆株叶背下，受惊后作短距飞翔，一般只飞翔 3～5m。成虫卵散产于嫩荚或花蕾和叶柄上，一般为 1 或 2 粒。卵期 3～4 天。初孵幼虫蛀入嫩荚或蛀入花蕾为害，取食花药和幼嫩子房，被害嫩荚不久脱落，3 龄后的幼虫大多数蛀入果荚肉内食害豆粒，蛀入孔圆形，蛀入处多在两荚碰接处或在荚与花瓣、叶片及颈梗贴靠处。粪便排于蛀孔外，一般 1 个被害荚内只有 1 头幼虫，少数有 2 或 3 头，1 头幼虫一生可钻蛀花蕾 20 余朵，也可以蛀茎或卷叶，危害叶片及嫩茎时常危害一侧，将两叶粘贴

在一起，蛀食叶肉，留下叶脉。幼虫5龄，老熟幼虫脱荚在植株附近浅土内作土茧化蛹。

在江苏南通地区，2~8月份主害代，成虫的产卵前期为1~2天。其余各虫态的平均历期见表8-3。

表8-3　豆野螟2、3代各虫态历期　　　　　　　　　　　　　　　　　　　天

代别	卵/天	幼虫龄期/天						预蛹/天	蛹/天	成虫寿命/天	全代/天
		1	2	3	4	5	全期				
2代	2.5~3.5	1.5	1.2	0.8	1.0	2.2	6.7	1.3	5.2	7.9	25~30
3代	3~4	1.2	1.4	1.4	1.8	2.4	8.2	1.6	8.2	4.5	28~35

豆野螟喜高温潮湿环境，7、8月份都是豆野螟发生盛期，如果多雨或搭架浇水，田间湿度增高，能促使豆野螟的发生和危害加重，不同的豌豆品种受害程度不同，以光滑少毛品种受害重。同时豆类开花结荚期与成虫产卵盛期吻合情况也影响其危害程度。

（二）棉铃虫

棉铃虫在辽宁、河北、江苏北部、内蒙古自治区和新疆的北疆1年3代，华北和新疆南疆1年4代，新疆吐鲁番1年5或6代，长江以南1年5~7代，以蛹在寄主根际附近土中越冬。第2年春季越冬代成虫陆续羽化，华北地区4月中、下旬开始。5月上、中旬为羽化盛期，相继进入第1代卵和幼虫危害期，主要在麦类及苜蓿上为害。露地番茄长年蛀果率为1%。第2代是主要危害世代，卵盛期在6月中旬、下旬，从6月下旬至7月上旬为幼虫危害盛期，一般年份蛀果率为5%~10%，严重地块达20%~30%。第3代卵高峰出现在7月下旬至8月份，主要危害夏播茄子，发生较轻。8月下旬至9月上旬为第4代卵高峰，9~10月上、中旬第4代幼虫主要危害秋大棚和温室番茄，严重地块蛀果率可达10%。随着保护地栽培的迅速发展，棉铃虫第1~3代的危害有加重的趋势，第4代老熟幼虫产生滞育蛹，于10月底以前全部越冬。

棉铃虫各虫态的历期主要取决于温度和食料。陕西省棉花研究所饲养结果显示，第2、3代卵期为2~4天，幼虫期为11~17天，预蛹期1~4天，蛹期9~17，成虫产卵前期2~3天，成虫寿命9~12天。完成1个世代，第1代为40~45天，第2、3代为32~34天。

成虫昼伏夜出，以傍晚7~9时和清晨3~4时活动最盛，羽化后需吸食花蜜作补充营养，傍晚7~9时常在开花的蜜源植物如大葱、沙枣、胡萝卜、向日葵、紫穗槐上边飞翔边取食。成虫飞翔力强，对黑光灯有较强的趋性，尤其以波长333nm，383nm和405nm的黑光灯对棉铃虫成虫的诱集作用最强。另外，棉铃虫成虫对杨柳树枝把有较强的趋性，而对糖醋液趋性较差。一般每年棉铃虫雌蛾比雄蛾早羽化1~2天。雌蛾羽化后2~4天开始产卵，再后延2天即达产卵高峰期，产卵期一般5~10天，每头雌蛾一般可产卵1000粒，最高可达3000余粒。卵散产在生长茂盛、花蕾多的植株上，雌蛾寿命约15天，雄蛾寿命仅1周。

幼虫共6龄，初孵幼虫通常先吃掉大部分或全部卵壳，然后取食附近的嫩叶、嫩梢、幼蕾等器官，这时由于食量小，被害状不明显。第3天幼虫蜕皮成2龄幼虫，2~3龄吐丝

下垂转蛀害蕾、花。一般 3 龄开始蛀果，4～5 龄有转果和自相残杀的习性，1 头幼虫可蛀果 3～5 个。老熟幼虫多在上午 9 时 30 分至中午 12 时左右吐丝下坠入土筑土室化蛹。蛹期为 10～14 天。

棉铃虫属喜温喜干旱性害虫，成虫产卵适温为 23℃以上，幼虫发育以 25℃～28℃和相对湿度 75%～90% 为宜。凡 6 月份梅雨少，7、8 月份高温干旱则发生重，这在长江流域尤为明显。但在西北干旱地区，多雨年份反而发生重。雌虫产卵量与补充营养有关，如成虫期正值蜜源植物如油菜、茄子、洋葱、豌豆等开花，成虫补充营养充分、产卵量大、发生重。天敌有草蛉、蜘蛛、马蜂、线虫、寄生蜂等。特别是寄生蜂，如玉米螟赤眼蜂、松毛虫赤眼蜂、瘦姬蜂等。田间天敌数量多，对棉铃虫的发生有抑制作用。

（三）烟青虫

在东北地区 1 年 2 代，在津京地区 1 年 2 或 3 代，黄淮地区 1 年 4 代左右，江南地区一般 1 年 5 代或 6 代。除华南和云南部分地区终年发生危害外，其他地区均以蛹在土中作土室越冬。在 6 代区，第 1～4 代虫主要危害烟草和辣椒等，第 5 代幼虫危害扁豆，第 6 代幼虫危害冬豌豆。

成虫一般潜伏在叶背面和杂草丛中，夜晚活动。趋光性较强，趋蜜源较强，卵散产于叶片正、反面具绒毛处及嫩芽、嫩茎、花蕾和果实上。成虫喜在烟草和辣椒上产卵，着卵率高。产卵期为 4～5 天。

初孵幼虫日夜活动为害，取食叶肉仅留在表皮或蛀食成小孔。3 龄后昼伏夜出，幼虫蜕皮 4～6 次，一般为 5 次。有假死性及自相残杀的习性，幼虫老熟后，即钻入土下 3～5cm 作土茧化蛹。在安徽凤阳地区，成虫历期 5～7 天，产卵期 4～5 天，卵历期 3～4 天，幼虫历期 11～25 天，蛹历期为 10～17 天。凡植株生长茂密，温湿度适宜，烟青虫往往发生严重。

（四）桃蛀螟

在辽宁南部 1 年 2 代，山东 1 年 3 代，一般华北地区 1 年 2～4 代，均以老熟幼虫在树皮裂缝、树洞、土、石缝、玉米、高粱秆、穗、向日葵盘中越冬。翌年 5～6 月份出现越冬代成虫，6 月上旬为产卵盛期，5 月下旬至 7 月中旬发生第 1 代幼虫，7 月下旬至 8 月上旬为第 1 代成虫发生盛期，7 月中旬至 8 月底发生第 2 代幼虫，8 月上旬至 9 月上中旬发生第 3 代幼虫，9 月底幼虫陆续越冬。

成虫有强趋光性，羽化后 1 天多即可交配，经 3～5 天便开始产卵，皆趋向果树的果实上、杨花期的高粱穗上、向日葵花盘上产卵。卵多产在果子的胴部、肩部、梗洼、两果紧贴的缝隙及果实的背阴面等处，高粱上则将卵产在颖壳上。卵期一般为 3～6 天。卵多于清晨孵化，初孵幼虫先在果梗、果蒂基部吐丝蛀食果皮，随后从果梗基部沿果核蛀入果心为害，蛀食幼嫩核仁和果肉。一个核果背常有数条幼虫，部分幼虫可转果为害。幼虫 5 龄，老熟后一般在果内或结果枝上及两果相接触处，结白色茧化蛹，也有在果内化蛹的。在向日葵和夏玉米上为害与播种期有关，一般迟播受害轻。桃蛀螟常被黄眶离缘姬蜂 *Trathala flavo-orbitalis*（Cameron）所寄生。

（五）梨小食心虫

在辽南、新疆及华北大部分地区 1 年 3 代或 4 代，黄河故道、陕西关中地区 1 年 4

或 5 代，南方各省 1 年 6 或 7 代。以老熟幼虫在树体主干、主枝翘皮裂缝及树干基部近地面处结茧越冬，茧的颜色与树皮接近，不易发现。也有幼虫在果仓、果品包装箱及石块旁越冬，越冬代成虫翌年 4 月中旬开始羽化，5 月中、下旬为羽化盛期，并开始产卵于桃梢端叶背面。初孵幼虫蛀入桃梢，1 个幼虫可危害 3 或 4 个嫩梢，幼虫老熟后在枝干上结茧化蛹。第 1 代成虫发生及产卵盛期为 6 月上、中旬，孵化出的幼虫仍危害桃、杏梢。第 2 代成虫发生及产卵盛期在 7 月中、下旬，晚发生者常和第 3 代成虫重叠。第 2 代成虫开始向梨树上转移，产卵于梨、晚熟桃、山楂、中晚期苹果等果实的果面、两果相接处等。第 3 代幼虫 8～9 月份发生，主要危害果实，还有少量幼虫危害梨梢。第 3 代成虫 8 月中旬为羽化盛期，多产卵于梨、山楂和晚熟品种的桃上。第 4 代幼虫 8～10 月份发生，完全危害果实。

成虫白天多静伏在叶、枝和杂草等处，黄昏后活动，对糖醋液和果汁及黑光灯有趋性，尤其对合成性诱剂诱芯有强烈趋性。成虫在羽化当天至 6 天内交配，多数成虫一生交配 1 次，少数 2 或 3 次。羽化 1～3 天后开始产卵。夜间产卵较多，一头雌虫产卵量可达 100 余粒，卵散产于叶背、果底、柄洼等处。成虫寿命一般 5～7 天，最长可达 15 天，我国中部第 1 代卵期 7～10 天，以后各代为 4～6 天；幼虫期 14～18 天，蛹期 11～15；从卵至成虫的发育周期为 30～35 天。

初孵幼虫爬行速度很快，20min 即可蛀果（梢）为害。在苹果、梨果实上可从萼洼处蛀入，深入萼果心为害。一般一果只有 1 头幼虫。幼虫老熟后在枝干翘皮裂缝、果实萼洼处化蛹。也有幼虫老熟后不出果，在果内化蛹。

梨小食心虫一般在雨水多、湿度高的年份发生，成虫产卵数量多，危害严重；桃、梨混栽园发生重。

（六）桃小食心虫

桃小食心虫在辽宁、山东、河北、陕西等苹果产区 1 年 1 代，也有部分个体发生第 2 代。在甘肃天水一带发生 1 代。以老熟幼虫在 3～13cm 土层内结冬茧滞育越冬。山东面、坡地、杂草丛生的梯田果园，幼虫多在树冠外围土层或土块下越冬。在平地果园，成虫多在树干周围、树冠内土层中结茧越冬。越冬成虫次年 5 月中旬开始出土，6 月中、下旬为出土盛期。这期间，如遇适当的雨水或灌水，幼虫出土集中，出土时间短。如干旱无水，幼虫出土不整齐，出土时间长，可达 60 多天。幼虫出土后，在 1～2 天内爬向树干基部附近的土块、杂草等缝隙处做夏茧，在其中化蛹。蛹期 10～18 天。越冬代成虫 7 月上旬为羽化盛期。羽化的成虫 2～3 天后开始产第 1 代卵。第 1 代幼虫主要蛀食杏及桃果，幼虫在果内发育完成后，往外咬一圆孔脱出果外，直接落地做夏茧化蛹，时间最早在 7 月中旬，在辽宁省南部及以南地区可继续发生第 2 代。7 月中旬以后脱果者入土做冬茧直接越冬。第 1 代成虫 7 月底至 8 月上、中旬羽化，第 2 代卵盛期在 8 月中、下旬，次代成虫卵量高于越冬代数倍。第 2 代幼虫在 8 月下旬后开始脱果。

成虫羽化后白天不活动，栖息在树上或杂草上，日落后 1～3h 内最活跃，无明显趋光性和趋化性。羽化后在果面上爬行数十分钟或数小时，寻找适当部位开始啃咬果实，咬下的果皮并不吞食，大部分幼虫从果实胴部蛀入果内，幼虫入果后直入果心，取食果实种子，然后食果肉。幼虫蛀果后 2～3 天蛀果孔开始流出果胶。幼虫期 13～25 天，蛹期平均

14 天，成虫期 3～6 天，长者达 10 天。

四、测报方法

（一）棉铃虫

1. 成虫检测

①黑光灯诱蛾。结合使用电网或药水，每月清晨定时检查虫数，连续检查 15～20 天，找出高峰日。设置时期为 5 月下旬至 8 月上旬。②杨树枝诱蛾。把 60cm 左右的杨树枝 5～6 根捆成一把，上部捆紧，茎部绑一根木棒，将木棒插入土中。每把相距 5 米，共放 20 把，为一个测距点。每天早晨检查蛾数，10 天换一次树把。一般雌雄蛾达 1：1 时，为发蛾盛期。③性诱剂诱蛾。

2. 查卵

一般成虫产卵盛期，正是幼虫孵化初期。产卵盛期，以有卵株率超过 10％ 为标准。产卵盛期后 5～9 天为幼虫孵化盛期。查卵地块固定 5 个点。每点 10～20 株，根据产卵部位仔细检查。每 3 天调查一次，把每次发现的卵抹掉，以免下次重复记录。根据当日所调查的卵量、累计百株卵量和幼虫数及时发出虫情预报，指导田间防治。

（二）梨小食心虫

重点测报成虫发生期，尤其是第二代转果基因。

1. 桃园

早春用黑灯光、糖醋液或性诱剂诱捕成虫，一旦进入高峰期，则喷药防治。

2. 梨园

选几个主栽品种，每品种固定 5～10 株梨树，早熟品种 6 月中旬，中、晚熟品种 7 月中旬开始，每两天查一次果，每株均匀查果 100 个，当卵果率达到 1％ 左右时为防治适期。

（三）桃小食心虫

1. 性诱剂诱集法

用于成虫发生期预测，方法是在成虫发生期前，将桃小食心虫的性诱剂诱芯挂在树上，离地面约 1.5m，下面挂一口径约 20cm 的碗（离诱芯约 10cm），内装含 0.1％ 洗衣粉的水。果园内方圆 25m 挂一个碗，每日观察碗内诱集的成虫数，记录后去掉成虫。

2. 花盆埋茧法

观察越冬幼虫出土始盛期，指导地面施药适期。

3. 田间调查法

选上一年受害严重的果园，固定调查树 10 株，苹果园从 6 月中旬（指辽南地区）开始，每 3 天查卵 1 次，每株查 100 个果，记载卵果数，一般卵果率达到 0.5％～1％ 时，即可开始喷药。

五、防治方法

（一）豆野螟

1. 农业防治

实行轮作，与非豆科蔬菜轮作 1～2 年，并防止豆科蔬菜和豆科绿肥轮作。及时清除

田间落花、落荚以及摘除被害的卷叶和果荚，消灭其中的幼虫。

2. 物理防治

在豇豆、菜豆大片种植地区，成虫羽化期用黑光灯诱杀。

3. 药剂防治

花期是最易受害的生育期，也是防治的关键时期。目前以拟除虫菊类药剂防治效果较好，如 2.5％功夫乳油 300mL/hm^2、20％氰戊菊酯乳油 300mL/hm^2。也可用 3.2％苏云金杆菌可湿性粉剂 600～900kg/hm^2，5％抑太保乳油 375～750mL/hm^2。豆野螟低龄幼虫主要危害花器，因此喷药部位主要是花和荚。豌豆开花一般在上午 8～10 时，10 时后闭合，在豌豆上用药应掌握在 8～10 时为好。同时对落地花也应喷药，注意农药交替使用。

（二）棉铃虫和烟青虫

1. 实行秋耕冬灌，压低棉铃虫越冬基数

棉铃虫和烟青虫均以蛹在土下越冬，所以对于危害较重的各类作物田、菜田，秋收后至封冻前实行秋耕冬灌，减少越冬密度；来不及秋耕冬灌的田块，要抓紧在越冬蛹羽化前完成秋耕冬灌。

2. 诱杀成虫

杨树枝把诱杀，灯光诱杀，设置高压灯、双波灯和频振灯诱杀棉铃虫、烟青虫成虫。

3. 生物防治

注意保护天敌，尽量选择对天敌较安全的农药品种，减少用药次数。使用微生物杀虫剂 3.2％苏云金杆菌可湿性粉剂 1.2kg/hm^2，对 3 龄前的幼虫防治效果较好。

4. 化学防治

科学使用化学农药，实施药剂挑治，减少施药面积。依据虫情监测和防治指标。防治时间应掌握在产卵高峰期，在半数卵变黑色时喷药效果更好。一般在产卵初盛期开始，孵化盛期结束。要正确选用化学药剂，交替、轮换使用。当百株卵量骤然上升达 15 粒左右（卵株率 15％以上）或百株幼虫数达 5 头以上，天敌数量又不足时，应立即进行药剂防治。防治后 5～7 天进行检查。如又达到上述标准，再继续防治。防治棉铃虫的农药品种有：50％辛硫磷乳油 750mL/hm^2、1.8％阿维菌素乳油 600mL/hm^2、2.5％联苯菊酯乳油 300～450mL/hm^2、20％速灭杀丁乳油 400～600mL/hm^2、2.5％功夫乳油 450mL/hm^2、25％西维因可湿性粉剂 3.75kg/hm^2、5％抑太保乳油 450mL/hm^2、48％催杀（多杀菌素）悬浮剂 60～90mL/hm^2 等。

（三）桃蛀螟、梨小和桃小食心虫

1. 消灭越冬幼虫

在梨小食心虫越冬幼虫脱果前，8 月中旬树干上束草诱集其过冬茧集中销毁。或者在早春果树发芽前刮除老翘皮，连同果园附近的玉米、高粱、向日葵等秸秆一起处理，可防治梨小食心虫和桃蛀螟。在桃小食心虫脱果期间，于 8 月下旬在树冠周围培土，或在树冠下铺草引诱桃小在树冠下作茧，这样可在地面施药时消灭绝大部分幼虫。

2. 诱杀成虫

用黑灯光或用梨小食心虫、桃小食心虫性诱捕器诱杀食心虫。

3. 药剂防治

树下防治：5 月中旬，在桃小食心虫出土始期用 50％辛硫磷喷洒于整个树盘，每次用药量 0.8mL/m²，每隔 15 天喷药 1 次，连续 2 次。树上防治：在各代食心虫成虫羽化产卵盛期喷洒 2.5％三氟氯氰菊酯乳油 500mL/hm² 或 20％甲氰菊酯乳油 600mL/hm²；2.5％联苯菊酯乳油 120～360mL/hm²、50％辛硫磷乳油 1.2L/hm² 或 40％乙酰甲胺磷乳油 1.3L/hm²、5％抑太保乳油 450～900mL/hm²，每隔 15 天喷一次。

六、其他常见蛾类花果害虫（表 8－4）

表 8－4　其他蛾类花果害虫的发生概况与防治要点

害虫种类	发生概况	防治要点
豆荚螟	寄主为大豆等 60 余种豆科植物，以幼虫危害果荚和种子。各地发生代数不同，均以老熟幼虫在土中越冬。成虫昼伏夜出，喜欢把卵散产在有毛大豆品种的荚毛间或萼片下，幼虫咬破荚皮蛀害豆粒，有转荚为害的习性。高温干旱发生重	① 选育抗虫品种；② 秋耕冬灌；③ 药剂防治：成虫盛发期和卵孵化盛期喷药
茄黄斑螟	以低龄幼虫危害茄子花，蛀食嫩茎梢，秋季老熟幼虫蛀果，在湖北 1 年 5 代，7～8 月份受害最重，冬季以滞育幼虫越冬。成虫昼伏夜出，卵多散产在嫩叶反面	① 剪除被害枝梢和茄果；② 性诱杀；③ 药剂防治
梨大食心虫	主要危害梨的花芽和幼果。各地发生代数不同，均以幼龄幼虫在芽内结茧越冬。翌年越冬幼虫的出蛰期为梨花芽萌动期，初孵幼虫先害芽再害果，成虫产卵多散产于萼洼、芽旁等处	① 剪除虫芽；② 保护天敌；③ 药剂防治：越冬幼虫出蛰转芽期喷药
苹小食心虫	寄主有苹果、梨、沙果、海棠等，以幼虫蛀食果实，造成"干疤"。1 年 2 代，以老熟幼虫潜伏在晚熟品种的树皮裂缝等处越冬。成虫昼伏夜出，对苹果醋、糖蜜、茴香油、黄樟油有趋性	① 刮老树皮；② 诱杀成虫；③ 药剂防治
核桃举肢蛾	主要以幼虫在果内纵横穿食，干缩后为"核桃黑"。1 年 1 或 2 代，以老熟幼虫在土内或石块与土壤间结茧越冬。成虫多产卵在两果相接的缝内	① 摘除虫果；② 土壤翻耕；③ 药剂防治
柿蒂虫	幼虫钻食柿果，造成柿子早期发红、变软、脱落。1 年 2 代，以老熟幼虫在树皮裂缝或树干基部附近的土里结茧越冬。成虫多产卵在果梗与果蒂缝隙处，幼虫有转果的习性	① 刮老树皮；② 摘除虫果；③ 药剂防治
苹果蠹蛾	在我国仅分布于新疆、甘肃等地，为检疫对象。以幼虫蛀食苹果、沙果、香梨等果实。1 年 2～3 代，以老熟幼虫在树皮下做茧越冬。卵散产在果实和叶片的表面，幼虫蛀果时不吞食果皮碎屑，蛀食果肉，偏食种子	① 植物检疫；② 刮老树皮；③ 性诱杀；④ 释放赤眼蜂；⑤ 药剂防治
吸果夜蛾类	我国普遍发生的有 10 余种，在柑橘成熟期成虫刺果为害，造成落果或贮藏期腐烂。如嘴壶夜蛾是南方的优势种，1 年 4～6 代，以幼虫越冬。成虫昼伏夜出，卵散产，嗜食糖液，略具假死性	① 套袋；② 黄色荧光灯、香茅草油避蛾
桃条麦蛾	幼虫以蛀食核果类的桃梢及桃果为主，在新疆 1 年 4 代，以幼龄幼虫在桃树或杏树枝梢的冬芽内越冬。成虫趋糖醋，卵散产于叶背面	① 剪除有虫枝梢；② 药剂防治：花芽膨大现红或落花后喷药

第二节 象甲类花果害虫

象甲类属鞘翅目、象甲科。种类很多。对各地区果树花果造成严重危害的主要有卷象科的梨象甲 *Rhynchites foveipennis* （Fairmaire）、杏虎 *Rhynchites faldemanni* （Schoenh）、桃虎 *Rhynchites confragossicollis* （Voss）、樱桃虎 *Rhynchites auratus* （Scop.）；象甲科的栗实象甲 *Curculio davidi* （Fairmaire）、核桃象甲 *Alcidodes juglans* （Chao）、香蕉象甲 *Cosmopolites sordidus* （Germar）、芒果象甲类的芒果果肉象甲 *Sternochetus frigidus* （Fabricius）、芒果果核象甲 *Sternochetus mangiferae* （Fab.）、芒果果实象甲 *Sternochetus olivieri* （Faust）等。其中梨象甲、栗实象甲、芒果果肉象甲类为本节介绍的重点。

一、分布与危害

（一）梨象甲

梨象甲在国内分布普遍，吉林、辽宁、河北、山东、山西、河南、江苏、浙江、江西、福建、广东、四川、湖北等省均有发生，危害严重。主要危害梨，亦可危害苹果、山楂、杏、桃等。幼、成虫都为害，成虫取食嫩芽，啃食果皮果肉，造成果面粗糙，俗称"麻脸梨"，并于产卵前咬伤产卵果的果柄，造成落果。幼虫于果内蛀食，使被害果皱缩呈凹凸不平的畸形果。

（二）栗实象甲

栗实象甲在东北、华北、华中、华东和西南各大区的板栗栽培区均有发生，主要危害板栗及某些栎类树种（如麻栎、栓皮栎）的果实。幼虫在栗实内取食子叶，并形成大形坑道，内部充满虫粪，被害栗实完全丧失实用价值和发芽能力。成虫食害芽及嫩叶，但危害不明显。

（三）芒果果肉象甲

芒果果肉象甲在国外分布于缅甸、泰国、马来西亚、印度尼西亚、印度、巴基斯坦、新几内亚。在国内仅分布于云南的景洪、勐腊、杧市、瑞丽、宝山、腾冲、景谷、勐海、永德、双江、耿马等县。幼虫主要蛀食芒果果肉，使果肉内形成不规则的纵横蛀道，其内充满虫粪，致使果实不堪食用。

二、识别特征（表8-5）

表8-5

虫态	成虫	卵	幼虫	蛹
梨象甲	体紫铜色，有金属光泽。前胸背面有一倒"小"字形凹陷。翅鞘上的刻点粗大，纵排成9行	椭圆形，乳白色，近孵化时乳黄色。表面光滑	乳白色，体表多横皱，略弯曲。头部小，黄褐色，大部缩入前胸内	初乳白色，渐变黄褐色至暗褐色，体表被细毛

（续表）

虫态	成虫	卵	幼虫	蛹
栗实象甲	全身黑褐或黑色。前胸背板后缘两侧各有1个白色斑纹相连。鞘翅上有2条横带状白斑，并有纵刻点10列	椭圆形，白色透明，近孵化时乳白色。表面光滑有光泽	乳白色，头部黄褐色，体表多横皱并疏生短毛，体略弯曲	初乳白色，渐变为灰黑色。头管伸向腹部下方
芒果果肉象甲	体黑褐色。额中间无窝。前胸背板中隆线细，被鳞片遮蔽。鞘翅行纹宽，刻点长方形	长圆筒形，乳白色	黄白色，头部淡褐色，体表长有白色软毛	初乳白色，渐变为米黄色。腹末着生尾刺1对

三、发生规律（图8-2）

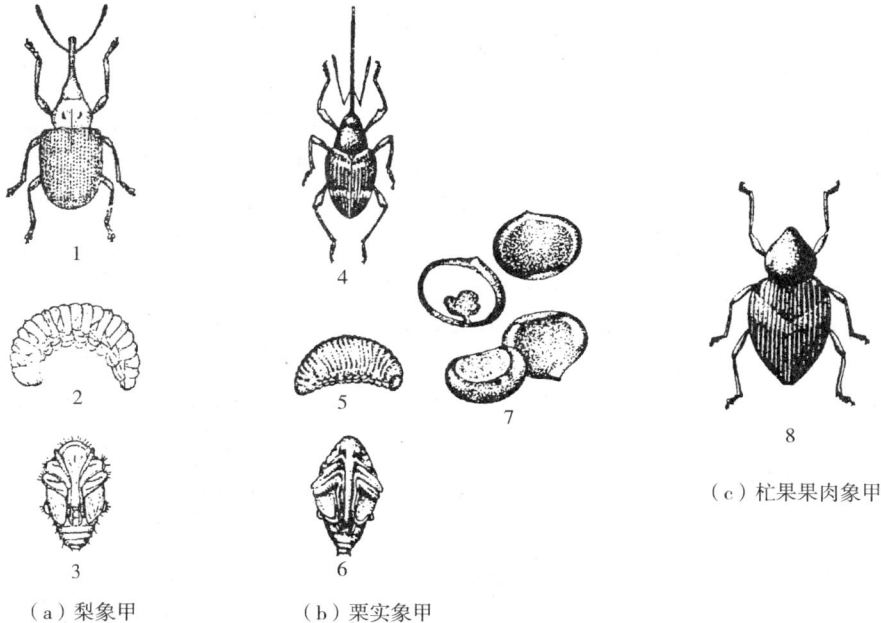

（a）梨象甲　　　　（b）栗实象甲　　　　（c）杜果果肉象甲

图8-2　梨象甲、栗实象甲和芒果果肉象甲的形态特征

1. 成虫　2. 幼虫　3. 蛹　4. 成虫　5. 幼虫　6. 蛹　7. 被害状　8. 成虫

（一）梨象甲

梨象甲在辽宁西部、四川的喜得梨区绝大部分1年1代，以成虫潜伏在树冠下深约6cm的土室内越冬；有少数个体2年发生1代，第1年以幼虫越冬，次年夏秋季羽化，不出土继续越冬，第3年春季出土。

越冬成虫在梨树开花时开始出土，梨果拇指大时出土最多，出土时间很长，华北地区从4月下旬至7月上旬均有出土者，以5月下旬至6月中旬为盛期；贵州、四川地区从3月下旬开始出土，4月中旬为盛期，5月下旬结束。成虫出土数量与当时的降雨情况有关，当落花后如有透雨可促使其大量集中出土；如果春旱，出土数量少，时间也推迟。成虫全天都可以出土，其中以下午6时左右出土最多。出土后，飞到梨树树冠下部枝条上食害幼

果，早期出现的成虫食害嫩枝和花丛。产卵时先把果柄基部咬伤，然后转到果实上咬一小孔，产 1 或 2 粒卵于其中，再以分泌的黏液封口，产卵处呈黑褐色斑点，至果实长大时被害处凹陷。产卵期约 2 个月，即 6 月上旬至 8 月下旬，盛期为 6 月下旬至 7 月上旬。每雌一生可产 20～150 粒，一般为 70～80 粒。着卵果由于果柄被成虫咬伤极易脱落，脱落迟早与咬伤程度和产卵后风雨大小有关，咬伤严重或产卵后风雨大则脱落早，否则脱落较迟。着卵果脱落的时间最早为产卵后 4 天，最迟者为 20 天，一般为 10 天左右。卵期约 7 天。幼虫孵化后，向果内蛀入至果心，并可取食种子，达果心后掉头向外蛀食，在果皮处咬一近圆形浸润状褐色脱果孔。幼虫在果内蛀食 14～52 天后，从果内脱出入土，在地表下 1～10cm 处做土室（8mm×8mm）化蛹。幼虫入土最早者为 7 月上旬，至 8 月中、下旬全部结束，入土后经 30 余天化蛹。8 月中旬至 10 月上旬为化蛹期，蛹期 1～2 个月，9 月下旬陆续羽化为成虫，当年不出土即在蛹室内越冬，尚有部分幼虫当年不化蛹即越冬。

成虫有假死性，早晚气温低时，受惊扰后即假死落地。在中午前后气温较高时，遇惊扰虽假死落下，但多数于半空中即飞去。

梨品种之间受害程度不同，香水梨最重，鸭梨、白梨稍轻。

（二）栗实象甲

栗实象甲在云南 1 年 1 代，在长江流域以北地区均为 2 年 1 代，以老熟幼虫在栗林中和堆栗场处土层内作土室越冬。越冬幼虫于 6 月开始化蛹。6 月下旬至 7 月上旬为化蛹盛期，蛹期 20～25 天，7 月中旬至 8 月上旬为成虫羽化盛期。羽化后仍在蛹室内潜居 5～10 天，当土壤湿度适宜时，成虫便钻出地面。成虫出土后需补充营养约 10 天，然后产卵交配，9 月上旬至 9 月下旬为产卵盛期，卵期 8～15 天，幼虫在果实中生活 1 个月左右，9 月下旬至 10 月份幼虫老熟后陆续脱果，入土越冬。

初羽化成虫取食嫩芽和嫩叶。在板栗园中，如混有茅栗，则成虫多喜欢在茅栗上活动取食。受害板栗叶片表面呈不规则刻槽状。成虫白天活动于栗树枝叶间，稍受惊扰即迅速展翅飞去或假死落地，日落后多栖息于板栗叶重叠处，趋光性极弱。雌雄成虫可交配多次，多在下午 3～5 时交配，交配后 2～3 天产卵，卵多产在果蒂附近。产卵时，先在果蒂附近咬一深入子叶的产卵孔，然后产卵于其中，产卵后种皮上留 1 褐色圆孔。一般每孔产卵 1 粒，偶有 2 或 3 粒，而每个果实通常有 1 或 2 个产卵孔。每头雌虫一生可产卵 10～15 粒。雌虫寿命平均 15 天左右。2 龄以后，随着幼虫发育，虫道逐渐扩大加深，最后宽达 8mm 左右，内部充满黑褐色虫粪，虫道呈弧形。果实早期被害往往引起落果，后期被害果通常不脱落，甚至采收后至晒场上，幼虫仍在果内为害，直到幼虫老熟后则在果壳上咬一圆形出果孔（直径 2～4mm）而外出，直接入土做长椭圆形土室越冬，土室内壁光滑。幼虫入土深度视土壤疏松程度而有差别，一般入土深度在 6～10cm 之间，最深可达 15cm。

栗实象甲的发生危害与板栗品种、林地条件及人为活动有密切关系。板栗栗蓬上的针刺长硬而密，球壳厚的品种受害轻；反之，针刺短软而疏，球壳薄的品种，便于成虫产卵，受害则重；早熟品种受害较轻。山地栗园、同时混生或附近存在其他栎类（如茅栗、栓皮栎和麻栎）的栗园受害重；平坦地区的纯栗林受害较轻。采收彻底、对脱粒场所或栗实进行灭虫处理可以大量减少越冬虫口，减轻翌年受害。

（三）芒果果肉象甲

芒果果肉象甲在云南西双版纳 1 年 1 代，以成虫在芒果枝叶茂密处或树干裂缝、树洞中越冬。翌年 3 月中旬，越冬成虫陆续从越冬场所飞到枝叶、花穗上活动，4 月中旬开始交配产卵。5 月上旬在幼果上出现幼虫，5 月中、下旬为幼虫盛期，此时幼虫危害达到全年最高峰。5 月下旬开始化蛹，化蛹盛期为 6 月上、中旬。越冬代成虫于 6 月中旬以后全部死亡。6 月下旬至 7 月中旬为第 1 代成虫羽化高峰，新羽化成虫取食芒果树的嫩叶和嫩梢，9 月份以后隐藏于枝叶茂密处、树皮裂缝、树洞中散居或群居越冬，每处有 1～7 头。

每年 4 月中旬，当芒果果实长到 30～35mm 时，越冬成虫即产卵于幼果上（幼果大小为 4.5cm×2cm 以上），产卵时，雌虫在幼果上咬一小孔，将卵产于其中，或直接将卵产在幼果的裂隙中。产卵后，孔口被芒果的分泌物覆盖。卵多产在幼果顶部。每果有卵 1～3 粒，最多达 7 粒。卵期 4～6 天，初孵幼虫有很强的钻蛀能力，先在果皮内钻蛀，然后蛀入果肉内取食，使果肉内形成纵横交错的隧道，并将粪便堆积在隧道内。至幼虫老熟时果肉被蛀食一空并充满深褐色虫粪。幼虫期 13～15 天。老熟幼虫在蛀道内将虫粪围成蛹室化蛹，蛹室内面比较光滑。预蛹期 2～3 天，蛹期 6～10 天。羽化出来的成虫暂时逗留在芒果内，至芒果采收时，成虫将成熟的芒果或后熟的芒果果皮咬出一个圆形孔洞，飞到芒果林内活动，取食嫩叶和嫩梢补充营养。

成虫白天多静伏在枝叶背面，晚上取食和交配。成虫有假死性，遇惊扰落地假死。成虫有一定的飞翔能力，耐饥性强。

果肉象甲发生危害与芒果品种、管理水平有密切关系。野生小芒果受害最重；3 年杧、蜜杧和椰香杧受害次之；鹰嘴杧、大青杧和鹦鹉杧受害较轻；马切苏、缅甸球杧和 901（印度杧）等品种抗性较强。稀植园、园内通风透光良好的果园危害轻，反之危害重；疏于管理和管理差的芒果园害虫发生多、危害重。

四、防治方法

（一）梨象甲

1. 人工防治

①捕杀成虫。在成虫出土期清晨振树，下接布单、塑料薄膜等物捕杀被震落下的成虫，由于成虫出土期长，因此在成虫出土期间需经常进行，特别是降雨之后，成虫出土集中，尤应抓紧时机捕杀成虫，可获得良好防治效果。②捡拾落果。即捡拾落果进行集中处理，消灭其中幼虫，对减轻第 2 年危害有显著的作用。

2. 药剂防治

①地面喷药。在常年虫害发生严重的梨园，于越冬成虫出土始期，尤其是雨后，在树冠下喷施 50% 辛硫磷乳油 2.25～3L/hm²，药后 15 天再施一次。②树上喷药。树上喷 80% 敌敌畏乳油 1.87L/hm²，或 50% 马拉硫磷乳油 1.87L/hm²，或 90% 晶体敌百虫 1.87kg/hm²，或 40% 乐果乳油 1～1.2L/hm²。10～15 天 1 次，共喷 2 或 3 次。

3. 农业防治

春、秋耕翻梨园，减少虫源。

（二）栗实象甲

1. 农业防治

①选用抗虫品种。栗实象甲危害严重地区应尽可能选用栗苞大、苞刺稠密而坚硬的抗虫品种。②改善栗园条件及堆棚场所。在栗园内及周围清除其他栎类植物，可减少虫源；堆棚场所修成水泥地或坚硬场地，可阻止脱果幼虫入土越冬；翻耕栗园土壤，可破坏其蛹室。③及时采收栗果。栗果成熟后，及时采收，彻底拾净，防止幼虫在栗林中脱果入土越冬。

2. 热水浸种

栗实脱粒后可在50℃～55℃热水中浸泡10min，可杀死栗实中各龄幼虫。水量为栗实的2～3倍。

3. 捕捉成虫

利用成虫的假死性，在清晨气温低时振落捕杀。

4. 药剂防治。

①栗实熏蒸。栗实脱落后进行熏蒸处理，每立方米用溴甲烷25～35g熏蒸处理20h，或挖地窖1m³，用磷化铝40g熏蒸72h（上覆塑料薄膜及土一层）。②毒杀成虫和幼虫。成虫出土前或出土初期，于地面喷50％辛硫磷乳油1～1.2L/hm²，或用3％甲基异柳磷颗粒剂3.75kg/hm²拌成毒土均匀撒施在果园。施药后及时划锄，将药混入土中，毒杀出土成虫；在堆棚场边缘可撒施5％辛硫磷颗粒剂，毒杀脱果幼虫。③树冠喷药。受害最严重的板栗园在成虫活动时期进行树冠喷药防治成虫。可用40％乐果乳油1.125L/hm²、2.5％溴氰菊酯乳油750mL/hm²或50％辛硫磷乳油1～1.2L/hm²，每隔10天喷1次，连续2或3次，即可控制其危害。

（三）芒果果肉象甲

1. 植物检疫

在引进或调出种子、苗木、无性繁殖材料时，经产地和检疫机构检疫后，方能放行，以免害虫传播、蔓延。

2. 农业防治

①种植抗虫品种，如马切苏、大青杧、鹰嘴芒和桃芒等品种。②加强栽培管理，保持园内清洁。如及时捡拾落果，集中处理；清除园内杂草和翻耕土壤；冬季对果园进行整枝修剪，清除枯枝落叶，刮除主干粗皮和堵塞树干孔洞；成虫产卵期实行果实套袋。

3. 生物防治

可引进天敌黄猄蚁 *Oecophylla smaragdina*（F.），放在芒果树上营巢定居，以进行防治。

4. 药剂防治

在幼果期（花谢后的1～1.5个月内）使用20％叶蝉散乳油0.6～1.2L/hm²、2.5％溴氰菊酯乳油0.6～1.2L/hm²或25％喹硫磷乳油1.5L/hm²喷洒树冠，每隔7～10天喷药1次，连续用药3或4次，可基本达到保果作用。

五、其他常见象甲类花果害虫

表 8-6　其他常见象甲类花果害虫的发生概况与防治要点

害虫种类	发生概况	防治要点
桃虎	主要危害桃，也危害李、杏、梅等。成虫危害花、叶及果实，以蛀食幼果为主，造成落果。幼虫在果内蛀食，使果实干腐脱落。1 年 1 代，以成虫和幼虫在土中越冬	①捕捉成虫；②勤拾落果和摘除树上的蛀果；③药剂防治
樱桃虎	此虫分布于新疆。成虫主要取食和产卵危害杏、灌木酸樱桃、毛樱桃、西洋李。其次危害海棠果、苹果。成虫蛀果时不咬食果柄，卵产于蛀孔中。幼虫在种核内取食种仁。在新疆伊犁地区 2 年 1 代	参考桃虎
杏虎	主要危害桃，也危害樱桃、李等。北方果区 1 年 1 代，多数以成虫静伏地下土室越冬。成虫蛀食幼果并蛀断果梗，成虫产卵于蛀孔中。幼虫孵化后即蛀入果内为害	参考桃虎
核桃果象甲	陕西、河南、湖北、四川均有分布。幼虫蛀食幼嫩核桃果仁，蛀入孔有黑色虫粪。1 年 1 代，以成虫在向阳处杂草及表层土内越冬。核桃开花时成虫出蛰，卵产于果实青皮中。幼虫孵化后，蛀入果内为害	①及时销毁落果；②成虫期喷杀螟松、西维因等
香蕉象虫	香蕉主要产区都有。华南地区 1 年 4 或 5 代，世代重叠，以幼虫在假茎内越冬。成、幼虫均能为害，致使香蕉茎中虫道纵横交错，引起腐烂死亡	①香蕉检疫；②冬季清园；③药剂防治
芒果果核象甲	主要分布在四川、云南。在云南 1 年 1 代，以成虫在土壤内越冬。成虫产卵于幼果内，初孵幼虫钻入核仁内为害。幼虫近老熟时，被害果大量脱落，落地后 3～5 天，幼虫脱果钻入土中（3～5cm）营造土室化蛹	①植物检疫；②加强栽培管理，保持果园清洁；③药剂防治
芒果果实象甲	分布云南。1 年 1 代。幼虫孵化后即蛀入食害果肉，在果实发育中期，侵入果核，蛀食子叶，幼虫老熟后即在核内化蛹，羽化时蛀入羽化孔而外出	参考芒果果核象甲

第三节　蚊蝇类花果害虫

　　蚊蝇类属双翅目。在不同地区经常对园艺植物造成危害的主要种类包括实蝇科的柑橘大实蝇 *Bactrocera（Tetradacus）minax*（Enderlein）、蜜柑大实蝇 *Bactrocera.（Tetradacus）tsuneonis*（Miyake）、柑橘小实蝇 *Bactrocera dorsalis*（Hendel）、瓜实蝇 *Bactrocera cucurbitae*（Coquillett）、瘿蚊科的柑橘花蕾蛆 *Contarinia citri*（Barnes）等。柑橘大实蝇和柑橘花蕾蛆本节将重点介绍。

一、分布与危害

柑橘大实蝇在国外分布于不丹、印度（西孟加拉）、锡金、日本。国内主要分布于四川、云南、贵州、湖北、湖南、广西、台湾等省（区），陕西省也曾有发生报道。主要危害柑橘类的甜橙、酸橙、柚子、红橘，也能危害柠檬、香橼和佛手。幼虫在果实内部穿食瓤瓣，常使果实未熟先黄，提前脱落，而且被害果极易腐烂，使果实丧失食用价值，严重影响产量和品质。

柑橘花蕾蛆在国内分布于四川、贵州、湖南、湖北、江西、浙江、江苏、广西、广东、福建等省（区），是柑橘、芒果花蕾期的重要害虫，以幼虫在花蕾内蛀食，受害的花蕾不能开放和授粉，以至脱落，影响产量甚大。

二、识别特征（图8-3，图8-4，表8-7）

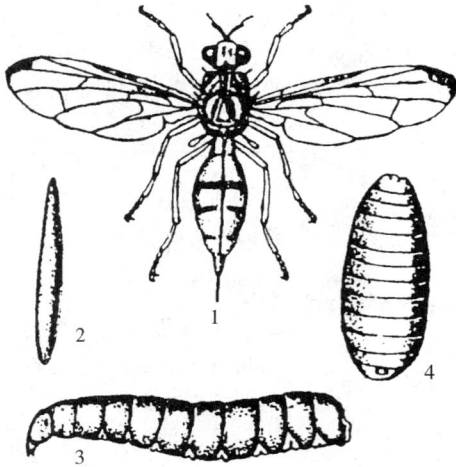

图8-3　柑橘大实蝇的形态特征

1. 成虫　2. 卵　3. 幼虫　4. 蛹

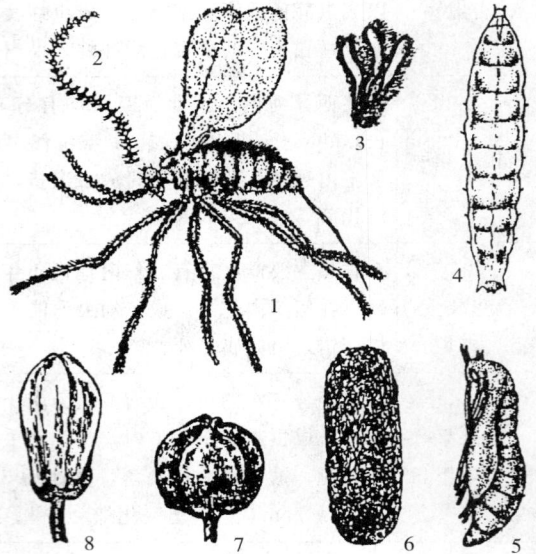

图8-4　柑橘花蕾蛆的形态特征

1. 雌成虫　2. 雄成虫触角　3. 卵放大　4. 幼虫

5. 蛹　6. 土茧　7. 被害花蕾　8. 正常花蕾

表8-7　2种蚊蝇的主要识别特征

虫态	柑橘大实蝇	柑橘花蕾蛆
成虫	体黄褐色，复眼金绿。胸背具6对鬃，中央有"人"形深茶褐色斑纹，两旁各有一宽的直斑纹；腹部第3节前缘有一黑色横带，与腹部中央的黑色纵纹相交成"十"字形	体暗黄褐色或灰绿色，像小蚊子。雌虫触角鞭节各节圆筒形，密生刚毛，雄虫触角鞭节各节则呈哑铃状，球部有放射状刚毛。翅上密生黑褐色细毛，足细长
卵	长椭圆形，一端稍尖，微弯曲，卵中央乳白，两端则较透明	长椭圆形，无色透明，卵外包有一层胶质，在卵末端引申成一条线

（续表）

虫态	柑橘大实蝇	柑橘花蕾蛆
幼虫	乳白，圆锥状，前气门扇形，上有乳状突30多个；后气门片新月形，上有3个长椭圆形气孔，周围具扁平毛丛群4丛	乳黄，长纺锤形，前胸腹面有一褐色"Y"形剑骨片，腹部末端圆钝，有2个角化的圆突起，在外围有3个小刺
蛹	椭圆形，金黄色，羽化前变黄褐色	黄褐色，纺锤形。体外有胶质透明的蛹壳

三、发生规律

（一）柑橘大实蝇

柑橘大实蝇1年1代，以蛹在土壤内越冬。在四川越冬蛹翌年4月下旬开始羽化，4月底至5月上、中旬为羽化盛期，成虫活动期可持续到9月底。雌成虫产卵期6月上旬至7月中旬。幼虫于7月中旬开始孵化。9月上旬为孵化盛期，10月中、下旬被害果大量脱落，虫果落地后数日幼虫即脱果入土化蛹越冬。在贵州惠水5月上旬越冬蛹开始陆续羽化，5月中、下旬成虫盛发，6月中旬至7月上旬为交配产卵盛期。幼虫于7月下旬开始孵出，在果内为害。9月下旬被害果开始脱落，10月中、下旬落果最盛，虫果落地后7～10天幼虫即离果入土，一般脱果后1～4天化蛹，10月下旬为化蛹盛期。极少数迟发的幼虫和蛹能随果实运输，在果内越冬，到1、2月份老熟后脱果。

成虫羽化出土一般集中在上午9～12时，特别是雨后的晴天，气温较高时羽化最盛。成虫出土后先在土面爬行一段距离，待翅伸展后开始飞行，飞行极为迅速，新羽化的成虫都栖息在橘园附近的青杠林和竹林内，1周内不取食，也很少飞来果园活动。下午1～4时活动最烈，成虫在晴天进行交配，每雌产卵量约为150粒。成虫寿命最长可达40多天，短的仅数日。卵产于柑橘类植物的幼果内，产卵部位随柑橘种类不同而有差异如：广柑的果脐与果腰间、橘的近脐部、柚的近蒂部。雌虫产卵时以产卵管刺入果皮形成产卵孔，每孔产卵2～6粒不等，最多的达28粒。被害果产卵部位的症状随柑橘种类而异，如甜橙被害处呈乳状突起，被害果常出现未熟先黄，黄中透红的特点；红橘被害处呈黑色圆点；柚子被害后则呈圆形或椭圆形内陷的褐色小孔。卵在果内孵化，幼虫一直在果内为害至老熟，老熟后随果实落地或在果实未落地前即穿孔爬出，入土化蛹。入土深度通常在土表下3～7cm，以3cm处最多，超过10cm者则极为罕见。主要以幼虫随被害果和种子而进行传播，越冬蛹也会随带土苗木转运。

（二）柑橘花蕾蛆

柑橘花蕾蛆在浙江黄岩、湖北宜昌1年1代，四川金堂、江西新干以1年1代为主，部分1年2代，福建漳州1年1或2代、广东潮汕1年2代，均以幼虫在柑橘树下土中结茧越夏越冬。柑橘现蕾时各地成虫陆续羽化，至花蕾现白时，达羽化出土盛期。各地成虫出现盛期时间不一。四川江津及川东、川南一带为3月下旬至4月上旬；浙江黄岩、湖南长沙和江西南昌等地为4月上、中旬；福建漳州、广东广州、潮州和云南西双版纳等地为2月下旬和3月中旬。成虫羽化后1～2天即可交配产卵。江津4月上旬至4月中、下旬为幼虫盛发期，幼虫共3龄。盛花至谢花期，3龄幼虫开始出蕾入土，直至翌年春3月中旬

开始化蛹。

初羽化出土的成虫，在土面爬行后潜伏在树冠下面杂草或间作作物上，多于早晨或傍晚活动，以傍晚活动最盛，飞翔力强，扩散范围为 3～4cm；多在傍晚产卵，凡花蕾顶部结构不紧密或有裂缝、小孔的都有利于产卵，结构紧密的花蕾很少被害。卵多产在花丝、花药和子房周围，一朵花蕾内数粒或者数十粒排列成堆，同一花蕾常被多次重复产卵。每头雌虫一生可产卵 60～70 粒。成虫寿命一般 2 天。

幼虫在花蕾内蛀食，约 10 天后从花蕾内爬出，将身体蜷缩，弹落地面，钻入土中，或随花蕾落地，再脱蕾入土，在土中结椭圆形薄茧，滞育越夏越冬，直到翌年春季。幼虫出蕾时间以清晨和阴雨天最多。幼虫入土深度以表土 7cm 以内虫口密度最大，愈深愈少。入土位置在树冠周围 34cm 内外的土中较多，树干附近的土中较少。越冬幼虫在次年早春开始先脱离土茧，逐渐向土面移动，再作新茧化蛹。

柑橘花蕾蛆发生数量受环境影响很大。每年柑橘现蕾初期（成虫羽化）和谢花初期（幼虫入土）多阴雨天，有利于成虫的羽化和幼虫的入土。尤其是成虫羽化后，阴雨天多，有利于当年成虫的羽化和产卵，发生危害严重。一般山地发生比平原浅丘少，阴湿低洼橘园发生较多，阴山园比阳山园发生多；冬春很少翻耕园土的橘园比常翻耕的园发生多。土壤含水量 19%～25% 和沙壤土适宜于幼虫存活。如果柑橘的现蕾盛期正逢花蕾蛆的盛发期，受害就严重。如果现蕾期气候干旱、土壤湿度低和持水量少时，则当年花蕾蛆发生少而且危害轻。

四、防治方法

（一）柑橘大实蝇

1. 植物检疫

严禁从疫区内调运带虫的果实、种子和带土的苗木，非调运不可时，应就地检疫。一旦发现虫果，必须经有效处理后方可调运。检疫除害处理可用 60-$Co-\gamma$ 射线 70Gy 照射，蛹的死亡率可达 100%，而且对橘、橙和柚果实的总糖、总酸、维生素 C 和固形物含量无明显的影响。

2. 农业防治

在冬季低温到来之前，深翻园土，以增加蛹的机械死亡，或因蛹体位置变动不适生存而死亡。

3. 人工防治

及时捡拾落果，摘除有虫青果，用水浸、深埋、焚烧、水烫等方法处理。

4. 药剂防治

成虫活动盛期，用 90% 晶体敌百虫 1.2kg/hm² 或 80% 敌敌畏乳油 0.8L/hm² 并加 3% 红糖液喷洒树冠浓密处，成年树用量 1～1.5L/株，每隔 4 或 5 天喷 1 次，连续用药 3 或 4 次，可大量杀伤成虫而减轻危害。

（二）柑橘花蕾蛆

1. 药剂防治

①地面撒药。在花蕾蛆成虫出土之前 7～10 天（或花蕾露白期），用 5% 甲基异柳磷颗

粒剂 15kg/hm² 或 2％甲基异柳磷粉剂 15kg/hm²，各拌细土 225kg/hm²，制成毒土撒施 1 次，花蕾被害率可控制在 5％以下。用 40％晶体乐果 1.2kg/hm² 或 90％晶体敌百虫 1.4kg/hm²，或辛硫磷、杀螟硫磷、氯氰菊酯喷洒地面，隔 1 周再喷 1 次，也可杀灭大量成虫。幼虫入土初期，即谢花初期，在地面喷药，消灭入土幼虫，可以减少次年花蕾蛆的发生。②树冠喷药。在现蕾期，发现成虫大量上树未产卵时，及时喷药，用 90％晶体敌百虫 1.2k/hm² 或 50％沙螟松乳油 1.4L/hm²，也可用 48％乐思本乳油 500mL/hm² 或 10％氯氰菊酯乳油 400mL/hm² 进行树冠喷药。喷药时间最好在傍晚，喷后 5～7 天需再喷一次。

2. 农业防治

结合橘园中耕除草，于冬季和早春翻土，杀死部分越冬幼虫，压低虫口基数。

五、其他常见花果实蝇蕾害虫（表 8－8）

表 8－8　其他常见花果实蝇类害虫的发生概况与防治要点

害虫	发生情况	防治要点
蜜柑大实蝇	主要寄主为柑橘类，被害果干缩不堪食用。1 年 1 代，多以蛹在土壤内越冬。成虫多在雨后晴天羽化，产卵在被害果的果腰部，幼虫蛀食瓤瓣，偶尔蛀食种仁，荫蔽缺少阳光处受害严重	①植物检疫；②吐酒石（酒石酸锑钾）诱饵诱杀；③浸杀处理
柑橘小实蝇	危害柑橘类，也能危害桃、李、芒果、枇杷等。1 年 3～5 代，无严格的越冬过程，世代重叠。成虫产卵于寄主果实内，幼虫可群体蛀食果肉，老熟后脱果入土化蛹	①植物检疫；②摘除虫果；③甲基丁香酚诱杀雄蝇
瓜实蝇	主要分布在南方，以幼虫危害瓜类的幼瓜，蛀食后被害瓜腐烂、变臭，造成落瓜。在广州 1 年 8 代，以成虫越冬，成虫日出性，飞翔力强，对甜味有趋性，卵几粒或几十粒产于瓜内	①处理被害瓜；②毒诱饵杀；③药剂防治

思考题

1. 棉铃虫和烟青虫在外部形态和危害特点上有什么不同？如何防治这两种害虫？

2. 怎样利用棉铃虫的重要习性实施农业防治和诱杀防治？

3. 桃蛀螟、梨小食心虫和桃小食虫的危害特点有哪些相同和不同？如何防治这 3 种食心虫？

4. 梨象甲、栗实象甲、芒果果肉象甲的危害及生活习性上有哪些特点？如何进行防治？

5. 柑橘大实蝇和柑橘花蕾蛆的发生和危害有何特点？如何针对此特点进行害虫防治？

第九章 机场蛀杆类害虫

这类害虫主要发生在机场周边地区的林木上，钻蛀枝梢及树干为害，危害天牛、吉丁虫、透翅蛾等类群。由于钻入茎秆为害具有很大的隐蔽性，给药剂防治带来很大困难。

第一节 天 牛

属于鞘翅目，天牛科。主要以幼虫钻蛀植株茎秆，在韧皮部和木质部形成蛀道为害。对园艺植物造成危害的种类主要有星天牛 *Anoplophora chinensis*（Forster）、褐天牛 *Nadezhdiella cantori*（Hope）、苹枝天牛 *Linda fraternal*（Chevrolat）、桃红颈天牛 *Aromia bungii*（Faldermann）、梨眼天牛 *Bacchisa fortunei*（Thomson）或 *Chreonoma fortunei*（Thomson）、菊天牛 *Phytoecia rufiventris*（Gautier）、瓜藤天牛 *Apomecyna saltator* Fabricius 或 *Apomecyna neglecta*（Pascoe）、葡萄虎天牛 *Xylotrechus pyrrhoderus*（Bates）等。其中以星天牛、褐天牛、桃红颈天牛危害较重，作为本节介绍的重点。

一、分布与危害

星天牛成虫俗称花牯牛，幼虫俗称围头虫、盘根虫。在国内分布广泛。褐天牛成虫别名橘褐天牛，俗名黑牯牛，幼虫俗名老木虫、桩虫、干虫。国内分布除长江流域以南各省区外，山东、河南、陕西等省也有分布。桃红颈天牛别名红颈天牛。我国桃产区均有分布。星天牛可危害 19 科 24 属 40 多种植物，主要有柑橘、无花果、杨、柳、苦、榆、刺槐、核桃、梧桐、苹果、梨、枇杷、荔枝、红椿、乌、相思树、悬铃木及其他树木和果树。褐天牛可危害柑橘、柠檬、柚、红橘、甜橙、菠萝、葡萄等。桃红颈天牛可危害桃、杏、李、郁李、梅、樱桃、苹果、梨、柿、柳等果树和林木。

天牛均以幼虫钻蛀为害，星天牛主要钻蛀成年树的主干基部和主根，影响树体养分和水分的输导。褐天牛蛀害柑橘主干和主枝，造成树干内蛀道纵横，影响水分和养分输导，和星天牛一样，在柑橘上有毁灭性害虫之称。桃红颈天牛则以幼虫在枝干、皮层下、木质部钻蛀隧道为害，造成树干中空，皮层脱离，是桃树的主要害虫。果树被天牛幼虫蛀害后树势衰弱，常引起死亡。

二、识别特征（表 9 - 1，图 9 - 1）

表 9 - 1　3 种天牛的主要识别特征

虫态	星天牛	褐天牛	桃红颈天牛
成虫	体漆黑色，具金属光泽，第 3 ～ 11 节每节基部有淡蓝色毛环。前胸背板中瘤明显，鞘翅基部密布颗粒，鞘翅表面散布有许多不规则排列的大小白毛斑	体黑褐色有光泽，被灰黄色短绒毛。头顶两复眼间有一深纵沟。触角基瘤隆起，基上方有一小瘤突。前胸背板上呈密而不规则的脑状褶皱	体黑色有光泽。前胸背板分为光亮棕红色的红颈和黑色发亮的黑颈两种色型。触角基部两侧各有 1 叶状突起，前胸背板上有多个瘤突
卵	长椭圆形，乳白色，以后渐变为黄褐色	椭圆形，乳白色，后呈灰褐色，表面有网纹及细刺状突起	长圆形，乳白色，光滑略有光泽
幼虫	淡黄白色，前胸背板前方左右各有一黄褐色飞鸟形斑纹，后方有一块黄褐色骨化的凸字形大斑纹	乳白色，前胸背板上有横列分成 4 段的棕色宽带，中央的 2 段较长，两侧的较短	乳白色被黄棕色细毛，前胸背板前半部具黄褐色斑块，后半部背面淡色，有纵皱纹
蛹	乳白色，羽化前呈黑褐色，触角细长，卷曲，翅芽超过腹部第 3 节后缘	淡黄色，翅芽叶形，伸达腹部第 3 节的腹面后端	淡黄白色，前胸两侧各有 1 个刺突

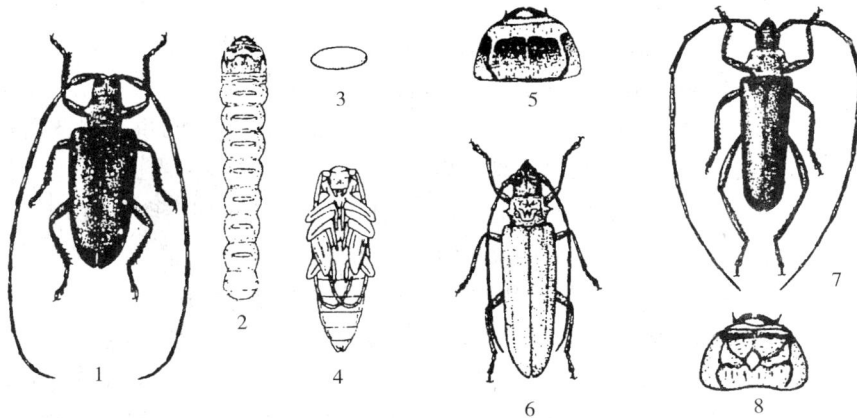

（a）星天牛　　　　　　（b）褐天牛　　　　（c）桃红颈天牛

图 9 - 1　星天牛、褐天牛、桃红颈天牛的形态特征

1. 成虫　2. 幼虫　3. 卵　4. 蛹　5. 幼虫头部和前胸背板　6. 成虫　7. 成虫　8. 幼虫头部和前胸背板

三、发生规律

（一）星天牛

星天牛在我国浙江、台湾、广东和四川 1 年 1 代，在北方有 3 年 2 代或 2 年 1 代的，以幼虫在树干基部或主根的木质部越冬。越冬幼虫翌年 3 月份开始活动，4 月上旬气温稳

定到 15℃ 以上时开始化蛹，多数地区 4 月下旬或 5 月上旬成虫开始羽化，5～6 月份为羽化盛期。至 8 月下旬，个别地区 9 月上旬仍有成虫出现。

成虫羽化后，在蛹室内停留 5～8 天，然后咬破蛹室爬出羽化孔，飞向树冠，啃食寄主幼嫩枝梢的皮层，也能取食叶片使其呈粗糙缺刻。成虫飞翔力不强，栖息地点多在柑橘枝上或地面杂草间；多在黄昏前后交尾、产卵，中午炎热时停息枝端；交尾后 10～15 天开始产卵，一般 5～8 月份均有卵发生。卵多产在树干离地面 5cm 的范围内，且以胸径 6～15cm 的树干最多。产卵前雌成虫先在树皮上咬成"T"或"R"形刻槽，深达木质部，产卵于皮层下，产卵处隆起裂开，表面湿润，流出树脂泡沫，每处 1 粒，每雌可产卵 70～80 粒。成虫寿命一般 1～2 个月。卵期 9～15 天。卵虫孵化后，先在树皮下向下蛀食主干基部，一般蛀害范围可达地面下 17cm 以内，形成不规则的扁平虫道，虫道内充满虫粪，时常因数头幼虫环绕树皮下蛀食成圈（即所谓的"围头"），造成整株枯死。星天牛一般不危害枳，以枳作砧木的橘树，当幼虫向下蛀食至枳砧接口时，便横向围绕树干皮层蛀害。1 头幼虫在表皮与木质部间的蛀食面积达 70～100cm^2。幼虫在皮下蛀食 1～2 月份后开始深入木质部蛀食。幼虫将咬碎的木屑和排出的粪便推出树皮外，成堆积聚在树干基部周围。幼虫于 11～12 月份开始越冬。幼虫期约 10 个月。老熟幼虫在虫道的上端蛹室化蛹。蛹期短的 18～20 天，长的 30～45 天。

星天牛的天敌主要是蚂蚁类和啄木鸟，此外还发现 1 种卵寄生蜂、1 种幼虫期寄生菌和取食幼虫的螳螂。

（二）褐天牛

在国内 2 年内完成 1 代，少数 3 年 1 代。7 月上旬以前孵化出的幼虫，于次年 8 月上旬至 10 月上旬化蛹，10 月上旬至 11 月上旬羽化为成虫，在蛹室中越冬，第 3 年 4 月下旬成虫外出活动。8 月份以后孵出的幼虫，则需经历 2 个冬季，到第 3 年 5～6 月份化蛹，8 月份以后成虫才外出活动。因此，越冬虫态有成虫、2 年生幼虫和当年生幼虫。据江西观察，成虫从 4 月中旬至 6 月上旬自羽化孔钻出活动，以 4 月底 5 月初最多。成虫 5 月上旬开始产卵，产卵期可延至 9 月下旬，其中 5 月上旬至 7 月上旬所产卵数占全期产卵数的 70%～80%。

越冬成虫自羽化孔钻出后，一般白天均潜伏于树洞内，黄昏后开始出洞活动。以晚上 8～9 时出洞最盛，特别是下雨前天气闷热的夜晚出洞更多。成虫活跃于树干间，交尾、产卵。至深夜 11 时，气温渐降，成虫又陆续潜入洞内。月夜对其活动无甚影响，黄昏细雨仍可出洞，但数量减少；间歇大雨，晴后即见出洞；大雨连续不断，则未见外出活动。成虫多产卵于树干伤口、洞口边缘、裂缝及表面凹陷处，每处产卵 1 粒，个别 2 粒。产卵部位的高度，从主干距地面 16cm 开始，到侧枝 3m 高均有分布，以近主干分叉处密度最大。每雌产卵数十粒至百余粒，产卵期可持续 3 个月左右。成虫羽化后在蛹室中经十余天至月余，越冬的可达 6～7 个月，钻出蛹室后寿命 3～4 个月。卵期 5 月份为 10～15 天，6 月份为 7～10 天。幼虫在树皮下蛀食的时间因季节和树皮老嫩而不同。在大暑前孵出以及取食柔嫩树皮的幼虫，在树皮下停留约 20 天；在白露前后孵出或取食粗老树皮的幼虫，在树皮下停留 7～15 天，初孵幼虫所在部位的树皮表面呈现流胶。幼虫体长达 10～15mm 时，开始蛀入木质部，通常先横向蛀行，然后转而向上蛀食。如遇坚硬木质或有隧道的障碍，即改变蛀食方向而成岔道，因而树干内常蛀道纵横。蛀道上有 3～5 个气孔与外界相通。老熟幼虫在蛀道内选择适当地点，吐出一种白物质，封闭两端，再以排泄物填充其内，造成长椭圆形蛹室，然后在其中化蛹。由夏卵孵出的幼虫期为15～17个月，秋卵孵出的为20个月左右，蛹期约1个月。

褐天牛一般在栽培管理不善的橘园和老树上发生多，危害严重。

（三）桃红颈天牛

桃红颈天牛在华北地区2～3年1代，在四川盆地1年1代，以低龄幼虫（第1年）和老熟幼虫（第2年）在树干蛀道内越冬。5月初至6月下旬老熟幼虫开始化蛹，蛹期20～25天。成虫于5～8月份出现。

成虫羽化后，先在蛹室内停留3～5天，然后钻出蛹室活动。成虫喜食露水和烂桃汁。雌成虫遇惊扰即行飞逃，雄成虫则多走避或自树上坠下，落入草中。成虫出洞2～3天后开始交尾、产卵。卵多产在主干、主枝的树皮缝隙中，以近地面35cm范围内较多，卵散产。成虫寿命一般15～30天。卵期7～9天。幼虫孵化后，向下蛀入韧皮部，先在韧皮层下蛀食成弯曲状条槽，当生长至体长6～10mm时，就在此皮层中越冬。次年春天幼虫继续向下由皮层逐渐蛀食至木质部表层，到7～8月份幼虫长到体长30mm，蛀入木质部深处并向上蛀食，蛀道弯曲不规则，幼虫在其中越冬。第3年春继续蛀害，5～6月份老熟幼虫用分泌物黏结木屑并在木质部蛀道内作蛹室化蛹。幼虫期历时约600天。幼虫一生钻蛀隧道总长50～60cm。在树干的蛀孔外及地面上堆积有大量红褐色虫粪及树木碎屑。受害严重的树干全被蛀空，树势衰弱易遭风折，严重者枯死。

天敌有寄生于幼虫的管氏肿腿蜂。

四、防治方法

1. 农业防治

加强果园的栽培管理，促使植物生长旺盛，可减少褐天牛和桃红颈天牛成虫的产卵。对于虫口密度大，已失去结果能力的衰老树，及早砍伐处理，可减少虫源。

2. 人工和物理防治

①捕杀成虫。成虫大量出孔的季节，褐天牛成虫喜在闷热夜晚外出活动；星天牛成虫在树冠上啃食细枝皮层和叶片，且多在晴天中午栖息于枝端；桃红颈天牛午间栖息在枝条上。可及时组织人员捕杀成虫。②干基涂白或缠草绳。将离地面2m以下树干涂白，可防止星天牛和桃红颈天牛在寄主上产卵；或在桃红颈天牛成虫产卵期将干基缠上草绳，在幼虫孵化初期解下草绳集中烧毁。涂白剂配方：生石灰5kg、硫黄0.5kg、食盐25g、水20kg、兽油25g。③防治卵及初孵幼虫。在4月下旬至10月下旬，根据星天牛和褐天牛成虫产卵处有流胶泡沫的症状，用利刀或圆槽削杀虫卵和初孵幼虫；也可用铁锤锤击树皮，以杀死卵和初孵幼虫。④钩杀幼虫。星天牛和桃红颈天牛的幼虫危害寄主后，均将咬碎的木屑和排出的粪便推出蛀孔外，堆积在树干基部周围；褐天牛幼虫蛀道上有3～5个气孔与外界相通。因此，幼虫孵化后经常检查枝干，凡有虫粪木屑堆积者和气孔的，可用钢丝钩杀幼虫。

3. 药剂防治

①蛀洞堵孔毒杀幼虫。先用粗铁丝将蛀孔内的粪屑清除干净，然后用注射器注药，或用药棉沾药塞入虫孔，或将磷化铝片、丸或磷化锌毒签塞入虫孔内，然后再用湿泥土封堵虫孔，进行毒气熏杀。一般常用药剂有：50%马拉硫磷乳油、50%杀螟松乳油、50%敌敌

畏乳油、25％亚胺硫磷乳油、40％氧化乐果乳油 20～30 倍液，每孔用药 5mL；或注射氨水，每孔用药 10mL。②喷药防治。可根据星天牛成虫有啃食寄主细枝皮层和取食叶片的习性，在成虫羽化期间向寄主树冠或枝干喷洒 50％敌敌畏乳油（1∶1）750～1125mL/hm²，25％西维因可湿性粉剂 1.5～3.75kg/hm²、2.5％溴氰菊酯乳油 600～900mL/hm²、5％锐劲特悬浮剂 150mL/hm²、10％多来宝悬浮剂 225mL/hm² 防治成虫。也可用上述药剂在成虫产卵期和幼虫孵化期在枝干上喷涂，杀死桃红颈天牛和褐天牛的初孵幼虫。③诱杀成虫。在成虫期于果园内悬挂吸满诱杀液（糖＋醋液＋敌百虫）的海绵球，可有效诱杀桃红颈天牛成虫。

五、其他常见的天牛（表 9-2）

表 9-2　其他常见天牛发生概况与防治要点

种类	发生概况	防治要点
苹枝天牛	在国内分布较广，可危及苹果、梨、桃、梅、李、杏、樱桃等多种果树。主要以幼虫在细枝内蛀食为害，造成枝梢枯死。成虫体橙黄色，密生黄绒毛。鞘翅、触角、复眼、口器和足均为黑色，1 年 1 代。以老熟幼虫在被害枝内条越冬。5～6 月份出现成虫，产卵于当年生新梢的皮层内，幼虫孵化后蛀食木质部，并在枝条上咬一圆形排粪孔排出淡黄色粪便，7～8 月份被害枝叶枯黄	①人工捕捉成虫；②剪除被害枝梢，消灭成虫
梨眼天牛	在我国分布广泛，可危害苹果、梨、海棠、杏、梅、桃、李、石榴等。以幼虫蛀食枝干，被害处树皮破裂，充满烟丝状木屑，受害树发育不良，受害枝易折断。成虫体橙黄色，鞘翅蓝绿或蓝紫色。具有金属光泽。在北方 2 年 1 代，在南方 1 年 1 代，多以 3 龄幼虫在被害枝蛀道内越冬。5～6 月份出现成虫。卵多出现在直径 15～25mm 粗的枝条内，初孵化幼虫蛀食韧皮部，2 龄以上蛀食木质部。幼虫有经常出蛀道取食皮层的习性，且在蛀道口外堆满烟丝状木屑、纤维粪便	①苗木检疫；②剪除被害枝，消灭越冬虫；③人工捕杀幼虫和刺杀幼虫；④药剂防治，喷药防治成虫，产卵处涂药杀卵，蛀道塞药熏杀幼虫
瓜藤天牛	国内分布较广。主要危害瓜类作物。以幼虫蛀食藤茎，造成瓜藤枯萎和断藤落瓜。江西 1 年 1～3 代。以老熟幼虫在枯残藤内越冬。成虫产卵于瓜藤裂缝中。幼虫孵化后从节部蛀入瓜藤的髓部为害，从 5 月下旬至 9 月都可以发现幼虫为害	①清结田园，压低越冬虫口基数；②药剂防治
菊小筒天牛	全国各地菊花栽培地区均有分布。主要危害菊花、山白菊、除虫菊、金鸡菊、蛇目菊等植物。主要以幼虫蛀食茎秆髓部，造成开花不正常，主茎上部枯萎或整株枯死。成虫体黑色，前胸背面中央有一橙红卵圆形斑。1 年 1 代，以幼虫、蛹或成虫潜伏在寄主根部越冬，翌年 4～5 月份成虫产卵于嫩梢内，幼虫孵化后向下蛀食，9 月份入根部，末龄幼虫在根茎部越冬或发育成蛹或羽化为成虫越冬	①捕杀成虫：4～7 月清晨在菊花植株上捕杀成虫；②剪除被害嫩枝，集中烧毁；③药剂防治

（续表）

种类	发生概况	防治要点
葡萄虎天牛	在我国南北方葡萄园都有发生，主要危害葡萄。以幼虫在枝蔓内蛀蚀为害，使被害枝梢枯萎，严重的枝蔓断落。成虫鞘翅上有"X"形黄色斑纹。1年1代。以幼虫在枝蔓内越冬。次年5～6月活动，在枝内蛀食，可将枝横切断，枝头脱落，化蛹于断枝处。成虫于7～8月羽化，产卵于芽的缝隙及芽与叶柄之间，每处产卵1粒。幼虫孵化后，由芽部蛀入茎内，在枝内行蛀食	①剪除虫枝，消灭幼虫；②铁丝刺杀幼虫，蛀孔塞药毒杀幼虫；③人工捕杀和喷药捕杀成虫

第二节　吉丁虫

此类昆虫属鞘翅目吉丁虫科，多数是园林植物茎秆的钻蛀性害虫，蛀道处于树皮下或根部。另有些幼虫生活在草本植物的茎中，少数潜叶或形成虫瘿，成虫色彩鲜艳，具有光彩夺目的金属光泽。危害园林树木的吉丁虫常见的有：柑橘爆皮虫 *Agrilus auriventris* (Saunders)、柑橘溜皮虫 *Agrilus* (sp.)、金缘吉丁虫 *Lampra limbata* (Gebler)、苹小吉丁虫 *Agrilus mali* (Matsumura)、六星吉丁虫 *Chrysobothris succedanea* (Saunders)、梨绿吉丁虫 *Lampra bellula* (Lewis)。其中以柑橘爆皮虫、柑橘溜皮虫、苹小吉丁虫危害较重。

一、分布与危害

（一）柑橘爆皮虫

柑橘爆皮虫也称柑橘锈皮虫、柑橘长吉丁虫。国内江西、浙江、福建、广东、广西、台湾、湖南、湖北、四川、贵州、云南、陕西等省区均有发生，国外分布于日本。寄主植物仅限于柑橘类，是一种毁灭性害虫。幼虫蛀害主干或大枝，在皮下造成许多虫道，被害处树皮整片爆裂，使整株或大株枯死。

（二）柑橘溜皮虫

柑橘溜皮虫别名又叫缠皮虫。在我国分布于浙江、福建、广东、广西、四川、湖南、江西等柑橘产区。寄主植物也仅限于柑橘类，以山地果园发生较为严重，幼虫主要蛀食枝条，造成虫道，使枝条上部干枯。

（三）苹小吉丁虫

苹小吉丁虫，又名金蛀虫、串皮干、旋皮虫。国内分布于辽宁、吉林、黑龙江、内蒙古、河北、河南、山东、山西、陕西、甘肃、宁夏、湖北、四川、广西等省区。国外的日本、朝鲜，苏联沿海边区也有报道。此虫主要危害苹果、梨、桃、杏、樱桃、花红、沙果、海棠、秋子、槟子、奈子等果实。以幼虫在枝干皮层内纵横蛀食，造成皮层干裂枯死、凹陷、变黑褐色，虫疤上常有红褐色黏液渗出，俗称"冒红油"。此虫可随苗木传播，危害性大，是国内检疫对象。

二、识别特征（表9-3，图9-2）

表9-3　机场主要吉丁虫的识别特征

虫态	柑橘爆皮虫	柑橘溜皮虫	苹小吉丁虫
成虫	体古铜色，具金属光泽。雄虫头部腹面中央从下唇至后胸有密而长的银白色绒毛，雌虫在这一带的绒毛短而稀。鞘翅紫铜色。上有刻点和细绒毛，腹面青银色	体黑色，具金属光泽。雌虫古铜色。鞘翅黑色，密布细小刻点，上有由白色细毛形成的不规则花斑。前中胸腹面的两侧密披白色绒毛	全体紫铜色，有金属光泽。各部密布小刻点，头顶有明显的中脊，鞘翅窄，基部明显呈凹陷，翅端尖削，紧靠鞘翅缝2/3处各有一淡黄色绒毛纹，腹部背板呈亮蓝色
卵	扁椭圆形，初产时乳白色，后变土黄色，孵化前呈淡褐色	馒头形，初产时为乳白色，渐变黄色，孵化前为黑色	椭圆形，初产时为乳白色，后渐变为黄色
幼虫	体扁平，细长，乳白色或淡黄色，表面多褶皱。前胸特别膨大，扁圆形，背、腹面中央有一褐色纵沟，腹末有1对黑褐色坚硬的钳状突	扁平，白色。前胸背板大，圆形。腹部各节呈梯形，各节两侧近后缘处突出成角状，腹部末端具1对钳状突	扁而细长，乳白或淡黄色。头小，褐色。前胸特别宽大，其背面和腹面的中央各有1条下陷纵纹，中区密布粒点。腹部末端具1对褐色尾铗
蛹	扁圆锥形，初为乳白色，柔软多褶，后转为淡黄色至蓝黑色，呈现金属光泽	纺锤形，化蛹初期为乳白色，将近羽化时呈黄褐色	纺锤形，化蛹初期为乳白色，渐为黄白色，羽化前由黑褐色变为紫铜色

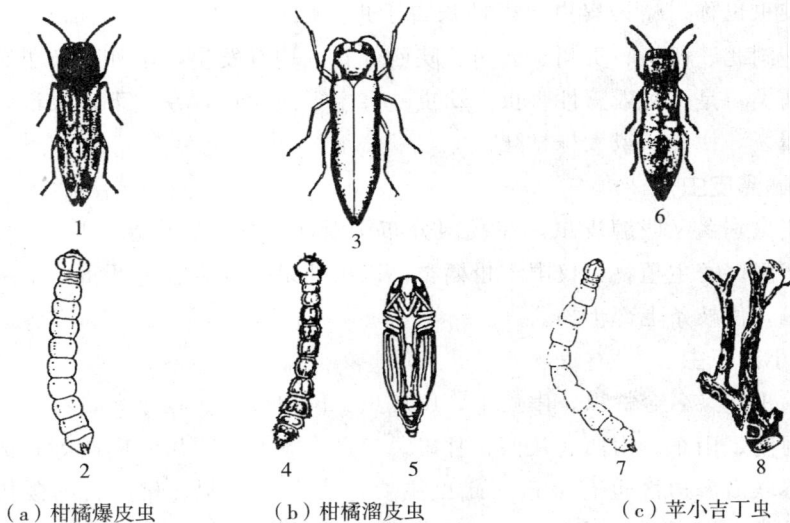

　1　　　　　　　　　　　　　3　　　　　　　　　　　　　6

　2　　　　　4　　　5　　　　　7　　　8

（a）柑橘爆皮虫　　　（b）柑橘溜皮虫　　　　（c）苹小吉丁虫

图9-2　柑橘爆皮虫、柑橘溜皮虫、苹小吉丁虫的形态特征

1.成虫　2.幼虫　3.成虫　4.幼虫　5.蛹　6.成虫　7.幼虫　8.危害状

三、生活习性

(一) 柑橘爆皮虫

柑橘爆皮虫在我国 1 年 1 代，以不同龄期的幼虫在树干皮层下（低龄）或木质部（老熟幼虫）内越冬。由于越冬幼虫虫龄不一，故次年发生很不整齐。在浙江衢州和四川巴县，越冬后的幼虫，翌年 2 月中旬开始活动，一般在 3 月下旬开始化蛹，4 月下旬化蛹最盛，同时开始羽化为成虫，5 月上旬羽化最盛，5 月中旬成虫开始活动，5 月下旬为出洞盛期。首批出洞成虫 5 月下旬开始产卵，6 月中、下旬为产卵盛期，6 月中旬卵开始孵化，7 月中上旬为孵化盛期。江西三湖和湖南邵阳的发生期与上述日期接近，而福建、四川的发生期约早半个月，广东更为早发，在 2～3 月即有化蛹，3 月下旬即有成虫出现。

成虫羽化后通常在蛹室匿居 7～10 天，然后咬穿木质部和树皮作"D"字形羽化孔而出洞。出洞以晴天闷热无风之日为多。成虫出洞后即能飞翔，天气晴暖时在树冠取食嫩叶形成小缺刻，如遇阴雨则栖息在橘树基部枝叶或周围草丛中，不食不动。成虫具假死性。

成虫出洞一周左右开始交尾，一生交尾 2 或 3 次，交尾 1 到 2 天后产卵。卵散产或 2～10 粒密排成块。雌成虫一生产卵 20～45 粒，卵多产在树干细小裂缝处，少数在树干寄生的地衣、苔藓下面。在衢县，6 月下旬卵期为 10～20 天。幼虫在白天孵化，孵出之后，侵入树皮浅处为害，树皮上出现芝麻大小的流胶现象。随着幼虫的长大，由树皮逐层向内深入，在形成层中向上或向下蛀食，形成不规则的虫道，并排泄虫粪充塞其中，使树皮和木质部分离，韧皮部干枯，树皮爆裂，幼虫老熟后侵入木质部约 5mm 处并在其中越冬。月平均温度 20℃时，蛹期为 32 天左右。

(二) 柑橘溜皮虫

柑橘溜皮虫在我国浙江、四川、福建等橘产区 1 年 1 代，以不同龄期的幼虫在枝条木质部越冬。四川江津于次年 4 月初开始化蛹，4 月下旬至 5 月初为成虫盛发期，羽化后 5～6 天开始交尾，交尾后 1～2 日产卵，每交尾一次仅产卵 1 粒，一生产卵 6 或 7 粒。卵多产在直径 15～20mm 粗的枝条上。早期出洞的成虫多在 6 月上旬产卵，下旬开始孵化，6 月下旬至 7 月上旬为孵化盛期，卵期在 6 月份 15～24 天，平均 19.4 天，危害甚烈，俗称夏溜。后期出洞的成虫，一般在 7～8 月份产卵，幼虫孵化危害期也较迟，俗称秋溜。

幼虫孵出后先在树枝皮层啃食为害，被害枝条外表呈现泡沫状流胶。以后幼虫自枝条上部向下蛀食，在皮层与木质部之间啃食形成虫道。夏季幼虫为害，常出现 2 个或 3 个螺旋状虫道，秋季幼虫为害的虫道仅呈钩状。凡受幼虫蛀害之处，枝条皮层剥裂，泡沫流胶物质渐渐消失。若围绕树枝为害则养分不能运送而枯死。幼虫老熟后潜入木质部虫道的最后一个螺旋处越冬。其潜伏部位与进口角度约 45 度，两者之间的距离大多为 10～11mm。

(三) 苹小吉丁虫

苹小吉丁虫在辽宁、河北、甘肃、陕西等地 1 年 1 代，在黑龙江、山西等地 3 年 2 代，有的 2 年完成 1 代。多以幼虫在枝干被害处皮层下越冬。在辽宁兴城次年 3 月中下旬幼虫继续在皮层内串食为害，5 月下旬至 6 月中旬是严重危害期，5 月中旬开始化蛹，盛期在 6 月上旬至 7 月上旬，6 月下旬开始羽化，盛期在 6 月下旬至 7 月中旬，成虫产卵盛期为 7 月下旬至 8 月上旬，孵化后蛀入表皮为害，11 月底开始越冬。

在陕西凤县和甘肃天水部分地区，主要以老龄幼虫在木质部越冬，个别以蛹越冬。翌春幼虫可不经取食直接化蛹，5月中旬出现成虫，5月下旬至6月下旬为盛发期，另有少数可延续到9月上旬羽化。

成虫羽化后一般在蛹室停留8～10天，将皮层咬一个直径约2mm的半圆形羽化孔爬出枝干，具有假死性。早晨、傍晚或阴天，多隐藏在枝干或叶背静伏不动。喜欢在中午气温较高时围绕树冠飞行，但飞行能力不强。成虫取食叶片边缘，咬成缺刻，但食量不大。经取食8～24日后开始产卵，卵多散在枝片向阳面嫩皮上或芽的两侧等不光滑之处，每处1～3粒。每雌可产20～70粒卵，成虫寿命20～30天，卵多产在幼树主干、主枝的向阳面、大树外围。其危害在一个果园中呈核心分布现象。

卵经10～15天孵化出幼虫，此时幼虫仅在表皮下蛀食，隧道蜿蜒如线，表面多破裂有两排小孔。随着龄期的增大幼虫逐渐向皮层深处蛀食形成层。受害皮层的形成层被切断，逐渐失水凹陷干裂，形成黑褐色坏死伤疤。老熟幼虫蛀入木质部3～5mm，作一般形蛹室，并在其中化蛹，蛹室多在隧道圈的附近中央处。

苹小吉丁虫的老熟幼虫或蛹期，有2种寄生蜂，1种寄生蝇，啄木鸟也是此虫的天敌。

四、防治方法

此类害虫以农业防治为主，因此要加强栽培管理。首先，做好树种的抗旱、防冻、防病、除虫等工作，以提高抗虫性。其次，在冬春季进行清园工作，清除枯死树和枯枝，并保证在成虫出洞前（一般在4月份前）处理完毕。另外，根据实情也可进行必要的药剂防治，现就柑橘吉丁虫和苹小吉丁虫的防治，分述如下：

（一）柑橘吉丁虫

1. 消灭虫源

被害的死树和枯枝中，潜存着大量幼虫和蛹，应在冬、春季结合清园，在成虫出洞前清除烧毁。

2. 阻隔成虫

于春季成虫出洞前，用稻草搓绳，将去年受害的树从树干基部自下而上边搓边捆，紧密捆孔，并涂刷泥浆，使成虫被阻隔而不易出洞，同时又有帮助树干伤口的愈合与防止成虫产卵的作用。

3. 毒杀成虫

掌握成虫羽化盛期，在其即将出洞时，刮除树干被害部分的翘皮，再涂40%乐果乳油5倍液或80%敌敌畏乳油3倍液；或用80%敌敌畏乳油加10～20倍黏土，与水调成糊状进行树干涂封，使羽化后的成虫在咬穿树皮后中毒死亡。也可以在成虫出洞高峰期，选用90%敌百虫晶体900mL/hm²或40%乐果乳油900mL/hm²，50%马拉硫磷乳油600mL/hm²，50%杀螟松乳油900～1000mL/hm²等，进行树冠喷药，消灭成虫。

4. 杀灭幼虫

在6～7月份幼虫孵化盛期，根据被害部流出胶质的标志，用小刀刮去流胶被害处一层薄树皮，再涂刷80%敌敌畏乳油3倍液，灭杀皮层内的幼虫。对于溜皮虫，则可在虫道的最后一个螺旋纹处顺转45°，然后在距进口1cm处，用小刀刺入将其杀死。

（二）苹小吉丁虫

1. 幼虫期涂药

秋季落叶后和春季发芽前，在黄色胶滴处（即冒红油的虫疤处），涂抹煤油敌敌畏液。即煤油 1kg 加 80％ 敌敌畏乳油 0.05kg 搅匀，用刷子涂抹，杀死其中幼虫。

2. 喷药防治

成虫发生期，在树上喷布 80％ 敌敌畏乳油 $600mL/hm^2$ 杀灭成虫，并可兼杀虫卵以及刚蛀入表皮内的幼虫。

3. 植场检疫

做好苗木、接穗的检疫，防止往新区和保护区传播蔓延。加强疫区防治工作，对带虫苗木接穗，需经熏蒸处理，灭杀害虫后方可调运。

五、其他常见吉丁虫 （表 9－4）

表 9－4　其他常见吉丁虫的发生特点及防治

种类	发生概况	防治要点
金缘吉丁虫	国内分布于华东、华中、华北。幼虫和成虫均可危害梨、苹果、桃、杏、山楂、沙果、花红、樱桃等寄主植物。发生代数因地而异。江西 1 年 1 代，山西 2 年 1 代，陕西 3 年 1 代。大多数老熟幼虫及少数幼龄幼虫在被害枝干木质部的浅处或皮层下越冬。翌春越冬幼虫继续为害。成虫发生期一般在 5 月上旬到 6 月下旬。成虫具有假死性，日间极为活泼。卵多散产在寄主植物的皮缝内。幼虫在树干皮层纵横串食，破坏疏导组织，造成树势衰弱。成虫危害寄主植物的叶片	①加强栽培管理，清除死树。春季成虫羽化前，用药剂喷涂枝干被害处；②消灭幼虫，人工挖除幼虫；③药剂防治参考柑橘吉丁虫；④保护天敌，其天敌有 2 种蛹寄生蜂和 1 种幼虫寄生蜂及啄木鸟
六星吉丁虫	在湖南、浙江、福建、广东等少数橘区为害。在北方危害柑橘、苹果、梨、杏、桃、樱桃、枇杷等果树。江西 1 年 1 代，多以老熟幼虫在寄主皮下木质部做蛹室越冬，6～7 月为成虫盛发期，具有假死性。成虫取食嫩枝和果柄，雌成虫产卵于树皮裂缝或伤口处，散产（1～3 粒）。幼虫围绕枝干串食皮层，导致树枯、干死，为害症状与爆皮虫近似，但蛀食虫道比爆皮虫宽大	①实行检疫，防止扩散；②砍烧枯枝、死树，消灭虫源，刮杀卵粒和幼虫；③阻隔及毒杀成虫，在 6 月份成虫出洞盛期用 80％ 敌敌畏乳油 600～900mL/hm²，10％ 氯氰菊酯乳油 450mL/hm² 进行树冠喷药；④蛀口和蛀道注射药剂
梨绿吉丁虫	国内已知辽宁、河北、山东、青海、山西有发生，主要危害苹果、梨、沙宾果、桃、杏等。在晋中地区 2 年 1 代，以不同龄期的幼虫在蛀道内越冬，以幼虫在树干皮层内的韧皮部和木质部之间蛀食。成虫可少量取食叶片，成虫白天和夜间多静伏在树冠内枝叶上，日间活动，具有假死性。卵散产于枝干的向阳皮缝中，尤其日灼病疤处产卵较多	①加强栽培管理，增加树冠，及时清除死树，震落扑杀成虫；②清除涂杀树体伤口；③毒杀成虫，成虫出洞前用甲胺磷和黄泥浆（1：50）涂于树干；④毒杀幼虫，用 80％ 的敌敌畏乳剂的 20 倍煤油溶液，涂刷被害处

第三节 透翅蛾类

属磷翅目透翅蛾科，在我国不同地区经常对园林植物造成危害的有葡萄透翅蛾 *Parathrene regalis*（Butler）、苹果透翅蛾 *Conopia hector*（Butler）、板栗透翅蛾 *Aegeria molybdoceps*（Hampson）等。

一、分布与危害

（一）葡萄透翅蛾

葡萄透翅蛾别名为葡萄透羽蛾，在国内分布于山东、河南、内蒙古、辽宁、吉林、山西、陕西、江苏，浙江、江西、安徽、四川等省区，在国外分布于日本、朝鲜。葡萄透翅蛾主要危害葡萄，还危害野葡萄。以幼虫蛀食葡萄枝蔓、髓部，被害部位膨大呈瘤状，影响营养的运输，导致叶片发黄、果实脱落，受害严重的茎蔓易折断枯死。

（二）苹果透翅蛾

苹果透翅蛾又名苹果旋皮蛾、苹果小透蛾，俗称串皮干。分布在我国东北、华北、西北、西南等地区，近年四川苹果产区也有所发现。主要危害苹果，同时亦危害梨、桃、李、杏、梅、樱桃、山定子、海棠、沙果等果树。以幼虫危害树干、主枝和枝杈处的树皮，食害韧皮部，被害伤口易遭受苹果腐烂病菌侵染引起溃烂。一般在衰老和管理粗放的果园危害较重。

（三）板栗透翅蛾

板栗透翅蛾又名赤腰透翅蛾，俗称串皮虫。分布于我国河北、山东、山西、河南、浙江、江西等省栗产区，寄主主要是板栗，也可以危害锥栗和毛栗，在山东各栗区普遍发生，是板栗的一种主要害虫，以幼虫串食枝干皮层。

二、识别特征（表9-5，图9-3）

表9-5 重要透翅蛾的识别特征

虫态	葡萄透翅蛾	苹果透翅蛾	板栗透翅蛾
成虫	全体黑褐色，触角紫黑色，前翅赤褐色，后翅透明。头顶，颈部，后胸两侧腹部有3条黄色横带。雄蛾腹部末端左右各有长毛虫1束，雌蛾则无	全体蓝黑色，具光泽。头部后缘环生黄色短毛，触角全部为黑色，翅大部分透明，前缘至后缘有1条较粗的黑纹，翅脉和翅缘黑色，前翅前缘和后翅有黄色鳞片	形似黄蜂，触角两端尖细，基半部为橘黄色，端半部赤褐色，顶端具1毛束。腹部有橘黄色环带，翅透明。足侧面黄褐色，中、后足胫节具黑褐色长毛
卵	椭圆形，略扁平，红褐色，长径约1.1mm	椭圆形，初产时为淡黄色，近孵化时为黄褐色，表面具6角形的刻纹	淡红褐色，扁卵圆形长约0.9mm

（续表）

虫态	葡萄透翅蛾	苹果透翅蛾	板栗透翅蛾
幼虫	全体略呈圆筒形，头部红褐色，腹部黄白色，老熟时带紫红色，前行背板有倒"八"形纹，胸足淡褐色，爪黑色	头部黄褐色，胴部乳白色至淡黄色，背线浅红色。腹足趾钩单序，列成双横带	污白色，头部黑色，前胸背版淡褐色，具1褐色倒"八"字纹，臀板褐色
蛹	红褐色，圆筒形，腹部第2~6节各节有刺2行，7~8节各节背面有刺1行，末节腹面有刺1列	黄褐色，羽化时为黑褐色，腹部第4~8节背面前后缘各有1排刺状突起，尾端具6~8个小突起并生有细毛	黄褐色，形体细长，两端略向下弯

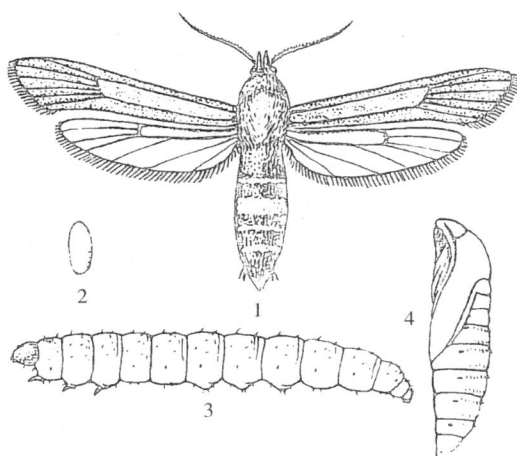

图 9-3 葡萄透翅蛾的形态特征
1. 成虫 2. 卵 3. 幼虫 4. 蛹

三、发生规律

（一）葡萄透翅蛾

在各地均是1年1代，以老熟幼虫在被害葡萄枝蔓中越冬。次年春在被害处先咬一圆形羽化孔。以丝封闭，然后作茧化蛹，翌春当气温上升到15℃左右时，越冬幼虫开始化蛹，蛹期1个月左右。化蛹时期因地而异。如江西南昌为3月下旬。大多于次年4~5月份在被害梢的内侧化蛹，5~6月份羽化。一般葡萄发芽期为化蛹初期，开花期为成虫羽化期，成虫多在7~12时羽化。有趋光性，成虫行动敏捷，飞翔能力强。羽化后当日交尾，次日产卵，卵散产于当年生枝条的芽腋间、嫩茎上及叶柄和叶脉处，产卵期4~14天，单雌产卵50~100粒。成虫性比约1:1，寿命3~6天。幼虫孵化后多从新梢叶柄基部蛀入嫩茎中蛀食，危害髓部，形成长形孔道，使被害处上方枝条枯死。幼虫因食料缺乏，常转移到粗茎中食害，被害粗茎常膨大或形成瘤状，致使叶片枯黄，果实未成熟即落果，严重影响产量。幼虫一般可转移1~2次，植株生长期在节间短及较细枝上转移次数较多，较

高龄幼虫转入新枝后，常在蛀孔下方蛀一较大的空腔，故受害枝呈现折断和枯死。

（二）苹果透翅蛾

在我国辽宁、河北、山东、甘肃等省市1年1代。以3～4龄幼虫在被害枝干的虫道作茧越冬。翌年春当苹果开始萌动时，幼虫开始活动，继续蛀食皮层。4月中、下旬是幼虫为害盛期，受害部位下方有孔口。经常排出红褐色成团的粪便，化蛹期为5月上旬至7月上旬，化蛹盛期为6月份。老熟幼虫化蛹前，先在被害部位内缀缠虫粪和木屑，做成长椭圆形的茧化蛹。蛹期10～15天，成虫于5月中旬至8月中旬羽化，盛期是6月中旬到7月中旬。成虫白天活动，喜食花蜜，往返飞行于树行间，交尾2～3天产卵。成虫多在生长弱的树干或大枝上的粗皮、裂缝、伤疤边缘、枝杈等处产卵，卵单粒散产。雌成虫一生产卵20余粒，卵期10余天，产卵时先排出黏液，然后产卵。幼虫孵化后立即能蛀入皮层内为害，直到11月份开始作茧越冬。6月上旬第1批幼虫在皮层内为害，喜欢半腐朽的物质，多沿被害处的边缘蛀食已成褐色的皮层，将韧皮部食成近长条的蛀孔，因而老龄树和树势弱的果树受害严重。啄木鸟是苹果透翅蛾的重要天敌。

（三）板栗透翅蛾

一般1年1代，极少数地区2年1代。多数以2龄幼虫在被害处皮层下越冬，翌年气温达3℃以上时，越冬幼虫老熟出蛰，3月中旬为出蛰盛期，出蛰后即开始取食，5～7月份为幼虫危害期。7月上旬幼虫老熟，开始作茧化蛹，8月上中旬为化蛹盛期，蛹期23～25天。化蛹前先向树下外皮咬一直径5～6mm的圆形羽化孔，然后即在羽化孔下部吐丝连缀木屑和粪便，结成一长椭圆形厚茧化蛹。幼虫为害部位不同，化蛹早晚也显著不同，向阳面比在背阴面提早15天左右。树干中下部较上部提前15～20天。8月中旬成虫羽化，8月下旬至9月上旬为羽化盛期。成虫羽化时，顶开羽化孔，露出蛹壳的1/2～2/3。羽化均在白天，成虫白天活动，具趋光性，寿命3～5天。当天交尾，次日产卵。卵散产于主干粗皮缝或翘皮下面，一生产卵300～400粒。其危害有一定的特点，老树比幼树受害重，树干下部比上部受害重。

四、防治方法

1. 加强管理
加强栽培管理，增强树势，避免在树体上造成伤口。

2. 农业防治
积极开展机场绿化清理工作，结合修剪，剪除被害的枝条或枝蔓，以消灭越冬虫源，剪除的枝蔓要及时清理。

3. 人工防治
发现树上有幼虫为害时，及时用刀刮除，并于幼虫孵化期，用刀刮除距地面1m以内的主干上的粗皮，集中烧毁。

4. 药剂防治
掌握成虫期及幼虫孵化期，选用20％杀螟松600～900mL/hm² 或2.5％溴氰菊酯乳油600～900mL/hm²，喷雾，或用50％敌敌畏500倍稀释液涂抹被害部位，消灭幼虫及阻止成虫羽化。

第四节　其他蛀杆类害虫

危害园林植物的蛀杆类害虫除了前面介绍的几类外，重要的还有梨茎蜂 *Janus piri* (Okamoto et Muramatsu)、梨潜皮蛾 *Acrocercops astaurota* （Meyrick）、玫瑰茎蜂 *Neosyrista similis* （Moscary）、大丽花螟蛾 *Ostrinia furnacalis* （Guenée）、芒果横纹尾夜蛾 *Chlumetia transversa* （Walker）、木棉织蛾 *Tonica niviferana* （Walker）、芳香木蠹蛾 *Cossus cossus* （L.）等。本节重点介绍危害梨树的梨茎蜂和梨潜皮蛾。

一、分布与危害

（一）梨茎蜂

梨茎蜂属膜翅目茎蜂科，俗称折梢虫、截芽虫。分布于江苏、浙江、江西、湖南等南方各省和北方梨区，可危害梨、苹果、海棠等。当新梢长至 6~7cm 时，上部被成虫用锯状产卵器锯伤，下部留 3~5cm 短厥，新梢被锯后萎缩下垂，干枯脱落，幼虫在残留的小枝内蛀食。

（二）梨潜皮蛾

梨潜皮蛾属鳞翅目细蛾科，俗称串皮虫、梨潜皮细蛾。分布于辽宁、河北、河南、山东、江苏及陕西等省。寄主植物有 25 种，属蔷薇科的果树和观赏植物，其中以苹果、梨受害最重。该虫以幼虫在枝干及梨果皮表下蛀食，初期出现弯曲线状隧道，后期隧道汇合成片，枯死的表皮翘起，影响树势生长。

二、识别特征（图 9-4）

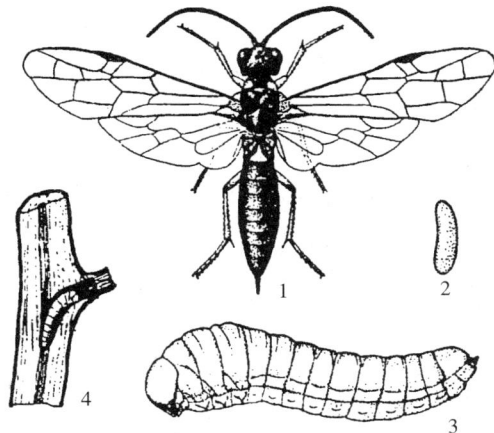

图 9-4　梨茎蜂的形态特征
1. 成虫　2. 卵　3. 幼虫　4. 幼虫在被害枝内休眠

（一）梨茎蜂

成虫翅透明，除前胸后缘两侧、翅基部、中胸侧板及后胸背的后端黄色外，其余身体各部黑色，后足腿节末端及胫节前端褐色，其余黄色。卵乳白色，透明，长椭圆形，稍歪曲。幼虫头部淡褐色，胸腹部黄白色，胸足退化，体稍扁，头胸部向下弯，尾端向上翘。蛹为裸蛹，全体乳白色，复眼红色，近羽化前变为黑色。茧棕褐色膜状，长椭圆形。

（二）梨潜皮蛾

成虫复眼红褐色，触角丝状，长达前翅末端。前翅狭长白色，具 7 条褐色横带；后翅狭长；灰褐色，均有极长的缘毛，腹面白色。卵椭圆形，水青色半透明，背面稍隆起，具网状花纹，腹面扁平。幼虫共 8 龄，1～6 龄幼虫全体扁平，头部褐色近三角形，体乳白色。7～8 龄幼虫体近圆筒形，稍扁，胸足 3 对，无腹足。蛹为离蛹，由淡黄色渐变为深黄色，近羽化时有黑褐色花纹。复眼为橙红至红褐色。触角超过腹末。

三、发生规律

（一）梨茎蜂

在南方 1 年 1 代，以老熟幼虫在被害枝内越冬。发生期因各地气温不同而异，在河北翌年 3 月份化蛹，4 月份羽化。鸭梨盛花后 5 天，新梢抽出 7～9 片叶时开始产卵；盛花后 10 天，新梢大量抽出时为产卵盛期。在辽宁西部梨区，4 月份化蛹的，5 月上、中旬为成虫发生期。梨茎蜂成虫羽化、交尾、产卵等活动多在中午前后气温高时进行，早晚及夜间气温低时停息在树冠下部叶片背面。成虫取食花蜜和露水，对糖蜜和糖醋液无趋性，也无趋光性。成虫出枝后，当天即可交尾产卵，产卵以中午前后最盛。成虫产卵在梨新梢大量抽出时，将产卵器刺入咬断的切口下方 2～4mm 处，于韧皮部和木质部之间产卵。产卵期比较集中，前后约 1 周，产卵处的嫩茎表皮上不久即会出现一黑色小条状产卵痕。有嫩梢上部产卵，也有将嫩梢切断而不产卵的。江西南昌观察各虫态历期为：卵期 28～56 天，幼虫取食期 50～60 天，连同越冬期共达 8 个月，蛹期 42～65 天，成虫寿命雌 6～14 天，雄 3～9 天。品种间受害程度有差异，凡抽梢期与成虫出枝高峰期相吻合的品种受害重。天敌有白僵菌和 1 种啮小蜂 *Tetrastichus*（sp.）。

（二）梨潜皮蛾

在东北的北部 1 年 1 代，其他地区 1 年 2 代。以幼虫在被害枝条皮层下虫道内越冬。据在陕西关中地区的观察，幼虫翌春 3 月下旬开始活动为害，5 月中旬老熟，于潜皮下结茧化蛹，5 月底至 6 月初为化蛹盛期，6 月上旬越冬代成虫开始羽化，6 月下旬为羽化盛期，6 月中、下旬为卵孵化及幼虫蛀入盛期，7 月中、下旬幼虫老熟化蛹。第一代成虫羽化期为 8 月中旬至 9 月初，幼虫于 8 月下旬入侵为害，11 月上旬越冬。

成虫于夜间羽化并在夜间交尾和产卵，飞翔力弱，卵散产，每雌产卵平均 11 粒。喜选择在表皮光滑无毛的幼嫩枝条上产卵，以 1～3 年生枝上为多。初孵幼虫以汁液为食，随幼虫龄期的增加、虫体的增大，虫道逐步加宽。梨潜皮蛾在低湿地、近水源地、郁闭度大的果园危害重。其寄生蜂有潜蛾姬小蜂，旋小蜂科 1 种，长尾小蜂科 1 种。

四、防治方法

（一）梨茎蜂

1. 人工防治

梨树落花期，可振落成虫捕杀。在开花后的 15 天内，发现有萎缩的产卵梢及时剪除烧毁。

2. 化学防治

当新梢长至 5～6cm 时（成虫发生期），及时喷药。药剂可用 90％敌百虫晶体 1kg/hm²。

（二）梨潜皮蛾

1. 苗木接穗熏蒸

用溴甲烷在冬季室温 8℃～9℃时，投药 45g/m³，密闭 6h。

2. 化学防治

在成虫羽化期喷药 1 或 2 次，可基本控制危害。可选用 80％敌敌畏乳油 600～900mL/hm²。

五、其他蛀杆类害虫（表 9－6）

表 9－6　其他蛀杆类害虫的发生特点及防治

种类	发生情况	防治要点
木棉织蛾	危害木棉，在广州 1 年约 3 代，以幼虫越冬，翌年 4 月上旬至 5 月上旬化蛹。低龄幼虫一般只在韧皮部取食，3 龄后钻入枝条的髓部取食，粪便排于蛀口处	①人工摘蛹，减少羽化成虫的数量，降低下代虫口密度；②药剂防治：在幼虫低龄期，可采用 40％氧化乐果 450mL/hm² 喷杀，在幼虫蛀入枝条髓心后，可采用棉花沾敌敌畏等乳油 1∶10 堵塞蛀口
玫瑰茎蜂	在国内分布于华东、华北和西北等地区 1 年 1 代，以幼虫在玫瑰茎基部越冬。翌年 4 月中、下旬开始化蛹，5 月中旬末羽化、交尾和产卵，下旬出现幼虫，10 月份幼虫开始越冬。初孵幼虫先在卵壳周围取食，然后从木质部外层向上或向下螺旋形蛀食，边蛀食边排出褐色粪便堵塞虫道。蛀入髓部后即沿髓心向下钻蛀，甚至茎基或地下根颈外。玫瑰茎蜂天敌有金小蜂	①人工防治：结合玫瑰冬、夏两次修剪整枝，将有虫的枝条剪除，集中销毁；②在成虫发生期发现茎蜂，立即捕捉杀死；③利用天敌防治害虫；④药剂防治：幼虫孵化期喷洒 20％灭杀菊酯乳油 3000 倍
大丽花螟蛾	我国 1 年 1～6 代，如南昌 3～5 代。以老熟幼虫在茎秆内等处越冬。幼虫危害期在 6～10 月份，以 8～9 月份危害严重。成虫昼伏夜出，有趋光性，幼虫有趋糖、趋触、趋温及背光 4 种特性，4 龄前为潜藏，4 龄后为钻蛀。卵多产于花芽和叶基部。幼虫 5 龄，天敌有赤眼蜂	①消灭越冬虫源，及时剪除并烧毁被害植株；②黑光灯诱杀成蛾；③药剂防治：在幼虫孵化期，喷 50％杀螟松乳剂 1.2L/hm² 或乐果乳剂 600mL/hm²；④以蜂治螟：利用赤眼蜂寄生其卵，可以控制危害

种类	发生情况	防治要点
芒果横纹尾夜蛾	广西南宁1年约8代，世代重叠，以蛹或预蛹越冬，来年3～4月份温度回升时羽化。成虫昼伏夜出，取食花蜜，卵多散于老叶、枝条或嫩梢上，初孵幼虫先危害嫩叶的叶脉和叶柄，近3龄时，转移钻蛀嫩梢花穗。被害后枯梢，幼果脱落。幼虫5龄	①农业防治：冬季剪除枯枝、枯烂木，枝干涂刷3：10的石灰水；②药剂防治：在嫩梢长3～6cm、花蕾未开放前，喷药防治。药剂有90%敌百虫晶体1mL/hm²，50%敌敌畏乳油1.2L/hm²，48%毒死蜱乳油900mL/hm²
芳香木蠹蛾	多为2年1代，跨3个年度，以幼虫在被害树的枝干内越冬，有的种类以老龄幼虫在土里作茧过冬，成虫日伏夜出，有趋光性，成虫产卵喜在树干枝的伤疤处、裂皮缝处，卵成堆，幼虫喜群居为害，蛀食树木造成千疮百孔。3月中旬至10月下旬为幼虫危害期	①清理虫源：修剪或伐除虫枝虫树，进行药剂熏蒸处理；②适期消灭幼虫：3月下旬到5月中旬和9～10月份用药剂注射或熏蒸剂堵孔；③黑光灯诱杀成虫；④加强检疫工作；⑤保护和利用天敌

思考题

1. 试说明天牛的综合防治措施。
2. 危害柑橘树的蛀杆类害虫主要有哪些种类，怎样进行综合治理？

第十章　机场地下害虫

地下害虫是指活动期或危害虫态生活在土中的一类害虫，亦称土壤害虫。20 世纪 90 年代初统计共 320 余种，隶属 8 目、32 科。包括蝼蛄、蛴螬、金针虫、地老虎、根蛆、根蝽、根象甲、根叶甲、根天牛、根粉蚧、拟地甲、白蚁、蟋蟀、弹尾虫和根螨等 10 余类。地下害虫发生遍及全国各地，不论平原、丘陵、山地、草原或旱地，都有不同种类的分布。危害蔬菜、果树、树木苗圃、花卉草坪、粮食、棉花、油料、糖料、烟草、麻类、中草药等多种作物。地下害虫危害时间长，从作物播种至收获，春、夏、秋三季均能为害，咬食植物的幼苗、根、茎、种子、块根、块茎、嫩叶及生长点等，常造成缺苗断垄或使幼苗生长不良，因此作物在种苗时期受害最重。发生与土壤环境和耕作栽培制度的关系密切，化学防治主要采用药剂拌种、土壤处理、毒饵和毒水浇灌等方法。

第一节　蛴　螬

蛴螬是鞘翅目、金龟子总科的幼虫。俗称白地蚕、白土蚕。国内有危害记载的种类共百余种，发生普遍、危害严重的种类主要有：东北大黑鳃金龟 *Holotrichia diomphalia*（Bates）、华北大黑鳃金龟 *Holotrichia oblita*（Faldermann）、暗黑鳃金龟 *Holotrichia parallela*（Motschulsky）、铜绿丽金龟 *Anomala corpulenta*（Motschulsky）等，其中东北大黑鳃金龟、华北大黑鳃金龟、暗黑鳃金龟和铜绿丽金龟危害尤甚。现分别介绍如下：

一、分布与危害

4 种金龟子国外分布于蒙古、苏联、朝鲜和日本。在国内东北大黑鳃金龟分布于东北三省及河北，华北大黑鳃金龟分布于华北、华东、西北等地，暗黑鳃金龟和铜绿丽金龟除新疆和西藏尚无报道外，各地都有发生。

蛴螬是多食性害虫。幼虫直接咬断幼苗的根、茎，造成枯死苗；或啃食块根、块茎，使作物生长衰弱，直接影响产量和品质。成虫主要取食各种植物叶片。东北大黑鳃金龟能取食 32 科 94 种植物叶片，如白菜、油菜、马铃薯、茄子、韭菜、菠菜、甜菜及多种果树叶片；华北大黑鳃金龟可取食杨、柳、榆及果树叶片；暗黑鳃金龟取食数十种果树、林木及蔬菜叶片；铜绿丽金龟是林果区的重要食叶性害虫，能取食 30 余种果树、林木及蔬菜叶片。

二、识别特征（图 10－1）

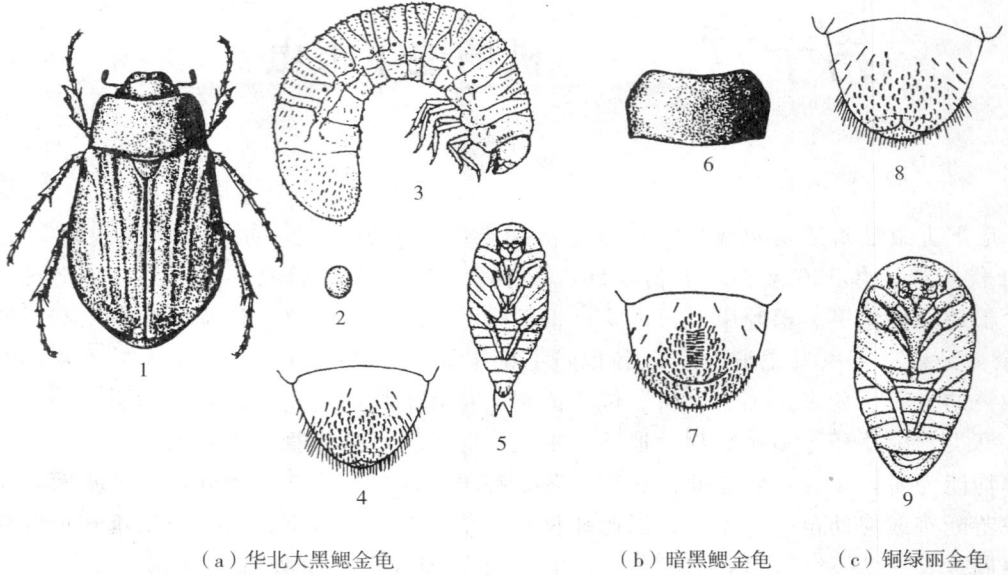

（a）华北大黑鳃金龟　　　　（b）暗黑鳃金龟　　（c）铜绿丽金龟

图 10－1　3 种主要蛴螬的形态特征

1. 成虫　2. 卵　3. 幼虫　4. 幼虫臀节腹面观　5. 蛹

6. 成虫前胸背板　7. 幼虫臀节腹面观　8. 幼虫臀节腹面观　9. 蛹

（一）东北大黑鳃金龟

成虫体长 16～22mm，体黑色或黑褐色。小盾片近于半圆形。鞘翅长椭圆形有光泽，每侧各有 4 条明显的纵肋。前足胫节外侧具 3 个齿，内侧有 1 距。卵初产时长椭圆形，长 2.5mm，白色略带黄绿光泽，后期为圆球形，近孵化时为黄白色。老熟幼虫体长 35～45mm，体肥多皱褶，静止时体呈"C"型。头部黄褐色，胸腹部乳白色。头部前顶每侧各有 3 根刚毛，排一纵列。肛门孔呈散射裂缝状。肛腹片后部复毛区散生钩状刚毛，无刺毛列。蛹体长 21～23mm，初化成的蛹为白色，逐渐变黄色、黄褐色至红褐色。具 1 对尾突。

（二）华北大黑鳃金龟

华北大黑鳃金龟与东北大黑鳃金龟极为相似，主要区别如表 10－1。

表 10－1　两种大黑鳃金龟的主要区别

虫态		华北大黑鳃金龟	东北大黑鳃金龟
成虫	臀板	臀板后缘较直，顶端虽钝，但为直角	臀板弧形，顶端呈球形
	雄性外生殖器	阳基侧突下部分叉，成上下两突，两突均呈尖齿状	阳基侧突下部分叉，成上下两突，上突呈尖齿状，下突短钝，不呈尖齿
幼虫		肛腹片后部的钩状刚毛群，紧接肛门孔裂缝处，两侧具明显的横向小椭圆形的无毛裸区	两侧无此裸区

（三）暗黑鳃金龟

暗黑鳃金龟与东北大黑鳃金龟形态特征极其相似，两者的主要区别是：暗黑鳃金龟体被黑色或黑褐色绒毛，无光泽，东北大黑鳃金龟有光泽。暗黑鳃金龟前胸背板最宽处位于两侧缘中点以后（靠基部），而东北大黑鳃金龟则位于中点或以前。暗黑鳃金龟鞘翅两侧缘彼此基本平行，腹部臀板呈三角形，且较钝圆，雄性外生殖器阳基侧突下部分叉，相当于上突部分呈三角形，东北大黑鳃金龟阳基侧突分叉。幼虫的不同之处是头部前顶毛每侧各 1 根，位于冠缝两侧；内唇前侧褶区退化，折面不明显，间隔较窄密，每侧 10 多条，有的个体消失不见；东北大黑鳃金龟头部前顶毛每侧各 3 根。

（四）铜绿丽金龟

成虫长椭圆形，体长 19～21mm，触角黄褐色，腮叶状。前胸背板及鞘翅铜绿色具闪光，上面有细密刻点；前胸背板两侧缘、鞘翅侧缘浅黄褐色，两鞘翅各具有明显的 3 条纵肋。腹部背面深褐色，末端露出鞘翅部分黄至黄褐色。腹部腹面雄虫黄褐色，雌虫黄白色；前足胫节外侧具两齿，较钝，内方具 1 距。卵椭圆形，乳白色，卵化前呈圆形。老熟幼虫体长 30～33mm，头部前顶刚毛每侧各 6～8 根，排成一纵列。肛腹片后部腹毛区正中有两列黄褐色长的刺毛，每列 15～18 根，两列刺毛尖端大部分相遇或交叉。在刺毛列外边有深黄色钩状刚毛。肛门孔横裂。蛹长椭圆形，淡黄色或土黄色。

三、发生规律

（一）东北大黑鳃金龟

在东北、华北、西北地区大部分 2 年 1 代，在黑龙江部分地区 3 年 1 代。以成虫、幼虫在冻土层越冬。在辽宁 2 年 1 代，以成虫和幼虫交替越冬，逢奇数年，以幼虫越冬为主，逢偶数年以成虫越冬为主。越冬成虫 5 月份出现，9 月上旬绝迹，5 月下旬产卵，6 月中、下旬达盛期，6 月中旬出现初孵幼虫，7 月中、下出现 2 龄幼虫，8 月份则进入 3 龄，10 月中、下旬下潜准备越冬，在 11 月下旬以后越冬。第 2 年 5 月份幼虫上移危害作物，6 月下旬开始化蛹，8 月下旬开始羽化不出土，在羽化处越冬。

成虫昼伏夜出，趋光性弱，有假死习性。卵多产在 6～12cm 深的表土层。在丹东地区，幼虫越冬深度为 56～149cm，春季 10cm 土温平均 8℃～10℃，开始上升活动。成虫出土气温为 12.4℃～18.0℃。成虫期 300 余天，卵期 15～22 天，幼虫期 340～400 天，蛹期约 20 天。

东北大黑鳃金龟在非耕地的虫口密度明显高于耕地，油料作物地明显高于粮食作物地，向阳坡岗地高于背阴平地。这些特点均与金龟子需要土壤保水性好，透性强，有机质丰厚，喜食作物充分及土壤温湿度适宜的条件有关。

（二）华北大黑鳃金龟

在黄淮海地区 2 年 1 代，以成、幼虫隔年交替越冬。越冬成虫 4 月份开始出土，5 月下旬至 6 月上、下旬为盛期，8 月份终见。成虫出土温度条件是 10cm 地温稳定在 14℃～15℃，地温 17℃以上达出土高峰。越冬幼虫于春季 10cm 土温达 10℃时上升活动，13℃～18℃是其活动最适温度。幼虫食性杂，可持续为害至 6 月份，老熟后在土中 20cm 处筑蛹

室化蛹。6月初始见蛹，盛期在6月下旬。7月份可见羽化的成虫，这些成虫当年不出土，在土中不食不动，直至越冬。各虫态历期分别为：卵期平均11～22天；幼虫期1龄22.4～26.6天、2龄25.2～37.2天、3龄307～316.8天；蛹期14～27.5天；成虫期282～420天。

成虫取食多种蔬菜、果树等的叶片补充营养。成虫可不断取食、交配产卵，产卵历期多达80天。成虫趋光性弱，飞翔力不强。发生程度与茬口有关，粮田改种蔬菜或连作菜地均可能招致幼虫为害，种群密度高，葱、韭菜、白菜常是严重发生地块。发生程度还和土壤质地有关，黏土或黏壤土，保水肥能力强，适合该虫生长发育，而沙土或沙壤土保水肥力差，数量较少。

（三）暗黑鳃金龟

每年1代，绝大部分以幼虫越冬，少数以成虫越冬。6月上中旬初见，成虫发生有两个高峰，第一高峰在6月下旬至7月上旬，持续时间长，虫量大，是形成田间幼虫的主要来源。第二高峰在8月中旬，虫量较小。成虫出土的基本规律是一天多一天少，多在无风、温暖的傍晚出土，天亮前入土。6月底开始产卵，7月上旬为产卵盛期。成虫9月初绝迹。成虫食性杂，有群集性、假死性、趋光性，昼伏夜出。

（四）铜绿丽金龟

各地均1年1代，以幼虫越冬，在北京地区，春季10cm土温高于6℃时，越冬幼虫开始活动，4月份10cm土温平均14.1℃时，有50%幼虫上升到2～10cm表土层为害，5～6月份在5～10cm土层化蛹。5月中、下旬始见成虫，6～7月份为盛期。6～8月份为成虫产卵期，7月为卵孵化盛期。8～9月份是幼虫危害盛期，10月份大部以3龄幼虫越冬。综合各地研究结果，各虫态历期为：卵期7～12.8；1龄幼虫20～28.7天、2龄23～28天、3龄265～279天；蛹期7～10.8天；成虫期24.9～30天。

成虫羽化后于日落前出土，先交配，后取食，黎明前潜回土中。一雌产卵40粒左右，卵产于3～10cm土中。成虫食性杂、食量大，是果树、林区的重要食叶性害虫，凡是杨、榆、柳等树种密集地区，成虫食料丰富，繁殖力高，发生量大。雌虫产卵量还与土壤湿度有关，当土壤含水量在15%以上时才能产卵。土壤含水量为10%～30%时，卵100%孵化。成虫趋光性极强，可用黑光灯诱测进行数量监测。有假死习性，昼伏夜出，在大风大雨或大雨之后，成虫很少出现，气温在22℃以下，成虫不活跃，而以晴朗无风或闷热天气之夜，成虫活动最盛。幼虫多发生在沙壤土、水浇条件好的湿润地（土壤含水量15%～18%）。

四、预测预报

（一）越冬种类和数量调查

查明当地的金龟子种类、虫量、虫态，为分析下一年发生趋势，为制定防治计划提供依据。

1. 调查时间

分早春和晚秋两季进行，但一般北方诸省以晚秋、秋收后尚未秋翻前开始调查比较适宜。早春调查的时间可在土地解冻后至播种前进行。

2. 调查方法

选择有代表性的耕地与非耕地，分别按不同地势、土质、茬口、水浇地、旱地等作调查，采用 "Z" 形取样，取 10 个点，每点为 $0.25m^2$。挖土深度 30~50cm。

（二）防治指标

根据吉林、辽宁、河北、江苏等地试行的防治指标，以 1 头大黑鳃金龟有幼虫作为标准头计算，防治指标分级可以归纳如下：

1. 轻发生

平均每平方米有蛴螬 1 头以下，作物受害多在 2%~3%，可不防治或采取点片防治。

2. 中发生

平均每平方米有蛴螬 1~3 头，作物受害率多在 6%~7%，应进行点片或全面防治。

3. 重发生

平均每平方米有蛴螬 3~5 头，作物受害率多在 10%~15%，应列入重点防治地块。

4. 特重发生

平均每平方米有蛴螬 5 头以上的地块，作物受害率常在 20% 以上，应采取紧急或双重的防治措施。

（三）成虫发生期预测

1. 调查时间

根据预测对象，各地自拟调查时间。如大黑鳃金龟，在东北应从 5 月份开始调查；而华北、西北各省则应从 4 月上旬开始。

2. 调查方法

①灯光诱测。对有趋光性的种类，均可以灯光诱测。②野外、田间观测。对趋光性弱的大黑鳃金龟、无趋光性或在白天活动的金龟子，可按其成虫出土规律，于始见前进行田间观察。③期距法。据辽宁丹东观察，东北大黑鳃金龟成虫出土后的 10~15 天，正是成虫练飞后期和产卵前期，这是最好的防治适期。

五、防治方法

1. 农业防治

实行深耕多耙、轮作倒茬，有条件的地方实行水旱轮作，中耕除草，不施未经腐熟的有机肥。消灭地边、荒坡、沟渠等处的蛴螬及其栖息繁殖场所。

2. 药剂防治

可兼治其他地下害虫。方法如下：

①毒土防治幼虫。将一定量的药剂加水拌细土制成毒土。毒土拌匀后，撒于种苗穴中，注意种苗与毒土隔开，免生药害。常用药剂有：50% 辛硫磷乳油、25% 辛硫磷微胶囊缓释剂或 40% 甲基异柳磷乳油。每公顷用毒土为：药剂 1.5kg＋水 7.5kg＋细土 300kg。②药液灌根。在幼虫发生量较大的地块，用上述药剂灌根效果也较好。配比为：每公顷用药 3~3.75kg，加水 6000~7000kg。③毒饵诱杀。每公顷用干粪 1500kg 拌 2.5% 敌百虫粉 30~45kg，制成毒饵，撒施于地面。④防治成虫。除对叶片直接喷射药剂（如氧化乐果等）外，对一般林木或乔木可选用内吸性强的杀虫剂涂抹茎干和根施。由于树木粗大，

要求内吸性强，剂量大，毒力高。因此甲拌磷、涕灭威、呋喃丹等均属理想药剂，对于果树则选用毒性较低的氧化乐果较好。

内吸剂涂树干是在树干距地面 1.5m 左右处，将树皮环刮去表皮（宽 15～20cm，幼树皮可不刮皮），用 40％氧化乐果乳油 1 份加水稀释，用毛刷抹上药液，涂药 2～3 天后地面可见到死虫，药效可达 15～20 天（注：必须严格掌握刮皮方法，否则会影响树木正常生长）。

防治暗黑鳃金龟和铜绿丽金龟，可采用新鲜的榆、杨等树枝，截成长 50～100cm 的枝段，浸于 40％氧化乐果乳油的 30～40 倍液中或 30％久效磷乳油 50 倍液中，浸 10 余小时，傍晚插于田间，每公顷 75 把，当成虫盛期时，诱杀效果最好。1 次药液可浸枝 3 次。隔日插枝。

喷粉防治成虫施用量为：1.5％乐果粉 30kg/hm²、2.5％敌百虫粉 30kg/hm²。

3. 物理防治

有条件的地区，可设置黑光灯诱杀趋光性强的铜绿丽金龟及暗黑鳃金龟成虫。

4. 人工防治

春季组织人力随犁拾虫。蔬菜定植后如田间发现有蛴螬为害，可逐株检查，捕杀幼虫。

第二节　蝼　蛄

蝼蛄属直翅目、蝼蛄科，俗称"拉拉蛄""地拉姑""土狗子"。我国记载有 6 种，主要有东方蝼蛄 *Gryllotalpa orientalis*（Burmeister）和华北蝼蛄 *Gryllotalpa unispina*（Saussure），华北蝼蛄又称单刺蝼蛄。本节以此两种蝼蛄作重点介绍。

一、分布与危害

东方蝼蛄从 1929～1992 年一直沿用非洲蝼蛄名称（*G. africana*（Beauvois）），近年经过文献和标本考证，证实我国的非洲蝼蛄应为东方蝼蛄。其分布几遍中国，但以南方受害较重。华北蝼蛄在国外分布于苏联西伯利亚、土耳其、蒙古等；国内主要分布在北方盐碱地、沙壤地。如河南、河北、山东、山西、陕西、辽宁和吉林西部；黄河沿岸和华北西部地区常是 2 种蝼蛄混合发生区，但以华北蝼蛄为主；东北三省除了辽宁、吉林西部外，则以东方蝼蛄为主。

蝼蛄为多食性，能危害多种作物，包括各种蔬菜、果树、林木的种子和幼苗。在菜园中以苗床菜苗及刚移栽的辣椒、甘蓝、番茄等受害重。蝼蛄成虫、若虫都在土中咬食刚播下的种子和幼芽，或将幼苗咬断，使幼苗枯死。受害株的根部呈乱麻状。由于蝼蛄活动，将表土窜成许多隧道，使土分离，幼苗失水干枯而死，造成缺苗断垄。在温室、温床、苗圃里，由于气温高，蝼蛄活动早，加之幼苗集中，因此受害严重。

二、识别特征（表 10 - 2，图 10 - 2）

表 10 - 2　两种蝼蛄形态特征的区别

虫态	项目	华北蝼蛄	东方蝼蛄
卵	大小	近孵前 2.3～2.8mm	近孵前 3.0～3.2mm
	颜色	乳白色→黄褐色→暗灰色	黄白色→黄褐色→暗紫色
若虫	体色	黄褐	灰褐
	腹部	末端近圆形	末端近纺锤形
成虫	体长	36～55mm	30～35mm
	体色	黄褐色	灰褐色
	前胸	背板中央长心脏形斑点，而凹陷不明显	背板中央长心脏形斑小，凹陷明显
	腹部	末端近圆筒形	末端近纺锤形
	前足	腿节内侧外缘弯曲缺刻明显	腿节内侧外缘较直，缺刻不明显
	后足	胫节背面内侧有棘 1 根或消失	胫节背面内侧有棘 3 或 4 根

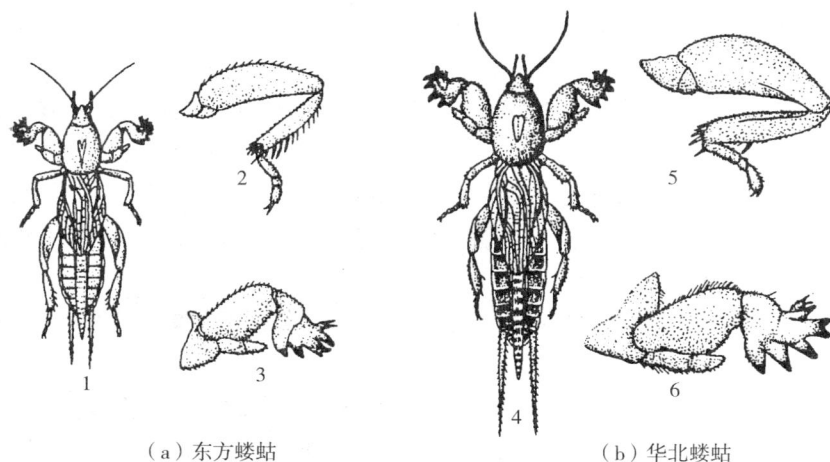

（a）东方蝼蛄　　　　　　（b）华北蝼蛄

图 10 - 2　2 种危害严重的蝼蛄的形态特征
1. 成虫　2. 后足　3. 前足　4. 成虫　5. 后足　6. 前足

三、发生规律

（一）华北蝼蛄

需 3 年左右完成 1 代。在北京、河南、山西、安徽等地以成、若虫越冬。越冬成虫于翌年 3～4 月份开始活动，6 月份开始产卵，6 月中、下旬孵化为若虫，到 10～11 月份。以 8～9 龄若虫越冬。越冬若虫，次年 4 月上、中旬开始活动为害，当年蜕皮 3 或 4 次，至秋季以大龄若虫越冬，第 3 年春季越冬后开始活动，8 月上、中旬若虫老熟，脱最后 1 次皮羽化为成虫。

成虫经过补充营养,进入越冬期,至次年5~7月份交配,6~8月份产卵继续繁殖。

据在河南郑州饲养的结果,华北蝼蛄完成1代共需1131天。其中卵期为11~27天,若虫共12龄,历期为692~817天,成虫期278~451天。

(二)东方蝼蛄

在长江以南地区1年1代,而在陕北、山西、辽宁等地2年1代。据江苏省徐州地区农科所观察,东方蝼蛄2年1代,以成、若虫越冬。越冬成虫于5月份开始产卵,盛期在6~7月份,产卵期长达120余天。雌虫产卵3或4次,单雌产卵量百余粒,卵历期15~28天。当年孵化的若虫发育至4~7龄后,在土中越冬,至第2年再蜕皮2~4次,羽化为成虫。若虫共9龄,历期400余天。当年羽化的成虫少数可产卵,大部分越冬后,于次年方可产卵,成虫寿命为8~12个月。根据东方蝼蛄的活动规律,可以将其1年的活动危害分为4个时期:

1. 越冬休眠期

从11月上旬(立冬)至翌年2月下旬,成、若虫停止活动,一洞一虫,头部朝下,在40~60cm深处土中休眠。

2. 苏醒危害期

2月上旬(立春)气温回升到5℃左右,蝼蛄洞穴深度由45.3cm上升到36.2cm;3月上旬(惊蛰)沿洞穴深度上移到31.8cm。中午气温超过10℃以上,开始危害幼苗;4月上旬(清明)至5月下旬(小满),20cm土温已上升到14.9℃~26.5℃,此时是危害最严重时期。

3. 越夏繁殖危害期

6~8月份气温高,平均23.5℃~29℃,此时是蝼蛄产卵盛期,对夏播作物危害严重。

4. 秋播作物暴食危害期

8月(立秋)以后,新羽化的成虫和当年孵化的若虫已达3龄以上,均待取食,为生长发育积累养分,抵御寒冷,做越冬准备,故危害秋播作物严重。11月上旬后停止危害。

(三)生物学习性

2种蝼蛄均是昼伏夜出,晚9~11时为活动取食高峰。其主要习性有:

1. 群集性

初孵若虫有群集性,怕光、怕风、怕水。东方蝼蛄孵化后3~6天群集一起,以后分散为害;华北蝼蛄孵化后群集的时间比非洲蝼蛄还长些。

2. 趋光性

具强烈的趋光性,在40W黑光灯下,可诱到大量东方蝼蛄,而且雌性多于雄性。故可用灯光诱杀。华北蝼蛄因身体笨重,飞翔力弱,诱量小,但在气温16.2℃以上、10cm地温13.5℃以上、相对湿度在43%以上、风力在三级以下环境条件下,均可诱到华北蝼蛄。

3. 趋化性

蝼蛄对香、甜等物质特别嗜好,对煮至半熟的谷子、稗子、炒香的豆饼、麦麸等很喜好,因此可制毒饵来进行诱杀。

4. 趋粪性

蝼蛄对马粪等未腐烂有机质也具有趋性。所以在堆积马粪、粪坑及有机质丰富的地方蝼蛄就多,可用鲜马粪堆进行诱杀。

5. 喜湿性

蝼蛄喜欢在潮湿的土中生活,东方蝼蛄比华北蝼蛄更喜湿。所以它总是栖息在沿河两岸、渠道两旁、菜园地内的低洼地、水浇地等处。盐碱地、湿地是华北蝼蛄栖息场所。

6. 产卵习性

东方蝼蛄多在沿河、地埂、沟渠附近产卵。产卵前雌虫多在5～15cm深处做一鸭梨形卵室,每个卵室内所产的卵数不尽相同,一般30～50粒。华北蝼蛄对产卵地点有严格的选择性,多在轻盐碱地内缺苗断垄、无植被覆盖的干燥向阳的地埂畦堰附近或路边、渠边和松软的土壤中产卵。产卵前先在15～30cm深处做一"Y"形窝,每雌可产卵120～160粒。最多可达500粒。

蝼蛄的活动受土壤温湿度的影响很大,气温12.5℃～19.8℃、20cm土温15.2℃～19.9℃是蝼蛄活动适宜温度,也是蝼蛄危害盛期,若温度过高或过低,便潜入土壤深处。在10～20cm深的土层中,土壤含水量在20%以上时,活动最盛;小于15%时,活动减弱。

四、预测预报

1. 目测法

早春3、4月份,在蝼蛄出洞前接近地表活动时,根据华北蝼蛄于地面呈现10cm左右的新鲜虚土隧道和东方蝼蛄在洞顶拱起一小堆新鲜虚土的特征,目测记载隧道和虚土小堆数,以此预报田间的虫种、虫量和分布范围。

具体方法是:于蝼蛄春、秋两季活动初期(春、秋播前)选择代表不同地势、土质、茬口等的地块,用对角线或"Z"形5点取样,每点为1m²,调查蝼蛄隧道数。据河北沧州农科所观察,地表有2条新隧道就趋于有1头蝼蛄。特别在下雨或浇地后新隧道更明显,在上午10时前很容易识别。凡隧道宽在3cm以下的多为若虫;在3cm以上的多为成虫,有的成虫(华北蝼蛄)隧道宽达5.5cm。

2. 黑灯光诱测

利用蝼蛄成虫的趋光性进行诱测,记载每日诱虫数量与性比。

3. 防治适期预报

如果地面上有较多的新鲜隧道,或听见蝼蛄叫声,就证明蝼蛄已在表土层活动。参照历年危害时期资料,结合天气预报,发布指导当地防治预报。

五、防治方法

改造环境是防止蝼蛄的根本方法,通过改良盐碱地,并结合人工药剂进行防治。

1. 农业防治

参考蛴螬的防治方法。

2. 药剂防治

可兼用其他地下害虫,方法如下:

①施毒饵。可用90%晶体敌百虫拌麦麸或炒香的豆饼,每公顷用药1.5kg,加适量水,拌饵料30～37.5kg制成毒饵。在无风、闷热的傍晚施于苗穴里。也可用50%乐果乳油1.5L,

加水 75kg，拌麦麸 450～600kg，撒于田间，效果也很理想。②堆马粪。于蝼蛄发生盛期，在田间堆新鲜马粪，粪内放少量农药，可消灭一部分蝼蛄。③施毒土。用 50% 辛硫磷乳油，按 1∶15∶150 的药∶水∶土比例，每公顷施毒土 225kg。于成虫盛发期顺垄撒施。

3. 灯光诱杀

利用蝼蛄趋光性强的习性，在有电源的地方，设置黑灯光诱杀成虫。

4. 挖窝灭虫

根据蝼蛄早春可在地表造成虚土堆的特点，查找虫窝。发现虫窝，挖到 45cm 深即可找到蝼蛄。或夏季在蝼蛄盛发地、蝼蛄产卵盛期，查卵室，先铲表土，发现洞口，往下挖 10～18cm 可找到卵，再往下挖 3cm 左右可挖到雌虫，将雌虫及卵一并消灭。

第三节　地老虎

地老虎又名切根虫、土地蚕、黑地蚕、夜盗虫等，属鳞翅目、夜蛾科。据记载，中国农区地老虎有 170 种，其中分布广、危害重的地老虎主要有小地老虎 *Agrotis ypsilon*（Rottemberg）、黄地老虎 *Agrotis segetum*（Schiffermuller）和大地老虎 *Agrotis tokionis*（Butler）等。

一、分布与危害

小地老虎（图 10-3）属世界性大害虫，国外分布于世界各洲，国内各省均有分布。黄地老虎国外分布于欧、亚、非洲，国内除广东、广西、海南未见报道外均有分布，其危害之重，分布之广，仅次于小地老虎。大地老虎分布于苏联和日本一带，国内主要发生于长江下游沿海地区，多与小地老虎混合为害发生。在我国其他有分布省区，虽有发生，但较少造成灾害。

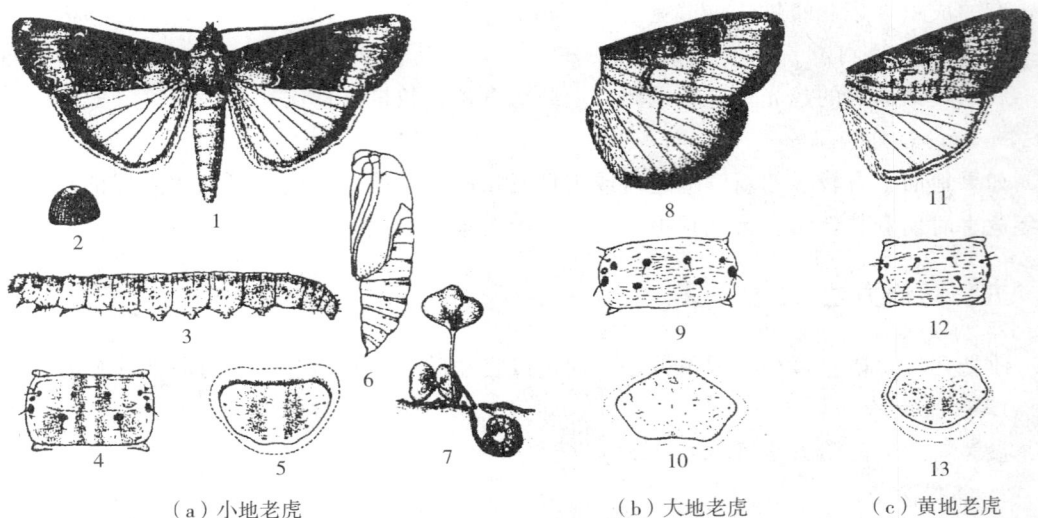

（a）小地老虎　　　　　　　　　（b）大地老虎　　　　　（c）黄地老虎

图 10-3　3 种危害严重的黄地老虎的形态特征

1. 成虫　2. 卵　3. 幼虫　4. 幼虫第 4 腹节背面观　5. 幼虫末节背板　6. 蛹　7. 幼虫被害状　8. 前翅
9. 幼虫第 4 腹节背面观　10. 幼虫末节背板　11. 前翅　12. 幼虫第 4 腹节背面观　13. 幼虫末节背板

地老虎是多食性害虫，可危害多种蔬菜，如茄科、豆科、十字花科、百合科、葫芦科以及菠菜、莴苣等；危害的花卉幼苗有菊花、万寿菊、金盏菊、大丽花、孔雀草、百日草、雏菊、鸡冠花、香石竹、桂花、含美、广玉兰、蜀葵、芙蓉和海桐等；危害玉米、高粱等禾本科作物；还可危害棉花、烟草等经济作物以及多种果树、树木幼苗。此外，地老虎还能取食多种杂草如小旋花、小蓟、藜、猪毛菜、野龙菜、荠菜、苍耳等。地老虎主要危害作物的幼苗，切断幼苗近地面的茎部，使整株死亡，造成缺苗断垄，严重的甚至毁种。

二、识别特征（表 10‑3）

表 10‑3　3 种地老虎的识别特征

虫态		小地老虎	黄地老虎	大地老虎
成虫	体长	16～32mm	14～19mm	20～23mm
	翅展	42～54mm	32～43mm	52～62mm
	体色	灰褐色	黄褐色	灰褐色
	前翅	肾形纹外侧有 1 个尖端向外黑色剑状斑，亚外缘内侧有 2 个尖端向内的黑色剑状斑，且 3 个剑状斑相对	肾形纹外方没有任何斑纹	肾形纹外侧有 1 个不成形黑斑，端部不尖
	后翅	灰白色	白色	淡褐色
	雄蛾触角	双栉齿状部分达末端 1/2	双栉齿状部分达末端 2/3	双栉齿状部分近达末端
卵	形状	扁圆形	扁圆形	半球形
	大小	0.5～0.68mm	0.5～0.7mm	1.5～1.8mm
	颜色	乳白→淡黄→灰褐	乳白→黄褐→黑色	浅黄→褐→灰褐
幼虫	体长	41～50mm	33～43mm	40～60mm
	体色	黑褐色	灰褐色	黄褐色
	表皮	密生明显的大小颗粒	颗粒不明显，多皱纹	颗粒不明显，多皱纹
	臀板	黄褐色，有深褐色纵带 2 条	有 2 大块黄褐色斑	几乎全部为深褐色，全面布满龟裂皱纹
蛹	体长	16～24mm	16～19mm	23～29mm
	体色	红褐色至暗褐色	红褐	黄褐
	第 1～3 腹节	无明显横沟	无明显横沟	有明显横沟

三、发生规律

（一）小地老虎

小地老虎 1 年 1～7 代，发生世代自南向北呈阶梯式下降，在南岭以南 1 年发生 6 或 7

代，幼虫冬春危害小麦、油菜、蔬菜、绿肥等作物，此处为国内的虫源地。南岭以北黄河以南4或5代区是我国的主要危害区，以1代幼虫在4～6月份危害春播作物幼苗。年发生2或3代区大致位于黄河以北以及西北海拔1600m以上的地区，在7～8月份危害蔬菜及旱作物幼苗，此处是小地老虎在我国的主要过夏场所和秋季向南回迁的虫源地。就全国范围看，除南岭以南地区有2代为害：冬季危害蔬菜、油菜及绿肥；春季危害蔬菜、玉米等外，其他地区，当地无论有几个世代，都是以当地发生最早的一代造成生产上的危害，其后各代种群数量骤减，不造成灾害。国内部分地区小地老虎发生代数及越冬代成虫和第1代幼虫的发生期见表10-4。

表10-4 越冬代成虫和第1代幼虫在各地发生期

地区	世代/代	越冬代成虫		第1代幼虫	
		始见期	发蛾盛期（或高峰期）	危害期	危害盛期
黑龙江	2	4月	5～6月份	5～6月份	6月中、下旬
辽宁	2～3		4月中、下旬		5月下旬至6月上旬
北京	3～4	3月下旬	第1次高峰期为4月初 第2次高峰期为4月20日前后	5月上、中旬	
陕西关中	4		3月中旬至4月下旬	4月中旬至5月下旬	5月上旬至5月下旬
武汉	4～5		第1次高峰期为2月下旬 第2次高峰期为3月中、下旬		4月上、中旬
江苏	5	2月中、下旬，3月上旬	第1次高峰期为3月中、下旬 第2次高峰期为4月中、下旬		5月上、中旬
福建福州	6	12月中旬	第1次高峰期为2月中、下旬 第2次高峰期为3月下旬	2月下旬至3月上旬	3月中旬至4月上旬

小地老虎为迁飞性害虫，现已基本明确在我国的越冬北界为1月份0℃等温线或北纬33°一线。在南岭以南1月份高于10℃等温线的地区，可终年繁殖；南岭以北1月份0℃等温线以南的地区，可以少量幼虫和蛹越冬，1月份0℃～4℃等温线之间的江淮区，越北越冬的虫口密度越低，甚至难以发现。

小地老虎成虫昼伏夜出，以黄昏后活动最强，并交配产卵。成虫活动受天气气候条件影响很大，10℃～16℃时活动最盛，低于3℃或高于20℃时很少活动；夜间微风或阴雨天活动性强，但遇有大风或降雨，活动减弱或停止。成虫具强烈的趋化性，喜食糖蜜等带有酸甜味的汁液作为补充营养，故可用糖、醋、酒混合液诱杀。成虫对普通灯光趋性不强，但对黑灯光趋性强。

成虫羽化后3～5天交配，交配后第2天产卵。卵产在5cm以下矮小杂草上，特别喜欢产生在贴近地面的叶背面或嫩茎上，也可直接产在土表及残枝上。卵多散产，植物表面粗糙多毛者，落卵量大，单雌产卵量多在800～1000粒，最高达3000粒以上。

幼虫共 6 龄，个别 7～8 龄。3 龄以前幼虫多集中在表土、田间杂草、寄主植物的叶背或心叶里，昼夜进行取食而不入土，这时食量小，危害不大。3 龄以后分散，白天潜伏在 2～3cm 的表土里，夜间出来活动，大量在农田垄间为害，咬断幼苗，并将断苗拖入穴中。有的幼虫还可蛀入菜心为害，如对甘蓝能钻入球茎里；危害马铃薯时，不仅咬断幼苗，还可蛀食薯块。幼虫动作敏捷，性残暴，3 龄以后能自相残杀。老熟幼虫有假死习性，受惊后缩成环形。小地老虎各世代各虫态历期见表 10-5。

表 10-5　小地老虎各世代的各虫态历期

世代	卵			幼虫			蛹			成虫		
	历期/天		平均气温/℃	历期/天		平均气温/℃	历期/天		平均气温/℃	历期/天		平均气温/℃
	幅度	平均		幅度	平均		幅度	平均		幅度	平均	
1	8～17	12	15.8	35～49	38.9	21.2	12～19	16.5	23.7	7～21	13.2	25.1
2	3～4	3.7	24.6	22～39	25.3	25.3	10～14	11.7	26.6	6～17	11.1	26.9
3	2～3	2.8	28.5	21～62	28.0	26.6	11～27	16.9	20.14	5～23	13.8	18.8
4	4～10	7.1	18.3	32～54	5.9	19.1	23～39	25.6	14.4	3～29	15.4	12.7

小地老虎在北部地区的危害盛期为成虫盛发后 20～30 天；南部地区为在成虫盛发后 15～20 天。浙江一带 4 月中旬开始为害，4 月下旬到 5 月上、中旬危害最烈。5、6 月份之交开始化蛹。春播时期也有危害，但其程度远不及春播时期重。

小地老虎喜温喜湿，在 18℃～26℃、相对湿度 70% 左右、土壤含水量 20% 左右时，对其生长发育及活动不利。30℃ 左右即出现蛹重减轻、成虫羽化不健全、产卵量下降和初孵幼虫死亡率增加的现象。因此，各地均为 1 代多发型，第 1 代成虫羽化后即向北迁飞。一般河渠两岸、湖泊沿岸、水库边发生较多，沙壤土发生重、杂草丛生、管理粗放地发生重。

地老虎的天敌种类非常丰富，有中华广肩步行虫 Calosoma maderae chinenses（Kirby）、甘蓝夜蛾拟瘦姬蜂 Netelia ocellaris（Thomson）、夜蛾瘦姬蜂 Ophion luteus（Linnaeus）、螟蛉绒茧蜂 Apanteles ruficrus（Haliday）、夜蛾土茧寄生蝇 Turanogonia smirnuvi（Rondani）、伞裙追寄生蝇 Exorista civilis（Rondani）、黏虫侧须寄生蝇 Peletieria varia（Fabricius）、饰额短须寄生蝇 Linnaemyia compta（Fllen）。此外还有虻、蚂蚁、蚜狮、螨、蟾蜍、鼩鼠、鸟类及若干细菌、真菌等，这些天敌对小地老虎有一定抑制作用。

（二）黄地老虎

黄地老虎在福建 1 月 10℃ 等温线以南无冬蛰现象，1 年 5 代以上。在西藏、新疆北部、辽宁、黑龙江 1 年 2 代；北京、河北、南疆 1 年 3 代，少数 4 代；江苏、河南、山东 1 年 4 代。主要以老熟幼虫在土中越冬，少数以 3～4 龄幼虫越冬。在东部地区，常随各年气候和发育进度而异，无严格的越冬虫态。越冬场所主要集中在田埂和沟渠堤坡的向阳面。

老熟幼虫越冬后，早春不再取食即化蛹，未老熟幼虫当土壤解冻后陆续上升至表土层，继续取食萌发较早的野生寄主，进入老熟状态后化蛹。各地发蛾期见表 10-6。

表 10-6　各地机场黄地老虎的发蛾期

地点	越冬代	第1代	第2代	第3代
西藏拉萨	4月下旬至6月上旬	7月中旬至9月下旬		
黑龙江龙江	5月下旬至6月中旬	7月底至8月中旬		
新疆伊犁	5月上旬至5月下旬	7月上旬至10月上旬		
甘肃	4月中旬至6月上旬	6月上旬至7月下旬	8月下旬至9月上旬	
山东济南	4月下旬至6月上旬	6月下旬至8月上旬	8月上、中旬至9月中、下旬	10月下旬至11月下旬
河南郑州	3月中旬至5月下旬	5月下旬至6月下旬	7月上旬至8月上旬	9月下旬至11月上旬
河北沧州	5月上旬至5月下旬	7月中旬至7月下旬	8月下旬至9月上旬	9月下旬至10月上旬

卵的发育起点温度10.03℃，历期一般为5~9天。幼虫多为6龄，个别7龄。非越冬代幼虫历期为25~36天，在25℃条件下为30~32天，越冬幼虫期约为150天。初龄幼虫主要食害植物心叶，2龄以后昼伏夜出，咬断幼苗。老熟幼虫越冬在土中做土室，低龄幼虫越冬只潜入土中不做土室。越冬幼虫春季化蛹，在新疆的化蛹进度比较整齐，自3月下旬至4月上旬约10天。在我国东部地区，因越冬虫态不一，春季化蛹进度相对拉长，历时约1个月。蛹的历期10~30天不等。

成虫习性与小地老虎近似，但越冬代发生较小地老虎晚15~20天，此时蜜源植物较多，故用糖诱集的蛾量不多，且蛾峰不明显。黄地老虎喜欢在大葱上取食。羽化后成虫2~3天产卵，卵多散产。产卵期一般为10天左右，产卵期越冬代大于其他各世代，一般为800~1000粒。

黄地老虎在全国都是春、秋两季为害，而以春季危害严重。每年第1代幼虫数量与为害程度同越冬基数大小有关。冬季寒冷，越冬代幼虫死亡率高，次年发生为害程度轻，反之则重。

黄地老虎耐旱，从分布范围看，年降雨量低于300mm的我国西部干旱区，正是适于黄地老虎生长发育的常发区，适宜的土壤湿度对幼虫和蛹的生存十分重要。凡是土壤湿度适中、土质松软的向阳地块，黄地老虎幼虫密度大；与此相反，地块土壤干燥、土质坚硬而又无植被覆盖的环境，越冬密度极小。灌水可造成土壤板结，通气不畅，使泥土中的幼虫和蛹窒息死亡，这对控制各代幼虫危害有重要作用。灌溉对大幅度压低越冬代幼虫的越冬基数尤其显著，但是，起垄栽培的作物田，漫灌时幼虫可向垄背逃逸，杀伤作用不大。

（三）大地老虎

大地老虎在国内均是1年1代，以老熟幼虫滞育越夏，以低龄幼虫越冬。在南京以2~4龄幼虫在杂草地或苜蓿田土层越冬，来年3月份天气回暖，田间温度近8℃~10℃时，开始取食活动，4月份为危害盛期，温度达20.5℃，幼虫陆续成熟，停止取食，在土下3~5cm处筑土室滞育越夏，到秋季羽化为成虫。越冬、越夏幼虫历期均在100天以上。

成虫趋光性不强。交配后第2天产卵，卵散产在地表土块、枯枝落叶及绿色植物的下部老叶上，卵期14~26天。雄蛾寿命为15~30天，雌蛾寿命10~23天。每头雌蛾平均产卵 500～1000 粒，多者达 1500 粒左右。产卵前期为 3～4 天，产卵期平均 6 天左右。幼虫食性杂，共 7 龄。4 龄前不入土蛰伏，常啮食叶片，4 龄后的幼虫白天伏于表土下，夜间活动为害，随着幼虫的老熟，5 月中旬开始滞育越夏至 9 月下旬。滞育幼虫潜伏在土壤中的深度因土壤类型不同而异，在黏土中浅于在沙壤土中。越冬幼虫抵抗低温的能力很强，在南京 1 月份气温为 −5℃～−10℃甚至 −14℃时，越冬幼虫几乎无一死亡。越夏幼虫对高温也有较高的抵抗能力，但是，由于滞育幼虫在土壤中的历期很长，或天气变化，土壤湿度过湿、过干，寄生物及人为耕作的机遇多，因此自然死亡率极高。

四、预报预测

防治地老虎的关键是掌握 3 龄以前，因为这时幼虫昼夜在地面上活动，食害幼苗心叶，食量小，抗药性弱。3 龄白天钻入表土层下，夜出扩散为害，抗药力强。因此做好发生期预测是至关重要的。现以小地老虎为例，介绍一般常用的测报方法。

越冬代成虫盛发期和 2 龄幼虫盛发期的预测，从 3 月上、中旬至 5 月下旬，用糖醋诱蛾器或黑灯光诱蛾，逐日记载雌、雄蛾数。当蛾量突增，雌蛾比例占蛾量总数的 10% 左右时，表示成虫进入盛发期，诱到雌蛾最多的一天就是发蛾高峰期。发蛾高峰期加上产卵前期（4 天）、卵历期、1 龄幼虫历期、2 龄幼虫历期的半数，就是第 1 代小地老虎 2 龄幼虫盛发期，即防治适期。

成虫盛发期后，每隔 1～3 天到田间查卵 1 次，自查得产卵高峰期日起，根据气温条件，加上卵期和 1 龄幼虫期，即为 2 龄幼虫盛发期。

应用糖醋诱蛾器诱集成虫，因受蜜源植物的干扰，往往不能反映发蛾的实际情况，为校正 2 龄幼虫盛发期，可选择有代表性的棉田、玉米田各 1 块。每块地选 5～10 个点，每点 1m²，或每点调查 10～20 株苗，每 3～5 天查 1 次，共查 3～5 次。检查幼苗和杂草上及受害株附近的干湿土层之间的虫数。当 1～2 龄幼虫占 70% 以上，其中初龄幼虫占 40% 左右时，就是 2 龄幼虫盛发期。

在菜田，辣椒、番茄等蔬菜定苗前，平均每平方米有幼虫 1～1.5 头以上，定苗后有幼虫 0.1～0.3 头时，应立即开展全面防治。

五、防治方法

地老虎的防治，各地行之有效的方法很多，但应根据不同作物受害的生育阶段、为害幼虫的龄期、害虫的发生规律、种群的田间分布状况及数量、防治投资的效益等，结合当地实际情况，综合考虑选择使用。

1. 农业防治

①早春铲除地头、地边、田埂路旁的杂草，并带到田外及时处理或沤肥，能消灭一部分卵或幼虫。②春耕多耙，消灭土面上的卵粒；秋季施行土壤翻犁晒白，土壤暴晒 2～3 天，可杀死大量幼虫和蛹；或进行秋耕冬灌，能破坏黄地老虎越冬场所，减少越冬基数。③黄地老虎喜产卵在芝麻和苘麻上，可作诱集产卵植物，引诱成虫产卵。当诱集产卵植物出苗后，每 5 天在其上喷 1 次药，20 天后处理掉，防治效果显著。④秋白菜防治地老虎。

据新疆经验，在秋菜定苗前先喷药，然后灌水（防止灌水过多冲掉菜苗），灌后及时中耕松土，效果比较明显。

2. 诱杀成虫和幼虫

①利用糖醋液诱杀器（盆）或黑灯光诱杀成虫。②利用泡桐树叶能诱集地老虎的习性，将比较老的泡桐树叶，用水浸湿，每公顷均匀放置 1000～1200 片叶，次日早晨人工捉拿幼虫。

3. 捕捉幼虫

对高龄幼虫可在每天早晨到田间，扒开新被害植株的周围或畦边田埂阳坡表土，捕捉幼虫杀死。

4. 药剂防治

可兼治其他地下害虫，方法如下：

（1）撒施毒土。移栽的果菜类如番茄、辣椒、茄子、瓜类等作物，以及花卉、苗圃，以条施或围施的方法保苗。用药种类及剂量为：2.5％溴氰菊酯乳油 25mL、50％辛硫磷乳油或 40％甲基异柳磷乳油 500mL，加水适量，喷拌细土 50kg 配成毒土，顺垄撒施于幼苗根际附近。

（2）撒施毒饵。多在幼虫龄期较大时使用。每公顷用 90％晶体敌百虫 3.5kg 或 40％氧化乐果乳油 750mL，加水 17.5～35kg，喷拌在铡碎的鲜草（200～250kg）上，或拌入碾碎的炒香棉籽饼或油渣（350kg）中制成毒饵，于傍晚在受害作物田每隔一定距离堆施，或在作物根际附近围施。地老虎取食并接触毒饵，可获得胃毒及触杀兼有的杀虫效果。

菜区早春种植的撒播密植小白菜、水萝卜、小油菜等，收获后立即将残枝、落叶、青草等，在田间每隔一定距离堆成一堆，以 90％晶体敌百虫或 2.5％溴氰菊酯乳油加适量水喷拌，利用地老虎夜间取食的习性，可以收到最佳防治效果，保证后茬移栽蔬菜的安全。

（3）喷撒药剂。每公顷用 50％辛硫磷 600～750mL、2.5％溴氰菊酯乳油 300～450mL、10％氯氰菊酯乳油 300～450mL、90％晶体敌百虫 900g、50％杀螟硫磷 400～500mL，加水 600～750kg，喷雾，喷撒药剂的适期应在幼虫 3 龄盛发前。

第四节　金针虫

金针虫是鞘翅目，叩甲科的统称，多为植食性地下害虫，是危害园艺植物及其他作物地下部分的重要害虫类群。在我国经常发生的危害园艺植物的种类有沟金针虫 *Pleonomus canaliculatus*（Faldermann）、细胸金针虫 *Agriotes fuscicollis*（Miwa）、褐纹金针虫 *Melanotus caudex*（Lewis）和宽背金针虫 *Selatosomus latus*（Fabricius）等。其中以沟金针虫和细胸金针虫分布最广，危害较重，是本节介绍的重点。

一、分布与危害

沟金针虫是亚洲大陆的特有种类，分布于蒙古国及我国的东北、华北、西北、华东等地，近年来已上升为我国北方旱作区的重要地下害虫，尤其是黄、淮海地区回升蔓延迅速。细胸金针虫分布于俄罗斯、日本及我国的东北、华北、西北、华东等省区，是农业生产水平较高、灌溉面积较大地区地下害虫的优势种，危害日趋严重。

2种金针虫均为多食性害虫，主要以幼虫危害各种蔬菜、花卉及多种农作物和林木的地下部分，咬食刚发芽的种子或幼苗的细根和嫩茎，使小苗枯死。幼虫也常钻入地下根茎、大粒种子和薯类等地下块根块茎内部取食为害，同时传播病原菌引起腐烂。金针虫咬断的根茎被害部呈丝状，其成虫可取食地上部分的叶片，但危害轻微。

二、识别特征（图10-4）

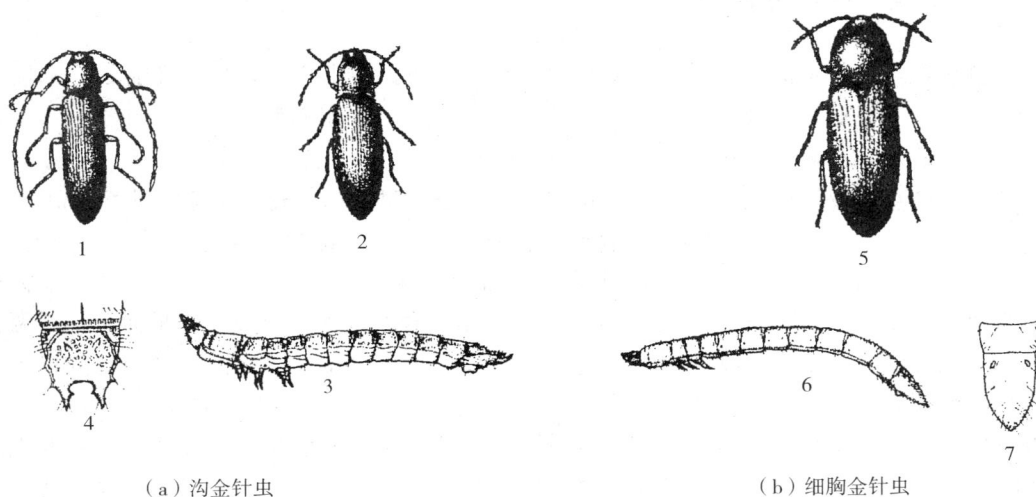

（a）沟金针虫　　　　　　　　　（b）细胸金针虫

图10-4　2种危害严重的金针虫的形态特征
1. 雄成虫　2. 雌成虫　3. 幼虫　4. 幼虫末节特征
5. 成虫　6. 幼虫　7. 幼虫末节特征

（一）沟金针虫

成虫栗褐色，密生金黄色细毛，雌雄差别较大。雄成虫体长14～18mm，宽3.5～4mm，雌成虫体长16～17mm，宽4～5mm；前胸背板宽大于长，呈半球状形隆起，可见腹板6节。卵椭圆形，长径0.7mm，短径0.6mm，乳白至黄色。末龄幼虫体长20～30mm，金黄色，体宽而略扁平。胸腹部背中央有1条细纵沟，腹末节骨化强，黄褐色，背面凹入，密布刻点，侧缘隆起，每侧有3个齿状突起，末端分2叉，向上弯曲，叉内侧各有1个小齿。蛹纺锤形，淡绿至深褐色，雌蛹长16～22mm，宽4.5mm；雄蛹长15～19mm，宽3.5mm。

（二）细胸金针虫

成虫暗褐色，密被黄白色细毛，有金属光泽。体长8～10mm，宽2.5～3.2mm，前胸背板长大于宽，不呈半球形隆起，可见腹板5节。卵圆球形，长径0.53mm，短径0.5mm，乳白色，半透明。末龄幼虫体长25～30mm，淡黄色，圆筒形，腹末节无明显骨化，末端呈圆锥形，不分叉，背面近基部两侧各有1个褐色圆斑，其下方有4条褐色纵纹。蛹近纺锤形，乳白至黄色，蛹长8～10mm。

三、发生规律

（一）沟金针虫

沟金针虫一般需 3 年多完成 1 代，以成虫和幼虫在土中越冬，越冬深度因地区和虫态而异，多数为 15～40cm，最深可达 100cm 左右。在华北地区，越冬成虫通常在 3 月初开始活动，4 月上旬为成虫出土活动盛期，产卵期从 3 月下旬到 6 月上旬，卵期约 35 天。5 月上、中旬为卵孵化盛期，幼虫期长达 1150 天左右，直至第 3 年 8～9 月份，幼虫老熟后在 15～20cm 土中做室化蛹，蛹期 12～20 天，9 月初开始羽化为成虫。成虫当年不出土，第 4 年春才出土交配、成卵，成虫寿命 223 天。

成虫昼伏夜出，夜间进行取食、交配和产卵等活动。雄虫善飞，雌虫无后翅，只能爬行。两性成虫均有假死的习性，并对有机肥、炕洞土等有一定趋势。卵散产于 3～7cm 深的土中，单雌平均产卵 200 余粒，最多可达 400 粒。

温度对幼虫在土壤中的活动危害影响较大。随季节温度的变化，幼虫在土壤中 1 年分别有 2 两次上移危害和 2 次下移休眠过程。春季当 10cm 地温平均达到 2.4℃～4.8℃时，幼虫开始上移，当地温达 9.4℃～9.8℃时，少量幼虫移至地表 2～3cm 处，进入危害初期；当地温稳定在 12℃以上时，进入春季危害盛期。春季危害和早晚危害早而重。低温升到 18.2℃～23.9℃，幼虫开始下移，当地温升至 27℃～35℃时，幼虫下移至 15cm 以下土层越夏，之后随夏季地温逐渐下降，幼虫又上移危害秋苗根系，但一般不造成明显危害。随着温度进一步下降，幼虫下移至深土越冬。土壤类型和土壤水分对沟金针虫幼虫发生危害程度也有密切关系。以沙壤土地块虫口密度最高，壤土次之，黏土和沙土最少。幼虫适宜的土壤含水量为 11.1%～16.3%，高于或低于此范围均不利于其发生。因此，在北方旱作区么春季降小雨常加重危害，但田间灌水可抑制其发生危害。栽培制度与沟金针虫发生也有一定关系，单作地区发生较轻，间、套、复种的地块发生较重，新开垦的荒地发生较重。

（二）细胸金针虫

细胸金针虫存在遗传上的世代多态现象，即同一种群在相同生态条件下，其后裔表现出来不同的世代周期。在陕西关中地区多 2 年 1 代，在甘肃、内蒙古及东北等地大多 3 年 1 代，以成、幼虫越冬。在陕西武功地区细胸金针虫为比较整齐的 2 年 1 代。卵期 13～38 天，幼虫期平均 451 天。老熟幼虫在 20～30cm 深的土中筑室化蛹，预蛹期 4～11 天；6 月下旬开始化蛹，蛹期 8～22 天；7 月上旬开始上移，3 月下旬至 4 月上旬表土层活动。越冬老熟幼虫于 5 月上旬进入预蛹期，5 月中、下旬为预蛹盛期，5 月中旬开始化蛹，6 月上、中旬为化蛹盛期。5 月下旬开始羽化，6 月下旬达羽化盛期，当年羽化出土的成虫经补充营养后，7 月中旬开始产卵，7 月下旬为产卵盛期。8 月下旬以后羽化的成虫未经交尾和产卵而直接越冬。

成虫昼伏夜出，多数个体黄昏后开始活动，通常前半夜交配行为较多，午夜后以取食为主。雌雄成虫取食葫芦、番瓜等植物的花瓣和花蕊，也咬食小麦、玉米、马铃薯、白菜等作物及灰条等杂草的嫩叶，被害叶片残留表皮和叶脉。因取食量很少故对作物无明显危害。雌雄成虫均有重复交配习性，一夜期间交配多达 6 次，交配多在地面或枯枝落叶下及土块下进行。卵散产于背风向阳、靠近水渠，杂草多、施有机肥料较多的田间土中 0～7cm 处。产卵期延续 9～29 天，平均 21 天，单雌产卵量多数为 30～40 粒。成虫多对禾本科杂草及作物枯枝落叶等腐烂发酵气味有趋性，并有群集在烂草堆下和土块下的习性。具有较强的假死性和微弱的趋光性。幼虫分 11 龄，有随土壤温度、湿度变化而垂直迁移的习性，喜钻入被害种子或幼苗的地下部分取食为害，有明显的趋湿性。幼虫老熟后做土室化蛹。

土壤温度对细胸金针虫垂直迁移和危害的影响与沟金针虫情况相似，但细胸金针虫比较耐低温，春季活动较早，秋后危害持续时间长。在陕西关中地区，春季危害高峰在 3～5 月份，主要危害刚萌发的种子及幼苗的根茎。秋季危害高峰在 9～10 月份，主要危害马铃薯、甜菜和胡萝卜等的块根、块茎。土壤湿度影响其分布和发生量，多分布于常年湿润的灌溉渠及河谷川区，干旱情况下灌水往往导致其危害加重，但当土壤含水量超过 20% 时，则可抑制其危害。灌溉条件好的壤土地有利于其发生，尤其是土质较疏松、富含有机物的田块，虫口密度大，危害严重。

四、测报方法

每年春播期或秋季收获后至结冻前，选择有代表性地块，分别按不同土质、地势、茬口、水浇地、旱地进行调查，采用平行线或棋盘式取样法，每样点 $1m^2$，挖土深度 30～60cm，3～5 点/公顷，当虫口密度大于 3 头/平方米时，应确定为防治田块。

五、防治方法

1. 农业防治

春、秋耕翻与整地可压低越冬虫源，加强中耕除草可机械杀死部分蛹和初羽化成虫，搞好田间清洁和增施腐熟的有机肥料可减轻危害。

2. 诱杀成虫

对以细胸金针虫危害为主的地区，在成虫大量产卵前（4～5 月份），利用春锄杂草堆于田间，可诱杀大量成虫。

3. 保护天敌

充分发挥各种益鸟、蟾蜍、步甲等对金针虫类的灭虫作用。

4. 药剂防治

药剂防治金针虫可与蛴螬、蝼蛄等地下害虫综合考虑。对金针虫效果较好的药剂及施药方法有：3% 甲基异柳磷颗粒剂 33～66kg/hm^2 拌粪沟施；35% 克百威种衣剂拌种，用量为种子量的 2%；40% 甲基异柳磷乳油 3.75～4.5L/hm^2，稀释 1500 倍，用去掉喷片的手压喷雾器顺垄喷施。

第五节　地　蛆

地蛆是对危害农作物和蔬菜地下部分的花蝇科 Anthomyiidae 幼虫的统称，又称根蛆。我国常见的有：种蝇 *Dalia platura* 或 *Hylemyia platura*（Meig.）、葱蝇 *Delia Antigua*

（Meigen）、萝卜蝇 *Dalia floralis* （Fallen）、小萝卜蝇 *Hylemyia pilipyga* （Villeneuve）。属于双翅目蕈蚊科的韭蛆 *Bradysia odoriphaga* （Yang et Zhang）（又称韭菜迟眼蕈蚊）由于危害方式与根蛆非常相似，故一并在此介绍。

一、分布与危害

种蝇为世界性害虫，国内各省区都有分布。葱蝇在欧洲、北美、北非、朝鲜、日本都有记载，国内分布也比较广，以北部和中部较多。萝卜蝇在日本、欧洲及北美洲都有分布，国内主要在华北、北部、东北、西北、内蒙古和新疆等地。小萝卜蝇在日本，西欧有记载，国内仅局限于东北北部的克山以北地区。韭蛆在我国华北、华东、西北等地都有发生，但以华北发生最重。种蝇为多食性害虫，能危害葫芦科、豆科、百合科、黍科和十字花科蔬菜以及棉花、玉米、麻类、薯类等多种农作物，主要以幼虫危害播种后的种子、幼根和地下茎。种子受害后不能发芽，危害地下茎时，常钻入茎内向上蛀食，以致幼苗不能出土或整苗枯死，成株期危害常在根部蛀食。

葱蝇为寡食性害虫，只危害百合科植物，以大蒜、洋葱和葱受害比较严重，有时也危害韭菜。主要以幼虫群集于植物的鳞茎中蛀食为害，严重时不仅可以蛀空鳞茎，同时还能导致鳞茎腐烂，地上部分叶片枯黄，萎蔫甚至整体死亡。韭菜受害后常出现缺苗断垄甚至全田毁种。

萝卜蝇和小萝卜蝇均为寡食性害虫，仅危害十字花科蔬菜，以白菜和萝卜受害最重。危害白菜时，幼虫先在白菜上取食周围的菜帮，然后向下蛀食，食害菜根或钻入包心，蛀食菜心，轻者植株发育不良，畸形或脱帮，重者不堪食用。危害萝卜时，不仅可以取食表面，留下大量不规则弯曲的虫道，也可以钻入皮内蛀食块根，留下虫道并引起腐烂。

韭菜迟眼蕈蚊主要危害韭菜和大蒜。以幼虫聚集危害韭菜叶鞘、幼芽和鳞茎，引起鳞茎腐烂，叶片枯死。轻者造成缺苗断垄，重者全田毁灭。危害大蒜时幼虫聚集在大蒜根部和根茎部为害，偶尔还可钻入鳞茎。被害蒜皮呈黄褐色，蒜根腐烂，蒜头被幼虫蛀成空洞，残缺不全。蒜瓣裸露、炸裂，地上部植株矮化，叶片失绿，变软呈倒伏状，严重受害的整株枯死。

根蛆类因为能够传播白菜软腐病，往往还会造成比直接危害更为严重的间接损失。

二、识别特征

（一）种蝇（图 10-5）

成虫体长 4～6mm，灰黄色。雄虫两复眼间几乎在单眼三角区的前方相接；触角芒较触角全长为长。前翅基背毛极短小，长不及盾间沟后的背中毛之半。后足胫节的内下方，有稠密、末端稍曲等长的短毛。胸部背面有 3 条明显的黑色纵纹。腹部各节背面中央整个贯穿 1 条黑色纵纹。雌虫复眼间距约为头宽的 1/3，中足胫节的外上方生有 1 根刚毛。卵长椭圆形，长约 1.6mm，透明而带白色。老熟幼虫体长 8～10mm，乳白色略带黄色。头部极小，腹部末端有 7 对不分叉的肉质突起，第 1 对与第 2 对突起等高，第 5 对与第 6 对几乎等长。蛹长 4～5mm，宽约 1.8mm，圆筒形，黄褐色，两端略带黑色，前端稍扁平，后端圆形也有 7 对突起。

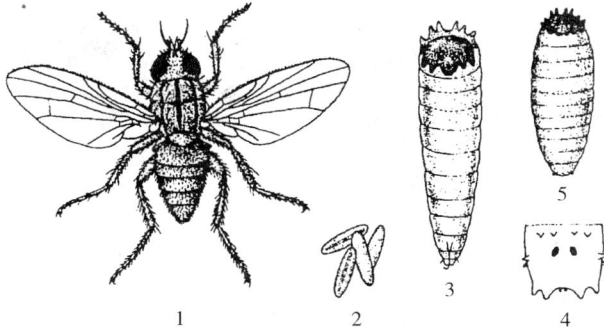

图 10－5 种蝇的形态特征
1. 成虫 2. 卵 3. 幼虫 4. 幼虫腹部末端 5 蛹

（二）几种地蛆分种检索表

1. 成虫

（1）前翅基背毛发达，几乎和背中毛一样长；雄虫两腹眼间额带的最狭部分比中单眼的宽度大 ·· 2

前翅基背毛极小，不及背中毛的 1/2；雄虫两腹眼间额带的最狭部分比中单眼的宽度小 ··· 3

（2）雄虫后足腿节下方全部生有一列稀疏的长毛；雌虫腹部灰黄色，没有斑纹 ·· 萝卜蝇

雄虫后足腿节下方只近末端部分有长毛；雌虫腹部灰色，有暗褐色纵条纹 ·· 小萝卜蝇

（3）雄虫后足胫节内下方中央占全长 1/3～1/2 有稀疏而等长的长毛；雌虫中足胫节上外方有 2 根刚毛 ··· 种蝇

2. 老熟幼虫

（1）腹部末端有 6 对突起，第 5 对或第 6 对分成 2 叉 ···························· 2

腹部末端有 7 对突起，均不分叉；第 7 对极小，有时靠近腹面，从上面看不见 ······ 3

（2）第 5 对突起很大，分为很深的 2 ·· 萝卜蝇

第 6 对分为很浅的 2 叉 ·· 小萝卜蝇

（3）第 1 对突起在第 2 对的上侧，第 6 对比第 5 对稍大 ···················· 葱蝇

第 1 对突起与第 2 对在同一高度，第 6 对和第 5 对一样大 ·············· 种蝇

（三）韭蛆（图 10－6）

成虫体长 2.4～4mm，翅展 2.4～5.5mm，体黑褐色，头部小，复眼很大，被微毛，在头顶由眼桥使 1 对复眼左右相遇，单眼 3 个，触角丝状，16 节。胸部隆起向前突出，足细长、褐色，胫节末端有 2 个距。前翅淡烟色，脉褐色；后翅退化为平衡棒。腹部细长，8 或 9 节；雄虫外生殖器较大且突出，末端有 1 对抱握器；雌虫尾尖细，末端有分 2 节的尾须。卵椭圆形，乳白色，长 0.24mm，宽 0.17mm，孵化前变白色透明状。幼虫老熟时

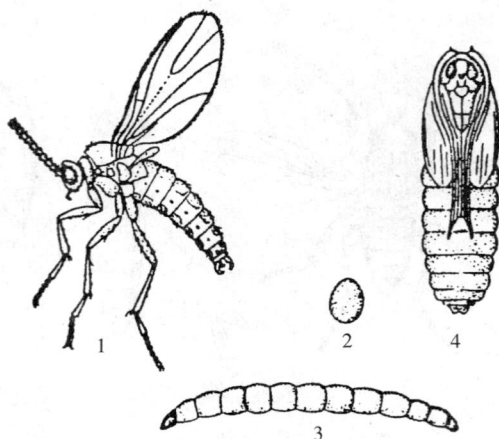

图 10-6　韭蛆的形态特征

1. 成虫　2. 卵　3. 幼虫　4. 蛹

体长 6～7mm，头漆黑色，体白色，无足。裸蛹，头黄铜色有光泽。体初为黄白色，后变为黄褐色，羽化前呈灰黑色，尾端黄铜色，无光泽。

三、发生规律

（一）种蝇

在黑龙江 1 年 2 或 3 代、华北 1 年 3 或 4 代、陕西 1 年 4 代、江西和湖南 1 年 5 或 6 代，以蛹在土中越冬。在华北越冬代成虫春季 4 月上、中旬开始发生，4 月下旬至 5 月上旬为成虫交配产卵盛期。第 1 代幼虫发生期在 5 月上、中旬至 6 月上旬，主要危害白菜、甘蓝、黄瓜幼苗及豆类蔬菜刚播下的种子；第 2 代幼虫发生期在 6 月下旬至 7 月中旬，主要危害洋葱、韭菜、蒜类等；第 3 代幼虫发生期在 9 月下旬至 10 月中旬，主要危害洋葱、韭菜、大白菜、秋萝卜等。10 月下旬以后老熟幼虫潜入 7cm 土层中化蛹越冬。1 年中以春季第 1 代幼虫发生数量最多，夏季最少。江西南昌成虫于 1 月份开始羽化，3 月份始见幼虫为害，3 月下旬至 5 月上旬是危害盛期，而后渐轻，有的年份在 9～10 月份可见第 4 代幼虫为害。

（二）葱蝇

在甘肃 1 年 2 代、山东 1 年 3 代，以蛹在韭菜、葱等寄主植物根际土中越冬。在甘肃越冬蛹于 3 月下旬开始羽化，4 月中、下旬至 5 月上旬是羽化盛期。在山东栖霞第 1 代幼虫发生盛期在 5 月上、中旬，第 2 代幼虫发生盛期在 6 月上旬至中旬，这 2 代主要在大蒜上连续为害，6 月下旬大蒜收获后，幼虫在 5～10cm 深处化蛹越夏，8 月下旬至 9 月上旬越冬蛹开始羽化，成虫交配后在韭菜、葱苗上产卵，10 月上、中旬为第 3 代幼虫发生盛期，10 月下旬至 11 月上旬开始化蛹越冬。

（三）萝卜蝇

各地均 1 年 1 代，以蛹在受害植株附近 3～4cm 深的土中越冬。危害盛期在 9 月中、下旬。

种蝇和葱蝇成虫白天活动。早晚多潜伏在土块缝隙中，以上午 10 时至下午 2 时活动最盛。晴朗干燥天气特别活跃，而在阴雨活动性较小。萝卜蝇喜欢在日出前后及日落前或阴天活动。3 种成虫产卵前均取食花蜜和蜜露，对腐烂的有机质有很强的趋性，因此凡有机肥腐熟不够或施肥不当，粪肥撒露在土面时，便可诱集成虫大量产卵，但葱蝇对葱属植物的特有气味趋性很强。卵多产于比较潮湿的有机肥料附近的土缝下。

种蝇卵期 2～4 天，幼虫在 15℃～25℃时历期为 7～16 天，蛹期约 20 天。葱蝇卵期 3～5 天，幼虫期 17～18 天，蛹期 14 天左右。萝卜蝇卵期 4～7 天，幼虫期 35～40 天，蛹期较长。达数月之久。幼虫均为 3 龄，孵化后即钻入刚播下的种子里，食害胚乳，1 粒种子可以有根蛆 10 余头，或钻入作物的幼根嫩茎为害。幼虫老熟后在被害株附近入土约 7.5cm 化蛹。

种蝇发育适宜温度为 15℃～25℃，对高温敏感，当气温高于 35℃会使卵和幼虫大量死亡。种蝇成虫和幼虫喜生活在潮湿的环境里，以土壤含水量 35％左右适宜。葱蝇一般喜干燥，温暖、较干旱的地区危害严重。萝卜蝇在较潮湿的环境跳下发生重，施肥量大，且肥料未熟的菜园有利于 3 种地蛆的发生。

（四）韭蛆

在黄淮流域 1 年 6 或 7 代，以幼虫在韭菜假茎基部及根际附近 3～4cm 深入土中越冬。每年 4～6 月份和 9～10 月份两个阶段危害严重。

成虫不取食，羽化后很快分散至地表交尾产卵，产卵趋向隐蔽场所，多产于土缝、植株基部和土块下，平均每次产卵量 100 粒左右。初孵幼虫大多向下，向内移动，以近地面的烂叶、伤口及寄生含水分高的部位先受害。该虫属半腐生性害虫，即使寄主叶片腐烂成泥状，仍能取食和正常地发育，幼虫可集中取食寄主某一部位，随伤口的腐烂由浅入深。昼夜均可取食，有群集性和转株危害性，怕光，终生栖息在寄主地下部为害。在露地韭菜中，幼虫大多分布于离地面 2～3cm 处，在温室大棚以 4cm 处分布最多。老熟幼虫多离开寄主到浅土层内做薄茧化蛹。该虫喜阴湿怕干，凡地面作物覆盖度大，又处于郁闭状态的田块虫量大，危害重。此外，施用未经腐熟的有机肥，特别是饼肥之类易招致该虫为害，施肥量愈大发生愈重。

四、预测预报

目前对种蝇类尚无统一测报方法，有的采用测成虫的方法，有的则采用测卵的办法，这里介绍根据趋化性诱测成虫的方法。

1. 诱测时间

一般是从成虫始见期开始，至成虫末期过后为止。选择有代表性的菜地 1～2 块设诱蝇器 2～4 个。

2. 诱剂配方

按糖：醋：水之比为 1：1：2.5 的比例混合液，加入少量敌百虫拌匀。诱蝇器用直径约 16cm 的大碗、小盆均可。事先在容器内放入一些锯末，再把诱蝇剂倒在锯末上，加盖即成。每天在成虫活动盛期开盖，如萝卜蝇为下午 3 时，次日早 8 时以前取回诱测到的成虫。韭蝇在上午 9～11 时，下午 4 时后取回，并重新盖好盖子，以防诱剂挥发。诱剂每隔

5 天加半量, 10 天换 1 次。如遇天气炎热, 蒸发量大时, 应随时补充诱剂。每天将诱集到的成虫拿到室内, 鉴定种类及雌雄比例。当雌雄比接近 1∶1 或成虫数量突然增多时, 即为成虫的盛发期, 应立即进行防治。

五、综合防治方法

1. 农业防治

①不施用未经腐熟的粪肥和饼肥。施肥时做到均匀、深施、种肥隔离。也可在施肥后立即覆土或在粪肥中拌入一定量具有触杀和熏蒸作用的药剂。作物生长期内不要追施稀粪。蒜在烂拇子前, 随浇水追施氨水 2 次, 可减轻危害。②选用无虫韭根, 瓜类、豆类在播种前进行催芽处理, 大蒜精选壮种, 播种时剥去蒜皮, 以缩短烂拇子期, 减轻危害。在地蛆发生地块, 必要时大水漫灌, 抑制地蛆活动或淹死部分幼虫。大水浸灌对种蝇和葱蝇有效, 但对萝卜蝇无效。

2. 药剂防治

在作物播种或定植前, 可用 90% 晶体敌百虫 2.25kg、40% 甲基异柳磷乳油 2.25L、40% 毒死蜱乳油 3L 或 50% 辛硫磷乳油 3L 拌细土 750kg, 配成毒土, 或每公顷用 3% 米乐尔颗粒剂 60kg 或 5% 益舒宝颗粒剂 30kg 喷洒入播种沟内。在作物生长期内, 当幼虫刚开始发生危害、田间发生个别虫害株时, 每公顷用 900mL 灌根。也可在成虫发生盛期用上述任一液剂或 2.5% 溴氰菊酯乳油 $300mL/hm^2$, 在植株周围地面和根际附近喷洒, 隔 7~10 天再喷 1 次, 喷 2 或 3 次。

第六节 白 蚁

白蚁是等翅目昆虫的通称, 全世界已知种类有 3000 种左右, 我国已知种类有 400 多种。在我国广布于长江以南地区, 某些种类延伸至华北及东北的辽宁等地。有木栖、土木两栖和土栖性 3 类。危害园林植物的主要有土白蚁属 Odontotermes、大白蚁属 Macrotermes、乳白蚁属 Coptotermes、散白蚁属 Reticulitermes 等许多种类。在白蚁的食谱中, 纤维占有重要的地位, 对促进自然界生态系统的物质循环起了重要的作用, 但同时也危害江河堤坝、房屋建筑、通信设施以及农林作物和园艺植物。能蛀食多种大田作物、经济作物、林木、果树和种苗。现以黑翅土白蚁 Odontotermes formosanus (Shiraki) 为例进行介绍。

一、分布与危害

黑翅土白蚁属于白蚁科, 土白蚁属。国内在北纬 35°以南都有分布, 是破坏水库堤坝、危害农林作物的主要白蚁, 也是危害园林植物最严重的白蚁种类之一。其工蚁食性很杂, 主要危害这些树木的树干、树皮, 造成树木尤其是幼苗的死亡。除危害马尾松、杉、洋槐、榆桉、樟、橡胶等林木外, 还可危害栗、桃、柑橘等果树以及黄杨、玉兰等花卉苗木。黑翅土白蚁对甘蔗等经济作物更是能造成严重的危害。

二、识别特征

白蚁为小型至中型昆虫，白色柔软。头大，前口式。口器咀嚼式，上颚很发达。触角念球状。具有多态型，有大翅、短翅、无翅等情形，有翅成虫翅狭长且前后翅相似，不用时平放在腹部上，能自基部特有的横缝脱落。足的跗节 4 或 5 节，有 2 爪。尾须短，1～8 节。黑翅土白蚁的识别特征可参照表 10-7 和图 10-7。

表 10-7　黑翅土白蚁的主要识别特征

有翅成虫	兵蚁	工蚁
头背面及胸、腹部背面为黑褐色，腹面为棕黄色，上唇前半部橙红色，后半部淡橙色，中间有 1 条白色横纹，上唇前缘呈白色透明，翅黑褐色。全身有浓密的毛。头圆形，复眼单眼为椭圆形。触角 19 节。前胸背板中央有一淡色"＋"字形斑，其两侧各有一圆形淡色点。翅长大，前翅鳞略大于后翅鳞	头暗黄色，腹部淡黄至灰白。头卵圆形，长大于宽，额部短粗，前段狭窄，略突向腹面。上颚镰刀状，上唇舌形，上唇沿侧边有 1 列直立的长刚毛，触角 16 或 17 节。前胸背板元宝形，前部和后部在两侧交角处各有一斜向后方的裂沟，前、后缘中央有明显的凹刻	头黄色，胸、腹部灰白，头侧缘与后缘连成圆弧形，囟孔位于头顶中央，呈小圆形凹坑，后唇基显著隆起，长等于宽之半，中央有纵缝，触角 17 节

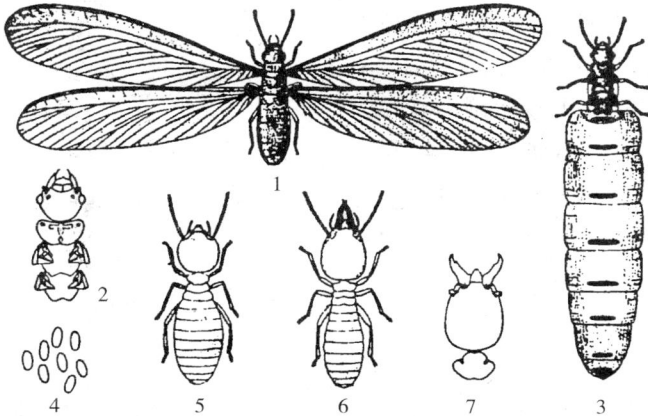

图 10-7　黑翅土白蚁的形态特征
1. 有翅成虫　2. 有翅成虫的头和胸部　3. 蚁后
4. 卵　5. 工蚁　6. 兵蚁　7. 兵蚁的头和胸部

三、发生规律

黑翅土白蚁的成熟群体中有蚁王、蚁后、工蚁、兵蚁和繁殖蚁等各种不同的品级类型，多为 1 王 1 后，也可 1 王 2 或 3 后。品级分化及生活史如图 10-8 所示。

白蚁营社会性生活，有较复杂的"社会"组织和分工，群体通常由工蚁、兵蚁和繁殖

蚁所组成。在群体中担负取食、筑巢、饲喂等工作的为工蚁，约占群体80％以上。兵蚁专司捍卫群体，约5％，少数种类缺兵蚁。原始繁殖蚁通常1对，俗称蚁王和蚁后，专司交配产卵，不少种类还有补充型繁殖蚁。白蚁筑巢和活动以阴暗之处居多。个体之间有相互清洁身体的习性。

黑翅土白蚁成熟群体每年4～6月份分飞，分群期自南而北推迟，多发生于傍晚、天气闷热或伴随雷阵雨天气。分飞前工蚁筑分群孔，外形呈不规则的圆锥形小土堆。一个群体分飞的有翅成蚁总数可达数千过万。分飞后片刻即降落地面，多数脱翅，雌雄配对后寻找合适的地点建立新群体。

黑翅土白蚁的巢为土栖性蚁巢。初建巢时期称"无菌圃期"，一般配对后4个月开始建菌圃，后来发展为"单菌圃期"，进一步发展为"多菌圃期"，然后出现"繁殖蚁"。成熟群蚁所在的总数可达200万～300万。黑翅土白蚁能在菌圃中培养真菌供群体食用，长出地面的子实体叫鸡枞菌 *Termitornyces albuminosus*（Berk）Heim。在死亡菌圃上能长出鹿角菌（炭棒菌）*Xylaria nigripes*（Klotz）。

图10-8 黑翅土白蚁品级分化及生活史

四、防治方法

长期的白蚁防治实践表明，控制环境、降低蚁害发生率，是白蚁防治工作的一个重要内容，也是最有效、最经济与最根本的防治方法。具体防治措施归纳起来有以下5个方面。

1. 植物检疫

等翅目昆虫6个科中有2个科（木白蚁科 Kalotermitidae 和鼻白蚁科 Rhinotermitidae）的某些种类容易传播蔓延为害。因此，林木的调运应事先做好检疫工作，通过检查有无蛀孔、泥路以及排泄物等检疫措施，确定无蚁害后才能调运，以防白蚁扩散为害。

2. 诱杀成虫

利用成虫的趋光性，用诱杀灯诱杀，也可在发现白蚁分飞时进行药杀。

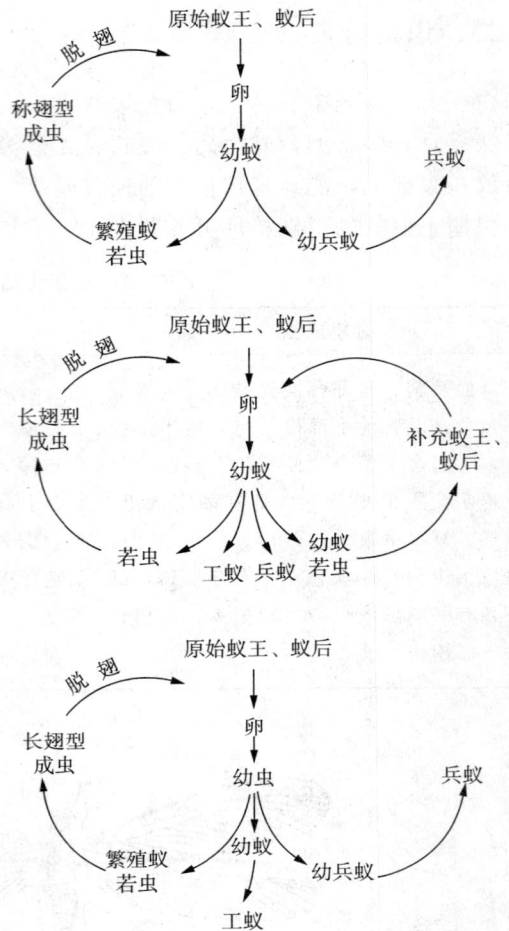

3. 农业防治

栽种白蚁不喜食的树种。林木的抗蚁性与林木的密度、木质素含量以及内容物有关。如苦楝、红椿等含有对多种昆虫有驱避、拒食及抑制生长发育的有效成分，具有较强的抗蚁蛀蚀的能力。另外，采用多树种或多种园林植物的混栽，尽量避免造纯林。

4. 生物防治

保护白蚁天敌，利用天敌控制蚁害。这些天敌有蟾蜍、蜥蜴、蝙蝠、穿山甲等捕食性的脊椎动物，也有蜘蛛、隐翅虫、步甲等节肢动物，同时一些螨类、线虫以及病原微生物对白蚁也有一定的控制作用。

5. 化学防治

有土壤处理、植株预防处理、直接喷粉、喷液处理和诱杀处理等多种处理措施。常用的药剂有氯聚酯、氰戊菊酯和辛硫磷等。诱杀处理具体做法为：在白蚁活动的主路、取食蚁路、泥被、泥线及分飞孔投放毒饵（引诱材料中加入 0.5%～1% 的药剂），对灭治土栖型白蚁的效果甚佳。效果的关键在于引诱材料的引诱力，引诱材料种类很多，以糖、甘蔗渣、蕨类植物、松花粉等较理想。若将这些引诱材料进行发酵处理，如经密褐褶孔菌感染后，引诱效果将明显提高，也可以在工蚁取食活动的主路喷粉，多施药，利用工蚁的交哺（喂食）行为，达到杀灭白蚁群体的目的。用于诱杀的药剂应具慢性毒性，一些昆虫生长调节剂类药剂、灭幼脲 3 号、卡死克、抑太保、氟铃脲、阿维菌素、灭幼保和双氧威等已开始应用于白蚁防治中。

五、其他常见园林白蚁（表 10-8）

表 10-8　其他常见的园林白蚁

害虫种类	发生概况
黄翅大白蚁 *Macrotermes barneyi*（Light）	为土栖性白蚁。主要巢居由大、小菌圃所组成。白蚁品级极为分化，除有长翅繁殖蚁外，兵蚁和工蚁均分为大、小二型。我国长江以南各省区有分布。危害农林作物和园林植物
台湾乳白蚁 *Coptotermes formosanus*（Shiraki）	为土木两栖性白蚁，成熟群体的有翅成虫每年 4～6 月份的黄昏分飞，配对后定居筑巢，巢有主副之分，巢居于地上或地下。有长翅型和短翅型的繁殖蚁，兵蚁的头前额中央的囟孔遇敌时分泌乳状液体。国内分布于淮河流域以南的省区，国外分布于北美、南非及亚洲大部。能取食多种作物和果树
黄胸散白蚁 *Reticulitermes speratus*（Rolbe）	为土木两栖性白蚁。有翅成虫通常在巢居中过冬，在第 2 年的 3～4 月份如遇气温和气压合适分飞，时间多在中午前后。无定型的蚁巢。群内很难见到原始的蚁王、蚁后，而短翅型和无翅型补充蚁后相当普遍。国内分布于长江以南的许多省区。危害果茶林木等

第七节 蟋蟀类害虫

蟋蟀类害虫在我国久有发生，春秋时代的《诗经》和西汉的《尔雅》《方言》等史籍中均曾提到蟋蟀。蟋蟀别名油葫芦、促织，北方俗称蛐蛐。属直翅目、蟋蟀科。我国蟋蟀已知有 40 余种。危害蔬菜、果树和花卉的常见蟋蟀有大蟋蟀 *Brachytrupes portentosus* (Lichtenstein)、北京油葫芦 *Teleogryllus emma* （Ohmachi & Matsumura）、大扁头蟋 *Loxoblemmus donitxi* （Stein）、斗蟋 *Velarifictorus micado* （Saussure）、长颚斗蟋 *Velarifictorus aspersus* （Walker）等。

一、分布与危害

北京油葫芦在我国南北均有分布，尤以华北地区发生重，是造成危害的主要种类；大扁头蟋和斗蟋分布于山东、河北、河南和江苏等地；大蟋蟀为明显的南方性害虫。

蟋蟀以成、若虫危害果树、林木及花卉，在土下危害各类植物的根部，在地面食害小苗，切断嫩茎，也会咬食寄主植物的茎叶、花荚和果实。

二、识别特征

（一）北京油葫芦

成虫体长 22～25mm。体背黑褐色，有光泽。腹面为黄褐色。头顶黑色，复眼周围及颜面土黄色。前胸背板黑褐色，隐约可见 1 对深褐色月牙形纹，中胸腹板后缘中央有小切口。

前翅淡褐色有光泽，后翅端部纵折露出腹末很长，形如尾须。后足胫节有距 6 个，具刺 6 对。产卵器甚长，褐色，微曲。卵长 2.5～4mm，略呈长筒形，两端微尖，乳白色，微黄，表面光滑。若虫共 6 龄，成虫若长 21～22mm。体背面深褐色，前胸背板月牙形明显。雌若虫产卵管较长，露出尾端。

（二）大蟋蟀（图 10-9）

成虫体长 30～40mm，暗褐色或褐棕色。头部半圆，较前胸宽；复眼间具"Y"形纵沟；触角丝状，约与身体等长。前胸背板前方膨大，尤以雄虫为甚，前缘后凹呈弧形，背板中央有一细纵沟，两侧各有一近三角形斑纹。后足腿节粗壮，胫节背方有粗刺 2 列，每列 4 个。腹部尾须长而稍大。雌虫产卵管短于尾须。卵长约 4.5mm，近圆筒形，稍有弯曲，两端钝圆，表面光滑，浅黄色。若虫共 7 龄，外形与成虫相似，但体色较浅，随龄期增长体色逐渐变深。2 龄后出现翅芽，体长与翅芽随龄期而增长。

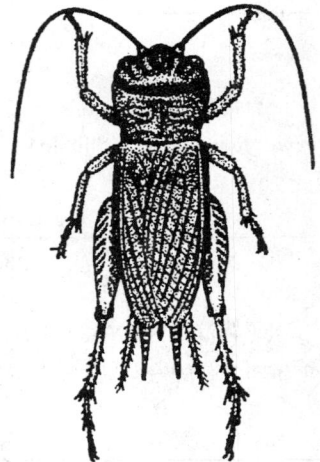

图 10-9 大蟋蟀成虫

三、发生规律

（一）北京油葫芦

1年1代，以卵在土中越冬。在山东、河北、陕西等省，越冬卵从4月底或5月初开始孵化，5月份为若虫出土盛期，6月中、下旬进入3龄盛期，立秋后进入成虫盛期，9月至10月上、中旬为产卵盛期，10月中、下旬以后，成虫陆续消亡。安徽淮北一带越冬卵于5月中旬孵化，9月上、中旬为成虫发生盛期，9月中旬左右成虫开始产卵；江苏常州、无锡8～9月份发生严重。

成虫白天隐藏，夜间外出觅食交配，尤以午夜前后活动最盛。成虫对黑灯光具有较强的趋光性，对萎蔫的杨树枝叶、泡桐叶等亦有较强趋性。成虫有多次交配习性，交配采用背负式，雌上雄下。卵多产在成虫经常活动的场所，以杂草郁闭的地头、田埂等处落卵量多；在没有植被覆盖的裸地很少产卵。产下的卵不结块，常四五粒成堆，入土深度2～3cm；产在地表的卵不能孵化。若虫6龄，低龄若虫昼夜均能活动，4龄后白天隐藏，夜间为害。成、若成虫均喜群栖。

（二）大蟋蟀

大蟋蟀1年1代，以3～5龄若虫在土穴内越冬。越冬若虫于次年3月份开始大量活动，3～5月份出土为害幼苗。5～6月份成虫陆续出现，7月份为成虫羽化盛期，9月份为产卵盛期，10～11月份若虫常出土为害，12月初若虫开始越冬。

此虫为穴居性害虫，昼伏夜出，喜欢在疏松地营造土穴生活，除交配期和初孵若虫外，多独居，一穴一虫。雌虫产卵于穴底，常30～40粒1堆。每头雌虫约产卵500粒以上，卵经15～30日孵化。初孵若虫群栖于母穴中，取食母虫预贮的食料，数日后分散营造洞穴独居。天黑后出外咬食近地面的植物幼嫩部分，并拖回穴内嚼食，平均每5～7天出穴一次，以晴天雨后出穴最盛。雄虫性好斗，常于黄昏时振翅高鸣求偶。大蟋蟀性喜干燥，多发生于沙壤土或沙土、植被疏松或裸露、阳光充足的地方，潮湿壤土或黏土很少发生。

四、综合防治方法

1. 农业防治

秋季深耕30cm，冬、春灌一般能降低卵孵化率85%以上。

2. 诱杀防治

（1）利用蟋蟀成虫的趋光性，用黑光灯诱杀。

（2）利用蟋蟀喜栖于薄层草堆下的习性，厚度为10～20cm的小草堆按5m一行、3m一堆均匀地摆放在田间，次日揭草集中捕杀，若在草堆下放些毒饵效果会更好。

3. 药剂防治

（1）毒饵。用90%晶体敌百虫50g，加水5kg，拌入炒香的棉籽饼或麦麸5kg配成毒饵，于闷热的傍晚顺垄撒施。

（2）毒土。每公顷用50%辛硫酸乳油750～900mL，拌细土1125kg，撒入田中。

（3）喷雾。每公顷可用 40％甲基异柳磷乳油 900mL 或 20％氰戊菊酯乳油 450mL。用药适宜采用封锁式，即从田块四周开始，向田中心推进，使外逃的蟋蟀也能触药而死。药剂防治的重点应放在作物的幼苗期和某些特殊环境，作物封垄后施药往往很难收到预期的效果。

思考题

1. 我国机场常见地下害虫有哪几类？地下害虫的危害有何特点？

2. 你们当地机场地下害虫有哪些种类？如何根据主要地下害虫发生情况制定综合治理措施？

3. 试述蛴螬危害的季节性与周期性现象，并分析其原因？

第十一章　机场螨类害虫

第一节　螨类的基本知识

螨类隶属节肢动物门，蛛形纲（Arachnida）的蜱螨亚纲。据估计，蜱螨亚纲的种类大约有 50 万种，在农业上最重要的害螨是叶螨类群，其次是细须螨、瘿螨和跗线螨等。螨类与同属节肢动物门的蛛形纲蜘蛛亚纲、昆虫纲有许多相似的地方，它们之间的区别见表 11-1。

表 11-1　蛛形纲蜘蛛、蜱螨亚纲与昆虫纲的区别

特征	昆虫纲	蜘蛛纲	
		蜘蛛	蜱螨
体躯	分头、胸、腹 3 部分	分头、胸和腹 2 部分	头、胸、腹合一
腹节	有明显节	无明显节	无明显节
触角	有触角，与口器无关	无触角，有螯枝为口器附肢	无触角
眼	有单眼和复眼	只有单眼	有的有单眼
口器	咀嚼和吸收口器	吮吸口器	吮吸口器
足	成虫 3 对	成蛛 4 对	成螨 4 对
翅	多数有翅 2 对或 1 对	无翅	无翅
纺器	无纺器，纺足目除外	成蛛有复杂纺器	无纺器

一、形态特征（图 11-1）

螨类体形微小，在 0.1～2mm 之间，近圆形或椭圆形，分节不明显。身体由颚体部及躯体两部分构成。颚体相当于昆虫的头部，具有口器，口器上由 1 对螯肢、1 须肢（颚肢）及口下板组成。躯体部分分为前足体（足Ⅰ、Ⅱ着生部位）、后足体（足Ⅲ、Ⅳ着生部位）及末体（足Ⅴ后的体段）。前足体及后足体似昆虫的胸部，生有 4 对足（或 2 对足），足一般由 6 节构成，即基节、转节、腿节、膝节、胫节和跗节，跗节末端 1 爪、2 爪或无爪。末体似昆虫的腹部，肛门和生殖孔一般开口于末体的腹面。

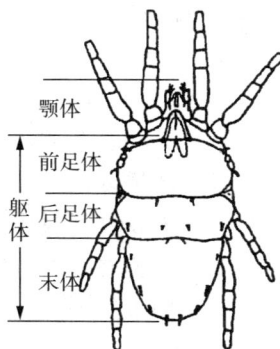

图 11-1　螨类体躯分段
（短须螨属）

此外，身体上还有许多刚毛，均有一定的位置和名称，常作为鉴定种类的依据。大多数螨类躯体呈囊状，叶螨科的许多雄螨体呈菱形，细须螨科背腹高度扁平，瘿螨科呈蠕虫状。

二、生物学特性

螨类分布极为广泛。其食性也非常复杂，有植食性的、捕食性的、寄生性的、菌食性的和腐食性的。与园艺植物关系最密切的是植食性螨类，它们不但吮吸植物汁液，对作物造成危害，而且有些螨类还能传播植物病毒（如瘿螨）和病原真菌（如穗螨），给农业生产造成更大的损失。捕食性和寄生性螨类是害螨天敌，能有效抑制害螨的种群数量。腐食性和菌食性螨类以植物碎片、苔藓和真菌为食，参与了自然界的物质循环。因为螨类的生境不同，所以其生物学特性是多种多样的。

螨类的生殖方式有两性生殖、孤雌生殖和卵胎生。两性生殖的后代，通常雌性比例比较大。螨类的孤雌生殖有 2 种情况：产雌单性生殖和产雄单性生殖。营卵胎生的种类，其从母体产下的可以是幼螨、若螨、休眠体或成螨。螨类的个体发育因种类而异。叶螨一般要经过卵、幼螨、第 1 若螨、第 2 若螨和成螨 5 个时期。

大多数雌螨一生仅交配 1 次，少数可交配多次。螨类的卵有单粒的、成小堆的或成块的，有白色、乳白色、绿色、橙色或红色。大多数螨类的卵产在它们取食的寄主植物上，如叶螨产卵在叶脉附近，而越冬卵则产于枝条上或树干的裂隙当中。

螨类在植株上和植株间的主动迁移是通过爬行来完成的。而被动传播主要是通过：①凭借蛛丝，串连下垂，随风飘荡；②随气流传至高空，做远距离传播；③漂浮在缓慢的水面上，或附着在落叶上，漂至远方；④附着在其他物体上（包括昆虫、人、畜和各种农具）被携带传播；⑤随苗木、果实和花卉的运输做远距离传播。

三、农业上主要的螨类

危害果树、蔬菜及园林花卉植物的害螨多为蜱螨亚纲 Acari，真螨目 Acariformes，叶螨总科、跗线螨总科及瘿螨总科中的种类，而捕食性螨类多属于植绥螨总科。以下是重要科的介绍。

（一）叶螨科（Tetranychidae）

属叶螨总科。成螨体长在 0.4~0.6mm 之间。圆形或椭圆形。体色多为红色、绿色、黄绿色、黄色及褐色等。表皮柔软，背面无盾板。螯肢特化为口针和口针鞘，须肢 6 节，具有拇爪复合体结构。气门沟发达，末端有各种形状。成、若螨具有足 4 对，幼螨足 3 对。足Ⅰ、Ⅱ跗节上有双毛。爪和爪间突上有或无粘毛。雌、雄异型，雌螨末体圆钝，雄体末体尖削。

叶螨是重要的植食性害螨，可危害瓜类、豆类、茄子、十字花科等蔬菜，还危害多种花卉、果树、林木及其他农作物，通常在叶背吸取植物汁液，有些种类在叶面上吐丝结网。该科重要的种类有：朱砂叶螨、二斑叶螨、山楂叶螨、柑橘全爪螨、苹果全爪螨、截形叶螨、麦岩螨和果苔螨等。

（二）细须螨科（Tenuipalpidae）

属叶螨总科。成螨体长 0.2~0.3mm，背面观呈卵形、梨形或菌形，体扁平。体色多呈深红色。体壁骨化较强，背面常有纹饰。须肢 0~5 节，无爪，无拇爪复合体。前足体前缘多数有喙盾（一对薄膜状突起）。成、若螨具足 4 对，幼螨 3 对，个别种类成螨只有 3 对足。足粗短，有横皱。雌、雄异型，雌螨后半体完整，而雄螨有横缝将其分为后足体和末体 2 部分。

细须螨危害各种果树及绿化观赏植物，该科均为植食性，其重要种类有：丽新须螨、卵形短须螨、合肥埃须螨、柿细须螨等。

（三）瘿螨科（Eriophyidae）

属瘿螨总科。体微小，肉眼不易观察。躯体高度特化，呈蛆形，仅前足体上有 2 对足，后半体上有许多横向的表面环纹。喙的大小多种多样，常较小。即使喙大，其口针仍短。雌螨生殖盖通常有肋。

瘿螨大多发生在多年植物上，寄主高度专化。危害多种果树、花卉和绿化行道树，多在叶、芽或果实上吸取汁液，常形成畸形或形成虫瘿，并且能传播植物病毒病。常见的种类有葡萄瘿螨、柑橘瘿螨和梨瘿螨等。

（四）跗线螨科（Tarsonemidae）

属跗线螨总科。成螨体长 0.1～0.3mm，椭圆形，有分节痕迹。螯肢小，针状，须肢小。雌螨前足体背面有假气门器，雄螨无。Ⅱ～Ⅳ跗节爪间突为宽阔膜质垫。雌螨Ⅳ跗节有长鞭状毛，无爪和膜质间突，雄螨Ⅵ足粗大。

该科中有许多种类为植食性害螨，如侧多食跗线螨可危害多种蔬菜和果树林木。

第二节　叶　螨

叶螨是对集中于植物叶片取食、危害的叶螨科 Tetranychidae 螨类总科。我国危害机场植物的叶螨种类很多，其中主要危害仁果类、核果类果树的有：山楂叶螨 *Tetranychuas viennensis*（Zacher）、苹果全爪螨 *Panonychus ulmi*（Koch）、二斑叶螨 *Tetranychus urticae*（Koch）、李始叶螨 *Eotetranychus pruni*（Oudemans）、果苔螨 *Bryobia rubrioculus*（Scheuten）等。危害柑橘的主要有：柑橘全爪螨 *Panonychus citri*（McGregor）、柑橘始叶螨 *Eotetranychus kankitus*（Ehara）、六点始叶螨 *Eotetranychus sexmaculatus*（Riley）等。危害各类蔬菜、花卉、果树林木的有：朱砂叶螨 *Tetranychus cinnabarinus*（Boisduval）、二斑叶螨 *Tetranychus urticae*（Koch）、截形叶螨 *Tetranychus truncates*（Ehara）等。

一、分布与危害

二斑叶螨、朱砂叶螨、山楂叶螨、苹果全爪螨和果苔螨均属世界性分布的害螨。国内早期的记载多认为朱砂叶螨主要分布在南方温热地区，但近十多年来，在我国华北广大地区和西北部分地区，都有危害大田作物、枣、柑橘、蔬菜和花卉的报道。二斑叶螨广泛分布在南、北方，但在北方地区的发生和危害程度远大于南方。山楂叶螨、苹果全爪螨和果苔螨主要分布在北方果区，而且在不同地区或同一地区不同时期的优势种群不尽相同。

20 世纪 50 年代以来，甘肃、陕西的果树害螨优势种群出现了 4 次明显的变化：60～70 年代初期，果树害螨以果苔螨为主；70 年代以后果苔螨数量不断减少，山楂叶螨逐渐上升为优势种，后期在化学农药使用量较大的果园，苹果全爪螨的种群数量开始上升；80～90 年代

初，苹果全爪螨在部分果园的数量随农药使用的增多而急剧上升，不同果园间山楂叶螨与苹果全爪螨互为优势种，大部分地区由苹果全爪螨取代山楂叶螨而成为优势种；90年代以来，随着果树种植面积和数量的不断增大，品种的更新以及大量广谱、触杀性农药的推广和不合理使用，二斑叶螨的种群数量和分布范围也迅速扩大，很快取代山楂叶螨和苹果全爪螨，成为许多地区果园害螨的优势种群。山东、河北、北京等地3种害螨种群的演替规律也有类似的趋势。江宁、安徽、新疆等地也都有二斑叶螨大面积严重危害苹果的报道。

柑橘全爪螨是一个世界范围分布的害螨。国内遍布全国各柑橘产地，是各地柑橘害螨的优势种。

二斑叶螨的寄主植物有50余科200多种，包括各种瓜类、豆类等蔬菜，桃、杏、梨、李、苹果、柑橘、樱桃、柠檬等果树，各种花卉以及油菜、棉花、高粱、小麦、玉米等大田作物，近年来在甘肃还发现能严重危害啤酒花。朱砂叶螨的寄主也很杂，主要有辣椒、番茄、茄子、瓜类、豆类等蔬菜，桑、蔷薇、月季、金银花、中国槐、草莓、柑橘、枣、山桃等果树花卉及棉花、玉米等大田作物。山楂叶螨则主要危害苹果、梨、桃、杏、山楂、核桃、樱桃等，也可以危害槐、枫等多种林树。苹果全爪螨主要危害苹果、梨、葡萄、海棠、桃、李、杏、山楂、核桃、粟和草莓等。

各种叶螨均以成螨和幼、若螨集中在果树或蔬菜的叶芽和叶片刺吸汁液，大发生的年份或季节也可以危害果实。果树芽严重受害后，不能继续发育甚至死亡；叶片受害初期，常呈现失绿的小斑点，随后逐渐扩大成片，以至整片叶焦黄而提早脱落。影响当年果品的产量和质量，甚至严重影响次年的产量。苹果全爪螨为害后，叶面多变为银灰色，组织增厚变脆，但一般不造成提早落叶。朱砂叶螨危害蔬菜后，受害叶开始表现为白色小斑点，后褪绿变为黄白色，叶片变红、干枯、脱落，甚至整株枯死；茄果受害，果皮变粗，影响品质。

二、形态特征（图11-2，表11-2，表11-3）

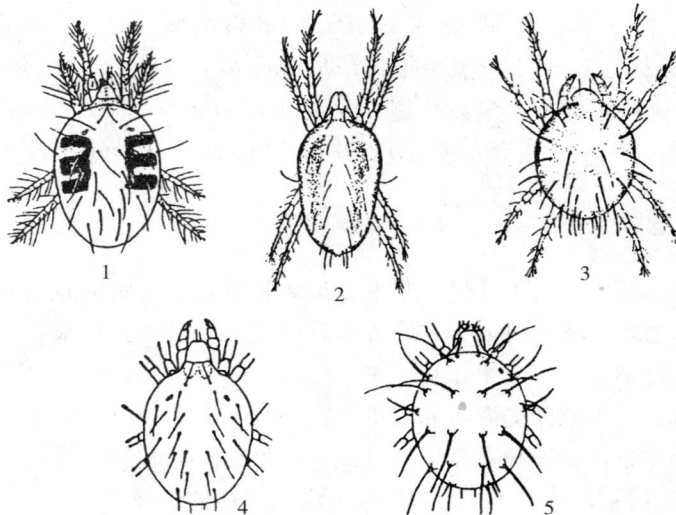

图11-2 5种重要叶螨的成螨的形态特征
1. 二斑叶螨 2. 山楂叶螨 3. 苹果全爪螨 4. 朱砂叶螨 5. 柑橘全爪螨

表 11-2　朱砂叶螨和二斑叶螨的主要识别特征

	虫态	二斑叶螨	朱砂叶螨
雌成螨	体色	夏型黄绿色，体背两侧有黑色斑，越冬型色斑消失，橙黄或橘红色	夏型黄绿色或红色，体背两侧有黑色斑
	后半体背面	表皮纹突呈半月形，高小于宽	表皮纹突呈三角形，高大于宽
	足1茎节毛数	10	10～13
雄成螨	足1茎节	无感毛	有1～3根感毛
	阴茎端锤	两侧突起尖锐，背缘呈弧形	背缘呈钝角，远侧突较尖利，近侧突圆钝
卵		淡黄色	橙红色

表 11-3　5 种叶螨主要识别特征

	虫态	苹果全爪螨	柑橘全爪螨	山楂叶螨	李始叶螨	果台螨
雌成螨	体形	半卵圆形，体背隆起	广卵圆形，体背隆起	椭圆形，体背隆起	长椭圆形	卵圆形，扁平，体背边缘有缘饰，前端有4个明显的叶突，上各生1毛
	体色	红褐色，取食后成褐红色	紫红色	越冬型鲜红色，夏型雌成螨深红色	淡黄色，活动期背面有3或4块黑斑	深红色，取食后变成褐红色至黑绿色
	背刚毛	粗长，生在黄白色毛瘤上	粗长，生在红色的毛瘤上	细长，不生在毛瘤上	细长，不生在毛瘤上	16对，扁平，叶片状
	气门沟	端部膨大呈不规则小球状	端部膨大呈不规则小球状	端膝膨大，圆囊状，分隔成数室	末端有1或2个小室膨大，弯曲成钩状	端部膨大呈圆柱状，较小
卵		表面有放射状细凹陷，有刚毛状卵柄	卵柄上端有10～20条呈散射状伸展的细丝	表面光滑，无柄	表面光滑，无柄	表面光滑，无柄

三、发生规律

（一）二斑叶螨

在南方1年20代以上，北方1年7～15代。在北方地区以受精雌成螨在枝干树皮裂缝、粗皮下、剪锯口翘皮内及树干基部周围土缝、残枝落叶下，或杂草根际等处吐丝结网，潜伏越冬。越冬雌成螨在北方3月中旬至4月上、中旬开始出蛰；南方在2月下旬至

3月上旬即可出蛰。据天水市果树所调查,越冬雌成螨于当地3月中旬陆续出蛰,3月中、下旬(25～31日)达出蛰盛期,4月初(元帅系苹果初花前1周)出蛰结束,此期绝大部分越冬雌成螨已经出蛰上树,但尚未产卵,是该螨早春化学防治的第1个关键时期;越冬代雌成螨于4月中旬(15日)、元帅苹果幼叶未展、花序初露期开始产卵;5月中旬早产的1代卵已经孵化甚至发育为雌成螨,但尚未产卵,后期产的卵也大都孵化或发育为幼、若螨,是春季化学防治的第2个有利时期;5月中、下旬主要集中于近树中央的内膛为害;6月份逐渐向冠中和外围扩散;7～8月份为危害盛期,期间冠中和外围的螨口密度明显大于近中央干处,外围叶片受害更加严重;9月份二斑叶螨的雌成螨陆续开始越冬;至11月下旬完全进入越冬态。

在山东,二斑叶螨的越冬雌成螨当日平均气温10℃左右时(3月下旬至4月中旬)开始出蛰,4月中旬至5月中旬为缓慢增殖期,主要集中在树体内膛为害;麦收前后(6月上旬至7月上、中旬)为扩散蔓延期,此时随温度的升高种群密度急剧上升,由内膛向外扩散为害,内膛叶片受害严重;7月下旬至8月中旬(安徽砀山在7月上旬至8月下旬)猖獗发生,是全年的危害高峰期,期间如遇高温干旱的天气,更有利于其繁殖为害;高峰期过后,随气温的逐渐下降,种群数量明显衰退,危害随之减轻;9月下旬以后陆续进入越冬场所,10月份后出现越冬态。

二斑叶螨有吐丝结网的习性。一般都集中在叶背、丝网下栖息为害,大发生的年份或季节,成螨也可以转向叶面、叶柄、果柄、嫩棉铃及其他绿色部分为害。二斑叶螨既可两性生殖,也可营孤雌生殖。雌螨交尾后半天就可以产卵,卵多单产,多产于叶背主脉两侧或丝网下,螨口密度大时,也能产于叶表、花萼、叶柄和果柄上。单雌产卵量50～150粒。平均日产卵量5.7粒。

二斑叶螨的发育起点温度为7℃,完成一个世代需要的有效积温为99日度,发育最适温区为25℃～31℃,相对湿度为35%～55%,高温干燥是其猖獗发生的生态条件。低温短日照和食料条件恶化会引致其产生滞育,影响其年世代数。

(二)山楂叶螨

山楂叶螨的越冬螨态、场所和早春药剂防治的关键时期与二斑叶螨基本相同。年世代数因地而异。在北方果区一般为1年3～13代,如辽宁1年3～6代,河北1年3～7代,河南1年12～13代,在甘肃的天水、兰州等地为1年6或7代,河西地区1年3～5代。越冬雌成螨在日平均气温9℃～10℃、苹果花芽膨大期开始出蛰(华北、西北地区约3月下旬到4月上旬),当芽开绽、露出绿顶时,即转到芽上为害,苹果展叶后便转向叶片上为害。展叶到花序分离、初花期(西北地区约为4月下旬前后,华北地区约为4月中旬前后)是出蛰盛期。越冬雌螨出蛰盛期至产卵前是早春化学防治的第1关键时期。雌螨危害嫩叶7～8天后就开始产卵,盛花期前后产卵最多,落花后1周左右卵基本孵化完毕,出现第一代幼、若螨和尚未产卵的雌成螨,而且发生比较集中,是该螨防治的第2关键时期。此后各代世代重叠现象严重,很难达到理想防效。早期若不及时控制,进入高温季节后,很容易形成全年的危害高峰。8～10月份产生越冬型成螨。

(三)苹果全爪螨

年世代数因地而异,辽宁兴城1年6或7代,山东莱阳1年4～8代,河北昌黎1年9

代，西北地区 1 年 7 或 8 代。以滞育卵在 2～4 年生的小枝条、短枝和果苔上越冬，大发生的年份在大枝条的背阴面也会有大量越冬卵。据辽宁兴城观察，越冬卵的孵化时期与"国光"苹果的花序分离期或"元帅"苹果的花蕾变色期相吻合，苹果开花前基本结束。由于越冬卵的孵化集中，所以是苹果全爪螨早春防治的第 1 关键时期。越冬代成螨的发生期与元帅品种的花期基本一致。即始花期（5 月上旬初）为盛发期，盛花期（5 月中旬前后）达高峰，终花期（5 月下旬初）发生量下降，5 月底 6 月初基本结束。盛花期始见第 1代卵，花后 1 周左右（5 月底 6 月初），1 代卵大部分孵化，并有一部分刚到成螨，但尚未产卵，此时为第 2 个防治适期。此后，世代重叠，危害也越来越严重，药剂防治更困难。全年危害最重的时期为 7～8 月份。8 月中、下旬至 9 月上旬左右，随着营养条件的恶化和光周期的变化而陆续出现冬雌，开始产卵越冬。

苹果全爪螨的幼、若螨和雄螨多在叶背活动、取食，雌成螨则多在叶面。一般不吐丝结网，只有当叶片螨量很大、营养恶化时才吐丝下坠，借助风力扩散。叶片受害后背面的害状不明显，常在叶面出现失绿点，除非受害特别严重外，一般不造成提早落叶。

（四）柑橘全爪螨

在年平均气温 20℃的地区，1 年 20 年代，18℃地区 1 年 16 或 17 代，15℃地区 1 年12～15 代，陕西 1 年 12～14 代，四川绵阳 1 年 15 代。世代重叠，多以卵和成螨在叶背及枝条裂缝内越冬，南方无明显越冬现象。

种群数量的消长因地而异：在广东以夏、秋梢生长阶段危害较重。四川（江津、巴县）则在春梢抽发期危害较重。陕西（汉中）以春、秋两季发生最重，即 3 月份螨口数量开始增长，4～5 月份春梢期种群数量达到高峰，并开始从 1～2 年生的老叶向春梢上的嫩叶转移为害，1 个月左右便会成灾。6 月份螨口密度开始下降，7～8 月份高温季节的数量很少。秋季 9～10 月份随气温的降低，种群数量又复上升，严重危害秋梢。

在 20℃～25℃范围内，各螨态的发育历期随温度的升高而缩短。卵的发育起点温度为8.2℃，有效积温 109.6 日度，发育和繁殖的较适宜温度为 20℃～28℃。在 25℃、相对湿度 85％时，卵期为 6.5 天，幼螨期 2.5 天，前若螨 2.5 天，后若螨 3 天，成螨产卵前期1.5 天，世代历期约 16 天。在温度 30℃、相对湿度 85％时，卵期为 5 天，幼螨期 2.5 天，前若螨 2 天，后若螨 2 天，成螨产卵前期 1.5 天，完成 1 代需要 13～14 天。

柑橘全爪螨大多营两性生殖，也可营孤雌生殖。雌成螨出现后即可交尾，单雌产卵量31.7～62.9 粒。春季世代的产卵量大于秋季世代，夏季世代产卵量最少。柑橘全爪螨在叶片的正反两面都可以栖息为害，但静止和蜕皮则多在叶背边缘及其主脉两侧。卵多散产于叶片正反面、果实及嫩枝上，但以叶背主脉两侧最多。春梢出现前，主要危害 2 年生梢的叶片，春梢伸展后，便从老叶迁往嫩叶为害。

（五）朱砂叶螨

在长江中下游地区 1 年 18～20 代，以雌成螨及其他虫态群集在蚕豆、冬绿肥、杂草上、土缝内、菜田枯枝落叶下及桑、槐树皮裂缝内越冬。温室、大棚内的蔬菜苗圃也是重要的越冬场所。越冬期间气温上升，仍能活动取食。翌年平均气温上升至 5℃～7℃时（2月下旬至 3 月上旬）便开始活动，先在越冬或早春寄主上繁殖 2 代，4 月中、下旬开始转移到茄子、辣椒、瓜类等蔬菜上为害。初为点片发生，后以受害株为中心，靠爬行或吐丝

下垂借风雨扩散传播。

　　该螨繁殖力强，除两性生殖外，还具产雄孤雌生殖现象。雌螨一生只交配1次，雄螨可多次交配。交配后1～3天雌螨即可产卵。卵散产，多产于叶背面，一生平均可产卵50～100粒。卵孵化时卵壳裂开，幼螨爬出，先在叶背取食，蜕皮后为第1若螨；雄螨再次蜕皮为成螨，雌螨第2次蜕皮后即为第2若螨；再经一次蜕皮方变为成螨，即雌成螨有2个若螨期，而雄螨只有1个若螨期。

　　朱砂叶螨发育起点温度为10.49℃，完成1个世代的有效积温为163.25日度，不同温度下的发育历期见表11-4。

表11-4　不同温度下朱砂叶螨的发育历期

温度/℃	卵/天	幼螨/天	若螨/天	产卵前期/天	全世代/天
18	7.2	3.0	5.3	2.4	17.9
22	6.7	3.0	5.3	2.0	17.9
26	4.1	1.7	3.0	1.0	9.8
29	3.7	1.7	2.7	1.1	8.7
32	3.3	1.6	2.7	1.1	8.7
35	2.1	1.4	1.9	1.3	6.7

四、影响叶螨发生的主要因子

　　叶螨的猖獗发生是多种因子综合作用的结果，根据各地多年来的研究证明，影响叶螨种群数量消长的主要因子是：

（一）叶螨本身的生物学特性

　　叶螨类世代历期短，年世代数多，繁殖力强，发育速度快，环境适应力强，抗药性产生和发展的速度快，是引起猖獗发生的内因。

（二）气候条件

　　除柑橘全爪螨外，二斑叶螨、山楂叶螨、苹果全爪螨、朱砂叶螨等较耐高温、喜高温干旱的特点，使严重危害均发生在夏季7～8月份。如朱砾叶螨的最适温度为29℃～31℃，适宜相对湿度为35%～55%，此条件下完成1代只需8～9天。雨水也是影响这些叶螨种群数量的重要因素，增加田间湿度能使虫口数量下降，每年5次蜕皮，7月份降雨多，可抑制其发生。

（三）农药的干扰

　　近年来的研究证明，农药的干扰是导致叶螨优势种群变化和猖獗发生的主要原因。究其根源主要有：首先广谱性农药（如有机氯、有机磷以及菊酯类杀虫、杀螨剂）的长期使用，杀伤大量天敌，解除了害螨的自然控制因子，破坏了果园和菜园中昆虫群落的结构，使其生态系统平衡失调，导致叶螨的种群数量得以不断积累，一旦条件适宜，种群数量便会迅速上升导致猖獗危害。其次有些药剂对叶螨还具有刺激发育和生殖的作用。有研究表明：三氟氯氰菊酯和甲氰菊酯不同浓度处理二斑叶螨若螨后，其成螨寿命延长，产卵量和卵孵化率提高；杀螨王 LC_{50} 剂量处理桃叶对山楂叶螨雌成螨的生殖具有显著的刺激作用，产卵量是对照组的 1.95 倍。农药的干扰还表现在叶螨对某些农药产生抗性甚至交互抗性，山楂叶螨和苹果全爪螨对克螨特、灭扫利、氧化乐果、对硫磷、菊酯类等产生抗性的同时，对其他一些有机磷、菊酯类杀虫、杀螨剂产生了交互抗性。为了达到控制害虫的目的，农民往往盲目地提高施药浓度，增加施药次数，结果适得其反，更加促进了抗性种群的发展和种群数量的迅速扩大，增加成灾的频率。

（四）寄主植物

叶螨的繁殖力与寄主植物种类、生长发育阶段、受害组织中 N、P、K 等的含量有直接关系。二斑叶螨、苹果全爪螨的繁殖力随苹果叶片中氮、磷量的增加而增强。柑橘全爪螨在柑橘树上的分布常随枝梢的抽发而转移，新梢、嫩叶对其生长和繁殖有利。栽培条件改善，植株生长茂盛，营养条件好，有利于叶螨的繁殖。但是在蔬菜上，则植株越老朱砂叶螨危害越重，长势差的通常受害重，因此可增施速效肥减轻危害。

五、预测预报

（一）山楂叶螨、二斑叶螨越冬雌成螨出蛰调查

在有代表性的果园内选择 3 株被害较重的树，每株标定 10 个内膛顶芽，逐一挂牌编号。从越冬雌虫出蛰开始，每天观察 1 次爬上芽的雌螨数量，并挑除芽上的雌螨。当发现有雌螨开始上芽时，立即发出出蛰预报。上芽雌螨数量剧增时（一般在苹果开花后 1 周），发出出蛰盛期预报，并立即组织防治。

（二）越冬卵孵化调查

选择有代表性果园的易感品种（红香蕉、红星、国光等）或主栽品种，标定不少于 500 粒的越冬卵。用针挑除灰白色的死卵，周围涂以虫胶或凡士林，以免孵化幼螨爬失。从越冬卵孵化开始，每天观察 1 次，直至孵化结束。每次检查时，将已孵化的幼螨挑除，按下式计算孵化率和累计孵化率：

$$日孵化率 = \frac{调查日前孵化幼螨数}{标定卵数} \times 100\%$$

$$累计孵化率 = 日孵化率 + 调查日前孵化率$$

进入孵化盛期后立即发出预报，并组织防治。

六、防治技术

防治叶螨应从果园和菜园生态应全局考虑，贯彻"预防为主，综合防治"的方针，采取必要措施，合理使用农药，保护、利用天敌，充分发挥生态系统的自然控制作用，将害螨的危害控制在造成经济损失的水平之下。

1. 农业防治

在果园结合刮病斑，刮除翘皮下的雌成螨；刷除、擦除树上越冬成螨或卵。在害螨进入越冬态后挖除或在早春害螨出蛰前用土埋压距树干 0.3～0.6m 范围内的表土。二斑叶螨、朱砂叶螨严重危害的田块或果园，可通过铲除田园内或地边的部分杂草，减少越冬雌

成螨的数量。

2．绿化保护和利用自然天敌资源

在果园种植藿香蓟、油菜、紫花苜蓿等显花植物，为天敌的繁衍提供潜所和补充食料，提高天敌对害螨的自然控制效果。有条件的地区，可人工繁殖释放捕食螨或其他天敌。

3．药剂防治

（1）果树休眠期防治。果树发芽前喷 5％蒽油乳剂、3°～5°Be 石硫合剂，对控制山楂叶螨的越冬雌螨效果很好。喷 0.04％氯杀乳剂、0.7％ K‑6451 乳剂对杀越冬卵的效果很好。

（2）花前、花后防治。掌握关键时期，降低早期螨量基数，控制后期猖獗。山楂叶螨、李始叶螨、二斑叶螨的防治关键期是：①越冬雌虫出蛰期，掌握在大部分越冬雌成螨已经上树，但产卵之前。华北地区约在 4 月中旬前后（苹果花序分离至初花期，花前 1 周左右）；②当年第 1 代卵孵化盛期，绝大部分卵已经孵化，有的虽已经发育为成螨，但尚未产卵之前（花落后 1 周左右），为了防止少数尚未孵化的卵继续孵化，此期防治的药剂最好选择兼有杀成、若螨和杀卵作用的药剂。

苹果全爪螨应掌握：①越冬卵孵化盛期（花前 1 周左右），约 5 月上旬。②第 1 代卵孵化盛期（落花后 1 周左右），约 5 月底。选用对天敌较安全，杀成、幼若螨作用强，低温型或对温度不太敏感的药剂，如 1.8％阿维菌素乳油 750～1500mL/hm^2、5％霸螨灵（唑螨酯）悬浮剂 300～450mL/hm^2、10％螨即死（喹螨特）乳油 225～300mL/hm^2、25％三唑锡可湿性粉剂 600～900mL/hm^2 或 20％杀螨酯可湿性粉剂 600～900mL/hm^2 等。

（3）生长期防治。6 月下旬至 7 月份，甚至到 8 月份，是叶螨繁殖最快的时期，为了避免叶螨猖獗，应根据虫情及时进行防治。此期防治的药剂要求除有杀幼、若螨作用外，最好还具有杀卵作用。除上述农药外还可选用下列药剂：50％阿波罗悬浮剂 150～180mL/hm^2、5％卡死克悬浮剂 450～900mL/hm^2、5％尼索朗乳油 450～600mL/hm^2、73％克螨乳油 300～450mL/hm^2、20％复方浏阳霉素乳油 600～900mL/hm^2 和 20％双甲脒乳油 600～900mL/hm^2 等。

七、其他常见叶螨（表 11‑5）

表 11‑5　其他常见叶螨

害虫	发生概况	防治要点
截形叶螨	我国大部分地区都有分布，北方危害较南方广泛而严重。寄主种类很多，主要危害瓜类、豆类及其他蔬菜和花卉。在关中灌区年发生 12 或 13 代，陕西 13 或 14 代，陕北 9～10 代，以雌成螨吐丝结网聚集在向阳的玉米、茄秆等枯枝落叶内、杂草根际、树皮和土壤裂缝内过冬。7 月中旬至 8 月下旬是危害高峰及防治的关键时期。在 7～8 月份极端高湿出现时间短的年份，害螨种群数量大，危害重	区域连片种植，清除田间杂草，培肥地力，促进玉米发育，并结合追肥根施涕灭威有效成分 200g/hm^2，5％尼索朗乳油 1～1.15L/hm^2

（续表）

害虫	发生概况	防治要点
李始叶螨	主要危害梨树和苹果。20 世纪 70～80 年代是甘肃省河西地区苹果树害螨的优势种。在甘肃酒泉 7 或 9 代，以雌成螨在果树翘皮、树缝、树冠下、土壤缝隙、石块下越冬。7 月上旬至 8 月中旬为为害盛期。高温低湿有利其发育繁殖，遇风雨或惊扰时藏于叶腋等处	同二斑叶螨和山楂叶螨
柑橘始叶螨	四川 1 年 20 代，以卵和雌成螨在树冠内膛下部叶片的背面越冬，在卷叶蛾危害造成的卷叶中螨口较多。4 月份春梢伸展后即转向春梢危害叶片，4～5 月份为危害盛期。6 月份后螨口密度急剧下降，10 月份后又出现短暂的危害高峰。主要危害秋梢叶片	参考柑橘全爪螨
果苔螨	主要危害苹果、桃、槟子和梨等。1 年 3～7 代，以卵在枝条阴面，枝杈间以及果台、枝叶痕、剪口等处越冬。苹果树发芽时，越冬卵开始孵化，落花后基本孵化完毕。全年发生危害盛期在 6～7 月份，性极活泼，多在叶片正面为害，无结网习性。孤雌生殖	同苹果全爪螨，防治适期较苹果全爪螨晚 1 周左右

第三节　瘿螨

瘿螨属于真螨目，瘿螨总科，是仅次于叶螨的重要螨类，中国已记录的有 180 多种，对于园艺植物造成严重危害的种类有柑橘锈螨 *Phyllocoptruta oleivora*（Ashmead）、柑橘瘤螨 *Eriphyes sheldoni*（Ewing）、荔枝瘤瘿螨 *Aceria litchii*（Keifer）、枣顶冠瘿螨 *Tegolophus zizyphagus*（Keifer）和梨瘿螨 *Eriophyes pyri*（Pagenstecher）等，下面重点介绍柑橘锈螨。

一、分布与危害

柑橘锈螨属蛛形纲，真螨目，瘿螨科，又名橘锈螨、柑橘锈蜘蛛、锈壁虱、橘皱叶刺瘿螨等。柑橘锈螨在国外分布于南北美洲、澳洲、叙利亚、菲律宾、日本、夏威夷和苏联。国内分布于四川、云南、贵州、广西、广东、湖南、湖北、江西、福建、台湾、浙江、江苏、海南等省区。

柑橘锈螨仅危害柑橘类植物，除对个别品种如金柑危害轻外，对其他品种如柑、橘、橙、柠檬危害严重，近年来对山田柚的危害非常严重。以成若螨在叶背、嫩枝及果面吸汁为害。严重时，叶片大量黄落；果实受害后，果面粗糙变黑褐色，果肉酸度增加，影响产量和质量。

二、识别特征（图 11-3）

成螨体长 0.1～0.2mm。前端大，后端小，形似胡萝卜或楔形，体色淡黄至浅橙色。头胸部背面光滑，体前端足 2 对；腹部背面环纹 28 节，腹面 56 节。腹末有一对长毛。卵圆球形，表面光滑，灰白色，半透明。若螨形似成螨，但体较小。腹部光滑，环纹不明显，尾端尖细，有足 2 对。第 1 若螨灰白色，第 2 若螨淡黄色。

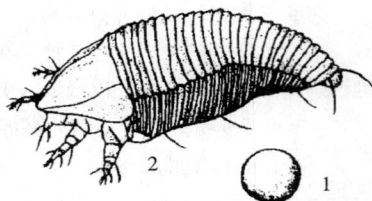

图 11-3　柑橘诱螨的形态特征
1. 卵　2. 成螨

三、发生规律

柑橘锈螨的发育经过卵、第 1 若螨、第 2 若螨和成螨等阶段。发生世代多，世代重叠。浙江黄岩年发生 1 年 18 代，湖南 1 年 18～20 代，福建龙溪 1 年 24 代，台湾 1 年 30 代。在四川、浙江等较北柑橘区，以成螨在秋梢的腋芽、卷叶内或花果的萼片下越冬，在福建以各种螨态在绿色枝条上越冬，而在广东无越冬现象。

柑橘锈螨喜荫蔽，常栖息于叶背或果的阴面。数量多时才上阳面。内膛嫩梢和果上数量较多。该螨营孤雌生殖，产卵于叶背或果面凹陷处。平均每次产卵 14 粒，最多可产 35 粒。可借助果和苗的运输传播，也可靠工具的重复使用或其他生物传播。

浙江黄岩越冬螨 3 月中旬开始产卵繁殖，5 月上旬起移至新梢，6 月下旬开始上果，7～9 月份发生严重。湖南 5 月上旬危害春梢，5 月下旬至 6 月上旬上果为害，7～8 月份危害严重。福建龙溪 4 月初上梢，5 月上旬上果，7 月达到高峰，并延至 9 月上旬。广州 1 年 2 个发生高峰，第 1 高峰 4～6 月份，第 2 高峰是 8 月下旬至 10 月下旬，9 月上、中旬黑皮果迅速增加。

柑橘锈螨最适温度为 28℃左右，相对湿度 70%～80%，高温干旱有利于此螨的生长繁殖。因此，夏、秋两季危害严重。橘园的栽培管理对柑橘锈螨的种群消长也有很大影响，土壤干旱、管理粗放、树林衰弱，害螨发生较重。相反，橘园内橘树生长茂盛、覆盖率高、水分充足，螨害较轻。天旱时适当灌溉与施肥可减轻危害。天敌对柑橘锈螨也有较强的控制作用，特别是多毛菌和具瘤神蕊螨。在高温多雨的季节，多毛菌的寄生率很高。若果园经常使用波尔多液，柑橘锈螨会大发生。在广东 4～5 月份及 11～12 月份，具瘤神蕊螨在少用药的果园中数量很多，一叶可有数十头（包括卵），能控制柑橘锈螨的危害。

四、预报方法

选上年柑橘锈螨发生严重的柑橘园做观察点，每点定 3～5 株，从 4 月份开始检查梢叶和果实，每隔 7～10 天查 1 次，在发生高峰期，5 天查 1 次。每株树冠下部和内部取叶 10～20 片和果 10～20 个，用 10 倍手持放大镜在叶背中脉附近和果面检查 3～5 视野，当 20% 的叶片和果实有螨，或平均每个视野有螨 2 或 3 头，应进行防治。

五、防治方法

1. 农业防治

增强柑橘园的肥水管理，增强树势，提高其补偿能力，减少损失。

2. 生物防治

在多毛菌发生流行的多雨季节，不宜使用波尔多液等铜素杀菌剂防病，保护多毛菌。在高温多雨季节，可用多毛菌粉剂或引入具瘤神蕊螨等天敌进行防治。

3. 药剂防治

在螨量达到防治指标时喷药防治，并采用由下向上的喷药方法。常用的药剂有：20%双甲脒乳油 $450 \sim 750 \text{mL/hm}^2$、73%克螨特乳油 $450 \sim 600 \text{mL/hm}^2$、95%机油乳剂 $5.6 \sim 7.5 \text{L/hm}^2$、50%托尔克可湿性粉剂 $0.75 \sim 1.10 \text{kg/hm}^2$、5%唑螨酯悬乳剂 $450 \sim 900 \text{mL/hm}^2$ 等。

六、其他常见瘿螨（表 11-6）

表 11-6　其他常见瘿螨

种类	发生概况	防治要点
柑橘瘤螨	主要分布于云南、贵州、四川、广西、湖南、湖北及陕西的部分地区。在柑橘腋芽、花芽、花苞、花萼、嫩枝、叶柄、嫩叶和果柄等部位为害，形成胡椒状的螨瘿。1 年多代，以成螨在瘿内越冬。3～4 月份成螨从老螨瘿中爬出，集中到春芽和春梢上为害，形成新螨瘿。5～6 月份繁殖迅速，数天就能完成 1 个世代。新老瘿内都有螨，数量多。5 月份以后极少新螨，一般不危害夏秋梢	① 植物检疫；②剪除严重螨枝；③越冬成螨离瘿时药剂防治
荔枝瘿螨	分布于云南、广西、广东、福建、海南和台湾等省区。危害荔枝和龙眼。1 年多代，世代重叠，无明显的越冬现象。春梢萌发后即上新梢为害，也危害花穗和小果。为害后产生毛瘿，先灰白色，渐转黄褐色，后转为深褐色。多在叶背为害，叶面很少。4 月中旬后渐多，5～6 月份危害最重。茂密、通风透光差的植株受害严重；树冠内部和下部受害严重；荔枝不同品种受害程度有差异，品种和荔受害严重，其次糖驳、灵山香荔等。丁香、糯米糍、桂味、大造等受害轻。冬暖翌年发生严重	①剪除受害梢，特别是受害冬梢；②药剂防治：在春梢萌芽或初出现灰白色毛瘿时防治最佳
枣顶冠瘿螨	分布于河北、河南、山东和江苏等省。危害枣树嫩芽、叶、花蕾、花及果实的绿色部分。受害后叶片灰白、增厚、卷曲、变脆，引起早落、花蕾干枯、果有锈斑或脱落。1 年 9 或 10 代。以成螨在枣芽鳞片间越冬。以两性生殖为主，也营产雄孤雌生殖。4 月下旬为出蛰期，5～6 月上旬为初发期。6 月中旬至 7 月中旬为盛发期，平均每叶 130 多头，多的达 500～600 头。7 月中旬至 10 月中旬渐少，后转入越冬。喜温怕热，树冠内层数量多。多雨年份发生轻，反之则重	①剪除受害严重的弱枝条；②药剂防治：防治指标为 0.6 头/叶。防治适期在 5 月下旬枣树开花前

（续表）

种类	发生概况	防治要点
梨瘿螨	分布于东北、华北、西北以及华东部分地区。寄主有梨、苹果和山楂。危害嫩叶，严重时也危害叶柄、幼果和果梗等。1 年多代，以成螨在芽鳞下越冬。越冬成螨于春季梨叶展开后，从气孔进入叶内为害。5 月上旬开始出现疱疹，5 月中下旬发生最重，7 月高温季节危害减轻。9 月份出瘿寻找越冬场所	① 剪除受害严重的叶片；② 药剂防治：在花芽期用药防治

第四节　其他螨类

一、侧多食跗线螨

（一）分布与危害

侧多食跗线螨 *Polyphagotarsonemus latus* （Banks）俗名茶黄螨，属蜱螨目、跗线螨科。为世界性大害螨，各大洲均有分布。国内分布于北京、江苏、安徽、浙江、湖北、四川、贵州、台湾等地。寄主植物约有 30 多科 70 多种植物，主要有辣椒、茄子、马铃薯、番茄、豆类、瓜类、萝卜、蕹菜、芹菜等，此外还有茶、柑橘、烟草及菊属的多种观赏植物。以辣椒、茄子等蔬菜和茶树受害最重。随着北方保护地蔬菜的发展，该虫危害日趋严重，已成为北方保护地和露地蔬菜生产中的重要害螨。

茶黄螨以成、若螨群集在嫩尖、花和幼果等较幼嫩的部位刺吸为害，因此又称"嫩叶螨"。受害叶片变硬、变脆，呈现油质光泽或油浸状。当叶片背面灰褐或黄褐，叶片边缘向下卷曲，嫩茎、嫩枝、嫩花、蕾变为黄褐色、木质化，顶部干枯时，危害已相当严重。茄子受害后表面木栓化、龟裂，呈开花馒头状。番茄受害后，叶片变窄，僵硬直立，皱缩或扭曲畸形。黄瓜受害后，叶片边缘卷曲，稍重时叶片变为黄褐色、浅褐色。

（二）识别特征

成螨体长 0.19～0.21mm，雌螨略大，体区阔卵形，淡黄色至橙黄色，半透明，有光泽。身体分节不明显，体背有 1 条纵向白带。腹部末端平截，足 4 对，较短，第 4 对足纤细，其跗节末有端毛和亚端毛。雄螨体近似六角形，腹部末端为圆锥形。足较长而粗壮，第 3、4 对足的基节相连。第 4 对足胫、跗节细长，向内侧弯曲，远端 1/3 处有 1 根特别长的鞭毛，爪退化为纽扣状。卵椭圆形，长约 0.1mm，无色透明，表面具有纵向排列的 5～6 行白色的瘤状突起。幼螨近椭圆形，淡绿色，体背有一白色纵带，躯体明显分 3 节，近若螨时分节逐渐消失。足 3 对。腹部末端渐尖，具 1 对刚毛。若螨菱形，半透明，被幼螨的表皮所包围。雄若螨瘦细尖长，雌若螨较为丰满。

（三）发生规律

在南方露地 1 年 25～30 代，以雌成螨在避风的寄主植物的卷叶中、芽心、芽鳞内和叶柄的缝隙中越冬，冬暖地区及北方温室可周年繁殖为害，世代重叠严重，在北方京津等地的露地不能越冬，冬季主要在设施保护地中继续繁殖为害与越冬。在北方保护地内，一般每年5月份开始活动为害，6月下旬至9月中旬为盛发期。露地蔬菜6月份开始发生，7~9月份危害最重，10月份以后逐渐进入越冬状态。茄子受害发生裂果高峰在8月中旬至9月上旬。在湖南，茶黄螨5月上旬辣椒移栽定植后即陆续迁入；5月中、下旬田间出现第1次危害高峰，但此时多呈点片发生；6月中、下旬出现第2次危害高峰，为全年主要危害时期；7月份高温干旱对其发生不利，但在雨水较好，温度适宜的年份，7月中旬仍可见第3次盛发危害；8月份一旦伏旱解除，随着降雨，辣椒抽发大量新梢，于8月中、下旬出现第4次盛发危害，发生量仅次于第2次高峰。茶黄螨繁殖很快，在夏季高温情况下约5天就可繁殖一代。在田间主要靠风传播，但成螨爬行也很敏捷，在田间往往先形成中心被害点，然后向四周扩散。

茶黄螨有强烈的趋嫩性，尤其喜在嫩叶背面和果实的凹坑处。初孵幼螨不太活动，常停留在卵壳附近取食，随个体的生长，活动力逐渐增强，变为成螨前停止取食，静止不动，即为若螨阶段。茶黄螨完成一个世代通常只要5~7天，其中卵2~3天，幼螨期1~2天，若螨期一般只有半天至1天。茶黄螨以两性生殖为主，也能进行产雄孤雌生殖。

湿温度是影响茶黄螨种群消长的主要因子之一，适宜温度为28℃~30℃、相对湿度＞80％。茶黄螨喜潮湿环境条件，高湿对幼螨和若螨生存皆有利，因此保护地有利于其发生，危害严重。

（四）防治方法

1. 减少虫源

铲除田间、地边杂草，蔬菜收获后及时清除枯枝落叶，进行高温堆肥或集中烧毁；狠抓温室、大棚内的防治，在温室中，可用溴甲烷或敌敌畏熏蒸，杀死幼螨和成螨；温室和大棚蔬菜收获后，及时清除枯枝落叶，集中烧毁，防止茶黄螨向露地蔬菜转移。

2. 药剂防治

茶黄螨生活周期较短，繁殖力极强，应特别注意早期防治，特别是点片发生阶段及时用药。春季有苗床菜苗移栽露地时，先进行药剂处理后再移栽。防治茄子裂果，在初花期开始喷药，每隔10天左右喷1次，共喷3次。重点喷植株上部，尤其是嫩叶背面、嫩茎及花器和幼果，同时注意轮换用药。可选用1.8％阿维菌素乳油、5％尼索朗乳油、20％联苯菊酯乳油、5％卡死克悬浮剂各300~450mL/hm²，20％甲氰菊酯乳油、20％双甲脒乳油、73％克螨特乳油各450~750mL/hm²，20％复方浏阳霉素乳油900mL/hm²等。

二、刺足根螨

刺足根螨 *Rhizoglyphus echinopus*（Fumouze et Robin）又名水芋根螨、鸡冠根螨。属粉螨科 Acaridae。

（一）分布与危害

为世界性害螨，国内分布广泛。寄主种类较多，可危害百合科的花卉、多种蔬菜和药材等，以百合科植物受害最重。贮藏其间危害植物球茎，引起被害球茎的腐烂，造成叶片发黄枯萎。还有一种水仙根螨 *Rhizoglyphus narcissi*（Lin et Ding）危害水仙，目前已知仅在福建漳州为害。

（二）形态特征

成螨体椭圆形，乳白色或淡黄色，颚体和足为淡褐色，体表较光滑，有光泽，前半体和后半体之间有一条横沟。口器咀嚼式，螯肢发达。足4对，粗而短。卵乳白色，半透明，椭圆形，长0.15～0.19mm。初孵化的幼螨乳白色，体半透明，足3对。休眠体黄褐色。足Ⅰ、Ⅱ显著缩短。

（三）发生规律

刺足根螨的生活史包括卵、幼螨、第1若螨（或休眠体）、第3若螨和成螨6个螨态。第1若螨和第3若螨为活动螨态，第2若螨为静止的休眠体，其体壁厚，颚体退化，末体腹面常有吸盘或其他吸附、攀缘构造，用以附着于其他宿主而传播扩散。在湖北，1年20多代，完成1代需10～14天，以卵和成螨在百合芯或土壤中越冬。4月上、中旬大量发生。雌螨产卵于百合鳞茎上。成、若螨群集取食百合鳞茎，呈筛孔状，使被害百合地上部分枯死，鳞茎及根变黑褐色腐烂。

性喜潮湿，怕干燥。成螨选择较湿润的球茎蒂部产卵，卵散产。在25℃条件下，卵期3天，若虫期8～10天，完成一个世代13～15天，成螨寿命最长可达100天以上。螨害的发生和受害程度随植物种类和品种而异。

（四）防治方法

1. 农业防治

①轮作换茬3年；随坡势种植百合时，要由下往上种，减少病菌传播。②选用无螨鳞、球茎作种，保持贮藏室通风透气和适当干燥，抑制该螨的生长和繁殖。③高温处理有螨球茎，可将球茎在44℃热水中浸4h或45℃热水中浸3h。

2. 化学防治

①播种前用20％扫螨净可湿性粉剂4000倍液加70％甲基布津可湿性粉剂1000倍液浸鳞茎3～5min。②播种时每公顷用10％辛拌磷粉粒剂加50％敌克松可湿性粉剂30kg或50％甲基托布津可湿性粉剂7.5kg制成药土，施于播种沟内，然后播种、盖土。③4月上、中旬每公顷用20％扫螨净可湿性粉剂300mL或40％水胺硫磷乳油600mL加5％菌毒清水剂3L或加50％敌克松可湿性粉剂1.3kg淋蔸。淋蔸需在晴天或阴天土壤不积水时进行，且淋施前需锄松表土层，否则效果差。淋施2或3次，每次间隔15～20天。

三、丽新须螨

丽新须螨 *Cenopalpus pulcher*（Canestrini et Fanzago）属叶螨总科、细须螨科。我国各地造成危害的主要有短须螨属、细须螨属和新须螨属的种类。它们和叶螨类有明显的区别，表现在体形更小，多扁平，色泽也不像叶螨类那样鲜艳，多为乳白、黄色和红色，胫节上无"拇爪复合体"，足粗短，多具环状皱缩。

（一）分布与危害

丽须新螨在我国华北地区部分省份有分布。以成、幼若螨集中在苹果、梨等寄主叶片上为害，受害严重的叶片常变为灰褐色，甚至呈焦枯状，影响果树的发育和结果。

（二）识别特征

雌成螨体椭圆形，两侧缘近平行。红色，越冬态鲜红色。喙长达足Ⅰ股节，顶端尖。

喙板中央深凹，两侧呈峰形突起，顶端具横纹，基部具细小的网状纹。须肢端节具 2 根刚毛和 1 根枝状毛。前足体腹面具 1 对刚毛，后足体腹面具 2 对刚毛。腹板中部有 1 对刚毛。生殖板和肛板各具 2 对刚毛。雄螨体形较雌螨细长，末体有若干条平行褶纹，其前后方均具网状纹。若螨体椭圆，背面无网状纹，后足体均具平行横纹。

（三）发生规律

丽新须螨在山东烟台、辽宁朝阳，江苏徐、淮、盐等地危害苹果、梨等果树。主要以成螨、部分若螨在老树皮下、芽鳞苞叶内或短果枝的粗糙面越冬。每年 5 月上、中旬出蛰，5 月中旬开始产卵，6～8 月份为发生盛期，于 9 月下旬开始进入越冬场所。

（四）防治方法

参考叶螨类防治方法。

思考题

1. 根据柑橘全爪螨的特性拟定其防治方案。
2. 如何做好瘿螨的防治工作？
3. 茶黄螨的取食为害有哪些特点？防治时应注意哪些问题？
4. 怎样防治朱砂叶螨并阐明其依据。

第十二章 机场植物害虫综合治理

机场植物种类繁多，害虫种类也很多，危害方式多种多样，发生规律复杂，它们直接或间接地影响到机场内场区，加之，机场植物本身用途不同，一般来说蔬菜和直接鲜食的水果，对害虫防治中化学农药的残留有较高的限制；而鲜切花等观赏植物在害虫防治中倾向于完全清除害虫。因此，机场周边的蔬菜、果树、园林花卉害虫的防治方法各有其特点。

第一节　机场周边蔬菜害虫综合治理

一、蔬菜害虫概况

机场内场区的草坪及周边地区蔬菜害虫除昆虫外，常还包括螨类和软体动物。据记载，在我国能危害蔬菜的害虫有 700 多种，但这些害虫只有 30～50 种是需要防治的，其中有些只是在局部地区发生危害。它们咬食或蛀食作物的组织、器官，刺吸植株汁液，干扰和破坏作物的正常生长、发育，造成减产和质量下降。除造成直接损失外，一些害虫还可传播植物病害，造成严重的间接危害。

十字花科蔬菜是我国消费量最大的一类蔬菜，包括包心菜、花菜、青花菜、白菜、萝卜和各种青菜等，这些蔬菜在南方可周年栽培，已知害虫有 149 种。南北菜区常年发生的主要害虫有菜蛾、菜粉蝶、菜蚜和甜菜夜蛾等，特别潮湿的地区还可发生蛞蝓、蜗牛，北方的菜地还发生甘蓝夜蛾和根蛆类害虫，有些年份草地螟局部猖獗成灾。蚜虫和根蛆分别与病毒病和软腐病的流行有关，常成为蔬菜减产的重要原因。蔬菜生长前期以菜螟、黄条跳甲为主，北方菜地牧草盲蝽及菜蝽危害较重，在生长后期以菜粉蝶、菜蛾、斜纹夜蛾危害较重。菜蚜在苗期密度高，也可造成植株生长不良，甚至枯死，有时因传播病毒病，而造成毁灭性的危害。

茄科蔬菜主要包括茄子、番茄、辣椒和马铃薯等作物，害虫种类也很多，重要的有 10余种。小地老虎是茄子、辣椒、番茄幼苗期的大害虫，危害严重时常造成缺苗断垄。番茄、辣椒上的主要害虫分别是棉铃虫和烟青虫，蚜虫虽不造成大的直接危害，但传播病毒病却是番茄、辣椒生产的主要限制因素。马铃薯瓢虫和茄二十八星瓢虫主要食害马铃薯和茄子叶片，番茄上偶尔也可见其危害。马铃薯块茎蛾是国内检疫对象，是马铃薯的一大害虫，除在生长期为害外，在马铃薯的贮藏期也可以为害。棉红蜘蛛、棉叶蝉对茄子和番茄的危害有时相当严重。茄黄斑螟、棕榈蓟马在南方，温室粉虱、茶黄螨在北方，都已成为茄科蔬菜上的重要害虫。

葫芦科蔬菜包括黄瓜、冬瓜、南瓜、丝瓜、苦瓜等重要的夏秋季蔬菜。已知害虫有近100种，危害较严重的有黄守瓜、瓜蚜、红蜘蛛、瓜野螟、瓜实蝇等。苗期危害较重的是小地老虎、黄守瓜、蛞蝓、蜗牛等。生长期有瓜蚜、红蜘蛛、温室白粉虱、棕榈蓟马和瓜绢螟。害虫组成南北有异。瓜蚜、红蜘蛛全国均有危害发生，北方危害更重。守瓜类也普遍发生，但以南方危害较重。温室白粉虱是北方温室内的重要害虫，而瓜绢螟、棕榈蓟马、瓜实蝇则主要在长江流域以南地区发生。

豆科蔬菜主要包括菜豆、豇豆、蚕豆、毛豆、扁豆、刀豆、花生等作物，在这类作物上有钻蛀性的大豆食心虫、豆荚螟、豌豆象、蚕豆象；有食叶性的豆天蛾、银纹夜蛾、斜纹夜蛾、大豆小夜蛾、豆小卷叶蛾、芫菁及各种土蝗等；还有刺吸汁液的苜蓿蚜、豌豆蚜、大豆蚜、棉红蜘蛛、榆叶蝉、多种蓟马。豆科作物在苗期还可遭受地老虎、蝼蛄等地下害虫的危害。

此外，葱蓟马、葱地种蝇等危害葱、洋葱、大蒜、韭菜等百合科蔬菜。芋单线天蛾危害毛芋，长绿飞虱、二化螟危害茭白，莴苣指管蚜危害莴苣、苦荬菜等菊科蔬菜。各种蔬菜还可遭到地下害虫如地老虎、蝼蛄、蛴螬等的危害。

二、机场害虫综合治理策略

由于机场周边地区种植的蔬菜产品价值高，往往是鲜食的，无明显贮藏期，食用部分几乎都是喷药防治时的受药部位，因此在蔬菜害虫的综合治理中，应掌握保证作物不受损失的同时，力求减少环境污染和产品上的农药残留。综合治理的方针是以农业防治和物理机械防治为基础，协调生物防治和化学防治，将害虫危害造成的损失和化学防治造成的不利影响减少到最低程度。目前，机场害虫综合治理的主要手段包括以下几种。

（一）农业防治

在农作物的栽培过程中，很多措施可以创造条件使之不利于害虫发生而有利于农作物的生长发育，如直接杀死害虫，或减少虫源。

1. 种植抗虫品种

选择早熟、结荚期短、荚上毛少或无毛的品种，可以减轻豆荚螟的危害。在北方，种植露地的黄瓜、番茄等多毛的作物应尽量避免与种植黄瓜、番茄等的温室相连，可减少温室内的白粉虱在开棚时直接迁往露地作物上的虫量。在十字花科蔬菜上病毒病发生较重地区，于田垄间种植比菜高的非十字花科作物，或间作韭菜、茼蒿、开白花的荞麦，可减少蚜传病毒病的发生。甜椒与玉米间套作对甜椒的病毒病也有一定的防效。

2. 科学施肥

能改良作物的营养条件，提高作物的抗虫能力，加速虫伤部分的愈合，减轻作物受害程度，促进作物的生长，改良土壤性状，恶化土壤害虫的生活环境，有时还可直接杀死害虫（如茶籽饼肥）。但在根蛆发生严重地区，施用未腐熟的有机肥，则可加重根蛆的危害。

此外，选择无虫种子，不仅可提高出苗率，还可避免把残留虫子带往田间。豆荚螟危害严重地区，在豆荚螟老熟幼虫入土化蛹时进行田间灌水，可以增加蛹的死亡率，从而减轻豆荚螟的危害。金龟子危害严重地区，加强田间肥水管理，也可减轻金龟子的危害。地膜覆盖，可使棕榈蓟马、美洲斑潜蝇难于入土化蛹，从而增加其死亡率，不利于其发生。适时中耕除草，可以减轻小地老虎、蜗牛等的危害。适时播种可减轻菜螟的危害。及时清除有虫植株、枯枝、落叶、落果及收获的残余物，种植诱集作物，深翻土地等对减轻害虫危害也能起到一定的效果。

（二）生物防治

通常机场周边地区菜地天敌种类十分丰富，有的发生相对普遍，如绒茧蜂、瓢虫、食蚜蝇等，这些天敌对抑制害虫的种群数量起着重要作用，1头菜蛾绒茧蜂在25℃时可寄生300多头小菜蛾幼虫，一头大灰食蚜蝇可捕食近400头蚜虫。但菜地天敌的作用往往因大量使用化学杀虫剂而被削弱。近年来各地大力推广应用对天敌杀伤力较小或安全的生物杀虫剂，如苏云金杆菌（Bt）、各种多角体病毒及昆虫生长调节剂如卡死克、抑太保等，使菜田自然控制力得到加强。

（三）化学防治

很多植物可周年栽培，给害虫提供丰富的食料，导致害虫一年四季均可发生，用药防治次数增加，进而导致害虫抗药性形成速度加快，抗性水平不断增加。菜地蔬菜害虫的发生危害往往是连续性的，蔬菜采收期长、间隔期短，这样在采收期进行化学防治，就很容易造成产品上农药残留量超标。蔬菜产品食用部分在喷药防治时几乎全部是受药部位，叶菜类更为明显。这使产品上的农药残留对人体健康的影响比其他农业产品如粮食、棉花、水果等上的农药残留更为直接、更具危险性。因此，防治时应尽量使用生物制剂替代化学农药。在必须应用化学防治手段时，选用高效、低毒、选择性强的化学农药，严格掌握用药量，控制害虫危害在经济损失水平以下。改进农药应用技术，根据农药、害虫的特性采用适宜的使用方法，减少叶面喷药。掌握防治适期，许多蔬菜害虫是在苗期进入菜地繁殖的，此时尚未建立稳定种群，且害虫集中在小苗上，菜苗受药面积小、距收获期时间长，因此该时期是较理想的用药时机。注意轮换用药，合理复配混用，延缓和克服害虫的抗药性。此外，注意各种农药的安全间隔期，做到施用农药后至少经过安全间隔再采收上市。

（四）物理、机械和人工防治

利用遮阳网、防虫网等对蔬菜作物进行浮面覆盖，可有效地阻止多种害虫的侵入和产卵。这项措施常与植物栽培中防高温、防寒结合起来，既防虫，也有利于作物生长，还可以减轻蚜传病毒病的发生。但要注意网眼的大小，网眼过大，产在网上的斜纹夜蛾、甜菜夜蛾的卵孵化后，幼虫易从网眼钻入危害作物，起不到防虫的目的。利用害虫对光、色的趋性防治害虫，如在温室悬挂黄色粘虫板，可以诱杀大量温室白粉虱、美洲斑潜蝇和有翅蚜；在蔬菜育苗时，将银灰色反光塑料薄膜铺在苗床四周，上方挂这种薄膜条，可以起到避蚜防病的显著效果。此外，在农事活动中，人工摘除斜纹夜蛾、甜菜夜蛾等卵块和初孵幼虫危害的叶片，在被害植株及邻株根际扒土捕杀小地老虎幼虫、蛴螬等害虫，对减轻害虫的危害均有一定效果。

第二节　机场绿化树林害虫综合治理

一、机场绿化害虫概况

由于机场绿化树木生长周期长，机场人工园林生态环境较稳定，生物群落多样性指数较高，故而，害虫种类特别多。初步统计，全国机场绿化树木害虫种类多达 1000 多种，不少害虫可以危害多种树木。其中蔷薇科果树害虫约达 500 种，主要危害仁果类的苹果、梨、山楂、木瓜；核果类的桃、李、杏、梅、樱桃；浆果类的树莓等。除种苗期主要受地下害虫危害外，结果期主要有蛀果为害的各种食心虫、苹果蠹蛾、桃蛀螟等。其他种类害虫有：害螨类的山楂叶螨、苹果全爪螨等；吸汁为害的各种蚧类如朝鲜球坚蚧、梨圆蚧等，还有梨木虱、多种蚜虫、黑蚱蝉；蛀杆类的各种天牛、吉丁虫、苹果透翅蛾、咖啡豹蠹蛾；卷叶潜叶潜皮类的苹小卷叶蛾、梨星毛虫、旋纹潜叶蛾等；以及金龟甲、各种蛾类的有关食叶类害虫。在防治对象上，一般以蛀果类、刺吸类为重点，兼治其他害虫。

亚热带主要栽培果树柑橘、荔枝、龙眼、香蕉、菠萝、芒果等的害虫有 400 多种，主要有吸汁危害茎叶的柑橘全爪螨、各种蚧类如红蜡蚧、矢尖蚧、长白蚧、糠片蚧以及各种蚜虫、木虱、荔枝蝽、龙眼鸡等；蛀杆类的各种天牛、吉丁虫、白蚁等；蛀果类的柑橘实蝇、荔枝、龙眼爻纹细蛾、芒果象甲，山地果园还有吸果夜蛾等以不同方式食叶为害的各种蛾类等。在防治上，柑橘、香蕉一般以防治吸汁危害茎叶的害虫为重点，兼顾蛀杆类和食叶类害虫。荔枝、龙眼、芒果一般以蛀果类害虫为防治重点，兼顾害芽类、蛀杆类和食叶类害虫。

干果类害虫约有近 200 种。板栗害虫中蛀果类的主要有桃蛀螟、栗皮夜蛾、栗实象、栗剪枝象甲、栗实蛾；危害芽类的有栗瘿蜂、栗绛蚧、金龟子、栗大蚜、栗花翅蚜等；蛀杆类的有天牛、木蠹蛾、透翅蛾、白蚁等；食叶类的有舟蛾类、金毛虫等。核桃害虫中蛀果类的主要有核桃举肢蛾、核桃果象甲；危害芽类的有草履蚧、金龟子、蚜虫等；蛀杆类的有天牛、木蠹蛾、吉丁虫等；食叶类的有木橑尺蠖、核桃缀叶螟、核桃瘤蛾、核桃叶甲。在防治上一般以蛀果类为重点，兼顾害芽类、蛀杆类和食叶类害虫。

二、机场绿化树木害虫综合治理策略

为美化环境，机场周边常栽培一些果树。水果产品主要用于鲜食，果实常受到农药污染的威胁。因此果树害虫的防治策略应以栽培防治包括农事措施和营林措施为基础，协调运用物理的、生物的和化学的调控措施，将害虫控制在经济损失水平之下，并通过植物检疫避免或延缓危险性害虫人为传播蔓延。目前，机场的绿化树木及果树害虫综合治理的主要手段包括：

（一）植物检疫

许多绿化树、果树和接穗调运频繁，加上果实调运，害虫传播蔓延迅速，随调运携带从疫区传播至新区，由于新区无天敌控制，而酝酿成灾害。因此，要加强苗木和接穗调运

的检疫措施，严防果树苗木、接穗、果实上及包装箱中的苹果棉蚜、苹小丁吉虫、苹果蠹蛾、美国白蛾、芒果象甲、柑橘实蝇，以及一些蚧、螨等危害性害虫的传播蔓延。做好植物检疫工作，是防止检疫性害虫传播的关键。

（二）栽培管理

害虫的发生消长与外界环境条件密切相关，害虫是以农作物为中心的一个生态组成部分，栽培防治法就是根据作物、害虫、环境三者之间的关系，结合绿化树木、果园的农事操作和营林措施起到控制害虫的目的。

1. 栽培措施

机场周边地区果园成片种植同一品种，抽梢整齐，可避免嫩梢期害虫辗转为害。精耕细作，适时施肥，及时中耕除草、施肥、浇水、疏花、疏果，提高树势，增强抗虫性。柑橘木虱、蚜虫、潜叶蛾是柑橘嫩梢期三大主要害虫，依据害虫发生特点，抹掉早、晚期不整齐芽梢，控制秋梢放梢时间，避免害虫发生盛期，以减轻危害。荔枝、龙眼也可以通过控梢栽培，有利结果兼治虫。果园地面种植覆盖植物如藿香蓟、印度豇豆、黑麦草等，在干旱季节可保持果园阴湿环境，避免杂草丛生，有利植株强壮和多种害虫天敌的繁育。许多果树害虫，如金龟子类幼虫蛴螬，在土中生活、化蛹、羽化为成虫；油桐尺蠖幼虫有入土化蛹习性；柑橘花蕾蛆老熟幼虫脱果入土越冬；果树象虫类幼虫、蚱蝉若虫在土中生活等。这些害虫都可通过果园锄草耕翻破坏其栖息场所，造成不利害虫的环境，或有利于天敌捕食而起到机械杀伤的作用。北方果园结合施肥，深翻树盘内表土，使越冬害虫暴露在地面或破坏其越冬场所致使其冷冻死亡，可有效地压低害虫的越冬基数，减轻来年的发生程度。

2. 绿化树林及果园清理

苹果、梨的食心虫钻蛀果实，柑橘实蝇类幼虫取食果肉，爻纹细蛾蛀食荔枝、龙眼果实都能导致落果，捡拾虫害落果，可减少果园内的虫口密度。枇杷重要害虫枇杷瘤蛾初龄幼虫群集食害新梢嫩叶、香蕉弄蝶幼虫结叶苞隐藏、荔枝蝽卵块产于荔枝及龙眼叶背，巡视果园易见初孵幼虫聚集卵块周围，产卵盛期摘除卵块和初孵幼虫，摘除虫叶或捏压卷叶虫虫苞，是有效可行的辅助防治方法。蛀杆害虫天牛成虫产卵在树干基部，产卵处隆起润湿，易于识别，可用小刀刮杀皮下卵粒和初孵幼虫，防治幼虫于蛀入韧皮部之前。冬季修剪虫害严重的枝梢，清除园内的枯枝、落叶、落果和杂草等杂物；刮除树干和主侧枝的老翘皮及粗皮，集中深埋或焚烧，可消灭部分隐匿在其中的害虫。用铁丝钩杀枝干虫道内的蛀杆害虫，堵塞树洞；在枝干上涂刷石灰水，能消灭大量的蚜、螨、蚧、食心虫、卷叶虫等害虫，减少下一代或翌年害虫的来源。香蕉双带象虫，成虫藏匿于腐烂的叶鞘内侧，产卵于皮层叶鞘组织内，幼虫蛀食叶鞘，冬季清除残株，割除枯鞘，可大量较少虫源。

（三）生物防治

1. 注重保护天敌，利用天敌防治害虫

在果园间种植藿香蓟、油菜、紫花苜蓿等，为捕食螨、花蝽等天敌提供潜所和食料。选用树干基部环涂包扎的施药方法（核果类不宜使用）或用选择性强的药剂喷雾，可以减少对天敌的杀伤。

2. 适时、适期释放天敌

苹小卷叶蛾等害虫产卵始盛期，每公顷每次释放松毛虫赤眼蜂 60 万头，每隔 5 天释

放 1 次，共 3 次，防治效果达 85% 以上。利用病原线虫防治桃小食心虫，每平方米施入土壤 46 万条~91 万条，在秋季对脱果入土幼虫有 98% 的防效；在春季对出土幼虫有 83%~93% 的防效。此外，利用卵孢白僵菌处理树盘土壤，盖草喷水保湿，也可防止桃小食心虫出土幼虫。

主要柑橘产区大量释放、助迁和保护利用捕食性天敌食螨瓢虫 *Stethorus*（spp.），在控制柑橘红蜘蛛中取得显著成效。20 世纪 90 年代广东利用捕食螨 *Amblyseius*（spp.）大面积控制了柑橘红蜘蛛。荔枝蝽 *Tessaratoma papillosa*（Drury）是荔枝、龙眼主要的害虫，福建自 20 世纪 90 年代至今，在荔枝蝽盛卵期（5 月份），挂放平腹小蜂 *Anastatus japonicus*（Ashmead）卵卡，大面积控制了荔枝蝽，成效显著。

果树蛀杆天牛类害虫，幼虫蛀入木质部为害，难以防止。管氏肿腿蜂 *Scleroderma guani*（Xiao et Wu）能从虫害蛀洞钻入木质部寄生天牛幼虫和蛹。山东大面积放蜂防治青杨天牛，寄生率达 41.9%~82.3%；广东放蜂防治粗鞘双条杉天牛，寄生率为 25.9%~66.2%。

对栗瘿蜂危害严重的栗林，可采用人工摘除虫瘿的办法，8 月份以后采集枯瘿，其中有大量的天敌寄生蜂，主要是中华长尾小蜂 *Torymus sinensis*（Kamijo），可收集枯瘿装于篮内，次年 3~4 月份悬挂于栗园中，使寄生蜂自然羽化，寄生栗瘿蜂。

（四）物理、机械和人工防治

利用黑光灯、性诱剂或糖酒醋液诱杀多种害虫成虫。对于果实个头大、品质好、价格高的果树，进行果实套袋避害，效果十分显著，现已在许多地区普遍应用，可进一步推广。此外，有条件的果园，在天牛产卵期间，将草绳缠绑在果树枝干上，可有效地阻止成虫产卵和幼虫蛀木；秋季在枝干上捆绑谷草，可引诱害虫害螨钻入其中越冬，冬季解下烧掉，可以灭虫。

（五）化学防治

机场绿化树木及周边地区柑橘和蔷薇科果树害虫的化学防治，均以果树休眠期和春季防治为基础；荔枝、龙眼、香蕉、菠萝、芒果等害虫的防治以虫口密度为依据，准确预测防治适期是成功防治的关键，同时与生物防治有机协调，做到减少施用农药数量和次数，科学用药。因此应对害虫和天敌的发生和种群消长进行准确的预测预报，查明虫口密度和防治适期，避免盲目用药。此外，采果后往往疏于管理，致使某些后期性害虫大发生，造成早期落叶，影响树势和来年产量，因此，应加强防治。在防治果园害虫的同时，也要防治其他寄主植物上的同类害虫。

1. 休眠期和春季防治

在蚜、螨、蚧、木虱等害虫发生严重的果园，可以在芽萌动前用石硫合剂、机油乳剂、融杀蚧螨等清园药剂，压低越冬后残存的虫口密度。

2. 地面施药

对桃小食心虫、梨虎、杏虎、杏仁蜂等在土下越冬的害虫，在出土或入土的始盛期和盛期分别用辛硫磷微胶囊剂、兑硫磷微胶囊剂或甲基异硫磷颗粒剂等处理树盘土壤。

3. 药剂熏杀

将敌敌畏、磷化铝（毒签）等药剂放入枝干虫道蛀孔内，然后堵孔口，可有效地将天

牛等蛀木害虫熏杀。

4. 药剂涂干或包扎

当蚜、螨、蚧、木虱等刺吸类害虫发生严重时，可选择有效的、内吸性高的杀虫剂（加水或柴油1∶10）进行刮皮涂干或包扎，3～5天后可以收到良好的防效。

5. 树冠喷雾

一般选用高效、低毒、低残留、选择性强的农药，用适当的剂量在准确预测预报的前提下适当喷雾。大力推广应用生物农药和特异性农药。果实采收前15天应停止用药。

第三节　机场林木及花卉害虫综合治理

一、园林害虫概况

1984年，国家城市建设环境保护组织对全国43个大中城市绿化树木病虫害进行了调查。通过普查已知我国机场绿化树木，包括木本花卉、草本花卉、地被植物、攀缘植物、肉质植物、水生观赏植物和园林树木的害虫共8260种。主要害虫如下：

食叶类：刺蛾、蓑蛾、毒蛾、灯蛾、夜蛾、尺蛾、舟蛾、卷叶蛾、金龟子；

潜叶类：斑潜蝇、潜叶蛾、潜叶甲；

蛀杆类：天牛、木蠹蛾、透翅蛾、小蠹、蝙蝠蛾、白蚁；

吸汁类：介壳虫、叶螨、蚜虫、木虱、粉虱、网蝽、叶蝉。

这些害虫危害机场绿化植物的根、茎、叶、花、果等部位，影响和威胁机场的绿化与美化。目前，我国大部分地区一般以食叶类、蛀杆类和刺吸类害虫危害较为严重。大量的昆虫对招引鸟类起着重要的作用，从而影响了飞机飞行安全。同时，食叶类害虫多以刺蛾和蓑蛾两类害虫为主，对城市绿化面貌影响甚大。刺蛾不仅食性杂，而且毒毛还能刺痛人的皮肤，直接影响城市居民的生产和生活。蛀杆类害虫尤以天牛类对园林植物影响大，常常致使树死园毁。自20世纪60年代大量施用有机农药以来，刺吸类害虫种类开始逐年增加，危害日趋加重，以介壳虫类尤为突出，不仅直接造成机场各种绿化植物枯死、秃枝，其分泌的蜜露还能引起严重的煤污病，使树枝及叶片表面发黑，影响城市绿化的面貌和植物的观赏价值。此外，刺吸类害虫如蚜虫除直接刺吸汁液为害外，还能传播各种病毒病。

二、机场绿化植物生态环境的特点

机场绿化生态系统不同于农、林生态系统。机场绿化植物种类较丰富，结构层次、立地条件复杂，生长周期长，小环境、小气候多样化，为害虫繁衍提供了有利条件。园林植物在近邻郊区与蔬菜、果树、农作物相连接，许多害虫来自上述农作物，有些害虫则互相转主为害或越夏、越冬。城市绿地面积较小，人为干扰严重，致使城市绿地系统难以建立起稳定平衡的生态系统，害虫易于发生危害。但是，另一方面，由于城市绿地间隔离屏障多，害虫扩散传播机会较少，各绿地间虫害差异大。因此，应加强监测，尽可能将害虫彻底消灭在初发阶段。此外园林植物多处于城市内或人口稠密区附近，人口集中度高，车辆交通频繁，应尽量避免使用化学防治。

三、机场绿化植物害虫综合治理的策略

机场绿化植物害虫综合治理应从城市生态系统的观点出发，针对机场绿化植物的生态环境特点，在"预防为主，综合治理"的方针指导下，以植物检疫和园艺防治为基础，积极开展生物防治、物理人工防治，合理使用化学农药，协调各种防治方法，将害虫控制在观赏、生态和经济损失允许水平之下，达到既控制害虫对园林植物的危害，又维护城市生态系统平衡和良性循环的目的。鉴于目前我国园林害虫的发生、分布状况，防治一般以食叶类、蛀杆类和刺吸类害虫为重点，兼顾危害花果害虫及地下害虫。

（一）植物检疫

加强植物检疫，严防危险性害虫侵入，是机场绿化植物害虫综合治理的首要工作。城市建设与改革开放使旅游事业和商品贸易日益兴旺，使城市人流、物流日益频繁，为园林害虫的传播蔓延创造了有利的条件。蚧类、蚜虫、蓟马、粉虱、叶螨、蠹虫、潜叶类等害虫由于虫体微小，不易察觉，极易随苗木、接穗和木材传播。从国外引进的花卉、苗木及种子逐年增多，随之带进一些我国过去没有的害虫。如松突圆蚧、美洲斑潜蝇、美国白蛾等即是近年来侵入我国的新害虫。因此，在园林植物苗木及其他材料引种调运过程中，一定要加强检疫，严格把关，严禁将危险性害虫传入或传出，对已传入的及时封锁就地消灭。在调运中发现危险性害虫要及时进行除害处理，如出口盆景上的介壳虫，用56％磷化铝粉剂 $8g/m^3 \times 23h$ 与 $6g/m^3 \times 36h$，2种处理的杀虫效果均较理想。处理不了的，应销毁或退回，防止造成更大的损失。

（二）机场绿化植物害虫的防治

园艺防治是害虫综合治理中的一项基本措施，大多数是结合园艺生产的日常工作进行的。通过科学种植、养护和管理等一系列技术措施，创造适合于园林植物及花卉生长、不利于害虫孳生繁衍的生态环境，从而达到预防或减少害虫发生的目的。

1. 选用抗虫品种

推广抗虫品种是防治害虫的重要措施。例如，针对城市行道树植物种类单一容易发生害虫为害的特点，选用抗虫的树种和品种，如银杏、樟树、女贞、广玉兰等，以减少害虫防治及农药的使用，这对保护城市环境是十分有意义的，也是防治园林害虫最经济有效的方法。

2. 树种的合理配置

城市绿地建设要避免单一化的模式，不仅整个城市的植物种类要多样化，在同一块绿地上亦应考虑多样化。例如，实行常绿和落叶树种结合、乔灌木结合，并且多树种混栽，形成多层次结构的植物群落，既可增强城市的绿化效益，又能增强抵御害虫侵害的能力。在已栽植的绿地，补植各类灌木、花草植物，扩大蜜源植物，为天敌昆虫创造良好的生活环境，有利于发挥自然因素控制害虫的作用。树种的合理密植，也是减少害虫发生的主要措施。栽种过密、树丛及苗间湿度高、温度低、温湿度昼夜变化小、通风透光差，虫害一般较重，介壳虫、粉虱尤为明显。

3. 加强抚育管理

结合整形修剪，去除虫梢、病虫枝叶、枯死树干，可以直接消灭部分卷叶蛾、潜叶蛾、蚧类、天牛、木蠹蛾、透翅蛾等害虫。及时清除枯枝落叶，刮除枝干粗翘皮，可以消灭网蝽、叶螨、木虱及多种鳞翅目的越冬害虫，压低来年为害的虫口密度。对天牛、木蠹蛾等钻蛀性害虫，玫瑰三节叶锋和竹小斑蛾等具群集习性的食叶害虫，危害植物嫩梢的蚜虫、木虱等，修剪虫害严重枝叶，集中烧毁，可抑制其发生。介壳虫、粉虱类，通过修剪整枝达到通风透光，创造不利其发生的条件。园林绿地内的枯枝、落叶、落花、落果及杂草都是害虫的潜伏场所，除结合锄草经常清除外，还应在秋冬季普遍进行清园。这对消灭越冬虫源，减少翌年发生基数很有作用。秋冬季对树干基部涂白，不仅可以防止日灼病，消灭部分越冬虫态，而且能阻止来年天牛成虫产卵。

4. 翻耕割草

对于在土壤中化蛹或越冬的天蛾、夜蛾、尺蛾、金龟子等害虫，深耕可以将地面或浅土中的害虫埋入深土中，又可将原来土中的害虫翻至地面，暴露于地表，使其被晒死、冻死或被鸟类觅食。对于冬季寒冷的地区，冬耕深翻土地，消灭害虫的作用尤为显著。机场杂草还是小绿叶蝉、柳圆叶甲成虫的越冬场所，越冬前割除杂草并及时烧毁或深埋可消灭越冬成虫。

5. 机场周边地区合理轮作

绿化苗圃地的轮作很重要。同一块地连年用作苗圃，易导致多年根部害虫的发生。如唐菖蒲的连作常引起退化，花序由原来的十几朵减少到只剩几朵。合理施肥和灌溉可增进花卉的生长，提高抗逆能力。施肥不当，常会助长害虫的发生。施用未充分腐熟的厩肥，不仅花卉无法吸收，而且往往会造成种蝇、金龟子等地下害虫的发生。干旱季节，适时灌溉保持圃地阴湿环境，可减轻螨类危害，同时，对螨类天敌的繁育有利。

（三）生物防治

机场绿化植物害虫天敌种类较多，天敌昆虫、有益的蜘蛛纲动物、致病微生物和鸟类均是重要的天敌类群。好的城市园林应当层次丰富，植被复杂，蜜源充足，具有良好的天敌生存环境，有利于害虫天敌建立起较稳定的种群，发挥出自然控制害虫的作用。因此，为了保护、利用自然天敌，首先应注意改善天敌生存的环境条件，补充天敌的食料和寄主，创造有利于天敌越夏、越冬的场所，使天敌种群能够顺利地生存、繁衍。如我国许多林区和城市采取挂人工鸟巢招引啄木鸟、灰喜鹊及其他益鸟，对防治蛀杆类和鳞翅目害虫效果十分显著。其次，注意协调化学防治与生物防治的矛盾，首先选用生物农药如白僵菌、苏芸金杆菌及病毒制剂，如用青虫菌和大襄蛾多角体病毒防治刺蛾及襄蛾，用油桐尺蛾的病毒制剂防治油桐尺蛾，有利于保护天敌。

人工繁殖、释放或引进捕食性天敌是防治园林害虫行之有效的方法。在介壳虫危害地区，引入澳洲瓢虫、大红瓢虫或红环瓢虫，可以有效地控制其危害。花绒坚甲是寄生光肩星天牛、星天牛、桃红颈天牛、桑天牛幼虫的重要天敌，可采集释放和加强保护利用。其中瓢虫、草蛉等已用于生物防治，收到了较好成效。如利用日本方头甲控制多种介壳虫，利用大草蛉、瓢虫和食蚜蝇控制蚜虫等。

寄生性天敌以寄生蜂和寄生蝇种类最多。饲养释放赤眼蜂、肿腿蜂等益虫，对松毛虫及双条杉天牛有很好的防治效果。上海青蜂 *Chrysis shanghaiensis*（Smith）产卵于黄刺蛾幼虫体上，10 月份后幼虫在寄主越冬茧内越冬，寄生率达 58.4%。花卉的介壳虫种类很多，大多数介壳虫都有相应的寄生蜂。大袋蛾雌幼虫被家蚕追寄蝇寄生，9～10 月份一般寄生率可达 98.89%。丽绿刺蛾被颗粒体病毒感染，6～9 月份常发病流行，幼虫死亡率达 90% 以上。真菌的粉虱座壳孢在条件适宜时可成功地控制温室白粉虱的发生。昆虫致病细菌乳状芽孢杆菌 *Bacillus popilliae* 寄生后昆虫体躯缩小，行动迟缓，食欲减退，寿命缩短。死时体内组织液化，水分流出，体躯皱缩软腐。

（四）物理、机械和人工防治

根据一些机场害虫的习性，利用简单的工具器械以及各种物理因素（如光、电、热、辐射等）加以防治。常用方法有：

1. 诱杀

对天蛾、夜蛾、舟蛾、毒蛾、灯蛾、叶蝉、金龟子等具有趋光性的害虫，在其成虫发生盛期，设置黑光灯进行诱杀。秋季在害虫越冬前，结合树干束草防冻或绑扎报纸等物，诱集叶螨、木虱、网蝽等害虫潜入越冬，来年早春解下烧毁，可以消灭各种越冬害虫。利用蚜虫、粉虱对黄色具有正趋性，可以设置黄色黏虫板或黏虫带进行诱杀。早春在树干基部绑扎塑料薄膜环，可以有效地阻隔草履蚧、枣尺蠖上树为害或产卵，达到防治的目的。

2. 热力处理

用热力处理种苗、鳞球茎或土壤目前应用较广。提高温度并持续一定时间，以杀死其中害虫。温水浸种所用的温度和时间随花卉和害虫的种类而不同，如对危害水仙、郁金香、苍兰等球茎的刺足根螨，用 44℃～45℃ 的温水浸泡球茎 3～4h，可杀死所有根螨。

3. 人工除虫

摘除榕管蓟马为害造成的虫瘿、棉卷叶野螟幼虫卷结的虫苞、黄杨绢野螟幼虫缀合的叶巢。对叶甲、金龟子等，利用其假死习性，振落后收集处理。

（五）化学防治

园林树木及花卉由于以观赏价值、生态效益、社会效益为本，因此其经济损失允许水平很难估测，不同花卉的经济价值也有天壤之别。园林植物的化学防治指标，一般认为不同树木、花卉，不同害虫（指食叶害虫），平均被害叶率超过 5%～10% 即需防治。若害虫数量少，为害后不影响景观则不喷药。但一棵名贵花卉是不允许有害虫发生的，古树名木的防治指标也应与一般绿化树木有所不同。所以花卉害虫指标的确定，应根据害虫为害方式、园林的价值进行具体分析研究。不少地区提出绿化容忍水平或观赏允许水平的概念，其基本精神与作物经济允许水平相似。

城市园林的化学防治中应特别注意严格控制农药品种，注意选用高效、低毒或无毒、污染轻、选择性强的化学农药，严格控制使用浓度和剂量。准确选择农药、涂茎、浇灌、树干注射等方法，避免树冠喷洒。推广使用颗粒剂、微胶囊剂等不易飘散、缓慢释放的农药剂型，可以收到延迟药效、节省用量、减少污染的效果。充分保护和利用天敌，并经常更换药剂品种以减少害虫抗药性的发生。在蚜虫、螨类防治上，少用或不用广谱性杀虫剂，而使用专性、低毒、对环境污染少的化学药剂或生物药剂，如抗蚜威、三氯杀螨醇、石硫合剂等。对受害严重的杜鹃花用 3% 呋喃丹颗粒剂埋入盆栽的土壤中，每盆 5g 左右，

入土深 5cm，可控制杜鹃网蝽的发生。

　　树冠喷药时，采用低容量和超低容量喷药技术，不但节省农药、工效高，而且可以减少污染。施药防治时，对重点发生的园林进行挑治，避免全面施药，尽可能减少施药面积，选用安全生物农药，减轻对城市环境的污染，减少对天敌的杀伤并防止对人畜造成毒害。

思考题

1. 与其他作物相比，机场绿化及蔬菜害虫的发生和防治有什么特殊性？
2. 在机场绿化及蔬菜害虫综合治理中应如何合理使用化学杀虫剂？
3. 阐述绿化树木害虫综合治理的意义及其主要措施。
4. 针对当地某一种绿化树木害虫发生情况，试制定该害虫综合治理的对策和措施。
5. 如何理解花卉害虫应以"预防为主，综合治理"的治虫方针？
6. 举例说明植物检疫在花卉害虫综合治理中的重要性。
7. 选择机场某花木场调查害虫情况，试制定综合治理对策。
8. 机场植物及昆虫所处的生态环境有何特点？
9. 对机场害虫综合治理应采取何种防治策略？

第十三章 机场及周边地区有益昆虫的利用

　　昆虫对人类生产和生活的影响是多方面的。实际上害虫仅占昆虫种类的一小部分，不少昆虫对人类是有益的。而很大一部分昆虫，我们目前很难明确地将它们划归为有害还是有益，这一类被称之为中性昆虫。园艺植物害虫及其防治已在前面进行了介绍，本章则主要介绍昆虫有益的一面。从人类的观点来看，昆虫对园艺植物的益处主要包括两个方面，即作为害虫的天敌和植物的授粉媒介。

第一节　天敌昆虫

　　在自然界中，不同生物间存在着多种复杂的联系，其中食物联系是非常重要的一个方面。植物上经常有各种植食性害虫，同时也有以这些害虫为食料的天敌（natural enemies）。植物、害虫与天敌通过营养联系在一起就形成了一条食物链。一种植物或多种植物与多种害虫和多种天敌都有其相应的食物链，它们相互交叉形成一种网状关系，称为食物网。园艺植物的所有害虫均处于一种复杂的食物网中，并在其中受到其天敌的制约。害虫的猖獗及某些次要害虫数量的上升在许多情况下是由于其天敌控制因素的变化。昆虫中有30％的种类是以活体动物为寄主的肉食性昆虫，除一些卫生害虫外，它们大都是害虫的天敌，在自然界对害虫的种群数量起到有效的调节作用，天敌昆虫依据其猎食害虫的方式不同有2种类型，即捕食性天敌和寄生性天敌。

一、捕食性天敌昆虫

　　捕食性昆虫（predators）种类很多，人们熟悉的种类有：瓢虫、步行虫、草蛉、蜻蜓、螳螂、猎蝽、食蚜蝇等（图13-1）。事实上昆虫纲中很多目都有捕食性种类，但以鞘翅目中的种类最多，它们对蔬菜、果树、园林植物上各种蚜虫、介壳虫、粉虱等具有很好的控制作用。捕食性昆虫以寄主卵、幼虫（若虫）、蛹及成虫为食。一般捕食性昆虫较其寄主（猎物）为大，它捕获猎物或吞噬其肉体或吸取其体液。按照其猎食方式，又可分为2类：一类是具咀嚼式口器的，如瓢虫、步行虫等，它们简单的嚼食和吞食猎物；另一类是具刺吸式口器，吸食猎物的体液，如猎蝽、蚜狮等。刺吸式口器昆虫通常能释放毒素，使猎物很快失去反抗能力，因此不会受到猎物的反扑，而能平静地享受美食。一个捕食性昆虫在其发育过程中要捕食许多寄主，捕食者在其幼虫和成虫阶段都是肉食性的，而且二者均以同样的寄主为食。

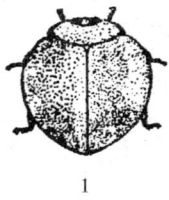
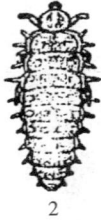
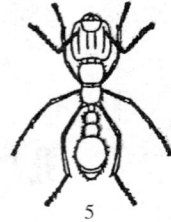

（a）大红瓢虫　　　　　　　　　　　　　　（c）红蚂蚁

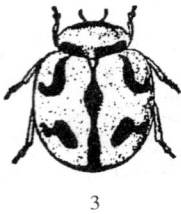
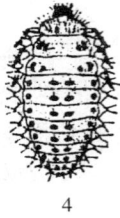
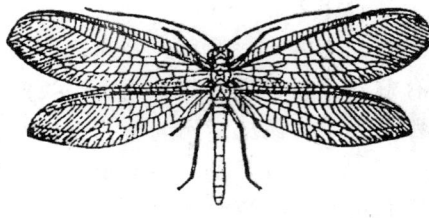

（b）澳洲瓢虫　　　　　　　　　　　　　　（d）大草蛉

图 13-1　几种主要捕食性天敌昆虫的形态特征

1. 成虫　2. 幼虫　3. 成虫　4. 幼虫　5. 工蚁　6. 成虫　7. 幼虫

不同种类的捕食性昆虫捕食猎物的范围也是有差异的（表 13-1），有的食性范围较广，可捕食多种害虫，如普通草蛉 *Chrysopa carnea*（Stephens）；有的捕食范围较窄，如食蚜瓢虫和食蚜虻；也有个别种类是单食性的，对猎物高度专化，如澳洲瓢虫 *Rodolia cardinalis*（Mulsant）的习性接近于寄生性，因为其雌虫产卵于一个雌蚧成虫上或在一个雌蚧所产的卵块上，孵出的幼虫即可在这些卵上完成发育。

表 13-1　捕食性天敌昆虫的主要类群及其猎物

类群	捕食虫态	主要猎物
鞘翅目		
瓢虫	幼虫和成虫	蚜虫、介壳虫、粉蚧、螨类等
步行甲、隐翅虫、虎甲	幼虫和成虫	各种土栖及地表昆虫
脉翅目		
草蛉	幼虫和成虫	蚜虫
双翅目		
食蚜蝇	幼虫	蚜虫
食蚜虻	幼虫和某些种类的幼虫	各种昆虫
膜翅目		
胡蜂、泥蜂、蚁类等	成虫	各种昆虫
半翅目		
猎蝽、刺蝽、花蝽等	若虫和成虫	各种软体昆虫

二、寄生性天敌昆虫

寄生于其他昆虫的昆虫通常称为寄生性昆虫（parasitoid），在昆虫纲中的 5 个目中有寄生性的种类，而大部分出现在膜翅目和双翅目中（见表 13-2）。寄生性昆虫能侵袭并在昆虫的各个时期（卵、幼虫或若虫、蛹和成虫）完成发育，根据其寄主的寄生虫态分为卵寄生、幼（若）虫寄生、蛹寄生或成虫期寄生等，也有部分种类跨期寄生。根据寄生性昆虫在寄主上生活的方式又可分为内寄生性昆虫（endoparasitism，在寄主体内发育）和外寄生性昆虫（ectoparasitism，在寄主体外发育，幼虫以口器插入寄主体壁内取食）。图 13-2 说明了一种鳞翅目幼虫期内寄生蜂的生活史，寄生蜂雌成虫在寄主幼虫体内发育，直到寄生蜂的幼虫老熟后才钻出寄主体表化蛹，因此寄生蜂仅在成虫期营自由生活。

表 13-2　寄生性昆虫的主要类群及其主要寄主

目	科	主要寄主
膜翅目	姬蜂科 Ichneumonidae	全变态昆虫的幼虫，特别是鳞翅目和膜翅目幼虫
	茧蜂科 Braconidae	全变态昆虫的幼虫，特别是鳞翅目、双翅目和蚜虫
	跳小蜂科 Encyrtidae	鳞翅目幼虫和蛹
	姬小蜂科 Eulophidae	介壳虫、粉蚧
	蚜小蜂科 Aphelinidae	蚜虫、介壳虫
	金小蜂科 Pteromalidae	鳞翅目、鞘翅目的幼虫和蛹
	赤眼蜂科 Trichogrammatidae	多种目的昆虫卵
双翅目	寄蝇科 Tachinidae	鳞翅目、鞘翅目幼虫和部分半翅目

寄生性昆虫往往具有复杂的生物学特性和繁殖方式，如孤雌生殖和多胚生殖在膜翅目的寄生蜂中特别普遍，掌握寄生蜂的这些特性对工厂化生产和田间释放有重要的意义。

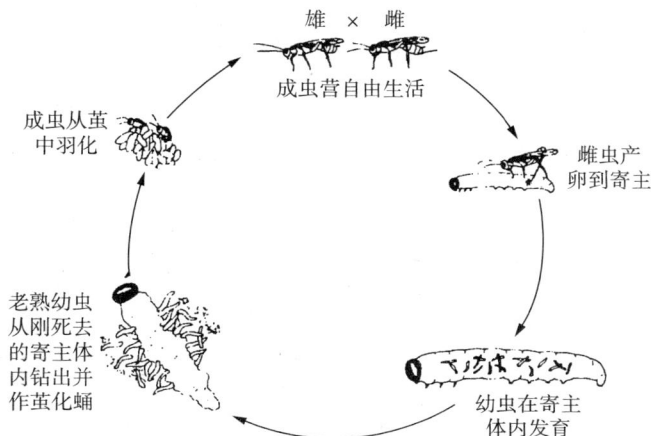

图 13-2　寄生性昆虫生活史（幼虫寄生蜂）

三、天敌昆虫的利用及其产业化

利用天敌昆虫防治作物害虫的途径主要有 3 个方面：即天敌昆虫的保护利用、天敌昆虫的繁殖释放和天敌昆虫的引进。目前天敌昆虫的繁殖释放已成为害虫可持续综合治理的手段之一。采用室内繁殖天敌昆虫和大量释放的技术可增加田间初始天敌的种群数量，替代或减少化学农药的使用次数与用量，这已成为无公害食品或绿色食品生产的主要手段之一。目前国际上进行天敌昆虫繁殖、商品化生产的公司中规模较大的已有 80 余家。已经商品化生产的天敌昆虫有 130 余种。其中主要种类为赤眼蜂、丽蚜小蜂、草蛉、瓢虫、小花蝽、捕食性螨等（见表 13-3），现已广泛应用于果园、温室等各种园艺作物。

我国具有生产开发价值的天敌昆虫超过 40 多种，国内成功地利用天敌昆虫来防治园艺作物害虫的例子主要有：利用赤眼蜂防治棉铃虫、玉米螟、松毛虫等；利用澳洲瓢虫和移植大红瓢虫来防治吹绵蚧；利用黑缘瓢虫防治桑绵蚧、槐绵蚧；利用红蚂蚁防治香蕉象虫；利用日光蜂防治苹果棉蚜；利用平腹小蜂防治荔枝蝽等。这些天敌昆虫中有几种（松毛虫赤眼蜂和螟黄赤眼蜂）已进行了产业化生产，在这一领域我国还有广阔的发展空间。

表 13-3　用于防治园艺作物害虫的主要商品天敌昆虫（包括螨类）

对象	捕食性天敌	寄生性天敌
多种害虫	*Adalia bipunctata* 二星瓢虫	
	Chrysoperla carnea 普通草蛉	
	Hippodamia convergens 锚斑长足瓢虫	
	Orius insidiosus 狡诈花蝽	
	Orius tristicolor 暗色小花蝽	
	Tenodera aridifolia sinensis 中华大刀螳	
粉虱类	*Delphastus catalinae* 小黑瓢虫	*Encarsia deserti* 丽蚜小蜂
	Delphastus pusillus 小黑瓢虫	*Encarsia Formosa* 粉虱丽蚜小蜂
	Dicyphus Hesperus 盲蝽	*Eretmocerus californicus* 加州浆角蚜小蜂
蚜虫类	*Aphidoletes aphidimyza* 食蚜瘿蚊	*Aphidoletes aphidimyza* 食蚜瘿蚊
	Chilocorus nigritus 黑背唇瓢虫	*Aphelinus abdominalis* 苜蓿蚜小蜂
	Cocciella septempunatata 七星瓢虫	*Aphidius colemani* 科尔曼氏蚜茧蜂
	Dicuphus Hesperus 盲蝽	*Aphidius ervi* 棉长管蚜蚜茧蜂
	Harmonia axyridis 异色瓢虫	*Aphidius matricariae* 桃赤蚜蚜茧蜂
	Orius albidipenni	*Aphytis lingnanensis* 岭南黄金蚜小蜂
	Orius laevigatus	
蓟马类	*Amblyseius cucumeris* 胡爪钝绥螨	*Thripobius semiluteus*
	Amblyseius degenerans 不纯钝绥螨	

（续表）

对象	捕食性天敌	寄生性天敌
	Hypoaspis miles 兵下盾螨	
	Orius albidipennis 小花蝽	
	Orius insidiosus 小花蝽	
	Orius laevigatus 小花蝽	
	Orius majusculus 大型小花蝽	
	Scolothrips sexmaculus 六点蓟马	
介壳虫类	*Chilocorus baileyi* 巴利唇瓢虫	*Anagrus pseudococci* 橘粉蚧跳小蜂
	Chilocorus circumdatus 细缘唇瓢虫	*Leptomastix dactylopii* 胭蚧跳小蜂
	Chilocorus kuwanae 红点唇瓢虫	*Leptomastix epona* 粉蚧长角跳小蜂
	Cryptolaemus montrouzieri 孟氏隐唇瓢虫	*Metaphycus flavus* 蜜黄阔柄跳小蜂
	Rhyzobius laphanthae 蚧螨瓢虫	*Microterys helvolus* 黄色花翅跳小蜂
潜叶蝇类		*Dacnusa sibirica* 番茄潜蝇离颚茧蜂
		Diglyphus isaea 豌豆潜蝇姬小蜂
		Opius pallipes 番茄潜蝇小蜂
鳞翅目幼虫	*Podisus maculiventris* 斑腹益蝽	*Cotesia marginiventris* 缘腹绒茧蜂
		Cotesia melanoscelus 黑足绒茧蜂
		Cotesia plutellae 莱蛾绒茧蜂
		Diadegma insulare 岛弯尾姬蜂
		Macrocentrus ancylivorus 卷蛾长体茧
		Meteorus pulchricornis 斑翅悬茧
		Trichogramma brassicae 甘蓝夜蛾赤眼蜂
		Trichogramma evanescens 广赤眼蜂
		Trichogramma minutum 微小赤眼蜂
		Trichogramma platneri 普化赤眼蜂
		Trichogramma pretiosum 短管赤眼蜂
		Trichogrammatoidea bactrae 卷蛾分索赤眼蜂
螨类	*Amblyseius californicus* 加州钝绥螨	
	Amblyseius cucumeris 胡瓜钝绥螨	
	Amblyseius fallacies 虚伪钝绥螨	
	Ambltyseius setulus	
	Feltiella acarisuga 瘿蚊	
	Galendromus occidentalis 西方盲走螨	

（续表）

对象	捕食性天敌	寄生性天敌
	Iphiseius degenerans 不纯伊绥螨	
	Mesoseiulus longipes 长跗植绥螨	
	Phytoseiulus macropilis 小植绥螨	
	Phytoseiulus persimilis 智利小植绥螨	
	Scolothrips sexmaculatus 六点蓟马	
	Typhlodromus pyri 梨盲走螨	

第二节　有益昆虫的其他应用

一、传播生物防治因子

蜜蜂和熊蜂能有效地将灰霉菌的拮抗菌——哈茨木霉 *Trichoderma harzianum* 和粉红粘帚霉 *Gliocladium roseum* 传递给被草莓灰霉菌感染的花器，从而控制草莓灰霉病的发生。灰霉病菌的初次侵染通常发生在开花期，在果实成熟前一直潜伏侵染，果实成熟后大量发病，引起果实腐烂。在北美洲为了防止此病害的发生，草莓从开花到成熟期间要使用4 或 5 次杀菌剂。研究表明利用授粉昆虫蜜蜂或熊蜂传递生物防治因子到靶标部位所起的防治作用相当于使用杀菌剂的效果，并且还可通过增加授粉而提高产量和品质。

二、作为杂草天敌

杂草上存在大量植食性昆虫，有的昆虫食性专一，对杂草有较强的控制作用，被称为杂草的天敌昆虫。早在 19 世纪初印度就利用植食性昆虫胭脂虫 *Dactylopius coccus* (Costa) 防治仙人掌（*Opuntia vulgaris*），成功的例子还有：20 世纪 20～30 年代澳大利亚从阿根廷引进鳞翅目昆虫（*Cactoblastis cactorum*）防治了 2400 万公顷仙人掌；澳大利亚、美国、加拿大利用天敌昆虫对水花生（*Alternanthera philoxeroides*）、水葫芦（*Eichhornia crassipes*）、麝香飞廉（*Carduus nutans*）、千里光（*Senecie jacobae*）进行了生物防治。

目前国际上对利用天敌昆虫防治杂草的工作已建立了一套通用的杂草生防工作程序，包括：①选择合适的目标杂草，首先应了解目标杂草的生物学、生态学特性，例如，是一年生或多年生的，外来的或是本地的，是农田杂草还是牧草或水域杂草，地区性或是全国性分布的等；②在本地或杂草原产地调查筛选有效的天敌昆虫；③天敌昆虫进行安全性测定；④天敌昆虫的繁殖和释放；⑤释放效果的评价等内容。引进的杂草天敌昆虫，应对其食性有严格的要求，必须是食性高度专一，仅取食目标杂草，因此在引进前须对其食性进行详细研究。我国 20 世纪 80 年代中期以来，即采用这一通用的工作程序对紫茎泽兰、豚草和水花生进行生物防治研究，取得了显著成绩。在云南的宜良、思茅、文山等地和贵州

省释放泽兰实蝇 *Procecidochares utilis*（Stone），在释放区和扩散区，明显地抑制了紫茎泽兰的生长；在湖南释放从澳大利亚引进的豚草卷蛾（*Epiblema strenuana*），控制豚草面积；从美国引进的莲草直胸跳甲（*Agasicles hygrophila*）也有效地抑制了湖南、四川、广西、福建、云南等地水花生的生长。目前云南省昆明市正实施一项生物防治滇池水葫芦的项目，从其原产地阿根廷引进专食性天敌昆虫水葫芦象甲 *Neochetina eichhorniae*（Warner）和布氏象甲 *N. bruchi*（Hustache），有望控制水葫芦的危害。

思考题

1. 试比较捕食性昆虫和寄生性昆虫，并写出包含这 2 类昆虫的几个目的名称。
2. 如何应用有益昆虫？